基坑工程设计与施工

张玉飞　刘晓芳　拔丽萍　主　编

中国石化出版社

图书在版编目(CIP)数据

基坑工程设计与施工／张玉飞，刘晓芳，拔丽萍主
编．—北京：中国石化出版社，2020.12
ISBN 978-7-5114-6064-6

Ⅰ．①基… Ⅱ．①张… ②刘… ③拔… Ⅲ．①基坑工
程-工程设计 ②基坑工程-工程施工 Ⅳ．①TU46

中国版本图书馆 CIP 数据核字（2020）第 236591 号

中国石化出版社出版发行

地址:北京市东城区安定门外大街 58 号
邮编:100011 电话:(010)57512500
发行部电话:(010)57512575
http://www. sinopec-press. com
E-mail:press@ sinopec. com
北京科信印刷有限公司印刷
全国各地新华书店经销

*

787×1092 毫米 16 开本 17.5 印张 437 千字
2020 年 12 月第 1 版　2020 年 12 月第 1 次印刷
定价:76.00 元

《基坑工程设计与施工》
编委会

前　言

　　为了缓和人口增长带来的土地压力，政府部门越来越致力于提倡各项市政工程的建设，如高层建筑、地下建筑、隧道等，始终坚持以更科学、更合理地开发可利用的土地资源。为了进一步节约土地，建设地下空间作为可行性较大的方式之一，已成为一种趋势，深基坑工程项目也不断增多，受到了广泛的关注。

　　深基坑工程作为当前综合性较强的岩土工程课题之一，不仅涉及土力学典型的强度问题与变形问题，还涉及支护结构的相互作用问题。在我国，由于深基坑施工建设起步较晚，因此在技术上仍有许多不足之处。

　　一般来说，在实际的施工过程中，深基坑工程是一个危险性较大的分部工程，内容主要包括了土方开挖、降水排水、基坑支护、止水帷幕、临边防护等。不仅如此，深基坑工程还较易受到水文地质、周边环境、气候条件等因素的制约，这一定程度造成了深基坑事故的发生环境破坏的问题。

　　近些年，我国一些重大深基坑事故都是由于各方原因引起的深基坑变形所造成的。深基坑变形，会导致其支护结构出现两种状态：一种是破坏装填；另一种则是时效状态，即深基坑支护结构的强度已遭到破坏，失去了存在意义，无法让深基坑保持稳定状态。

　　针对这一现象，相关工程设计人员必须加强自身的专业性训练，不断从实践中总结经验，并结合具体深基坑工程的项目特点，制定切实、可行、合理的施工方案，同时要适当地使用信息化设计、动态设计、施工监测等一系列理论和技术，以进一步确保深基坑施工的安全，促进深基坑工程质量的提高。基于以上考虑，作者结合多年来在基坑工程设计与施工方面的从业经验，编写了《基坑工程设计与施工》一书，供相关专业领域的读者参考学习。

　　本书涵盖内容较多，编写难度较大，编者水平有限加之编写时间紧迫，书中难免存在错误和不妥之处，敬请广大读者对本书提出宝贵意见和建议。

目 录

第一章 深基坑支护概述

近年来，随着经济的发展、社会的进步，我国城市基本建设规模逐渐加大，高层建筑、地下建筑、隧道等工程大幅度增加。为了节约地上空间，节省土地，充分利用地下空间的深基坑工程随之增加，这使得深基坑工程施工问题在技术和经济上对整个建筑施工有着举足轻重的影响。

深基坑工程是一个古老的综合性的岩土工程课题，其既涉及土力学典型强度问题和变形问题，又涉及土体与支护结构的相互作用问题。放坡开挖和简易木桩围护可以追溯到远古时代。事实上，人类土木工程的频繁活动促进了基坑工程的发展。20世纪40年代，泰沙基（K. Terzaghi）和派克（Peck）等最先从事基坑工程的研究，他们对土方开挖的稳定和支撑的内力等进行研究并提出了计算方法；20世纪50年代，Eide和Bjerrum等人又分析了基坑坑底的隆起；20世纪60年代在奥斯陆等地的基坑开挖中开始实施施工监测；从20世纪70年代起，许多国家陆续制定了指导基坑开挖与支护设计和施工的法规。我国于20世纪80年代初才开始出现大量的基坑工程，80年代前，国内为数不多的高层建筑的地下室多为一层，基坑深不过4m，常采用放坡开挖就可以解决问题；到80年代，随着高层建筑的大量兴建，开始出现两层地下室，开挖深度一般在8m左右，少数超过10m。

20世纪90年代以来，我国改革开放和国民经济持续高速增长，工程建设突飞猛进，城市高层建筑迅速发展，地下建筑结构诸如多层地下室、地下停车库、地下商店、地下铁道车站、地下人防工程等大量建造，基坑开挖深度超过10m的随处可见。高层建筑的发展促进了建筑科学技术的进步和施工技术、施工机械、建筑材料的更新与发展。为了保证建筑物的稳定性，建筑基础都必须满足地下埋深嵌固的要求。在城市中，特别是城市中心区，必须在建筑基坑四周垂直开挖土方，因此，基坑支护工程是在狭窄场地中的设计和应用的重要内容。建设部颁发的行业标准《建筑基坑支护技术规程》（JGJ 120—2012）为强制性行业标准。另外，基坑支护技术涉及土力学、结构力学、基础工程等，还涉及全国各地不同类型土的性质、地基稳定和地下水控制等诸多内容，这给建筑施工带来了很大的困难。

基坑支护工程涉及学科多，且有很多不确定因素存在。因此，在大多数工程实践中采用"理论导向、量测定量和经验判断三者结合"的方法进行设计与施工。如果能对深基坑支护技术中的设计、施工、监测等具体问题进行研究，并结合相关个案总结不同施工和土质条件下深基坑支护的设计施工的成功经验，有针对性地提出改进和优化支护技术的具体措施，为深基坑支护技术的工程实践提供可资借鉴成果，对保证工程质量，安全、经济地完成建设任务将具有重大意义。

第一节 深基坑支护工程现状

一、深基坑工程及支护技术现状

随着我国经济建设的迅猛发展，各个城市的大型和超高层建筑大量涌现，基坑工程呈现出"紧"（场地紧凑）、"近"（工程距离近）、"深"（开挖深度大）、"大"（规模和尺寸大）等特点。深基础施工是大型和高层建筑施工中极其重要的环节，而深基坑支护结构技术无疑是保证深基础顺利施工的关键。

深基坑的衡量标准，国外有的把深度 20ft（约 6.1m）作为深基坑的界限。苔罗阿尼认为：在开挖深度不到 6m 时，单凭经验施工也不会遭到失败，即使地基土质略差，用一般方法也能安全施工，在设计中过分保守是不经济的。但是，如果开挖深度大于 6m，就会涉及土力学方面的一些问题。根据一些专家的建议，一般用稳定系数 $N_s = \gamma_t H/C_u$ 来处理开挖时支护结构周围地基的稳定问题，当 $N_s \leq 4$ 时为浅开挖，当 $N_s \geq 7$ 时为深开挖，即深基坑工程。其中：γ_t 是湿土单位体积的重量，单位是 t/m^3；H 为开挖深度，单位是 m；C_u 是土的不固结不排水剪切强度，单位是 t/m^2。我国的施工及验收规范对深基坑未作明确的界定。按照内蒙古自治区《建筑施工现场管理标准》，深基坑是指开挖深度超过 5m 或地下室三层以上，或深度虽未超过 5m，但地质条件和周围环境及地下管线极其复杂的工程。

深基坑工程问题在我国随着城市建设的迅猛发展而出现，并且曾是造成人们困惑的一个技术热点和难点。深基坑工程常处于城市中密集的既有建筑物、道路桥梁、地下管线、地铁隧道或人防工程的近旁，虽属临时性工程，但其技术复杂性却远超过永久性的基础结构或上部结构，设计或施工稍有不妥，不仅将危及基坑本身安全，而且会殃及临近的建构筑物、道路桥梁和各种地下设施，造成巨大损失。另外，深基坑工程设计需以开挖施工时的诸多技术参数为依据，但开挖施工过程中往往会引起支护结构内力和位移以及基坑内外土体变形发生种种意外变化，传统的设计方法难以事先设定或事后处理。同时，人们不断总结实践经验，结合施工监测、信息反馈、临界报警、应变（或应急）措施设计等一系列理论和技术，同时引入了信息化设计和动态设计的新思想，并制定相应的设计标准、安全等级、计算图式、计算方法等。

二、深基坑支护技术存在的主要问题

深基坑工程支护技术虽已在全国不同地区、不同的地质条件下取得了不少成功的经验，甚至有些达到了国际水平，但仍存在一些问题需进一步研究或提高，以适应现代化经济建设的需要。深基坑工程支护施工过程中存在的问题主要有以下几种：

（一）土层开挖和边坡支护不配套

深基坑开挖过程中，支护施工滞后于土方施工比较常见，因此不得不采取二次回填或搭设架子来完成支护施工。一般来说，土方开挖施工技术含量相对较低，工序比较简单，组织管理也容易。而深基坑挡土或挡水的支护结构施工技术含量比较高，工序多且复杂，施工组织和管理都较土方开挖复杂。所以，在施工过程中，大型工程一般由专业施工队来分别完成土方开挖和挡土支护工作，而且大部分是两个平行的合同。这样就增加了施工过程中的协调管理难度，土方开挖施工单位或者抢进度，或者拖工期，导致开挖顺序较乱。特别是雨期施工时，甚至不顾挡土支护施工所需的工作面要求，使得支护施工的操作面不足，时间上也无法保证，致使支护施工滞后于土方施工。因为支护施工无操作平台完成钻孔、注浆、布网和喷射混凝土等工作，不得不用土方回填或搭设架子来设置操作平台，以便完成施工。这样不仅难于保证工程施工进度，更难以保证工程质量，甚至发生安全事故，留下质量隐患。

(二)边坡修理达不到设计和规范要求

深基坑开挖常存在超挖和欠挖现象。一般深基坑开挖均使用机械开挖，人工修坡后即开始挡土支护的混凝土初喷工序。而在实际开挖时，由于施工管理人员不到位，技术交底不充分，分层分段开挖高度不一，开挖机械操作人员的操作水平低等因素的影响，使机械开挖后的边坡表面平整度、顺直度极不规则，达不到设计和规范要求。而人工修理时不可能深度挖掘，只能在机挖表面作平整度简单修整，在没有严格检查验收的情况下就开始初喷，所以挡土支护后经常出现超挖和欠挖现象。

(三)成孔注浆不到位、土钉或锚杆受力达不到设计要求

深基坑支护所用土钉或锚杆钻孔，一般为直径 100~150mm 的钻杆成孔，孔深一般为5~20m。钻孔所穿过的土质也不相同，钻孔中如果不认真研究土体情况，会产生出渣不尽、残渣沉积等问题，进而影响注浆质量，有的甚至成孔困难、孔洞坍塌，无法插筋和注浆。另外，由于注浆时配料随意性大、注浆管不插到位、注浆压力不够等造成注浆长度不足、充盈度不够，而使土钉或锚杆的抗拔力达不到设计要求，影响工程质量。

(四)喷射混凝土厚度不够、强度达不到设计要求

目前建筑工程基坑支护喷射混凝土常用的是干拌法喷射混凝土设备，其主要特点是设备简单、体积小、输送距离长、速凝剂可在进入喷射机前加入，操作方便，可连续喷射施工。虽然干喷法设备操作简单方便，但由于操作人员的水平不同，操作方法和检查控制等手段不全，混凝土回弹严重，再加上原材料质量控制不严、配料不准、养护不到位等诸多因素，往往造成喷后混凝土的厚度不够，混凝土强度达不到设计要求。

(五)施工过程与设计的差异较大

支护结构中，深层搅拌桩的水泥掺量常常不足，影响水泥土的支护强度。实际施工中，深层搅拌桩支护发生水泥土裂缝，有时不是在受力最大的地段，而往往是因为水泥土强度不足，地面施工荷载集中在局部位置，使得荷载值大大高于设计允许荷载造成的。深基坑开挖是支护结构受力与变形显著增加的过程，设计中需要对开挖程序提出具体要求来减少支护变形，并进行图纸交底，而实际施工中土方开挖单位往往为了抢进度追求效益而忽略这些要求，导致施工质量无法保证。

(六)设计与实际情况差异较大

深基坑支护土压力与传统理论的挡土墙土压力有所不同，在目前没有完善的土压力理论指导的情况下，设计中通常仍沿用传统理论计算，因此存在误差。但是在传统理论土压力计算的基础上结合必要的经验修正可以达到实用要求，但这是一个极为复杂的课题，如果脱离实际工程情况，不考虑地质条件、地面荷载的差异，照搬照套相同坑深的支护设计，就会造成过量变形的后果。所以，支护设计必须综合考虑实际地面可能发生的荷载，包括建筑堆载、载重汽车、临时设施和附近住宅建筑等的影响，比较正确地估计支护结构上的侧压力。

(七)工程监理不到位

按规定，高层建筑、重大市政工程等的深基坑施工必须实行工程监理，大多数事故工程的主要原因都是没有按规定实施工程监理，或者虽有监理但工作不到位，只管场内工程，不管场外影响，实行包括设计在内的全过程监理的就更少了。深基坑工程监理要求监理人员具有较高业务水平，在我国现阶段主要就只是监控支护结构工程质量、工期、进度，而对于设计监理与对建筑物及周边环境的监控尚有一定差距，亟待完善与提高。

（八）施工监测不够重视

实际深基坑支护施工中，建设单位为节约开支不要求施工监测，或者虽设置一些测点，但数据不足，经常忽视坑边建筑物的检测，或者不重视监测数据，监测点形同虚设。另外，支护设计中没有监测方案，发生情况不能及时警报，事故发生后也不易分析原因，不利于事故的早期处理。

综上所述，为了减少深基坑支护施工事故，需要科学设计、精心施工、强化监理，保护坑边建筑与环境，不断提高深基坑支护技术和管理水平。

第二节　深基坑支护结构分类

一、基坑支护结构体系

（1）基坑支护结构体系包括板（桩）墙、围檩（冠梁）及其他附属构件。板（桩）墙主要承受基坑开挖卸荷所产生的土压力和水压力，并将此压力传递到支撑，是稳定基坑的一种施工临时挡墙结构。

（2）地铁基坑所采用的支护结构形式很多，其施工方法、工艺和所用的施工机械也各异；因此，应根据基坑深度、工程地质和水文地质条件、地面环境条件等，特别要考虑到城市施工特点，经技术经济综合比较后确定。

二、深基坑支护结构类型

当前，我国应用较多的深基坑支护类型有：地下连续墙、SMW桩、钢板桩、工字钢桩、深层搅拌桩等。

（一）地下连续墙

地下连续墙主要有预制钢筋混凝土连续墙和现浇钢筋混凝土连续墙两类，通常地下连续墙一般指后者。地下连续墙有如下优点：施工时振动小、噪声低，墙体刚度大，对周边地层扰动小；可适用于多种土层，除夹有孤石、大颗粒卵砾石等局部障碍物时影响成槽效率外，对黏性土、无黏性土、卵砾石层等各种地层均能高效成槽。地下连续墙施工采用专用的挖槽设备，沿着基坑的周边，按照事先划分好的幅段，开挖狭长的沟槽。挖槽方式可分为抓斗式、冲击式和回转式等类型。在开挖过程中，为保证槽壁的稳定，采用特制的泥浆护壁。泥浆应根据地质和地面沉降控制要求经试配确定，并在泥浆配制和挖槽施工中对泥浆的相对密度、黏度、含砂率和pH等主要技术性能指标进行检验和控制。每个幅段的沟槽开挖结束后，在槽段内放置钢筋笼，并浇筑水下混凝土。然后将若干个幅段连成一个整体，形成一个连续的地下墙体，即现浇钢筋混凝土壁式连续墙。

（二）钻孔灌注桩

钻孔灌注桩一般采用机械成孔。地铁明挖基坑中多采用螺旋钻机、冲击式钻机和正反循环钻机等。对于反循环钻机，由于其采用泥浆护壁成孔，故成孔时噪声低，适于城区施工，在地铁基坑和高层建筑深基坑施工中得到广泛应用。

（三）SMW桩

SMW桩挡土墙是利用搅拌设备就地切削土体，然后注入水泥类混合液搅拌形成均匀的挡墙，最后在墙中插入型钢，即形成一种劲性复合支护结构。这种支护结构的特点主要表现在止水性好，构造简单，型钢插入深度一般小于搅拌桩深度，施工速度快，型钢可以部分回收、重复利用。

(四) 钢板桩

钢板桩强度高，桩与桩之间的连接紧密，隔水效果好，可重复使用。因此，沿海城市如上海、天津等地修建地下工程时，在地下水位较好的基坑中采用较多；北京地铁一期工程在木樨地过河段也曾采用过。钢板桩常用断面形式，多为 U 形或 Z 形。我国地下铁道施工中多用 U 形钢板桩，其沉放和拔除方法、使用的机械均与工字钢桩相同，但其构成方法则可分为单层钢板桩围堰、双层钢板桩围堰及屏幕等。由于地铁施工时基坑较深，为保证其垂直度且方便施工，并使其能封闭合龙，多采用帷幕式构造。

(五) 工字钢桩

作为基坑支护结构主体的工字钢，一般采用 I50 号、I55 号和 I60 号大型工字钢。基坑开挖前，在地面冲击打桩机沿基坑设计边线打入地下，桩间距一般为 1.0~1.2m。若地层为饱和淤泥等松软地层也可采用静力压桩机和振动打桩机进行沉桩。基坑开挖时，随挖土方随在桩间插入 50mm 厚的水平木板，以挡住桩间土体。基坑开挖至一定深度后，若悬臂工字钢的刚度和强度都够大，就需要设置腰梁和横撑或锚杆(索)，腰梁多采用大型槽钢、工字钢制成，横撑则可采用钢管或组合钢梁。

工字钢桩支护结构适用于黏性土、砂性土和粒径≤100mm 的砂卵石地层；当地下水位较高时，必须配合人工降水措施。打桩时，施工噪声一般都在 100dB 以上，大大超过环境保护法规定的限值。因此，这种支护结构一般宜用于郊区距居民点较远的基坑施工中。当基坑范围不大时，例如地铁车站的出入口，临时施工竖井可以考虑采用工字钢做支护结构。

(六) 深层搅拌桩

深层搅拌桩是用搅拌机械将水泥、石灰等和地基土相拌合，从而达到加固地基的目的。作为挡土结构的搅拌桩一般布置成格栅形，深层搅拌桩也可连续搭接布置形成止水帷幕。

第三节　深基坑支护设计原则与工作流程

高层建筑上部结构传到地基上的荷载很大，为此多建造补偿性基础。为了充分利用地下空间，有的设计有多层地下室，所以高层建筑的基础埋深较深，施工时基坑开挖深度较大，如北京外经贸委综合楼为 26.68m、北京的京城大厦为 23.76m、北京中银大厦为 22.715m、上海金茂大厦为 19.65m、上海银冠大厦为 19.5m、武汉中南商业广场为 17.4m、深圳鸿昌广场为 20.7m 等。许多城市的高层建筑施工都需开挖深度较大的基坑，给施工带来很多困难，尤其在软土地区或城市建筑物密集地区。施工场地邻近的已有建筑物、道路、纵横交错的地下管线等对沉降和位移很敏感，不允许采用较经济的放坡开挖，而需在人工支护条件下进行基坑开挖。支护结构如何选型、如何进行合理的布置和设计计算，这些会直接影响如何组织施工，以及施工过程中的支护结构监测和环境保护等问题。支护结构的设计和施工，影响因素众多，如土层种类及其物理力学性能、地下水情况、周围形境、施工条件和施工方法、气候等因素都对支护结构产生影响；再加上荷载取值的精确性和计算理论方面存在的问题，要想使支护结构的设计完全符合客观实际，目前还存在一定的困难。为此，虽然支护结构多数都属于施工期间挡土、挡水、保护环境等所用的临时结构，但其设计要在保证施工安全的前提下，尽力做到经济合理和便于施工。

一、基坑支护结构的设计原则与方法

基坑支护结构设计的原则为：安全可靠、经济合理、便于施工。

根据现行国家行业标准《建筑基坑支护技术规程》(JGJ 120—2012)，基坑支护结构应采用分项系数表示的极限状态设计表达式进行设计。基坑支护结构的极限状态，分为承载能力极限状态和正常使用极限状态两类。承载能力极限状态对应于支护结构达到最大承载能力或土体失稳、过大变形，导致支护结构或基坑周围环境破坏；正常使用极限状态对应于支护结构的变形已经妨碍地下结构施工或影响基坑周边环境的正常使用功能。基坑支护结构均应进行承载力极限状态的计算，计算内容包括：①根据基坑支护形式及其受理特点进行土体稳定性计算；②基坑支护结构的受压、受弯、受剪承载力计算；③当有锚杆和支撑时，应对其进行承载力计算和稳定性验算。对于安全等级为一级和对支护结构变形有限定的二级建筑基坑侧壁，尚应对基坑周边环境及支护结构变形进行验算。

(一) 基坑工程勘察

为了正确地进行支护结构设计和合理组织基坑工程施工，事先需对基坑及其周围进行下述勘察。

1. 岩土勘察

在建筑地基详细勘察阶段，宜同时对基坑工程需要的内容进行勘察；勘察范围取决于开挖深度及场地的岩土工程条件，宜在开挖边界外开挖深度1~2倍范围内布置勘探点，对于软土勘察范围尚宜扩大；勘探点的间距可为15~30m，地层变化较大时，应增加勘探点查明分布规律；基坑周边勘探点的深度不宜小于1倍开挖深度，软土地区应穿越软土层。

岩土勘察一般应提供下述资料：①场地土层的类型、特点、土层性质；②基坑及围护墙边界附近，场地填土、暗河、古河道及地下障碍物等不良地质现象的分布范围与深度，表明其对基坑工程的影响；③场地浅层潜水和坑底深部承压水的埋藏情况，土层渗流特性及产生流砂、管涌的可能性；④支护结构设计和施工所需土、水指标；⑤土的抗剪强度指标内、摩擦角度和黏聚力，一般宜采用直剪试验的固结快剪取得，要提供峰值和平均值。

2. 水文地质勘察

应提供下列情况和数据：①地下各含水层的视见水位和静止水位；②地下各含水层中水的补给情况和动态变化情况，与附近水体的连通情况；③基坑底以下承压水的水头高度和含水层的界面；④分析施工过程中水位变化对支护结构和基坑周边环境的影响，提出应采取的措施。

3. 基坑周边环境勘察

应包括以下内容：①查明影响范围内建(构)筑物类型、层数、基础类型和埋深、基础荷载大小及上部结构现状；②查明基坑周边各类地下设施，包括给水、排水、电缆、煤气、污水、雨水、热力等管线的分布与性状；③查明基坑四周道路的距离及车辆载重情况；④查明场地四周和邻近地区地表水汇流和排泄情况，地下水管渗漏情况及对基坑开挖的影响。

（二）支护设计准备

在进行支护结构设计之前，尚应对下述地下结构设计资料进行收集和了解：

（1）主体工程地下室的平面布置以及与建筑红线的相对位置，这与选择支护结构形式及支撑布置等有关；

（2）主体工程基础的桩位布置图，这与支撑体系中的立柱布置有关，应尽量利用工程桩作为立柱桩以降低造价；

（3）主体结构地下室层数、各层楼板和底板的布置与标高以及地面标高，这与确定开挖深度，选择围护墙与支撑形式和布置以及换撑等有关。

二、深基坑支护变形机理

基坑周围地层移动是基坑工程变形控制设计中的首要问题，有不少工程因支护结构变形过大，导致围护结构破坏或围护结构虽未破坏但周围建筑物墙体开裂甚至倒塌的严重后果。在基坑支护设计中需要考虑地层移动机理及支护结构变形、坑底隆起机理。基坑开挖过程也是基坑开挖面逐渐卸掉荷载的过程，由于卸荷而引起坑底土体产生向上为主的位移，同时也引起围护墙在两侧压力差的作用下产生水平位移，因此产生基坑周围地层移动。所以，一般情况下，基坑开挖引起基坑周围地层移动的主要原因是坑底土体隆起和围护墙的位移。

（一）坑底土体隆起

基底隆起量的大小是判断基坑稳定性和将来建筑物沉降的重要因素之一。坑底隆起是垂直方向卸荷改变坑底土体原始应力状态的反应，在开挖深度不大时，坑底土体在卸荷后发生垂直的弹性隆起。当围护墙底为清孔良好的原状土或注浆加固土体时，围护墙随土体回弹而抬高。坑底弹性隆起的特征为坑底中心部位隆起最高，而且坑底隆起在开挖停止后很快停止。这种坑底隆起基本不会引起基坑周围地层的移动。随着开挖深度增加，基坑内外的土面高差不断增大，当开挖到一定深度时，基坑内外土面高差所形成的加载和地面各种超载的作用就会使围护墙外侧土体产生向基坑内移动，使基坑坑底产生向上的塑性隆起。同时在基坑周围产生较大的塑性区，并引起地面沉降。另外，基坑开挖后，墙体向基坑内移动，当基底面以下部分的墙体向基坑方向移动时推挤墙前的土体，造成基底隆起。基坑隆起量的大小除和基坑本身特点有关外，还和基坑内是否有桩、基底是否加固、基底土体的残余应力等密切相关。因此，计算基底隆起量的方法虽然很多，但多数方法的计算结果和实测值相差较大。

（二）围护墙的位移

围护墙墙体的变形从水平向改变基坑外围土体原始应力状态而引起地层移动。基坑开始开挖后，围护墙便开始受力变形。在基坑内侧卸去原有土压力时，在墙体外侧则受到主动土压力。而在基坑的围护墙内侧则受到全部或部分被动土压力。由于总是开挖在前，支撑在后，所以围护墙在开挖过程中，安装每道支撑以前总是已发生一定的先期变形。一般挖到设计坑底标高时，墙体最大位移发生在坑底面上1~2m处。围护墙的位移使墙体主动土压力区和被动土压力区的土体发生位移。墙外侧主动土压力区的土体向坑内水平位移，使背后土体水平应力减小，以致剪应力增大，出现塑性区，而在基坑开挖面以下的墙内侧被动土压力区的土体向坑内水平位移，使坑底土体加大水平向应力，以致坑底土体增大剪应力而发生水平向挤压和向上隆起的位移，在坑底处形成局部塑性区。因此，同样地质条件和开挖深度下，深基坑周围地层变形范围及幅度，因墙体的变形不同而有很大差异，墙体变形往往是引起周围地层移动的重要原因。

三、支护结构挡墙的选型

支护结构挡墙的选型，涉及技术因素和经济因素，要从满足施工要求、减少对周围的不利影响、施工方便、工期短、经济效益好等几方面，经过技术经济比较后加以确定。而且支护结构挡墙选型要与支撑选型、地下水位降低、挖土方案等配套研究确定。

支护结构中常用的挡墙结构及其适用范围如下：

（1）钢板桩。钢板桩常用的有简易的槽钢钢板桩和热轧锁口钢板桩。其中热轧锁口钢板桩的形式有 U 形、Z 形、一字形、H 形和组合形。我国一般常用者为 U 形，即互相咬接形成板桩墙，只有在基坑深度很大时才用组合型。

（2）钢筋混凝土板桩。这是一种传统的支护结构，截面带企口有一定挡水作用，顶部设圈梁，用后不再拔除，永久保留在地基土中，过去多用于钢板桩难以拔除的地段。

（3）钻孔灌注桩排桩挡墙。常用直径为 600~1000mm，做成排桩挡墙，顶部浇筑钢筋混凝土圈梁，设内支撑体系。我国各地都有应用，是支护结构中应用较多的一种。

灌注桩挡墙的刚度较大，抗弯能力强，变形相对较小，在土质较好的地区已有 7~8m 悬臂桩，在软土地区坑深不超过 14m 皆可用之，经济效益较好。但其永久保留在地基土中，可能为日后的地下工程施工造成障碍。由于目前施工时难以做到相切，桩之间留有 100~150mm 的间隙，挡水效果差，有时与深层搅拌水泥土桩挡墙组合应用，前者抗弯，后者做成防水帷幕起挡水作用。

（4）H 型钢支柱、木挡板支护挡墙。这种支护结构适用于土质较好、地下水位较低的地区，国外应用较多，国内也有应用。如北京京城大厦深 23.5m 的深基坑即用这种支护结构，它将长 27m 的 488mm×300mm 的 H 型钢按 1.1m 间距打入土中，用三层土锚拉固。H 型钢支柱按一定间距打入，支柱间设木挡板或其他挡土设施，用后可拔出回收重复使用，较为经济，但一次性投资较大。

（5）地下连续墙。地下连续墙已成为深基坑的主要支护结构挡墙之一，国内大城市深基坑工程利用此支护结构为多，常用厚度为 600~1000mm，目前也可施工厚度 450mm 的，上海至今已完成 100 多万平方米地下连续墙。尤其是地下水位高的软土地区，当基坑深度大且与邻近的建（构）筑物、道路和地下管线相距甚近时，往往是首先考虑的支护方案。

（6）深层搅拌水泥土桩挡墙。深层搅拌水泥土桩挡墙在软土地区近年来应用较多，其是用特制进入土深层的深层搅拌机将喷出的水泥浆固化剂与地基进行原位强制拌合而制成水泥土桩，相互搭接，硬化后即形成具有一定强度的壁状挡墙（有各种形式，计算确定），既可挡土又可形成隔水帷幕。对于平面呈任何形状、开挖深度不很深的基坑（一般认为不超过6m），皆可用作支护结构，比较经济；水泥土的物理力学性质，取决于水泥掺入比，多用12%左右。目前在上海地区广为应用，收到较好的效果，它特别适应于软土地区。深层搅拌水泥土桩挡墙，属重力式挡墙，深度大时可在水泥土中插入加筋杆件，形成加筋水泥土挡墙，必要时还可辅以内支撑等。

（7）土钉墙。土钉墙是一种利用土钉加固后的原位土体来维护基坑边坡土体稳定的支护方法。其由土钉、钢丝网喷射混凝土面板和加固后的原位土体三部分组成。该种支护结构简单、经济、施工方便，是一种较有前途的基坑边坡支护技术，适用于地下水位以上或经降水后的黏性土或密实性较好的砂土地层，基坑深度一般≤15m。除上述者外，还有用人工挖孔桩(我国南方地区应用不少)、打入预制钢筋混凝土桩等支护结构挡墙。近年来 SMW 法(水泥土搅拌连续墙)在我国已成功应用，有一定发展前途。北京还采用了桩墙合一的方案，即将支护桩移至地下结构墙体位置，轴线桩既承受侧向土压力又承受垂直荷载，轴线桩间增加一些挡土桩承受土压力，桩间砌墙作为地下结构外墙，收到较好的效果，目前亦得到推广。

第二章　挡土结构土压力计算

本章主要介绍土压力的形成过程，土压力的影响因素；朗肯土压力理论、库仑土压力理论、土压力计算的规范方法及常见情况的土压力计算；简要介绍重力式挡土墙的设计计算方法。

第一节　土压力及计算公式

土压力（earth pressure）：建筑学术语，指土体作用在建筑物或构筑物上的力，促使建筑物或构筑物移动的土体推力称主动土压力；阻止建筑物或构筑物移动的土体对抗力称被动土压力。挡土墙土压力的大小及其分布规律受到墙体可能的移动方向、墙后填土的种类、填土面的形式、墙的截面刚度和地基的变形等一系列因素的影响。根据墙的位移情况和墙后土体所处的应力状态，土压力可分为以下三种：

（1）静止土压力：当挡土墙静止不动，土体处于弹性平衡状态时，土对墙的压力称为静止土压力 E_o。

（2）主动土压力：当挡土墙向离开土体方向偏移至土体达到极限平衡状态时，作用在墙上的土压力称为主动土压力，一般用 E_a 表示。

（3）被动土压力：当挡土墙向土体方向偏移至土体达到极限平衡状态时，作用在挡土墙上的土压力称为被动土压力，用 E_p 表示。

土压力的计算是个比较复杂的问题。它随挡土墙可能位移的方向分为主动土压力、被动土压力和静止土压力。土压力的大小还与墙后填土的性质、墙背倾斜方向等因素有关。土压力的计算理论主要有古典的朗肯（Rankine，1857）理论和库仑（CoMlomb，1773）理论。挡土墙模型实验、原型观测和理论研究表明：在相同条件下，主动土压力小于静止土压力，而静止土压力又小于被动土压力，亦即 $E_a < E_o < E_p$。

一、静止土压力的计算

设一土层，表面是水平的，土的容重为 γ，设此土体为弹性状态，在半无限土体内任取出竖直平面 $A'B'$，此面在几何面上及应力分布上都是对称的平面。对称平面上不应有剪应力存在，所以，竖直平面和水平平面都是主应力平面。

在深度 z 处，作用在水平面上的主应力为：$\sigma_z = \gamma \cdot z$

在竖直面的主应力为：

$$\sigma_x = k_0 \cdot \gamma \cdot z \tag{1}$$

式中　k_0——土的静止侧压力系数。

σ_x 即为作用在竖直墙背 $A'B'$ 上的静止土压力，即：与深度 z 呈线性直线分布。

可见：静止土压力与 z 成正比，沿墙高呈三角形分布。

单位长度的挡土墙上的静压力合力 E_o 为：

$$E_o = \frac{1}{2}\gamma \cdot H^2 \cdot K_0$$

式中　H——挡土墙的高度，单位 m。

可见：总的静止土压力为三角形分布图的面积，如图 2-1 所示。

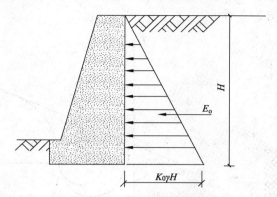

图 2-1　静止土压力分布示意图

E_o 的作用点位于墙底面以上 $H/3$ 处。

静止侧压力系数 K_0 的数值可通过室内的或原位的静止侧压力试验测定。其物理意义：在不允许有侧向变形的情况下，土样受到轴向压力增量 $\Delta\sigma_1$ 将会引起侧向压力的相应增量 $\Delta\sigma_3$，比值 $\Delta\sigma_3/\Delta\sigma_1$ 称为土的侧压力系数 ξ 或静止土压力系数 K_0。

$$\xi = K_0 = \frac{\Delta\sigma_3}{\Delta\sigma_1}$$

室内测定方法：

（1）压缩仪法：在有侧限压缩仪中装有测量侧向压力的传感器。

（2）三轴压缩仪法：在施加轴向压力时，同时增加侧向压力，使试样不产生侧向变形。

上述两种方法都可得出轴向压力与侧向压力的关系曲线，其平均斜率即为土的侧压力系数。

对于无黏性土及正常固结黏土也可用下式近似地计算：

$$K_0 = 1 - \sin\varphi'$$

式中　φ'——填土的有效摩擦角，单位为(°)。

对于超固结黏性土：

$$(K_0)_{O \cdot C} = (K_0)_{N \cdot C} + (OCR)^m$$

式中　$(K_0)_{O \cdot C}$——超固结土的 K_0 值；

　　　$(K_0)_{N \cdot C}$——正常固结土的 K_0 值；

　　　OCR——超固结比；

　　　m——经验系数，一般可用 $m = 0.41$。

二、朗肯土压力理论

（一）基本原理

朗肯研究自重应力作用下，半无限土体内各点的应力从弹性平衡状态发展为极限平衡状态的条件，提出计算挡土墙土压力的理论。

(二) 假设条件

(1) 挡土墙背垂直;

(2) 墙后填土表面水平;

(3) 挡墙背面光滑即不考虑墙与土之间的摩擦力。

(三) 分析方法

土体受力示意图如图 2-2 所示。

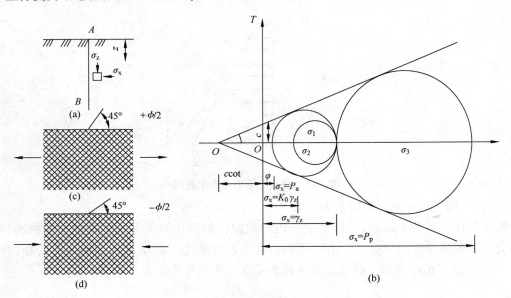

图 2-2 土体受力示意图

(1) 当土体静止不动时, 深度 z 处土单元体的应力为 $\sigma_z = \gamma z$, $\sigma_x = K_0 \gamma z$。

(2) 当代表土墙墙背的竖直光滑面 AB 面向外平移时, 右侧土体的水平应力 σ_x 逐渐减小, 而 σ_z 保持不变。当 AB 位移至 $A'B'$ 时, 应力圆与土体的抗剪强度包线相交——土体达到主动极限平衡状态。此时, 作用在墙上的土压力 σ_z 达到最小值, 即为主动土压力 P_a。

(3) 当代表土墙墙背的竖直光滑面 AB 面在外力作用下向填土方向移动, 挤压土时, σ_x 将逐渐增大, 直至剪应力增加到土的抗剪强度时, 应力圆又与强度包线相切, 达到被动极限平衡状态。此时作用在 $A'B'$ 面上的土压力达到最大值, 即为被动土压力, P_p。

(四) 水平填土面的朗肯土压力计算

1. 主动土压力

如图 2-3(a) 所示, 当墙后填土达主动极限平衡状态时, 作用于任意 z 处土单元上的 $\sigma_z = \gamma z = \sigma_1$, $\sigma_x = P_a = \sigma_3$, 即 $\sigma_z > \sigma_x$。

(1) 无黏性土

将 $\sigma_1 = \sigma_z = \gamma z$, $\sigma_3 = P_a$ 代入无黏性土极限平衡条件: $\sigma_3 = \sigma_1 \tan^2 \left(45° - \dfrac{\varphi}{2} \right) = \gamma z K_a$, 式中: $K_a = \tan^2 \left(45° - \dfrac{\varphi}{2} \right)$ 为朗肯主动土压力系数。

P_a 的作用方向垂直于墙背, 沿墙高呈三角形分布, 当墙高为 $H(z = H)$, 则作用于单位墙高度上的总土压力 $E_a = \dfrac{\gamma H^2}{2} K_a$, E_a 垂直于墙背, 作用点在距墙底 $H/3$ 处, 如图 2-3(b) 所示。

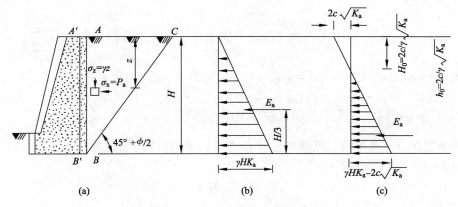

图 2-3　主动土压力受力示意图

（2）黏性土

将 $\sigma_1 = \sigma_r = \gamma z$，$\sigma_3 = P_a$，代入黏性土极限平衡条件：

$\sigma_3 = \sigma_1 \tan^2\left(45° - \dfrac{\varphi}{2}\right) - 2c \cdot \tan\left(45° - \dfrac{\varphi}{2}\right)$ 得

$$Pa = \sigma_1 \tan^2\left(45° - \frac{\varphi}{2}\right) - 2c \cdot \tan\left(45° - \frac{\varphi}{2}\right) = \gamma z k_a - 2c \sqrt{K_a}$$

式中　　c ——黏结力，MPa。

说明：黏性土得主动土压力由两部分组成，第一项：$\gamma z K_a$ 为土重产生的，是正值，随深度呈三角形分布；第二项为黏结力 c 引起的土压力 $2c\sqrt{K_a}$，是负值，起减少土压力的作用，其值是常量，见图 2-3（c）。

总主动土压力 E_a 应为图 2-3（c）三角形之面积，即：

$$E_a = \frac{1}{2}\left[\left(\gamma H k_a - 2c \cdot \sqrt{K_a}\right)\left(H - \frac{2c}{r\sqrt{K_a}}\right)\right] = \frac{1}{2}\gamma H^2 k_a - 2cH\sqrt{K_a} + \frac{2c^2}{\gamma}$$

E_a 作用点则位于墙底以上 $\dfrac{1}{3}(H - h_0)$ 处，其中临界深度 $h_0 = \dfrac{2c}{\gamma\sqrt{K_a}}$。

2. 被动土压力

图 2-4（a）当墙后土体达到被动极限平衡状态时，$\sigma_x > \sigma_z$，则 $\sigma_1 = \sigma_h = P_p$，$\sigma_3 = \sigma_z = \gamma z$。

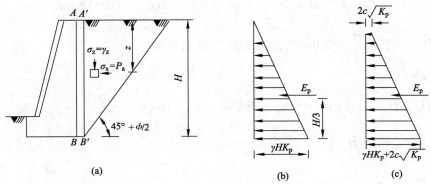

图 2-4　被动土压力受力示意图

（1）无黏性土

将 $\sigma_1 = P_p$，$\sigma_3 = \gamma z$ 代入无黏性土极限平衡条件式中 $\sigma_1 = \sigma_3 \tan^2\left(45° + \dfrac{\varphi}{2}\right)$

可得：$P_p = \gamma z \tan^2\left(45° + \dfrac{\varphi}{2}\right) = \gamma z K_p$

式中：$K_p = \tan^2\left(45° + \dfrac{\varphi}{2}\right)$ 为朗肯被动土压力系数。

P_p 沿墙高低分布及单位长度墙体上土压力合力 E_p 作用点的位置均与主动土压力相同，见图 2-4（b）。

$$E_p = 1/2\gamma H^2 K_p$$

墙后土体破坏，滑动面与小主应力作用面之间的夹角 $\alpha = 45° - \dfrac{\varphi}{2}$，两组破裂面之间的夹角则为 $90° + \varphi$。

（2）黏性土

将 $P_p = \sigma_1$，$\gamma z = \sigma_3$ 代入黏性土极限平衡条件 $\sigma_1 = \sigma_3 \tan^2\left(45° + \dfrac{\varphi}{2}\right) + 2c \cdot \tan\left(45° + \dfrac{\varphi}{2}\right)$

可得：$P_p = \gamma z \tan^2\left(45° + \dfrac{\varphi}{2}\right) + 2c \cdot \tan\left(45° + \dfrac{\varphi}{2}\right) = \gamma z K_p + 2c \cdot \sqrt{K_p}$

黏性填土的被动压力也由两部分组成，都是正值，墙背与填土之间不出现裂缝；叠加后，其压力强度 P_p 沿墙高呈梯形分布；总被动土压力为：

$$E_p = 1/2\gamma H^2 K_p + 2cH\sqrt{K_p}$$

E_p 的作用方向垂直于墙背，作用点位于梯形面积重心上。如图 2-4（c）所示。

3. 计算案例

例1：已知某混凝土挡土墙，墙高为 $H = 6.0\text{m}$，墙背竖直，墙后填土表面水平，填土的重度 $\gamma = 18.5\text{kN/m}^3$，$\varphi = 20°$，$c = 19\text{kPa}$。试计算作用在此挡土墙上的静止土压力、主动土压力和被动土压力，并绘出土压力分布图。

解：（1）静止土压力：
取 $K_0 = 0.5$，$P_0 = \gamma z K_0$，

$$E_o = 1/2\gamma H^2 K_0 = \frac{1}{2} \times 18.5 \times 6^2 \times 0.5 = 166.5\text{kN/m}$$

E_o 作用点位于下 $\dfrac{H}{2} = 2.0\text{m}$ 处，如例图 2-5（a）所示。

（2）主动土压力：

根据朗肯主压力公式：$P_a = \gamma z K_a - 2c\sqrt{K_a}$，$K_a = \tan\left(45° - \dfrac{\varphi}{2}\right)$，

$$E_a = \frac{1}{2}\gamma H^2 K_a - 2cH\sqrt{K_a} + \frac{2c^2}{\gamma} = 42.6\text{kN/m}；$$

临界深度：$Z_0 = \dfrac{2c}{\gamma\sqrt{K_a}} = 2.93\text{m}$。

E_a 作用点距墙底:

$\frac{1}{3}(H - h_0) = \frac{1}{3}(6.0 - 2.93) = 1.02\mathrm{m}$ 处,如图 2-5(b)所示。

(3)被动土压力:

$$E_p = 1/2\gamma H^2 K_p + 2cH\sqrt{K_p} = 1005\mathrm{kN/m}$$

墙顶处土压力:$P_{a1} = 2c\sqrt{K_p} = 54 \cdot 34\mathrm{kPa}$;

墙底处土压力为:$P_b = \gamma H K_p + 2c\sqrt{K_p} = 280.78\mathrm{kPa}$。

总被动土压力作用点位于梯形底重心,距墙底 2.32m 处,见图 2-5(c)所示。

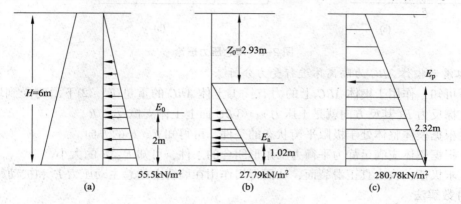

图 2-5 土压力计算

讨论:(1)由此例可知,挡土墙底形成、尺寸和填土性质完全相同,但 $E_o = 166.5\mathrm{kN/m}$,$E_a = 42.6\mathrm{kN/m}$,即:$E_o \approx 4E_a$,或 $E_a = \frac{1}{4}E_0$。

因此,在挡土墙设计时,尽可能使填土产生主动土压力,以节省挡土墙的尺寸、材料、工程量与投资。

(2)$E_a = 42.6\mathrm{kN/m}$,$E_p = 1005\mathrm{kN/m}$,$E_p > 23E_a$。因产生被动土压力时挡土墙位移过大为工程所不许可,通常只利用被动土压力的一部分,其数值已很大。

三、库仑土压力理论

(一)方法要点

1. 假设条件

(1)墙背倾斜,具有倾角 α;

(2)墙后填土为砂土,表面倾角为 β;

(3)墙背粗糙有摩擦力,墙与土间的摩擦角为 δ,且($\delta \ll \varphi$);

(4)平面滑裂面假设:当墙面向前或向后移动,使墙后填土达到破坏时,填土将沿两个平面同时下滑或上滑;一个是墙背 AB 面,另一个是土体内某一滑动面 BC。设 BC 面与水平面成 θ 角,见图 2-6。

(5)刚体滑动假设:将破坏土楔 ABC 视为刚体,不考虑滑动楔体内部的应力和变形条件。

(6)楔体 ABC 整体处于极限平衡条件。

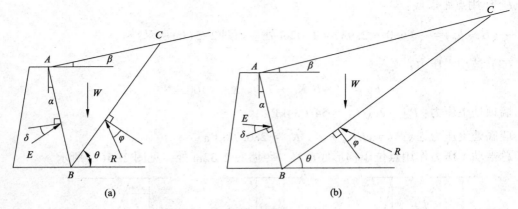

图 2-6 库仑压力理论

2. 取滑动楔体 ABC 为隔离体进行受力分析

分析可知，作用于楔体 ABC 上的力有：①土体 ABC 的重量 W；②下滑时受到墙面 AB 给予的支撑反力 E（其反方向就是土压力）；③BC 面上土体支撑反力 R。

（1）根据楔体整体处于极限平衡状态的条件，可得知 E、R 的方向。

（2）根据楔体应满足静力平衡力三角形闭合的条件，可知 E、R 的大小

（3）求极值，找出真正滑裂面，从而得出作用在墙背上的总主动压力 E_a 和被动压力 E_p。

（二）数解法

1. 无黏土的主动压力（图 2-7，图 2-8）

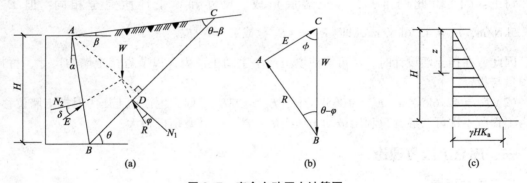

图 2-7 库仑主动压力计算图

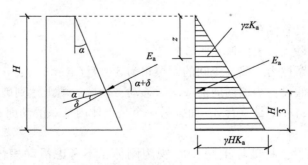

图 2-8 库仑主动土压力强度分布

设挡土墙墙后为无黏性填土。

取土楔 ABC 为隔离体，根据静力平衡条件，作用于隔离体 ABC 上的力 W、E、R 组成力

的闭合三角形。

根据几何关系可知：

W 与 E 之间的夹角 $\varphi = 90° - \delta - \alpha$；

W 与 R 之间的交角为 $\theta - \phi$；

利用正弦定律可得：$\dfrac{E}{\sin(\theta - \phi)} = \dfrac{W}{\sin[180° - (\theta - \phi +)]}$

$$E = \frac{W\sin(\theta - \phi)}{\sin(\theta - \phi + \varphi)}$$

式中　　$W = \gamma \cdot \Delta ABC = \dfrac{\gamma H^2}{2} \dfrac{\cos(\alpha - \beta) \cdot \cos(\theta - \alpha)}{\cos^2\alpha \cdot \sin(\theta - \beta)}$

由此式可知：①若改变 θ 角，即假定有不同的滑体面 BC，则有不同的 W、E 值；即：$E = f(\theta)$；②当 $\theta = 90° + \alpha$ 时，即 BC 与 AB 重合，$W = 0$，$E = 0$；当 $\theta = \phi$ 时，R 与 W 方向相反，$P = 0$。因此，当 θ 在 $90° + \alpha$ 和 ϕ 之间变化时，E 将有一个极大值，令：$\dfrac{\mathrm{d}E}{\mathrm{d}\theta} = 0$，

将求得的 θ 值代入 $E = \dfrac{W\sin(\theta - \phi)}{\sin(\theta - \phi - \varphi)}$，得：

$$E_\mathrm{a} = \frac{1}{2}\gamma H^2 K_\mathrm{a}$$

式中　　$K_\mathrm{a} = \dfrac{\cos^2(\phi - \alpha)}{\cos^2\alpha \cdot \cos(\alpha + \delta)\left[1 + \sqrt{\dfrac{\sin(\phi + \delta) \cdot \sin(\phi - \beta)}{\cos(\alpha + \delta) \cdot \cos(\alpha - \beta)}}\right]^2}$，库仑主动土压力系数。

当 $\alpha = 0$，$\delta = 0$，$\beta = 0$ 时；由 $E_\mathrm{a} = \dfrac{1}{2}\gamma H^2 K_\mathrm{a}$ 得出：

$$E_\mathrm{a} = \frac{1}{2}\gamma H^2 \mathrm{tg}^2\left(45° - \frac{\phi}{2}\right)$$

可见：与朗肯总主动土压力公式完全相同，说明在 $\alpha = 0$，$\delta = 0$，$\beta = 0$ 这种条件下，库仑与朗肯理论的结果是一致的。

关于土压力强度沿墙高的分布形式，$P_{\mathrm{a}(z)} = \dfrac{\mathrm{d}E_\mathrm{a}}{\mathrm{d}z}$，即：

$$P_{\mathrm{a}(z)} = \frac{\mathrm{d}E_\mathrm{a}}{\mathrm{d}z} = \frac{\mathrm{d}}{\mathrm{d}z}\left(\frac{1}{2}\gamma z^2 k_\mathrm{a}\right) = \gamma \cdot z \cdot K_\mathrm{a}$$

可见：$P_{\mathrm{a}(z)}$ 沿墙高呈三角形分布，E_a 作用点在距墙底 $1/3H$ 处。

但这种分布形式只表示土压力大小，并不代表实际作用墙背上的土压力方向。而沿墙背面的压强则为 $\gamma \cdot z \cdot K_\mathrm{a} \cdot \cos\alpha$。

2. 无黏性土的被动土压力（图 2-9，图 2-10）

用同样的方法可得出总被动土压力 E_p 值为：

$$E_\mathrm{p} = \frac{1}{2}rH^2 K_\mathrm{p}$$

式中　　$k_\mathrm{p} = \dfrac{\cos^2(\varphi + \alpha)}{\cos^2\alpha \cdot \cos(\alpha - \delta)\left[1 - \sqrt{\dfrac{\sin(\varphi + \delta) \cdot \sin(\varphi + \beta)}{\cos(\alpha - \delta) \cdot \cos(\alpha - \beta)}}\right]^2}$，库仑被动土压力系数。

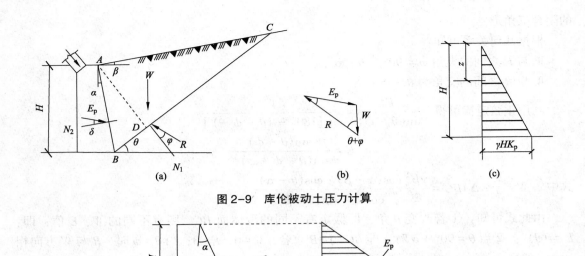

图 2-9　库伦被动土压力计算

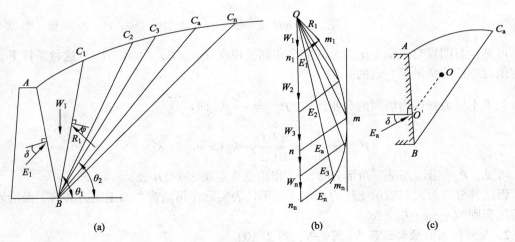

图 2-10　库伦被动土压力分布

被动土压力强度 P_{p2} 沿墙也呈三角形分布。

(三)图解法

当填土为 $C \neq 0$ 的黏土或填土面不是平面,而是任意折线或曲线形状时,前述库仑公式就不能应用,而用图解法。

1. **基本方法**(图 2-11)

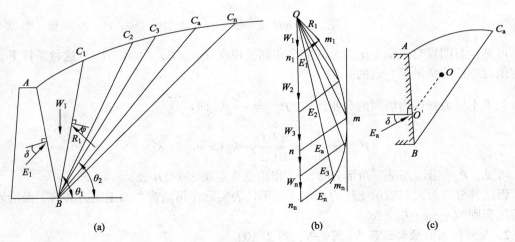

图 2-11　图解法求主动压力分布

在墙的填土中任选一与水平面夹角为 θ_1 的滑裂面 AC_1,则可求出土楔 ABC_1,重量 W_1 的大小和方向,以及反力 E_1 及 R_1 的方向,从而绘制闭合的力三角形,并进而求出 E_1 的大小。然后再任选多个不同的滑裂面 AC_2,AC_3,$AC_4 \cdots AC_n$,同理绘出各个闭合的力三角形,并得出相应的 E_2,$E_3 \cdots E_n$ 值。

将这些力三角形的顶点连成曲线 m_1m_2,作 m_1m_2 的竖起切线(平行 W 方向),得到切点

m，自 m 点作 E 方向的平等线交 OW 线于 n 点，则 mn 所代表的 E 值为诸多 E 值中的最大值，即为 E_a 值。

关于 E_a 作用点的位置：上述图解法不能确定。为此，太沙基（1943）建议：在得出滑裂面 AC_a 后，再找出滑裂体 ABC_a 的重心 O，过 O 点作 AC_a 的平行线交墙背于 O' 点，则 O' 点即为 E_a 作用点。

2. 库仑图解法（图 2-12）

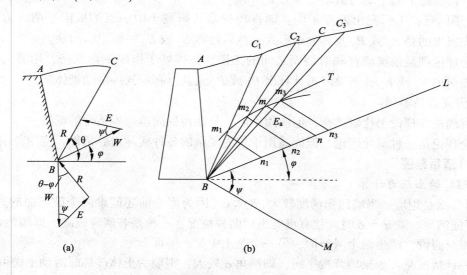

图 2-12　库仑图解法

库仑图解法是对上述基本方法的一种改进与简化。把上述闭合三角形的顶点直接放在墙根 A 处，并逆时针方向旋转 $90° + \varphi$，使得矢量 R 的方向与所假定的滑裂面相一致。

3. 黏性填土的土压力

库仑土压力理论原来只适用于无黏性土，对黏性土可用图解法求解，但要考虑土体破坏面上及墙背与填土之间的凝聚力。在填土上部 Z_0 深度范围内可能产生受拉裂缝，Z_0 值可由朗肯公式确定 $\left(Z_0 = \dfrac{2c}{r\sqrt{K_a}} \right)$，在 Z_0 范围内的破坏面和墙背上的 δ、$\alpha = 0$。

假定破裂面为 ADC 时，作用在滑动楔体上的力有：

（1）土体重 W；

（2）沿墙背面上的凝聚力 $\overline{c} = c_w \cdot \overline{AF}$，其中 c_w 为墙背与填土间的单位凝聚力，其值小于或等于填土的凝聚力；

（3）破裂面上的反力 R；

（4）破裂面上的凝聚力 $c = c \cdot \overline{AD}$，$c$ 为填土的单位凝聚力；

（5）墙背上的反力 E。

以上诸力的方向是已知的，其中 $w/\overline{c}$ 和 c 的大小也已知，由平衡矢量多边形可得 E 的值。

重复试算一系列破裂面，得到 E 的最大值，即为待求的主动土压力 E_a。

四、朗肯理论与库仑理论的比较

朗肯和库仑两种土压力理论都是研究压力问题的简化方法，两者存在着异同。

(一) 分析方法的异同

(1) 相同点：朗肯与库仑土压力理论均属于极限状态，计算出的土压力都是墙后土体处于极限平衡状态下的主动与被动土压力 E_a 和 E_p。

(2) 不同点：①研究出发点不同：朗肯理论是从研究土中一点的极限平衡应力状态出发，首先求出的是 P_a 或 P_p 及其分布形式，然后计算 E_a 或 E_p —极限应力法。

库仑理论则是根据墙背和滑裂面之间的土楔，整体处于极限平衡状态，用静力平衡条件，首先求出 E_a 或 E_p，需要时再计算出 P_a 或 P_p 及其分布形式—滑动楔体法。

② 研究途径不同：

朗肯理论在理论上比较严密，但应用不广，只能得到简单边界条件的解答。

库仑理论是一种简化理论，但能适用于较为复杂的各种实际边界条件，应用范围广。

(二) 适用范围

1. 坦墙的土压力计算

(1) 什么是坦墙。当墙面粗糙度较大，$\delta \ll \varphi$（因为库仑前述假设两个破坏面的条件为 $\delta \ll \varphi$）不能满足，或 $\varphi \approx \delta$ 时，就有可能出现两种情况：一种是若墙背较陡，即倾角 α 较小，则满足库仑假设，产生两个滑裂面，另一个是土中某一平面。

另一种情况是：如果墙背较平缓，即倾角 α 较大，则墙后土体破坏时滑动土楔可能不再沿墙背滑动，而是沿 BC 和 BD 面滑动，两个面将均发生在土中。

称 BD 为第一滑裂面，称 BC 为第二滑裂面，工程上把出现滑裂面的挡土墙定义为坦墙。

这时，土体 BCD 处于极限平衡状态，而土体 ABC 则尚未达到极限平衡状态，将随墙一起位移。

对于坦墙，库仑公式只能首先求出作用于第二滑裂面 BC 上的土压力 E'_a，而作用于墙背 AB 面的主动压力 E_a 则是 E'_a 土体 ABC 重力的合力。

判断能否产生第二滑裂面的公式：

当 $\alpha < \alpha_{er}$ 时，不能产生；当 $\alpha > \alpha_{er}$ 时，则能产生第二滑裂面。注：α 为墙背倾角；α_{er} 为临界倾斜角。

研究表明：$\alpha_{er} = f(\delta \cdot \varphi \cdot \beta)$

当 $\delta = \varphi$ 时，$\alpha_{er} = 45° - \dfrac{\varphi}{2} + \dfrac{\beta}{2} - \dfrac{1}{2}\sin^{-1}\dfrac{\sin\beta}{\sin\varphi}$

当填土面水平（$\delta = \varphi$）即 $\beta = 0$ 时，则：$\alpha_{er} = 45° - \dfrac{\varphi}{2}$。

(2) 坦墙土压力计算方法。对于填土面为平面的坦墙（$\alpha > \alpha_{er}$），朗肯与库仑两种土压力理论均可应用。

对于 $\beta = 0$，$\delta = \varphi$ 的坦墙：

① 按库仑理论计算：根据 $\alpha_{er} = 45° - \dfrac{\varphi}{2}$，则墙后的两滑裂面过墙根 C 点且 CB 与 CB' 面对称于 CD 面，$\angle BCD = \angle B'CD = 45° - \dfrac{\varphi}{2}$。

根据库仑理论，可求出作用在 BC 面(第二滑裂面上的土压力 E'_a 的大小和方向(与 BC 面的法线呈 φ 角)。

作用于墙面 AC 上的土压力 E_a 就为土压力 E'_a(库)与土体 ABC 的重力 W 的向量和。

② 按朗肯理论计算：由于 BC，$B'C$ 两面对称 CD 面；故 CD 面为无剪应力的光滑面，符合朗肯土压力理论。

应用：$E_a = \dfrac{1}{2}\gamma H^2 K_a$(朗式)求出作用于 CD 面上的朗肯土压力 E'_a(朗)，其方向为水平。

作用于墙背 AC 面的土压力 E_a 应是土压力 E'_a(朗)与土体 ACD 的重力 W 之向量和。

2. 朗肯理论的应用范围

(1) 墙背与填土条件。①墙背垂直、光滑，墙后填土面水平：即 $\alpha = 0$，$\delta = 0$，$\beta = 0$；②墙背垂直，填土面为倾斜平面：即 $\alpha = 0$，$\beta \neq 0$，但 $\beta < \varphi$ 且 $\delta > \beta$；③坦墙，$\alpha > \alpha_{er}$；④适应于"∠"形钢筋混凝土挡土墙计算。

(2) 地质条件。黏性土和无黏性土均可用。除墙背垂直，填土面为倾斜平面，填土为黏性土外，均有公式直接求解。

3. 库仑理论的应用范围

(1) 墙背与填土面条件。①可用于 $\alpha \neq 0$，$\beta \neq 0$，$\delta \neq 0$ 或 $\alpha = \beta = \delta = 0$ 的任何情况；②坦墙，填土形式不限。

(2) 地质条件。数解法一般只用于无黏性土；图解法则对于无黏性土或黏性土均可方便应用。

(三)计算误差

1. 朗肯理论

朗肯假定墙背与土无摩擦，$\delta = 0$，因此计算所得的主动压力系数 K_a 偏大，而被动土压力系数 K_p 偏小。

2. 库仑理论

库仑理论考虑了墙背与填土的摩擦作用，边界条件是正确的，但却把土体中的滑动面假定为平面，与实际情况和理论不符。一般来说计算的主动压力稍偏小，被动土压力偏高。

总之，对于计算主动土压力，各种理论的差别都不大。当 δ 和 φ 较小时，在工程中均可应用；而当 δ 和 φ 较大时，其误差增大。

第二节　特定地面荷载下(均布、集中等)土压力分布与计算

当挡土墙后填土表面有连续均布荷载 q 作用时，可将均布荷载换算成当量土重，其土压力强度比无均布荷载时增加一项 qk_a 即可。墙底的土压力强度为：$a(q + \gamma H)k_a$，实际的土压力分布图为梯形 abcd 部分；土压力作用点在梯形的重心。

当填土表面承受有局部均布荷载时，通常可采用近似方法处理，从局部均布荷载的两端 o 点及 m 点作两条辅助线 oa 和 mc，且与水平面成 $45° + \dfrac{\varphi}{2}$ 角。认为 a 点以上和 c 点以下的土压力都不受地面荷载影响，ac 间的土压力按均布荷载对待，对墙背产生的附加土压力强度为 qk_a。

第三节　不同挡土结构条件下土压力分布

一、定义及分类

挡土结构是一种常见的岩土工程建筑物，它是为了防止边坡的坍塌失稳，保护边坡的稳定，人工完成的构筑物。

常用的支挡结构有重力式、悬臂式、扶臂式、锚杆式和加筋土式等类型。

挡土墙按其刚度和位移方式分为刚性挡土墙、柔性挡土墙和临时支撑三类。

（一）刚性挡土墙

指用砖、石或混凝土所筑成的断面较大的挡土墙。

由于刚度大，墙体在侧向土压力作用下，仅能发生整体平移或转动的挠曲变形则可忽略。墙背受到的土压力呈三角形分布，最大压力强度发生在底部，类似于静水压力分布。

（二）柔性挡土墙

当墙身受土压力作用时发生挠曲变形。

（三）临时支撑

边施工边支撑的临时性。

二、墙体位移与土压力类型

墙体位移是影响土压力诸多因素中最主要的。墙体位移的方向和位移量决定着所产生的土压力性质和土压力大小。

（一）静止土压力（E_0）

墙受侧向土压力后，墙身变形或位移很小，可认为墙不发生转动或位移，墙后土体没有破坏，处于弹性平衡状态，墙上承受土压力称为静止土压力 E_0。

（二）主动土压力（E_A）

挡土墙在填土压力作用下，向着背离填土方向移动或沿墙跟的转动，直至土体达到主动平衡状态，形成滑动面，此时的土压力称为主动土压力。

（三）被动土压力（E_P）

挡土墙在外力作用下向着土体的方向移动或转动，土压力逐渐增大，直至土体达到被动极限平衡状态，形成滑动面。此时的土压力称为被动土压力 E_P。

同样高度填土的挡土墙，作用有不同性质的土压力时，有如下的关系：

$$E_P > E_0 > E_a$$

在工程中需定量地确定这些土压力值。

Terzaghi（1934）曾用砂土作为填土进行了挡土墙的模型试验，后来一些学者用不同土作为墙后填土进行了类似的实验。

实验表明：当墙体离开填土移动时，位移量很小，即发生主动土压力。该位移量对砂土约 $0.001h$（h 为墙高），对黏性土约 $0.004h$。

当墙体从静止位置被外力推向土体时，只有当位移量大到相当值后，才达到稳定的被动土压力值 E_p，该位移量对砂土约需 $0.05h$，黏性土填土约需 $0.1h$，而这样大小的位移量实际上对工程常是不容许的。

第四节　复杂条件下挡土结构计算模型和数值分析方法

在自然和人工边坡岩土体的支挡结构形式中，重力式挡土墙是最简单、人类采用最早和应用最多一种结构。主动土压力的大小是挡土墙截面尺寸设计的主要依据，目前，挡土墙主动土压力的设计计算通常是建立在极限平衡理论的基础上，采用了平面破裂面的假定，主要有经典的朗肯理论及库仑理论，但前者只适用于以下几种情况土压力的计算：墙背垂直、光滑，墙后填土面水平，即 $\alpha=0$，$\delta=0$，$\beta=0$；墙背垂直、粗糙，填土面倾斜，即 $\alpha=0$，$\beta\neq 0$，但 $\beta<\varphi$ 且 $\delta>\beta$；墙面平坦，即 $\alpha>\alpha_{cr}$；"L"形钢筋混凝土挡土墙；而后者的理论解只适用于墙后填土为无黏性土的情况。而实际工程条件往往难以与二者的适用条件相符，故设计计算中常采用基于两种理论的简化或近似处理方法来求解主动土压力，如图解法、等值内摩擦角法等。无疑这样会使计算结果与实际值带来一些偏差，甚至差别很大。经典的朗肯和库仑土压力理论计算的土压力与实测结果间往往会存在较大差异已是岩土工程界的共识。为此，许多学者对其进行改进或探索其他计算方法，如考虑了裂缝的影响，建立了墙背及填土面倾斜的黏填土滑动楔体整体极限平衡力学方程，导出了主动土压力的库仑改进解，有效提高了复杂条件下主动土压力的计算精度，但其忽略了裂缝深度范围以上墙后一小部分填土的重力影响。

第三章 桩墙式挡土结构设计计算

对于建构筑物密集、地下管线繁多的城市中心地区来说，基坑工程的安全与环境变形往往会有较大影响，因此相关的控制要求必须要保持严格。因此，为了确保基坑工程安全，不仅要采用可靠的支护方案和施工技术，还要保证现场数据的及时性，这对研判的准确性起着至关重要的作用。基于此，基坑挡土结构侧向变形数据作为必测项目，通常都被定义为反映挡土结构安全与对周边环境影响的重要指标之一。

一般情况下，当面临复杂工况时，挖掘与分析挡土结构变形实测数据，可以有助于判断基坑工程的安全状态及潜在风险。对此，在有关基坑变形的研究领域，理论研究往往主要集中在变形的解析与数值解以及基于实测数据统计和工程经验得到的半理论半经验计算公式等方面，且大都局限于几种经典的、规则的、理想化的曲线研究；其中实测反分析被广泛应用于岩土工程领域的信息化施工和地层力学参数的反演，但往往只针对某个具体工程，且参数反演的效率、准确性和实时性受理论模型制约使其现场应用受到较大限制。

事实上，我国大量的基坑工程案例已经使得工程人员积累了大量的实测数据以及关于挡土结构变形的共性认识，并自觉用于实际工程之中。存在的问题是缺少系统总结与深入的数据挖掘。当面对海量的工程数据时，依靠现场技术人员的人工判断大大限制了基坑工程信息化施工的效率。

概言之，基坑挡土结构的侧向变形数据是反映基坑工程安全与环境控制的重要指标之一。由于现场地质条件与施工过程的复杂性，实际发生的挡土结构变形与设计计算结果在变形值大小及分布形态上存在差异。基于工程经验及挡土结构的受力变形原理，总结归纳了挡土结构典型的变形模式及其特征，在此基础上，基于贝叶斯概率准则实现对挡土结构实测变形的整体模式及局部模式识别。依此不仅可判明实际施工工况的变化或可能存在的工程缺陷，同时由于其可以提供非正常变形模式的预警，从而弥补了现行规范中仅以变形大小和速率为预警指标的不足，对于提高信息化施工的准确性和及时性具有重要意义。

第一节 悬臂式排桩/桩墙

一、挡土墙的类型

挡土墙按照墙的结构形式，挡土墙可分为重力式、衡重式、半重力式、悬臂式、扶壁式、锚杆式、桩板式、垛式等类型。其中，重力式、衡重式多用石砌。半重力式用混凝土浇筑，视需要也可以在受拉区加少量钢筋，以节省圬工。其他类型多用钢筋混凝土就地制作或预制拼装。

二、几种主要类型挡土墙的比较

重力式挡土墙依靠墙体自身重力抵抗侧向土压力，可以砌石，可以混凝土现浇，且施工简便，是目前应用最为广泛的挡土墙形式。衡重式挡土墙构造上利用衡重台上部填土的重力使墙体重心后移以抵抗土体侧向压力，其基础相对重力式挡土墙较小，填土高度也较高。悬臂式挡土墙由立壁、趾板及踵板三个钢筋混凝土构件组成，其主要靠底板上的填土重量来维持墙体稳定，适用于松软地基。桩板式挡土墙由钢筋混凝土桩及其桩间挡土板构成，适用于土压力大，基础大开挖条件差的支护。实际工程应用中，介于地质条件与现场施工条件往往错综复杂，因此不同的条件适宜组合考虑，以求技术、经济上的综合最优。

由于其对各种地质条件的适应性、施工简单易操作且设备投入一般不是很大，在我国排桩式支护是应用较多的一种。排桩通常多用于坑深 7~15m 的基坑工程，做成排桩挡墙，顶部浇筑砼圈梁，它具有刚度较大、抗弯能力强、变形相对较小，施工时无振动、噪声小，无挤土现象，对周围环境影响小等特点。当工程桩也为灌注桩时，可以同步施工，从而有利于施工组织、工期短。当开挖影响深度内地下水位高且存在强透水层时，需采用隔水措施或降水措施。当开挖深度较大或对边坡变形要求严格时，需结合锚拉系统或支撑系统使用。

排桩支护依其结构形式可分为悬臂式支护结构、与(预应力)锚杆结合形成桩锚式和与内支撑(砼支撑、钢支撑)结合形成桩撑式支护结构。

(一)悬臂式排桩支护结构

悬臂式支护结构(图 3-1)主要是根据基坑周边的土质条件和环境条件的复杂程度选用，其技术关键之一是严格控制支护深度。根据深圳地区的经验，悬臂式支护结构适用于开挖深度不超过 10m 的黏土层，不超过 5m 的砂性土层，以及不超过 4~5m 的淤泥质土层。

图 3-1 悬臂式维护结构示意图

优点：结构简单，施工方便，有利于基坑采用大型机械开挖。

缺点：相同开挖深度的位移大，内力大，支护结构需要更大截面和插入深度。

适用范围：场地土质较好，有较大的 c、φ 值，开挖深度浅且周边环境对土坡位移要求不严格。

(二)内撑式排桩支护结构

内撑式支护结构由支护结构体系和内撑体系两部分组成。支护结构体系常采用钢筋混凝土桩排桩墙、SMW 工法、钢筋混凝土咬合桩等形式。内撑体系可采用水平支撑和斜支撑。根据不同开挖深度又可采用单层水平支撑、二层水平支撑及多层水平支撑，分别如图 3-2 (a)、(b)及(d)所示。当基坑平面面积很大，而开挖深度不太大时，宜采用单层斜支撑，如图 3-2(c)所示。

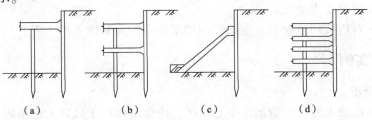

（a）　　　　（b）　　　　（c）　　　　（d）

图 3-2 内支撑结构示意图

内撑常采用钢筋混凝土支撑和钢管或型钢支撑两种。钢筋混凝土支撑体系的优点是刚度好、变形小，而钢管支撑的优点是钢管可以回收，且加预压力方便。内撑式支护结构适用范围广，可适用各种土层和基坑深度，如在空间结构体系中的应用。

内支撑结构造价比锚杆低。但对地下室结构施工及土方开挖有一定的影响。但是在特殊情况下，内支撑式结构具有显著的优点。空间结构内撑体系示意图如图3-3所示。

图3-3　空间结构内撑体系示意图

1. 桩撑支护结构的优点

（1）施工质量易控制，工程质量的稳定程度高；

（2）内撑在支撑过程中是受压构件，可充分发挥出混凝土受压强度高的性能特点，达到经济的目的；

（3）桩撑支护结构的适用土性范围广泛，尤其适合在软土地基中采用。

2. 桩撑支护结构的缺点

（1）内撑形成必要的强度以及内撑的拆除都需占据一定工期；

（2）基坑内布置的内撑减小了作业空间，增加了开挖、运土及地下结构施工的难度，不利于提高劳动效率和节省工期，随着开挖深度的增加，这种不利影响更明显；

（3）当基坑平面尺寸较大时，不仅要增加内撑的长度，内撑的截面尺寸也随之增加，经济性较差。

3. 桩撑支护结构的适用范围

（1）适用于侧壁安全等级为一、二、三级的各种土层和深度的基坑支护工程，特别适合在软土地基中采用；

（2）适用于平面尺寸不太大的深基坑支护工程，对于平面尺寸较大的，可采用空间结构支撑改善支撑布置及受力情况；

（3）适用于对周围环境保护及变形控制要求较高的深基坑支护工程。

三、工程实例

（一）项目概况

清远静福路市政工程位于清远市中心城区，南北走向位于凤翔大道东侧，设计道路与现状静福路（北段）相接，北起半环东路，南至清远大道，道路与峡山东路相交叉。在本项目桩号 K0+360～K0+480 东侧需要设置一条临时水渠通道，将现状龙沥大排坑的水引流至北侧的鱼塘中，明挖水渠的深度约为 5m，水渠西侧为道路路堤，东侧为低层建筑民房。

因前期征地未能征收渠道侧边建筑用地，明渠埋深达到 5m，开挖过程必将对紧邻的建筑产生较大影响。同时，考虑到排水明渠靠近建筑侧挡墙，如采用大开挖施工将对建筑产生极大的安全隐患，为防止水渠两侧的土基倾覆滑移和建筑开裂倾倒，综合考虑采用悬臂式排桩挡墙外挂网喷混凝土的方案作为水渠的开挖支挡结构。

(二)地层结构及岩土特征

根据钻孔揭露，场地岩土层按成因类型可划分为：场区地层自上而下主要有人工填土层(素填土)、第四系坡积层(粉质黏土)、第四系冲积层(淤泥质土、粉质黏土)、第四系残积层(粉质黏土)等四大类。各岩土层的分布特点及物理力学性质分述如表 3-1 所示。

表 3-1　场区地质参数表

序号	地层类别	埋深/m	平均厚度/m	承载力特征值/kPa
1	素填土	0～0.5	1.18	100
2	粉质黏土	0.5～3.1	1.94	120
3	淤泥质土	2.2～4.6	2.57	60
4	粉质黏土	3.0～9.1	5.87	140
5	粉质黏土	8.6～17.9	7.05	230

(三)设计方案选择

根据建设方的项目需求，综合技术经济分析，水渠西侧采用重力式挡土墙设计。水渠东侧因道路征地线范围限制，加之东侧有民房距离较近，从满足受力要求及安全施工的角度综合考虑，设计采用悬臂式排桩挡墙外挂网喷混凝土方案进行支挡。

(四)设计方案

本工程悬臂式排桩挡墙实质上是一种桩板式挡墙与悬臂式挡土墙的优化设计，其桩间挡板采用旋喷桩与挂网喷锚替代。该方案在避免了大开挖的同时有效避免了水土流失，保证了支挡外部的稳定，这点是普通桩板式挡土墙所不具备的。同时，软土地基强度不足时，同样可以发挥悬臂式挡墙的优势，通过加长桩基进行补偿。

1. 桩的设计

(1) 构造要求。悬臂式排桩挡墙中所采用的桩应就地整体灌筑，混凝土强度等级不得低于 C20。钢筋视实际情况，选用(Ⅰ～Ⅳ)级或 5 号钢筋。桩的受力钢筋应沿桩长方向通长布置，直径宜≥12mm。桩的钢筋保护层净距≥3cm(一般采用 5cm)。既可采用挖孔桩，也可采用钻孔桩。挖孔桩宜为矩形截面，高宽比 $h/b \leq 1.5$；钻孔桩一般为圆形截面，桩的直径或宽度(顺墙长方向)不得小于 1.0～1.25m。嵌入基岩风化层底面以下不得小于 1.5 倍桩径(或桩宽)，但也不宜大于 5 倍桩径(或桩宽)。为了计算方便，可先按经验初拟埋深，一般岩石地基取桩长的 1/3，土质地基取桩长的 1/2，然后根据经验适当调整。桩的间距与桩间距范围内的土压力和挡土板的吊装能力有关，宜为墙高的(1/4～1/2)，但不得大于 15m。由于桩是主要受力构件，对挡土墙的稳定性起着十分重要的作用，桩身混凝土必须连续灌注，不得中断。墙后填土应在混凝土达到设计强度的 70%以后，才能进行填筑。

(2) 弯矩与剪力。当桩后不设锚杆(索)时，桩可视为固结于基岩内的悬臂梁进行内力计算，并按受弯构件设计。桩的作用荷载为两侧桩间距各半的墙后土压力的水平分力，上压力可近似按线性分布考虑，在土压力水平分力的作用下，桩的最大剪力 QD（kN）及弯矩 MD（kN·m）分别按下式计算，并认为最大值出现在基岩强风化层的底面处。

$$QD = (2\sigma_o + \sigma_H) HL/2$$

$$MD = (3\sigma_o + \sigma_H) H2\frac{L}{6}$$

式中　H——桩顶至基岩风化层底的高度，m；

　　　L——顺墙长方向桩两侧相邻挡土板跨中至跨中的间距，m；

　　　σ_o——墙背顶主动土压力的水平分应力，kPa，$\sigma_o = \gamma H_o - k_a$；

　　　σ_H——以 H 为墙高计算而得到的墙底主动土压应力的水平分应力，kPa，$\sigma_H = \gamma H_o k_a$；

　　　H_o——换算土层高度，m；

　　　k_a——主动土压力系数。

（3）桩板式挡土墙设计。本工程挡土墙采用理正沿途计算程序，按 M 法计算。抗滑桩桩长为 13m，截面为 $D = 0.8$m，间距为 1.4m，桩端打入浆砌片石（渠底）铺底以下 8m。桩身采用钻孔灌注桩，桩间采用 D60 的双管旋喷桩止水帷幕。

第二节　单层支点排桩

顶端支撑（或锚系）的排桩支护结构与顶端自由（悬臂）的排桩二者是有区别的。顶端支撑的支护结构，由于顶端有支撑而不致移动而形成一铰接的简支点。至于桩埋入土内部分，入土深度浅时为简支，深时则为嵌固。下面所介绍的就是桩因入土深度不同而产生的几种情况。

（1）支护桩浅，支护桩前的被动土压力全部发挥，对支撑点的主动上压力的力矩和被动土压力的力矩相等[图 3-4（a）]。此时墙体处于极限平衡状态，由此得出的跨间正弯矩 M_{max} 其值最大，但入土深度最浅为 t_{min}。这时其墙前以被动土压力全部被利用，墙的底端可能有少许向左位移的现象发生。

（2）支护桩入土深度增加，大于 t_{min} 时[图 3-4（b）]，则桩前的被动土压力得不到充分发挥与利用，这时桩底端仅在原位置转动一角度而不致有位移现象发生，这时桩底的土压力便等于零。未发挥的被动土压力可作为安全度。

（3）支护桩入土深度继续增加，墙前墙后都出现被动土压力，支护桩在土中处于嵌固状态，相当于上端简支下端嵌固的超静定梁。它的弯矩已大大减小而出现正负两个方向的弯矩。其底端的嵌固弯矩 M_2 的绝对值略小于跨间弯矩 M_1 的数值，压力零点与弯矩零点约相吻合[图 3-4（c）]。

（4）支护桩的入土深度进一步增加[图 3-4（d）]，这时桩的入土深度已嫌过深，墙前墙后的被动土压力都不能充分发挥和利用，它对跨间弯矩的减小不起太大的作用，因此支护桩入土深度过深是不经济的。

以上四种状态中，第四种的支护桩入土深度已嫌过深而不经济，所以设计时都不采用。第三种是目前常采用的工作状态，一般使正弯矩为负弯矩的 110% ~ 115% 作为设计依据，但也有采用正负弯矩相等作为依据的。由该状态得出的桩虽然较长，但因弯矩较小，可以选择较小的断面，同时因入土较深，比较安全可靠。若按第一、第二种情况设计，可得较小的入

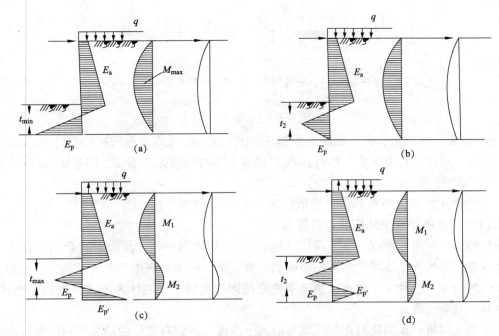

图 3-4　入土深度不同的板桩墙的土压力分布、弯矩及变形图

土深度和较大的弯矩，对于第一种情况，桩底可能有少许位移。自力支承比嵌固支承受力情况明确，造价经济合理。

单支点的排桩计算方法有多种，包括平衡法、图解法（弹性线法）、等值梁法、有限单元法等，本节我们主要介绍平衡法和等值梁法。

一、自由端单支点支护的计算（平衡法）

单支点自由端支护结构如图 3-5 所示，桩的右面为主动土压力，左侧为被动土压力。可采用下列方法确定桩的最小入土深度 t_{min} 和水平向所需支点力 R。

取支护单位宽度，对 A 点取矩，令 $M_A = 0$；$\sum Z = 0$，则有

$$M_{Ea1} + M_{Ea2} - M_{EP} = 0$$

$$R = E_{a1} + E_{a2} - E_p$$

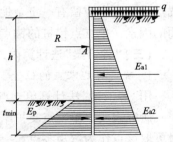

图 3-5　单支点排桩静力平衡计算简图

式中　M_{Ea1}、M_{Ea2}——基坑底以上主动土压力合力对 A 点的力矩；

　　　M_{EP}——被动土压力合力对 A 点的力矩；

　　E_{a1}、E_{a2}——基坑底以上及以下主动土压力合力；

　　　E_p——被动土压力合力。

二、等值梁法

（一）"等值梁"法的基本原理

"等值梁"法基本原理如图 3-6 所示。

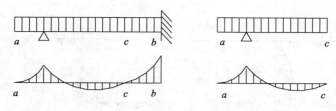

图 3-6 "等值梁"法

图中 ab 梁一端固定，另一端简支，其弯矩图的正负弯矩在 c 点转折，若将 ab 梁在 c 点切断，并于 c 点置一自由支承，形成 ac 梁，则梁上的弯矩将保持不变，即称 ac 梁为 ab 梁上 ac 段的"等值梁"。

ac 梁为静定结构，可按静力平衡条件求解 ac 梁段的内力。

（二）单支点桩锚支护结构的计算简图

当桩的入土深度较深（$h_d = h_{max}$）时，桩前、桩后均出现被动土压力，支护结构在土中处于嵌固状态，可视为上端简支，下端嵌固的超静定梁。桩体中弯矩值大大减小，并出现正负两个方向的弯矩。这种工作状态，所要求桩的截面模量较小，桩体入土部分的位移也较小，稳定性好，安全可靠。

固定端式锚桩，虽然比自由端式锚桩的入土深度大，但其桩体的最大弯矩值小，截面配筋量少，锚杆轴向拉力亦小，对桩与锚杆的设计均有利，而且造价相差不大。因此，采用固定端式锚桩比自由端式锚桩更为合理。

单支点锚桩的锚点位置变化时，桩体沿深度方向的水平位移和弯矩则不同。从理论上讲，随着锚点位置的降低，锚点处的弯矩值 M_1 增大，桩的最大弯矩值 M_{max} 减小，支点力 T_{c1} 增大。当锚点降至某一位置时，有 $M_1 = M_{max}$，若继续降低则出现 $M_1 > M_{max}$。因此，当 $M_1 = M_{max}$ 时，M_{max} 为最小，同时锚桩的入土深度及造价比也达到最小。故根据 $M_1 = M_{max}$ 确定锚点的位置是最优的。

但在实际工程中，常常为了抢工期，不能等待锚杆达到一定强度后才开挖。因此，确定锚点设置深度应留有一定余地，不能太大，以保证安全。综合考虑支护结构变形和受力两方面的因素，单支点锚桩的锚点设置深度应取 $h_{T0} = 0.4H$ 左右为宜。

（三）"等值梁"法计算内力

1. 确定弯矩零点的位置

用"等值梁"法计算单支点支护结构，首先要知道弯矩零点的位置。

研究表明：单支点支护结构的弯矩零点与基坑底面以下土压力为零的点位置相近，计算时可取该点作为弯矩零点。

设：基坑底面至弯矩零点的距离为 h_{c1}，

根据 $e_{alk} = e_{plk}$

$$e_{alk} = 1.3 \left(\gamma_{mj} h_{c1} K_{pi} + 2 c_{ik} \sqrt{K_{pi}} \right)$$

可求得，$h_{c1} = 0.7\text{m}$。

2. 计算支点力 T_{c1}（取桩间距 $S_a = 1.2\text{m}$ 作为计算单元）

计算简图（一）如图 3-7 所示：

根据 $\sum M_c = 0$，得 $T_{c1} = (E_{a1} + h_{a1} + E_{a2} h_{a2} - E_{p1} h_{p1} + E_{p2} h_{p2}) / (h_{T1} + h_{c1}) = 396.0\text{kN}$。

3. 确定嵌固深度设计值

确定单支点支护结构嵌固深度，计算简图（二）如图 3-8 所示，根据极限平衡条件，并考虑一定的安全储备，按下式确定支护结构的嵌固深度设计值。

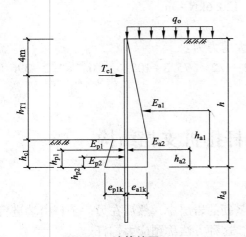

图 3-7　计算简图（一）

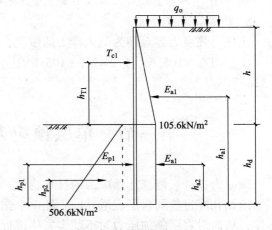

图 3-8　计算简图（二）

$$T_{cl}(h_{tl} + h_d) + \sum_{j=1}^{n} E_{pj}h_{pj} - 1.2\gamma_0 \sum_{i=1}^{n} E_{ai}h_{ai} = 0$$

先假设 h_d，代入上式进行抗倾覆稳定性验算。

取 $h_d = 9.0$m，$h_{Tl} + h_d = 16.2$m，则：

$E_{al} = \dfrac{1}{2} \times 105.6 \times 1.2 \times 11.2 = 709.6$kN；

$h_{al} = 11.2/3 + 9.0 = 12.7$m；

$E_{a2} = 105.6 \times 1.2 \times 9.0 = 1140.5$kN；

$h_{a2} = 9.0/2 = 4.5$m；

$E_{p1} = 75.3 \times 1.2 \times 9.0 = 677.7$kN；

$h_{p1} = 9.0/2 = 4.5$m；

$E_{p2} = \dfrac{1}{2} \times (506.6 - 75.3) \times 1.2 \times 9.0 = 2329.0$kN；

$H_{p2} = 9.0/3 = 3.0$m，

由此求得，[396×(7.2+9.0)+813.2×4.5+2329.0×3.0]/[1.0×(709.6×12.7+1140.5×4.5)]＝1.21＞1.2，所以当 $h_d = 9.0$m 时，满足抗倾覆稳定要求。

4. 计算最大弯矩值

（1）计算最大正弯矩（ $+ M_{max}$ ）

在弯矩零点以上，剪力为零的点，即为最大正弯矩的点。设：剪力零点 D 距地面的距离为 x，该点主动土压力强度为 e_{aD}；则有 $T_{cl} - \dfrac{1}{2}(1.2e_{aD}x) = 0$，根据三角形的相似比 $\dfrac{x}{11.2}$ $= \dfrac{e_{aD}}{105.6}$，解方程组得 $e_{aD} = 79.2$ kN/m^2，$x = 8.4$m。

则 $+ M_{max} = T_{cl}(x - 4) - 1/2e_{aD}x \times 1.2 \times x/3 = 624.7$kN·m。

（2）计算最大负弯矩值（$-M_{max}$）

最大负弯矩发生在支点 1，设：支点的土压力为 e_{al}，$eal = 105.6 \times \dfrac{4.0}{11.2} = 37.7 \ kN/m^2$。

则 $-M_{max} = 1/2 \times 37.7 \times 4.0 \times 1.2 \times 4.0/3 = 120.6 kN \cdot m$。

5. 计算最大剪力值

土压力强度为零点即为最大剪力的位置，其最大剪力为：

$H_{max} = 1/2 \times 105.6 \times 11.2 \times 1.2 + 105.6 \times 0.7 \times 1.2 - 1/2 \times (75.3 + 105.6) \times 0.7 \times 1.2 - 396.0 = 326.3 kN$。

第三节　单层预应力锚杆排桩支挡结构

预应力锚杆：能施加预应力的杆状物体。

由钻孔穿过软弱岩层或滑动面，把一端锚固在坚硬的岩层中，然后在另一个自由端进行张拉，从而对岩层施加压力对不稳定岩体进行锚固，这种方法称预应力锚杆。

普通锚杆的锚具其实就是螺母，给其施加预应力也就是预紧力。预紧力的大小与使用的机械有关，即使使用阻尼螺母，它的预紧力和锚索张拉预应力还是差很多，这就是结构的差异。

预应力锚杆（索）施工：在进行预应力锚杆、锚索支护施工前必须对锚杆、锚索抗拔力等各项指标做试验，试验合格后方可进行大面积施工。

一、施工顺序

预应力锚杆（索）的顺序为：土方开挖→锚杆（索）定位成孔→放置锚杆（钢绞线）→第一次注灌浆→第二次注灌浆→安装腰梁模板→制安钢筋网和安放格构梁钢筋→预埋锚杆（索）孔洞及钢板→砼浇筑→腰梁模板拆除→锚杆（索）张拉并锁定锚头→喷锚→下层土方开挖。

二、施工工艺

（一）钻孔

为确保钻孔效率和保证钻孔质量，采用潜孔冲击式钻机。钻机钻井时，按锚索设计长度将钻孔所需钻杆摆放整齐，钻杆用完，孔深也恰好到位。钻孔深度要超出锚索设计长度 0.5m 左右。钻杆与水平方向向下成 15°角，孔径 150mm。

钻孔结束，逐根拔出钻杆和钻具，将冲击器清洗好备用。用 1 根聚乙烯管复核孔深，并以高压风吹孔，待孔内粉尘吹干净，且孔深不少于锚索设计长度时，拔出聚乙烯管，塞好孔口。

两种特殊情况的处理：

渗水的处理。在钻孔过程中或钻孔结束后吹孔时，从孔中吹出的都是一些小石粒和灰色或黄色团粒而无粉尘，说明孔内有渗水，岩粉多贴附于孔壁，这时，若孔深已够，则注入清水，以高压风吹净，直至吹出清水；若孔深不够，虽冲击器工作，仍有进尺，也必须立即停钻，拔出钻具，洗孔后再继续钻进，如此循环，直至结束。有时孔内渗水量大，有积水，吹出的是泥浆和碎石，这种情况岩粉不会糊住孔壁，只要冲击器工作，就可继续钻。如果渗水量太大，以致淹没了冲击器，冲击器会自动停止工作，应拔出钻具进行压力注浆。

塌孔、卡钻的处理。当钻孔穿越强风化岩层或岩体破碎带时，往往发生塌孔。塌孔的主要标志是从孔中吹出黄色岩粉，夹杂一些原状的(非钻头碎的、非新鲜的、无光泽的)石块，这时，不管钻进深度如何，都要立即停止钻进，拔出钻具，进行固壁注浆，注浆压力采用0.4MPa，浆液为水泥砂浆和水玻璃的混合液，24h后重新钻孔。雨季，常常顺岩体破碎带向孔内渗流泥浆，固壁注浆前，必须用水和风把泥浆洗出(塌入钻孔的石块不必清除)，否则，不仅固壁注浆效果差，还容易造成假象。

（二）锚索制作

锚索在钻孔的同时于现场进行编制，内锚固段采用波纹形状，张拉段采用直线形状。钢绞线下料长度为锚索设计长度、锚头高度、千斤顶长度、工具锚和工作锚的厚度以及张拉操作余量的总和。正常情况下，钢绞线截断余量取50mm。将截好的钢绞线平顺地放在作业台架上，量出内锚固段和锚索设计长度，分别作出标记；在内锚固段的范围内穿对中隔离支架，间距60~100cm，两对中支架之间扎紧固环一道；张拉段每米也扎一道紧固环，并用塑料管穿套，内涂黄油；最后，在锚索端头套上导向帽。

（三）锚索安装

向锚索孔装索前，要核对锚索编号是否与孔号一致，确认无误后，再以高压风清孔一次，即可着手安装锚索。

安装锚索时要注意以下四点：检查定位止浆环和限浆环的位置，损坏的按技术要求更换；检查排气管的位置和畅通情况；锚索送入孔内，当定位止浆环到达孔口时，停止推送，安装注浆管和单向阀门；锚索到位后，再检查一遍排气管是否畅通，若不畅通，拔出锚索，排除故障后重新送索。

（四）锚固法注浆

锚固法注浆采用排气注浆法施工。采用二次注浆，第一次注浆压力为0.3~0.5MPa，二次注浆压力为3.0~5.0MPa，两次注浆压力均采用P.O32.5普通硅酸盐水泥，水灰比0.45~0.50。两次注浆时间间隔为10~12h，锚索孔注浆采用注浆机，注浆压力保持在0.3~0.6MPa。

（五）立锚墩

锚墩的作用是把锚具的集中荷载传递到格构梁，再由格构梁传递到岩面及调整岩面受力方向。为了使锚墩上表面与锚索轴线垂直，预先将一根外径与钻头直径相同的薄壁钢管和垫板正交焊牢，浇筑锚墩前将钢管的另一端插入钻孔。

（六）锚索的张拉

在混凝土强度>15MPa时，即可张拉锁定。张拉锚索前需对张拉设备进行标定。标定时，将千斤顶、油管、压力表和高压油泵联好，在压力机上用千斤顶主动出力的方法反复试验三次，取平均值，绘出千斤顶出力(kN)和压力表指示的压强(MPa)曲线，作为锚索张拉时的依据。锚索锚固的设计值为500kN，锁定值为200kN，最大张拉力不得超过设计值的1.5倍。为了提高锚索各钢绞线受力的均匀度，采用先单根张拉，3d后再整体补偿张拉的程序。

（七）封孔注浆

补偿张拉后，立即进行封孔注浆。对于下倾锚索，注浆管从预留孔插入，直至管口进到锚固段顶面约50cm；对于上倾和水平锚索，通过预留注浆管注浆。孔中的空气经由设在定位止浆环处的排气管排出。

（八）外部保护

封孔注浆后，从锚具量起留 50mm 钢绞线，其余的部分截去，在其外部包覆厚度 ≥50mm 的水泥砂浆保护层。

三、质量控制

（1）锚位点放线，各方向允许误差均为±1cm。

（2）按设计孔口坐标安装钻机就位，用经纬仪按边坡方向放出基线，然后用方向架放出锚索方位角，测角仪调整倾角，到满足设计要求为止。将紧固件紧牢后，再核查一遍钻机孔位坐标、方位及倾角，确认无误后，将所有紧固件再紧一遍使其误差不超过：倾角±0.5°，方位角±1°。

（3）锚索孔径允许误差±2mm。

（4）若遇坍孔，应立即停钻，进行固壁注浆处理，注浆24h后重新扫孔钻进。

（5）洗孔要干净彻底，孔中不得留有岩粉和水。

（6）锚索的编制要确保每一根钢绞线始终均匀排列、平直、不扭不叉，锈、油污要除净，对有死弯、机械损伤及锈坑者应剔除。

（7）锚索的长度要根据钻孔的实际深度确定，允许误差±2cm，并对锚索按孔号相应编号。

（8）锚固段的定位导向花架、船形托架（两者统一），应严格按设计要求安装在锚索上，绑扎铁口既要能承受一定的拉力，又要保证锚索的自由拉伸。

（9）安放锚索要保证锚索孔壁有不少于1cm的注浆厚度，锚索安放要平直，张拉段要放在锚孔中央。

（10）内锚固段注浆，水泥选用525号普通硅酸盐水泥，搅拌水泥砂浆应均匀，使用时不得有沉淀，为保证浆液性能可加入不同用途的外加剂。

第四节　多层预应力锚杆排桩支挡结构

随着经济水平和城市建设的迅速发展，高层建筑的多层地下室等构筑物日益增多，基坑深度越来越深，基坑壁同周围既有建筑物的间距也越来越小，如何在施工过程中保证基坑稳定、既有建筑物以及拟建建筑物的结构和操作人员的安全，成为工程的关键。预应力锚杆技术是一种高效、经济的岩土体加固技术，如今在建筑的深基坑工程中得到了广泛应用。

一、工程概况

某高层建筑基坑周长约340m，开挖深度至-15.9m，地层中有一层透水性强的砂层，对支护人工护壁桩的稳定有着直接的破坏作用，增加了工程施工难度；基坑南向紧临5层住宅楼房，基坑开挖对原有楼房的基础安全以及对周边道路有一定影响，也增加了施工难度。经过研究，基坑采用地下连续墙加预应力锚杆支护的方案。设计连续墙厚800，预应力锚杆三排，分别布置在-4.5m、-9.2m和-11.9m处，锚杆穿越的土层有淤泥、强风化层及中风化层，锚杆预应力 400kN。

二、预应力锚杆的原理

预应力锚杆是将拉力传递到稳定岩层或土体的锚固体系。它的一端采用锚杆和锚具，另一端锚固在岩土体内，并对其施加预应力，以承受岩土压力、水压力、抗浮、抗倾覆等所产生的结构拉力，用以维护岩体或结构物的稳定。同时，对富水地层进行井点降水，直至地下室工程施工完成后，周围土体回填完毕，并通过全过程的施工监控量测，监视土体及结构的稳定性，随时调整支护参数，使地下工程安全顺利施工。

三、预应力锚杆施工工艺及技术要点

施工流程：施工准备→护壁桩施工→挖土→钻孔及护壁→锚杆制作及安装→注浆→锚索张拉及放张。

（一）预应力锚索的制作和安装

因预应力锚杆采用 7 ¢ 5 钢绞线，易发生因重力作用而发生弯曲的现象，从而使钢绞线在钻孔中不居中或不顺直，甚至使其保护层厚度达不到要求而锈蚀，因此，施工中必须设置对中（顺直）支架（如图 3-9 所示）。锚固段的长度控制是影响锚固质量的关键。锚杆自由段过长，锚固段长度则会不足，锚固力不足；锚索自由段过短，锚固段则会过长，对自由段土体产生拉力，加快自由段土体运动，加大土体对基坑护壁的侧压力，影响边坡稳定。经过仔细研究，决定在自由段套设塑料波纹管来控制自由段的长度，并将波纹管伸入钻孔内的一端进行捆扎，并用防水胶带进行密封，保证无水泥浆进入（如图 3-10 所示）。

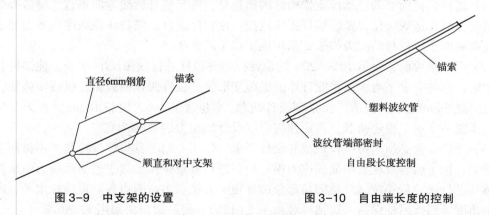

图 3-9　中支架的设置　　　　图 3-10　自由端长度的控制

因成捆的钢绞线有弹射力，放捆时要采用放捆机械并严格按照操作规程进行操作，以免伤人或将整盘钢绞线全部放捆。放捆后用钢尺量测锚杆的下料长度并用切割机械进行切割，然后根据钻孔的编号将切割好的钢绞线进行编号，下料完成后安装端头。并根据对中支架的间距和自由端的长度来安装并固定对中支架和自由段塑料波纹管，要求对中支架间距均匀并不得沿钢绞线方向产生移动，且其三个方向的撑脚之间的角度必须成 120°。套在自由段的塑料波纹管两端必须固定在钢绞线上且其两端必须严密，以免注浆时有浆体进入管内，缩小了自由段的长度，从而使锚杆张拉时带动自由段土体，加大基坑周围土体护壁的侧压力。钢绞线和注浆管安装前，必须检查孔内是否有杂物或塌孔现象，无异样后方可进行安放。

(二)预应力锚杆注浆

用风、水冲洗钻孔,排尽孔内残渣和污水;将杆体缓缓推进至孔底,开始拌制水泥浆;锚杆安装后,立即灌注水灰比为 0.4~0.45 的水泥浆液进行第一次注浆,直至孔口排出浆液,且充填止浆密封装置为第二次注浆做好准备。在进行第二次注浆之前,工程技术人员要做好水泥浆初凝试验,根据级配报告及试验的水泥浆初凝时间,将第二次注浆控制在水泥浆初凝之前完成。二次注浆压力达到 2.0~4.0MPa;浆体强度≥20MPa。在外套管口戴上灌浆帽(压紧器);按设计压力从注浆管注入水泥浆至设计锚固长度,注完浆后静置待凝;为防止浆液堵塞孔隙,保证水泥浆液的渗透范围,确保达到改良土层的目的,开始注浆时,水泥浆液的水灰比(质量比)为 0.8~1,而后逐渐加浓至 0.4~0.45,掺入 3%(水泥用量)的水玻璃或 MRT 等其他类型的速凝剂。注浆必须做好记录。注浆压力达到 2~4MPa 时稳定该压力值 3~5min 后停止注浆。

出现以下几种情况也应停止注浆:地面出现裂纹,地层产生开裂时;地面出现冒浆现象时;注浆过程中,止浆栓塞发生漏浆时。

(三)锚杆的张拉与锁定

原则上,张拉与锁定工作应在注浆后,常温常压下养护28d,使水泥浆液完全固结达到最大强度值进行,长时间待凝必须延长工期,而在实际施工中因水泥浆液按规范加入了早强剂,水泥浆液在 10d 即可达到设计强度 80%,而张拉锁定力只是设计的轴拉力 N_t,而不是极限锚固力 $P(P=1.5~2.5N_t)$ 所以注浆施工 7d 后即可进行张拉锁定施工,用张拉千斤顶进行张拉,张拉锁定荷载达到 0.36~0.6 倍的设计值后,将固定螺母拧紧、锁定。锚杆的张拉力即最终锁定荷载,按设计要求施工,同时应注意以下几点:

(1)锚杆张拉前必须把承压支撑构件的面整平,并和锚杆轴线方向垂直。应检查张拉机具的情况,以免造成张拉失败。锚杆张拉应按一定程序进行,锚杆张拉顺序应考虑邻近锚杆的相互影响而产生锚杆的应力损失,采用隔 1 拉 1 的方法。

(2)正式张拉前,应取 10%~20% 的设计拉力对锚杆进行预张拉 1~2 次,使锚杆各部位接触紧密,杆体完全平直,以消除杆体的隐蔽变形量。锚杆张拉荷载需分级逐步施加,每级加载后恒载 3min 记录伸长值。拉张到设计荷载(不超过轴力),恒载 10min,再无变化可以锁定。不能一下加至锁定荷载。锁定预应力以设计轴拉力的 60% 为宜。

(3)锁定作业必须严格执行规范和设计要求,使用专用工具将螺母拧紧。不得用手拧或随意拧上,锁定后若发现有明显预应力损失,应进行补偿张拉。对于施加预应力的锚杆,必须在锚杆进行张拉后锁定。基坑阳角部位锚杆施工方法:阳角两边各三根锚杆水平方向向两边各小角度倾斜,另外保持一边锚杆坡角不变(15°),另一边倾角采用 12.5°。

(四)钢筋网片的制作与安装(挂网)

锚杆墙钢筋网采用单层 $\phi 8@200$ 网(上部网片翻至基坑上口外 1m),采用 22# 铁丝绑扎,绑扎按照节点绑扎,每个节点绑扎一扣。绑扎完成后与井字钢筋点焊成为一体。在土体面上按照间距 2000mm 插上 $\phi 6$ 钢筋棍,并在上面做好刻度标记作为面层厚度控制标记及钢筋保护层调节依据。钢筋保持层厚度≥30mm,网格允许偏差 -10~10mm,钢筋网铺设时每边的搭接长度应不小于一个网格边长(200mm)。

(五)混凝土面层的喷射

混凝土配比通常采用水泥:石屑:砂 = 1:2:2,水灰比宜≤0.45。在喷射混凝土前,检查锚头与面层钢筋网片的连接是否牢靠,面层内的钢筋网片是否牢固固定在边壁上,检查钢筋保护层厚度是否≥30mm，网格偏差是否在-10~10mm，然后喷射100mm厚C15细石混凝土。细石粒径在5~10mm之间，喷射采用混凝土喷射机干喷法作业。喷射顺序为自下而上(基坑顶部宽1.5m范围喷射混凝土护顶)，喷头和受喷面距离宜控制在0.80~1.50m范围内，射流方向垂直指向喷射面，防止在钢筋背面出现空隙。喷射砼因水泥用量较大，含砂率较高，并添加了一定量的速凝剂，使凝结期的收缩量减少，硬化期的收缩量增大，如不加以控制，喷层往往出现有规则的收缩开裂。在继续进行下步喷射混凝土作业时，仔细清除预留施工缝接合面上的浮浆层和松散碎屑，并喷水使之潮湿。

第五节　双排桩支挡结构设计

排桩支护是近10年来发展起来的一种支护技术，近几年应用越来越多。双排桩支护在支护形式的分类上属于悬臂式支护，由于前后排桩、冠梁、连梁形成超静定的空间门架，前后排桩间土经加固后又具有重力式挡土墙的特点，能够承受比普通悬臂桩更大和更复杂的荷载，因此适用的范围和深度更大。对于受场地条件限制，不宜采用锚拉式和支撑式的基坑工程可考虑采用双排桩支护。由于城市建设的发展，越来越多的基坑工程施工受到场地条件的限制，这也促进了双排桩支护技术的应用，目前还出现了采用三排桩支护的案例。对于基坑深度较大(>10m)或存在较厚软土层时双排桩的适用性应慎重考虑。近年来随着双排桩应用的增多，双排桩支护的设计和计算分析理论逐渐完善，《建筑基坑支护技术规程》(JGJ 120—2012)对双排桩的设计、计算也作出了相应的要求。下面以南京小红山汽车客运站基坑双排桩支护结构为基础，分析双排桩支护结构形式的工作机理，探讨双排桩支护结构土压力计算模式(包括桩间土压力计算以及前、后排桩的土压力、整体计算方法)。

一、双排桩支护设计

双排桩支护结构主要由前排桩、后排桩、桩顶冠梁及连梁组成，根据地质条件和截水需要，还可增设桩间加固带及截水帷幕。前后排桩可采用灌注桩或预制桩，前后排桩间距宜取2~5倍桩径，可采用前后排桩等间距布置，也可采用前排桩密布、后排桩疏布的布桩形式。为了加强前后排桩的整体稳定性，桩顶前后冠梁之间可以压顶板进行连接，压顶板板厚不宜<200mm。桩顶连梁的刚度对支护结构受力影响较大，连梁梁高不宜<0.8倍桩径。当开挖范围内存在软土、砂层时可采用桩间加固的方式加固软弱土层，如搅拌桩、旋喷桩及注浆等。为了保护周边环境，截水时可在前后排桩间或后排桩外侧设计一道封闭的截水帷幕。双排桩支护的设计相对简单，主要是桩间距、连梁、嵌固深度及桩身配筋等。

二、双排桩支护结构受力特征分析

双排桩支护结构作为一空间组合支护结构，受力复杂，影响其支护性能的因素较多。《建筑基坑支护技术规程》(JGJ 120—2012)仅推荐了前后排桩等间距矩形布置的计算方法，当前后排桩梅花形布置、不等间距布置时可采用规程的方法进行计算。对于双排桩的计算模型，主要问题在于确定双排桩前后及桩间土压力分布形式，确定桩顶、桩底约束条件；根据对土压力分布及边界条件的不同假定，有不同的计算方法。计算假定如下：①前排桩土抗力按照弹性支点法进行计算，与单排桩计算方法相同；②后排桩后主动土压力基本按照朗肯土压力进行计算；③桩间土采用土的侧限约束假定，桩间土反力由土的压缩模量来确定的刚度系数来计算；④桩顶与连梁按照刚接考虑；⑤桩底按照土反力弹性支座考虑。通过计算可知，前排桩、后排桩桩顶位移量相等，且桩身最大侧移发生在桩顶处；靠近桩顶 4~6m 范围内，前排桩、后排桩的侧移量基本一致，但此点以下的后排桩桩身侧移大于前排桩，表明桩间土体受到挤压，双排桩靠前排桩、后排桩与桩间土的变形协调来传递土压力。根据前排桩、后排桩弯矩图的分析，前排桩、后排桩均受到交变应力作用，存在反弯矩点，且此点分布在基坑开挖面附近，后排桩的最大弯矩出现在桩顶。连梁与桩顶铰接时，桩身的侧移有所增加，但只是发生在基坑开挖面以上部位，基坑开挖面以下没有变化，说明桩顶的刚性节点可以减小开挖面以上桩身的侧移；单排桩与双排桩相比，虽然桩身的总刚度相同，但桩身侧移增加很大，且分布于桩身全长范围内。连梁与桩顶铰接时桩顶弯矩为零，导致前排桩的基底以下部分桩身的弯矩值增大，偏于不安全。与单排桩相比，桩身最大弯矩减小 1/3，说明双排桩门式刚架在基坑支护过程中优于单排桩，且双排桩桩顶与连梁的刚性连接优于铰接。

三、基坑监测

本基坑南侧因离沪宁城际铁路较近，按安全等级为一级进行监测。通过采用现场试验及双排桩支护结构受力及变形特点分析、双排桩支护结构土压力计算模式、基于有限元的双排桩支护结构受力及变形分析以及双排桩对小红山客运站基坑及周边城际高铁的保护作用的研究，确定基坑施工过程监测的内容包括：支护结构顶部水平位移及沉降观测、支护桩监测、地下水位监测、支撑轴力测试、基坑周边构筑物沉降与位移监测。从监测成果分析来看：双排桩支护区域侧向最大位移<20mm，在允许范围内，其余各项监测指标也均在允许范围内，说明双排桩支护结构起到了良好的支护效果。通过观察地表沉降变形，相关数据说明双排桩支护方式对铁轨路基处沉降变形的控制更好，沉降量相对于单排桩支护方式来说更小。而经过研究证明：

（1）悬臂式双排桩支护一般适用于 10m 的基坑工程，对于深度>10m 的基坑应加强验算和复核，尤其是坑底以下存在软弱土层的基坑。

（2）支护结构设计时前后排桩桩间距不宜过大，一般不宜>3m，应重视加强桩顶冠梁及连梁的连接及刚度，以加强支护结构的整体稳定性，改善支护结构内力分布。

（3）根据前排桩抗压、后排桩抗拔的受力特征，可适当对前排桩加强。可采用前排密桩、后排疏桩的布桩形式，以及前排长桩、后排短桩的布桩形式。

（4）对于存在软弱或砂层的基坑工程，可采取增设截水帷幕、桩间土加固及被动区土体加固的措施，对基坑原位土层进行处理。

（5）为了更好满足较深基坑的支护，可适当降低桩顶冠梁标高，可结合上部放坡、设置平台或上部设挡墙等方式对基坑进行支护。

目前，双排桩支护理论研究还不成熟，结构计算模型有待进一步完善，已有的研究和工程实践取得了一定的成果，积累了比较丰富的经验。相比于其他方式的悬臂桩，双排桩具有良好的推广前景。

（1）与单排悬臂桩相比，双排桩为钢架结构，抗侧移刚度大，内力分布优，同耗材下，桩顶位移明显小，安全可靠性、经济合理性优。

（2）与支撑式结构相比，不影响基坑开挖、地下结构施工，节省设置、拆撑的工序，大大缩短工期。

（3）与拉锚式支挡结构相比，可避免拉锚式支挡结构的缺点。如拉锚处有已建地下结构、障碍物；土层无法提供要求的锚固力；法律规定不能超出红线区域等。

（4）双排桩本身施工工艺简单、不与土方交叉作业、工期短等特点，适用于场地条件特殊、作业空间小、工期紧、变形要求高等支护工程。

由于具有以上优点，建筑工程、水利工程中围堰、码头、边坡治理工程，特别是建筑基坑工程应用前景非常广阔。但是双排桩支护理论还应进一步加强研究，笔者认为以下几点应成为研究的重点：①基坑内侧土反力的分布模式及计算；②前后排桩桩间土变形及土压力的分布；③支护结构内力的分布特征；④不同布桩形式对土压力分布及支护结构内力的影响等。

第六节　支护桩墙稳定验算

如果基坑桩墙式支护结构的嵌固深度太浅或锚撑力不够，有可能导致基坑丧失稳定性而破坏。稳定性验算是指分析土体或土体与支护结构一起保持稳定性的能力，包括整体稳定性、抗倾覆稳定及抗滑移稳定、坑底抗隆起稳定等。算例表明，在极限状态下要求嵌固深度从大到小的顺序依次是抗倾覆、抗滑移、整体稳定性、抗隆起，按抗倾覆要求确定的嵌固深度，基本上都保证了其他各种验算所要求的安全系数。可见，支护结构抗倾覆计算极为重要，是基坑支护结构成败的关键。

在计算桩墙式支护结构抗倾覆稳定安全系数时，一些书籍甚至国家规范给出了不同的计算模式和公式，一些学者也只是对基坑支护结构抗倾覆稳定性分析进行了简单的讨论，主要是套用规范中的公式进行验算。通常人们认为那些算法都是正确的，表面看都有合理性，但深入分析后可发现其中存在较大问题。下面结合典型算例，针对开挖深度和支撑的 5 种不同工况，分别用 4 种不同的计算模式计算支护结构抗倾覆稳定安全系数，从理论和工程实际的角度分析计算结果的规律和产生误差的原因。

一、计算模式

通常，桩墙式支护结构抗倾覆稳定安全系数可表示为：

$$K_s = \frac{\sum E_{pi} h_{pi} + \sum T_{cj} h_{cj}}{\sum E_{ai} h_{ai}} \tag{3-1}$$

式中　E_{pi}——基坑内第 i 层土的被动土压力合力标准值；

　　h_{pi}——基坑内第 i 层土被动土压力合力对桩底的力臂；

　　E_{ai}——基坑外第 i 层土的主动土压力合力标准值；

　　h_{ai}——基坑外第 i 层土主动土压力合力对桩底的力臂；

　　T_{cj}——第 j 层水平支点力；

　　h_{cj}——第 j 层水平支点力对桩底的力臂。

式(3-1)是将主、被动土压力分开计算，分别取矩。也有不少文献是将主、被动土压力先叠加得净压力，然后再取矩。这时，桩墙式支护结构抗倾覆稳定安全系数表示为式(3-2)：

$$K_s = \frac{\sum E'_{pi} + h'_{pi} + \sum T_{cj}h_{cj}}{\sum E'_{ai}h'_{ai}} \qquad (3-2)$$

式中　E'_{pi}——基坑内外土压力叠加后第 i 层土的净被动土压力合力标准值；

　　　h'_{pi}——第 i 层土净被动土压力合力对桩底的力臂；

　　　E'_{ai}——基坑外第 i 层土的净主动土压力合力标准值；

　　　h'_{ai}——基坑外第 i 层土净主动土压力合力对桩底的力臂。

式(3-1)、式(3-2)中土压力有的是按朗肯土压力理论计算，有的则按坑底以下主动土压力不变的假设进行计算，也有按弹性抗力法文克尔的假设进行计算。3 种方法计算的主动土压力出入较大。比较式(3-1)和式(3-2)，人们一般按传统惯性思维，认为式(3-2)将主、被动土压力先叠加得净压力，然后再取矩，这与式(3-1)的结果是相等的。但事实上，式(3-1)和式(3-2)的结果一般是不相同的，有时甚至相差很大。为了方便比较，将计算模式分为如下 4 种：

模式①是按朗肯土压力理论计算土压力之后不叠加，直接按式(3-1)计算抗倾覆稳定安全系数；模式②是按朗肯土压力理论计算土压力之后，将主、被动土压力先叠加得净压力，然后再取矩，再按式(3-2)计算；模式③是按坑底以下主动土压力不变的假设计算土压力之后不叠加，直接按式(3-1)计算；模式④是按坑底以下主动土压力不变的假设计算土压力之后，将主、被动土压力先叠加得净压力，然后再取矩，再按式(2)计算。下面结合算例分别按 4 种计算模式进行计算和分析。

二、算例与分析

某悬臂支护结构，基坑开挖深度为 10m，嵌固深度为 10m，主要土层为砂土，概化为一层土，重度 $\gamma = 18\mathrm{kN/m^3}$，黏聚力 $c = 0$，内摩擦角 $\varphi = 30°$，地下水位在 20m 以下。

按模式①计算，其对应的土压力如图 3-11 所示。

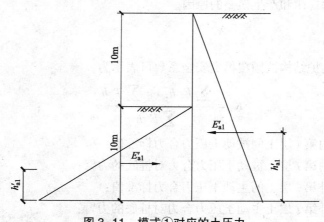

图 3-11　模式①对应的土压力

$e_{a1} = 20 \times 18 \times \tan2450 - 3002 = 120\mathrm{kN/m}$

$E_{a1} = 12 \times 120 \times 20 = 2700\text{kN}$

$e_{p1} = 10 \times 18 \times \tan 2450 + 3002 = 540\text{kN/m}$

$E_{p1} = 12 \times 540 \times 10 = 2700\text{kN}$

$h_{a1} = 6.67\text{m}$, $h_{p1} = 3.33\text{m}$

代入式(3-1)可算得：$K_s = 1.13$。

按模式②计算，其对应的土压力如图 3-12 所示。

计算可得：$E'_{a1} = 300\text{kN}$，$h'_{a1} = 13.33\text{m}$，$E'_{a2} = 37.5\text{kN}$，$h'_{a2} = 9.58\text{m}$，$E'_{p1} = 2700\text{kN}$，$h'_{p1} = 3.33\text{m}$，$h = 1.25\text{m}$。代入式(3-2)可算得：$K'_s = 1.23$。

按模式③计算，其对应的土压力如图 3-13 所示。

计算可得：$E_{a1} = 300\text{kN}$，$h_{a1} = 13.33\text{m}$，$E_{a2} = 600\text{kN}$，$h_{a2} = 5\text{m}$，$E_{p1} = 2700\text{kN}$，$h_{p1} = 3.33\text{m}$。代入式(3-1)可算得：$K_s = 1.28$。

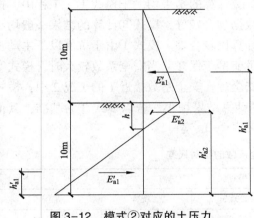

图 3-12　模式②对应的土压力

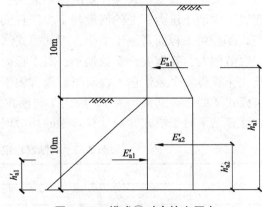

图 3-13　模式③对应的土压力

按模式④计算，其对应的土压力如图 3-14 所示。

计算可得：$E'_{a1} = 300\text{kN}$，$h'_{a1} = 13.33\text{m}$，$E'_{a2} = 33\text{kN}$，$h'_{a2} = 9.36\text{m}$，$E'_{p1} = 2136\text{kN}$，$h'_{p1} = 3.33\text{m}$，$h = 1.1\text{m}$。代入式(3-2)可算得：$K'_s = 1.47$。

分析可见，4 种计算模式得到的计算结果完全不相同，相对误差可达 30%，这么大的误差是基坑工程所不允许的。

为了更有说服力，分别用 4 种计算模式对多种工况进行计算。设以上开挖深度 10m、嵌固深度 10m 的工况为工况 3；而工况 1 为开挖11m，嵌固 9m；工况 2 为开挖 10.72m，嵌固9.28m；工况 4 为开挖 9m，嵌固 11m；工况 5

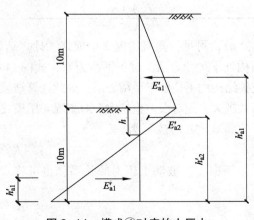

图 3-14　模式④对应的土压力

为开挖 11m，嵌固 9m，并在距坑顶 2m 处设置一道内支撑。其中，工况 1、工况 2 和工况 4 的计算方法同工况 3。对于工况 5，即有支撑的情况，可根据等值梁法计算，首先求出土压力零点位置，再对土压力零点以上梁建立力矩平衡方程，即可求出支点力，再对桩底取矩计算。计算结果如表 3-2 所示。

表 3-2　抗倾覆稳定安全系数

模式	抗倾覆稳定安全系数				
	工况 1	工况 2	工况 3	工况 4	工况 5
模式①	0.82	0.91	1.13	1.50	1.23
模式②	0.71	0.83	1.23	2.09	1.36
模式③	0.90	1.00	1.28	1.80	1.34
模式④	0.86	1.00	1.47	2.44	1.50

　　表 3-2 中的工况 1 至工况 4，随着开挖深度减小、嵌固深度加大，抗倾覆稳定安全系数也增大。由于增设了一道支撑，工况 5 比工况 1 的安全系数大很多。这是显而易见的。

　　比较同一工况下 4 种计算模式得到的系数，计算结果均不相同，相对误差均比较大。当安全系数大于 1 时，模式④计算的结果最大，模式②计算的结果均大于模式①。工程中，按坑底以下主动土压力不变的假设与不少工程实测数据吻合较好，模式③计算的结果一般均小于模式④，对工程而言偏于安全，因此模式③的计算比较合理。模式①由于坑底以下主动土压力取值偏大，算得安全系数偏小，对工程而言可能偏于保守。当安全系数较大时，模式②和模式④算得安全系数偏大，对工程而言偏于不安全。在安全系数接近 1 的工况 2 中，模式③与模式④的计算结果均为 1，模式①与模式②的计算结果稍小。若以模式③为基准，其他模式计算结果对于模式③的计算结果的相对误差见表 3-3。

表 3-3　抗倾覆稳定安全系数的相对误差

模式	相对误差				
	工况 1	工况 2	工况 3	工况 4	工况 5
模式①	-8.9%	-9.0%	-12.1%	-16.8%	-8.2%
模式②	-21.1%	-17.0%	-3.9%	14.9%	1.5%
模式④	-4.4%	0	14.8%	35.6%	11.9%

　　分析可见，只有工况 2 中模式④计算结果对于模式③的相对误差为零，这是因为此时支护结构处于平衡力系，对于平衡力系，式(3-1)和式(3-2)的计算结果才是相同的。其他工况下，支护结构均不是处于平衡力系，因此计算结果各不相同。当安全系数大于 1 和无内支撑时，安全系数越大，相对误差也越大。对工况 4 用模式④计算结果对于模式③的相对误差高达 35.6%。

　　将式(3-1)改写为：

$$K_s = M_p/M_a \tag{3-3}$$

　　根据主、被动土压力的关系，也可将式(3-2)写为：

$$K_s = \frac{M_p - \Delta M}{M_a - \Delta M} \tag{3-4}$$

式中　ΔM——叠加前被动土压力合力矩与叠加后被动土压力合力矩之差。

　　由式(3-3)、式(3-4)可得相对误差：

$$\frac{K_s - K_s'}{K_s} = \frac{(M_a - M_p)\Delta M}{M_p(M_a - \Delta M)} \tag{3-5}$$

式中　ΔM、M_p、$M_a - \Delta M$ 均大于零。可见，当 $K_s < 1$（即 $M_p < M_a$）时，可得：$K_s > K_s'$；当 $K_s > 1$

（即 $M_p > M_a$）时，可得：$K_s < K'_s$；当 $K_s = 1$（即 $M_p = M_a$）时，可得：$K_s = K'$。

这些规律与从表 3-2 和表 3-3 中分析得到的结果完全吻合。

将主、被动土压力分开计算，分别取矩而得到的桩墙式支护结构抗倾覆稳定安全系数，与将主、被动土压力先叠加得净压力，然后再取矩的公式，从本质上是完全不相同的，相对误差一般都很大，是基坑工程所不允许的，应引起工程设计的高度重视。只有在安全系数 = 1 时（此时支护结构处于平衡力系），两种计算结果才是相同的。当坑底以下土质较好时，依据坑底以下主动土压力不变的假设与不少工程实测数据吻合较好，建议采用模式③按公式 (3-1) 计算抗倾覆稳定安全系数。如果坑底以下为淤泥质土时，也可采用朗肯土压力理论得到偏于保守的结果。对于临时性工程还可采用安全系数限值不同的常规做法。

第七节 边坡支挡结构设计

边坡是自然或者人工造成的斜坡。随着我国基础设施建设的发展，交通、水利、矿山等工程活动中遇到大量的边坡。应加强对边坡危害的认识，通过合理的设计，将边坡危害降低，提高边坡的稳定性。边坡治理常见的方法就是支挡结构，支挡结构分为重力式挡土墙、悬臂式挡土墙、扶壁式挡土墙、锚杆挡土墙、加筋土挡土墙以及地下连续墙。支挡结构在设计的时候一定要结合具体工程项目，并采取合适的治理方法，确保支挡结构的稳定性。

一、支挡结构设计原则

(一) 必须具有一定的承载力

为了确保边坡工程的稳定性和安全性，支挡结构必须满足结构正常使用的极限状态以及承载能力极限状态，并对支挡结构的承载力进行计算。支挡结构正常使用的极限状态验算包括：结构变形验算、钢筋混凝土构件的抗裂缝能力；支挡结构承载能力极限状态计算内容包括支挡结构形式计算土体的稳定性，结构稳定性指结构不会沿着墙底地基中的某一个滑动地面产生滑动；支挡结构抗滑性能、支挡结构抗隆起性能；支挡结构抗渗透流性能；支挡结构的受压、受弯、受剪切、受拉承载力水平等；当有锚杆和支护结构支撑的时候，必须计算承载力和稳定性能。

(二) 因地制宜满足工程实际需求

支挡结构设计的时候必须综合工程实际的用途、地形、地质条件，确定支挡结构的平面布局和立体布局，并根据分析地形地貌、土地性能、荷载条件以及现场施工技术、材料来源等综合因素，确定支挡结构的类型和界面尺寸。

(三) 支挡结构和环境相协调

铁路、公路、水利、矿山工程在施工过程中，对当地的环境造成一定的破坏。边坡施工过程中，破坏当地的植被，影响到当地的环境。因此，支挡结构在设计的时候，必须符合国家建筑工程环保相关规范和要求，采用绿色防护工程，提高支挡结构的环境效益。

二、支挡结构设计要求

支挡结构设计必须符合国家技术经济政策，按照国家全面规范、远期目标以及统筹兼顾的原则。支挡结设计必须满足各种设计荷载组合下，支挡结构的稳定性、坚固性和耐久性。

支挡结构位置选择根据实际情况确定，陡坡路堤、地面横坡、路边边坡形成薄层填方，采用支挡结构收回坡脚，提高路基的稳定性。不同地质地段，必须提高边坡的稳定性或者提高支挡结构的安全性，在特殊地段或者软弱土层地段的路堑边坡必须采用坡脚预加固技术。按照支挡结构荷载分为主力、附加力以及特殊力。主力指支挡结构承载的岩土侧压力、滑坡推力；支挡结构顶面承载荷载、重力荷载；轨道、列车、汽车、房屋等产生的荷载侧压力；结构基底产生的摩擦力；常水位时静水压力和浮力。附加力包括：设计水位的静水压力和浮力；波浪压力；冻胀力和冰压力。特殊力主要指的地震作用力、施工荷载、临时荷载。支挡结构的特殊力一般指浸水和地震作用力。其中铁路列车的动力荷载必须按照铁路标准活载进行计算，在不计算冲击力、制动力、摇摆力的情况下，轨道和列车负载使用土柱进行换算，公路车辆荷载标准按照相关规范要求进行计算。

挡土墙结构设计的时候要考虑到可能出现的作用荷载，并根据作用荷载，选择合适的荷载方式，并对不利于荷载组合进行计算。支挡结构设计前，必须对现场施工环境进行地质勘查，了解施工山体地质条件、水文条件、地形地貌，并获得岩土物理力学参数。支挡结构的基础工程，抗滑桩和预应力锚固索锚固段设计的时候，必须考虑到地基基础、锚固段位的深度和岩土力学指标。

三、常见支挡结构设计要点

(一)重力挡土墙

重力挡土墙主要应用在浸水、地震以及特殊岩土的路肩、路堤和路堑等部位，路肩、路堤挡土墙的高度<10m，石质路堑挡土墙的高度<12m。本书以铁路工程为例，重力挡土墙的材料的强度及适用范围应符合如表 3-4 的要求。

表 3-4　重力挡土墙的材料的强度及适用范围

材料种类	重度/(kN/m³)	混凝土强度	适用范围/℃
混凝土或者石片混凝土	23	C15	$t \geqslant -15$
		C20	浸水及 $t < -15$

按照容许应力法计算重力挡土墙的混凝土、石片混凝土的容许应力值，具体数值如表 3-5 所示。

表 3-5　容许应力值　　　　　　　　　　　　　　　　　　　　MPa

应力种类	混凝土强度等级			
	C15	C20	C25	C30
中心受压	4	5.4	6.8	8
弯曲受压和偏心受压	5	6.8	8.5	10
弯曲拉应力	0.35	0.43	0.5	0.55

挡土墙的地基基础工程采用明挖法，如果基坑比较深且边坡不稳定则可以采用临时支护，如果基础工程地基为软土土层，则可以通过加宽地基基础工程、换填土方法、强夯法、混凝土喷射方法加固软土土层。挡土墙基础埋深深度必须符合以下条件：①地基基础埋置深度<1m。②如果冻结深度≤1m，则冻结深度线以下必须 0.25m<H<1m，冻结深度>1m 时，

冻结深度线<1.25m，且冻结线以下 0.25m 的地基土必须换填为非冻胀土。③水流冲刷线< 1m。④路堑挡土墙的基底在路肩以下>1m，且低于侧沟砌体底面。⑤挡土墙的位置如果设计在纵向斜坡上，则基底的纵坡必须大于 5%，基底适合设计为台阶式。如果路基基础在稳定的斜坡上，那么趾部埋深和距离地面的水平距离必须符合表 3-6 的要求。

表 3-6　趾部埋深和距离地面的水平距离相关要求

地层类别	埋入深度/m	距离地面水平距离/m
硬质岩层	0.6	1.5
软质岩层	1	2.5
土层	≥1	2.5

（二）预应力锚索支护结构

预应力锚索支护结构施工流程如下：预应力锚索支护施工流程为：钻孔→编索→穿索→灌浆→外锚墩→安装锚具→张拉→封闭外锚头。在钻孔的时候，要严格控制钻具的钻进倾角和方位，钻进 20~30cm 时，要及时校正角度，在钻进过程中要及时测量钻孔倾斜度，并及时进行纠偏，孔轴偏差不能超过孔深 2%，方位偏差应≤3°。钻孔遇到岩体破碎或者地下水渗透问题，必须采取相应的措施。锚索制作好以后，要进行编号、注明生产日期、使用部位和孔号，编号锚索以后，按照要求进行传索。固定锚索以后，进行灌浆，浆液按照预应力锚索支护结构性能要求配置，浆液灌注以后，必须等浆液稳固以后，才进行锚索张拉，张拉的时候必须逐级增加或者减少，并做好张拉记录。

支挡结构在建筑、水利、铁路、公路等基础工程中广泛应用，在设计的时候，必须综合考虑到工程的实际功能，并做好相关的地质勘察工作，然后按照国家各类工程的标准和规范进行设计，确保支挡结构质量合格。

第八节　工 程 实 例

一、工程概况

安康市某储水池扩建工程概况：该工程位于陕西省安康市，该储水池扩建工程设计基础开挖尺寸 47.9m×21.6m，准备建设施工在西段地下 3 层，地上 2 层，基础埋置深度在 9.2~14.3m；东段地下 2 层，地上 3 层，基础埋置深度在 12.9~15.7m，局部基础埋置深度最大处在 18.6m。该工程的基坑开挖深度相对较深，周边临近大型建筑、附近有桥梁、铁路等重要构筑物，该区域地下水位在基坑底面以上大约 6~9m，为确保该基坑工程施工过程的安全，基坑开挖过程中需要做好基坑支护与降水的措施。拟建场地如图 3-15 所示。

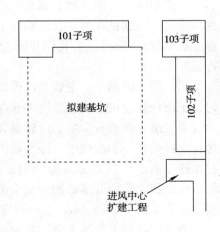

图 3-15　基坑平面图

二、场地的自然地理条件

(一)地形地貌及地质情况

安康市位于陕西省东南部,汉水沿东西方向横穿安康,北部临近秦岭,南面临近巴山,安康在大地构造位置上,属于秦岭地槽褶皱系南部和扬子准地台北部汉南古陆的东北缘。安康南北以汉江为界,分为秦岭地区和大巴山两大区域,其地形波状起伏,沟梁相间,具明显的龙岗式地貌景观。在地域面积中,秦岭区域占地约40%,大巴山占地约60%;区域地貌主要为山地占地在90%以上,其次为丘陵地带占约6%。上覆第四系全新统冲积、洪积膨胀土、粉质黏土、粉土、砂类土和碎石类土,下伏志留系云母片岩。部分区域覆第四系上更新统冲积、洪积膨胀土、混合土(含粉质黏土粗、细圆砾土),且厚度较大。

(二)气象条件

安康属于北亚热带湿润山地气候,该段年平均气温12.6~15.6℃,年平均降水量720~810mm,气候温和,雨量充沛,无霜期长,四季分明。其特点是降雨集中在夏季且多有伏旱,冬季比较寒冷且少雨,春季较暖和干燥,秋季多阴雨空气湿润。该区域历史最低气温为-16.4℃,历史最高气温为42.6℃;历史月均最低气温为3.5℃,月均最高气温26.9℃。丘陵区一般为15~16℃,秦巴中高山区为12~13℃。年平均降水量1050mm,降雨季节集中夏季,多为7月份。

(三)区域地质条件

拟建场地,地面标高在1359.95~1437.28m之间,该地区经历过强烈而复杂的构造运动,遭到多种地壳活动的切割破坏,板块层次复杂多样,场地相对较为平坦,地貌单元属于中等倾斜老洪积扇群中残留的高位洪积扇区。含水层为上更新统及全更新统地层,深度27~32m以上,岩土为黏性土、粉土、砂土,市区主要含水层地质主要是砂砾卵石和黏性土和砂。20世纪40年代常年地下水位在8~10m,因气候较为干旱,工农业和生活用水的增加以及南水北调工程的施工,导致地下水位在不断地下降。

三、场地的工程地质条件

(一)场地的地层分布

根据地质柱状图显示,钻孔深度最大为27.6m,断面显示,地层有明显的沉积韵律,层位较稳定。根据钻探揭露及试验结果划分为四部分:人工素填土、洪积砾石上洪积砂土(局部呈胶结状)、黏性土、花岗片麻岩。在勘探深度范围内,各工程地质单元层的分布情况及特征如下:

第一层:杂填土。主要是由砂砾石和黏性土组成,颜色呈现褐色、杂色。土层厚度不均匀,土质松软,位于表面厚度1.6~4.4m范围内。土的物理力学性质为:土质结构松散。

第二层:砂砾石。主要由砂砾和砂构成的红褐色或黄褐色含钙质的砂砾石土质,其中还含有少量的卵石和黏性土,该土质的特点是具有坚硬—硬塑—可塑的变化,局部软塑状。砾石粒径一般在0.3~0.8cm范围内,不均匀分布,大多数呈不规则圆形颗粒。硫酸盐以分散状、蜂窝状、集中纤维状的形式分布在该土质中,切面稍光滑,干强度中等,韧性中等密实。该层厚度1.7~5.1m。土的物理力学性质:该层地基土处于中等密度状态。

第三层:黏土。该土质中含少量灰绿色条纹及铁锰质斑点,多呈棕红或者棕黄色,该层部分位置分布有粉质黏土,可析出少量黏性土结核及白色硫酸盐晶体。其特点是表面稍有光泽，干强度较高且具有一定的韧性。土质层厚不均匀分布，一般在 4.9~10m 范围内变化，平均土层厚度大约在 6.7m 左右。土的物理力学性质：砾砂：褐黄色—黄褐色，该层层厚变化较大、土层密实。

第四层：细砂：呈现褐黄色或棕黄色，材质主要为石英和长石，并含黑色矿物及少量云母。该层土质中有粉土薄层夹杂。土的物理力学性质：该层地基土呈稍密—中密状态。

第五层：黏土：呈现棕黄色，表面有光泽，含水量少时硬度高。内含铁锰质斑点及灰绿色条纹局部夹砂性土薄层或混砂性土团块，见孔隙，局部夹细砂薄层及粉土保存、韧性中等。土的物理力学性质：该层地基土为中压缩性土。

第六层：强风化片麻岩和中风化片麻岩，颜色为灰绿色或墨绿色，主要成分为石英、云母、长石、其他矿物质等。土的物理力学性质：该层地基土呈中密—密实状态。

（二）地下水

20 世纪 50 年代，该地区地下水位在 6m 左右，雨季爆发后地下水位可达 4m 左右，随着社会的发展，工农业用水、居民生活用水急剧增加，加之气候变得干旱少雨，目前地下水位较深，大约深度在 36m 左右。工程所处位置地下水位在 22m 位置。经过勘察，安康境内部分区域覆盖膨胀土，具有遇水膨胀失稳的特性，在现场勘查，取土进行膨胀性试验后，该区域三项检测数据均未达到膨胀土指标，所以不存在不良地质作用。

四、地基土的工程分析评价

（一）场地稳定性评价

陕西省安康市该储水池扩建工程根据其区域地质构造进行分析，结合当地建筑施工经验分析总结，该区域无特殊地质构造，地基相对稳定，适合作为建筑施工场地。

（二）地基均匀性评价

该基础设计开挖深度（储水池扩建工程基础埋深 9~14m），储水池扩建工程场地地基土层经过分析相对稳定，从钻孔柱状图来看，结合历史资料，水平方向层厚变化不大，各层厚度相对比较均匀，其最大深度位置位于持力层及下卧层上，承载力及土质相对稳定，所以该区域地基为均匀地基。

（三）地基土的液化评价

该储水池扩建工程基础埋深 9.1m，地下水位在原地面以下 22m 左右，根据钻探资料及土工试验，结合该地区近 50 年的最不利地下水位，埋深范围内不存在饱和的粉土及砂土，设计对地基土的液化问题可不考虑。

（四）地基土的承载力特征值、变形参数

依据国家及陕西省的现行规范、规程及标准，并根据钻探资料及土工试验，结合该地区近 50 年的最不利地下水位和既有的参考文件及设计文件及该区域地基土承载力、压缩模量、内摩擦角等参数可采用表 3-7 的值。

表 3-7 地基土强度、变形参数建议值一览表

层号	岩土名称	承载力特征值/kPa	压缩模量/MPa	黏聚力标准值 c/kPa	内摩擦角标准值 ϕ/(°)	
					干燥状态	饱和状态
②	黄土状粉质黏土	130	6.5	11.0(c_{cu})		14.6(c_{cu})
②-1	黄土状粉土	135	7.0	1(c_{cu})		30.4(c_{cu})

层号	岩土名称	承载力特征值/kPa	压缩模量/MPa	黏聚力标准值 c/kPa	内摩擦角标准值 ϕ/(°)	
					干燥状态	饱和状态
②-2	黄土状粉土	130	6.5	23(c_{cu})	15.5(c_{cu})	
③	细砂	180	18.0	0	36.1	27.8
③-1	粉土	130	6.5	—	—	—
④	中粗砂	200	20.0		38.0	28.1
⑤	粉质黏土	170	7.5			
⑤-1	细砂	180	18.0			
⑥	细砂	200	22.0			
⑦	中粗砂	220	24.0			
⑧	粗砂	300	32.0			

（五）基坑边坡稳定性评价

根据现场钻探以及原位测试试验资料以及该地基土的强度、变形参数，当基坑深度为10.5m时，为防止超载，在一倍开挖深度范围内严禁材料堆放及施工机具、机械停放。同时基坑周边设置排水沟，为防止地表水及施工用水浸泡边坡，影响基坑土体稳定，在基坑四周设置汇水沟，四个角设置集水井，随时进行抽排，并用砂浆封底进行防渗处理。

（六）天然地基评价

土体的天然地基评价见表3-8。

表3-8　土体的天然地基评价表

层号	岩土名称	评　　价
①	杂填土	土质松散，稳定性差，难压实，应清除
②	黄土状粉质黏土	该层具有中高度压缩性，土体物理稳定性差
②-1	黄土状粉土	该层具有中度压缩性，土体物理稳定性稍差
②-2	黄土状粉土	该层具有中度压缩性，土体物理稳定性稍差
③	细砂	物理稳定性较好，承载力较高
③-1	粉土	该层具有中度压缩性，物理稳定性较差
④	中粗砂	物理稳定性好，承载力较高，为较好的天然地基持力层
⑤	粉质黏土	该层具有中压缩性，物理稳定性稍好，可以作为下卧层
⑤-1	细砂	物理稳定性较好，有较高的承载力，为良好的下卧层
⑥	细砂	物理稳定性较好，有较高的承载力，为良好的下卧层
⑦	中粗砂	物理稳定性较好，有较高的承载力，为良好的下卧层
⑧	粗砂	物理稳定性较好，有较高的承载力，为良好的下卧层

五、支护方案研究

本工程两面临街，开挖深度较大，且开挖方量大，周边没有合适的弃土场地，且施工成本相对较高，依据国家行业标准以及周边环境要求，不能采用放坡开挖的方式，故在设计上优先考虑锚杆式排桩支护系统，在场地限制上有明显的优势，结合该工程特点，可采用干钻施工，对周边环境的污染少，施工效率高。根据地层性质及地下水位情况，该基坑采用排桩及土钉墙施工比较有优势。该基坑开挖最深处为-14.2m，地基土的强度、变形参数等基坑侧壁安全等级为一级，考虑到施工成本、工期压力、周边环境等多方面的因素，最终确定该基坑工程采用桩锚支护结合小直径灌注桩进行加固支护的结合方式。根据基坑深度及土质情况，为确保安全增加整体支护整体受力性能，沿基坑面周围设置一排钢筋混凝土桩基，支护系统由两层锚杆组成，开挖过程中，及时对桩基之间进行混凝土护壁，支护结构需要边施工边完善，原则上是完成开挖24h内完成护壁，48h内完支护体系。考虑到设置横撑，为了给安装提供操作空间，开挖略大于横撑位置，支撑分别设置在标高为-3.600m、-7.000m处时，计算中在验算最不利状态取值为-4.000m和-7.400m。

六、排桩计算

根据土的力学参数见表3-9，地面超载取值20kPa，原地面标高假定为±0.000m，在-3.600m与-7.000m处分别设置两道横支撑，按弹性支点法计算，侧壁重要性系数为1.00，桩顶标高-3.000m，桩嵌入深度5.00m，桩计算宽度0.90m。工程先采用完成桩基施工，边开挖边支护的形式进行护壁及锚杆施工。桩径D为600mm，长度L为14.1m，桩距设置为900mm，混凝土强度设计为C35。锚杆采用双层设置，外倾角设计为15°。

表3-9　第一、二层土主动土压力　　　　　　　　　　　　　　　　　KN/m

主动土压力	上部	下部
第一层土（标高0.000m，-3.600m）	63	64.8
第二层土（标高-3.600m，-4.000m）	-5.45（取0）	0.69

基坑开挖后，最大弯矩计算，经过积分运算得到，如表3-10所示。

表3-10　土层最大弯矩分布表　　　　　　　　　　　　　　　　　　kN/m

主动土压力	上部 M_{umax}	下部 M_{dmax}
（标高-10.72m，-16.35m）	-546.13	-247.98
0.9m桩（标高-10.72m，-16.35m）	-491.52	-223.18

七、锚杆计算

根据规范要求，支点计算力需要将侧壁的重要性系数放大1.5倍，得出的结果为锚杆的拉力值，如表3-11所示。

表3-11　锚杆设计参数

序号	水平拉力/kN	标高/m	锚孔直径/m	锚固角度/(°)	锚杆间距/m	安全系数
1	270.00	-3.500	0.15	15	1.8	1.2
2	230.00	-7.000	0.15	15	1.8	1.2

根据规范及验标要求，锚杆的张拉值采用支点计算力侧壁的重要性系数放大1.5倍，得出杆件的水平拉力值为335.50kN。本次以计算深度为18.40m的锚杆进行，其土层内土的重度为19.05kN/m³，内摩擦角为21.22°，加权平均后的内聚力值为21.98kPa。

（1）锚杆承载力计算。

$$N_t = \frac{T_d}{cos\theta} \tag{3-6}$$

式中　N_t——锚杆轴向拉力设计值；

T_d——锚杆水平拉力设计值。

由相关计算可得：$N_t = 335.5/\cos 15° = 365.98\text{kN}$。

（2）锚杆锚固段长度计算。

$$L_a = \frac{K_m N_1}{\pi d_m \tau} \tag{3-7}$$

式中 K_m——锚固段安全系数，取 1.5；

$\quad d_m$——锚固段直径，可取钻头直径 1.2 倍，即 150mm；

$\quad \tau$——锚固体与土层之间的剪切强度，$\tau = \gamma h \tan\varphi + c$，其中 γ 为土的重度平均值，取 19.05kN/m³；

$\quad h$——锚固段中点距离地表高度，取 3.62m；

$\quad \varphi$——土的内摩擦角平均值，取 21.22°；

$\quad c$——土的黏聚力平均值，取 21.98kPa。经计算，$\tau = 48.76\text{ kN/m}^2$。

故 $L_a = \dfrac{1.5 \times 365.98}{3.14 \times 0.15 \times 48.76} = 23.91\text{m}$。

（3）锚杆自由段长度计算。

$$L_f = \frac{L_D \tan\left(45° - \dfrac{\phi}{2}\right) \sin\left(45° + \dfrac{\phi}{2}\right)}{\sin\left(135° - \dfrac{\phi}{2} - \theta\right)} \tag{3-8}$$

式中 L_D——锚杆锚固点与土压力为零点的距离。

由公式（3-8）得：$L_f = 5.23\text{m}$。

（4）锚杆总长度计算。

$$L_m = L_a + L_f = 23.91 + 5.23 = 29.13\text{m}$$

八、桩锚支护结构内力计算

桩锚支护结构的内力针对一根桩的截面进行计算和验算，相关参数依次列出，该桩的计算截面具体情况如图 3-16 所示。

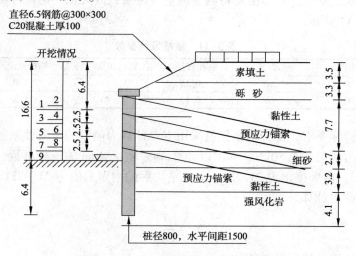

图 3-16 其中一根桩锚杆支护计算截面

(一)拉杆施工及防腐处理

为了避免拉杆受周围环境影响发生结构腐蚀，安装前检查杆件的材质、型号是否与设计一致，安装过程中注意加强对拉杆的保护，防止碰撞或者由于角度打设与转进角度不一致，造成拉杆弯曲变形，或者发生扭曲。拉杆的打入深度要满足设计要求。最少打入深度为设计长度，拉杆完成安装后，外露部分要做好成品的保护工作，防止外力作用拉杆变形。

1. 拉杆的制作

拉杆材质为钢筋，每间隔 1.5m 设置一根，采用导向架打入，注浆管联通拉杆，外套 PVC 管，注浆孔设置在端部，分布在 2m 范围内，交错布置。

2. 拉杆防腐

对于拉杆自由区域的防腐，采用混凝土封端的方式。

(二)施工工艺

施工顺序：凿孔并清理孔道→次锚固注浆→杆体施工→张拉杆体→二次注浆。

(三)张拉锁定

该市储水池扩建工程锚具所采用的是螺丝端杆，螺丝端杆与拉杆采用双面搭接焊，焊接质量要满足设计及规范要求，其长度为 300mm，进行张拉条件为锚固体结构强度达到 30MPa 之后，该工程采用锚杆的设计张拉值分别为 290kN 和 220kN，张拉锁定值为 218kN 和 166kN。张拉前需要进行预张拉，采用 0.1~0.2 倍的设计张拉值对锚杆预拉 1~2 次，对锚杆进行先张拉后锁定，若发现预应力损失较为明显，则应进行张拉补偿。

(四)张拉应力测试

在二次注浆 28d 后，通过拉拔仪对锚杆工作荷载进行满负荷张拉符合性试验，经过抽取比例为 1000 根抽取一组，每组 3 根的比例进行拉拔试验。现场共抽取 4 组。分别针对杂填土、砂砾、黏土、强风化岩做拉拔试验。通过拉拔试验，锚杆的抗拉拔能力均能满足设计要求。其数据见表 3-12。

表 3-12 不同结构层拉拔试验数据对比表

地质类型	锚杆长度/m	抗拉拔能力			注
		设计值	实测值	平均值	
杂填土	22.6	337.5	357.3		合格
	22.6	337.5	360.5	352.6	合格
	22.6	337.5	339.8		合格
砂砾	22.6	337.5	366.5		合格
	22.6	337.5	357.8	365.2	合格
	22.6	337.5	371.2		合格
黏土	22.6	337.5	364.3		合格
	22.6	337.5	351.2	358.9	合格
	22.6	337.5	361.1		合格
强风化岩	22.6	337.5	375.9		合格
	22.6	337.5	380.7	385.6	合格
	22.6	337.5	400.2		合格

从试验结果来看，强风化岩锚杆的抗拉拔能力相对较高，杂填土相对较低。个别点相差较大，主要是由于土质不均匀性影响注浆效果，以及土体的内摩擦角造成结果偏差较大。

（五）注意事项

（1）二次注浆后，在进行应力测试时，确保二次注浆的强度。需要通过抗压试验。

（2）注意施工过程核实每根锚杆的尺寸与设计钻孔深度一致，且钻孔深度不得大于锚杆总长度，防止出现锚固失效。

（3）采用拉拔仪进行张拉应力测试前，需要对拉拔仪进行权威的鉴定。

（4）注浆应使用专用器具，注入过程必须连续，确保注入饱满。

九、位移测量

在基坑开挖之后，储水池扩建工程采用闭合水准点法，观测基坑结构顶面的水平位移，基坑排桩顶水平位移量见表3-13。

表3-13　基坑排桩顶水平位移量

观测点		1	2	3	4	5
水平位移/mm	第一步开挖	0	0.1	0.3	0.1	0
	第二步开挖	0.1	1.1	1.9	1.2	0.1
	第三步开挖	1.2	2.3	6.8	2.4	1.2

根据工程记录所知，水平方向位移的最大值是9.2mm，并且土体没有明显变形，所以，本次支护工程在基坑开挖施工是成功的。

（1）本工程中采用的锚杆式支护结构，锚杆的设计长度不仅与锚固作用力的大小直接相关，也受倾角大小、地质条件直接影响。计算时，通过反推等效内摩擦角，利用朗肯土压力理论进行计算。对于地下水位低、地质稳定性好的地层，可直接采用机械干作业成孔，便于清理现场，迅速形成工作面，加快施工进度，位移观测符合设计要求，通过试验监测判定支护结构可以满足安全性要求。

（2）锚杆支护是一种安全、经济的支护方式，在国内各种地下工程的建设中得到广泛应用，但锚杆支护技术较为复杂，设计方法也显粗糙，锚杆施工质量技术始终存在问题。长远来看，锚杆技术具有结构轻、安全可靠、适应性强的特点，对于实现快速掘进、降低生产成本、确保安全具有重要的意义，已在很多工程中得到迅速推广，其结构形式在不断地推陈出新，而且该种结构还具有工程量少，经济效益好，施工方便的优势，是一种值得大力推广的先进技术。

第四章　土钉支护设计与施工

随着城市建设速度的加快，当下各地区用地愈发的紧张。各大地区为了缓解交通拥挤、土地资源紧缺等现状，从而对地下空间进行了更大力度的开发，因此地下商场、地铁等建筑物不断增多，导致基坑的数量和规模也在不断加大。但是由于基坑环境条件复杂多变，给基坑支护结构的设计和施工带来了很大的压力，而且由于不正当的设计与施工导致每一年发生的深基坑工程事故较多。这也就对基坑支护结构的理论研究提出了更高的要求，特别是基坑开挖过程中土体和支护结构的内力、位移、稳定性及结构与土体间的协同作用等问题越来越受到研究人员的关注。

目前大量的研究表明，传统的土钉支护结构对位移的控制效果较差，而且该结构属于被动受力，要使其彻底发挥作用需要微小的变形，这将会导致整个体系的位移增大。由于基坑工程所处的地理位置要求其不能产生较大位移，并且现在的基坑支护结构设计已经由原来的强度控制转变为位移控制，这就意味着基坑工程对支护结构体系变形控制的要求更加严格，而土钉结构的受力特点决定其无法在位移要求比较严格的工程中使用。但是基坑一般属于临时性工程，业主方也不希望投入太大的成本，再加上土钉支护造价低、施工快等特点深受其青睐，这就使得设计人员不得不在土钉支护的控制变形方面多下功夫。工程实践表明预应力锚杆、微型桩、排桩和止水帷幕等辅助结构的加入正好可以弥补土钉支护控制变形能力、抗渗性能和稳定性等方面的不足。土钉与辅助结构联合进行基坑加固，能够有效地约束坑壁的侧向变形，提高基坑的稳定性，而且这类复合支护形式在工程造价方面拥有较大的优势，因此该复合结构在实际工程中应用较为广泛。然而，现阶段基坑支护结构设计的理论研究落后于工程实践，由于理论研究的不足，使得工程设计没有合理的依据及严格的设计理论来指导工程设计。因此，在目前的支护结构设计过程中仍然通过工程经验来指导类似基坑的设计。已发生的大量深基坑工程事故也证明了当前的设计理论依然存在缺陷，要么结构设计不足导致工程事故的发生，要么设计过于保守造成工程造价偏高。因此，深入研究复合土钉结构的工作机理，探讨该复合结构的各组成部分在支护过程中的协同作用，为基坑支护设计提供合理的理论依据，这对设计人员在确保基坑自身和周边环境安全稳定的基础上合理地管控工程造价、降低工程事故发生频率具有十分重要的现实意义。

第一节　概　　述

一、土钉支护概念

土钉支护是加筋技术中的一种，即在土体中置入钢筋或钢管等细长杆件。在支护过程中是由上而下的支护形式，即开挖一层，支护一层，与加筋土钉墙在施工上有所不同。土钉在土体内形成了一个由土钉、土体组成的复合体，不仅加强了土体的抗剪能力，又与面层一起起到约束土体变形的作用，土钉支护也有一些自身的特点，即土钉与土体组合形成类似挡土墙的结构，结构自身轻，具有延性良好、抗震性好、施工便利和造价低等特点，但土钉也有一些局限性，如土钉的设置需有足够空间，在有些土中不可单独使用等。

土钉的成孔、注浆的方式有多种，但在成孔方式中洛阳铲具有成孔费用低、速度快等优势，使得该方法使用较为广泛，除了土钉的成孔、注浆方式多样外，土钉本身也有多种类型。除了使用较为普通的钻孔注浆外，还有击入钉、注浆击入钉、高压喷射击入钉、气动射击钉等。

二、土钉支护的优缺点

（1）优点：土钉支护和其他支挡系统相比体现出很大的优越性，首先施工设备尺寸相对较小、灵活性大、重量轻。其次特别适用于因噪声、振动和通行可能引起麻烦的城市中施工，并且系统比较坚固稳定和有灵活性，并可适应大量整体和局部的沉降。有文献证明土钉挡土墙在地震荷载条件下运行良好，还能很好地运用于诸如遇险挡土结构修复之类的特殊工程。

（2）局限性：土钉可能超出用地红线，也可能和其他城市地下管线相互干扰，单一的土钉支护结构在特殊地区不可能有效地发挥其工作性能。

第二节　土钉支护的作用机理与工作性能

近年来，随着城市高层建筑的大量兴建，深基坑支护技术发展迅速，而土钉支护就是近年来发展起来的用于土体开挖和边坡稳定的一种新型挡土结构。它由密集的土钉群、被加固的原位土体、喷射混凝土面层和必要的防水系统组成，形成一个类似重力式的挡土墙，以此来抵抗墙后传来的压力和其他作用力，从而使开挖坡面稳定。因其具有施工方便、设备简单、开挖与支护作业可以同时进行、施工周期短、成本低、污染小、稳定可靠等许多技术和经济上的优点，而迅速在全国特别是低地下水位地区得到推广。

一、土钉作用机理

土钉在复合土钉支护体系中发挥着主要作用，土钉作用的原理是利用注浆作用和基坑周边土体自身的强度特性，将原位土体处理成整个支护结构的一部分，在充分发挥土体自承能力的同时确保了整个体系的稳定性。随着基坑的开挖，土体位移的发展，基坑工程在面层、土钉和加固土体三者的协同作用下保持稳定，但是由于三者强度相差较大，在基坑土体发生塑性变形时内力向面层开始转移，然后通过面层来调整体系的内力分布情况。综上所述，可以将土钉的作用总结为以下四个方面：

（1）分担荷载作用。当土体某处的应力大于该处土体的极限强度时，该处土体不能再承担之前的应力，只能向相邻土体转移，致使相邻土体因所受应力大于自身强度而发生破坏，最终形成滑移面。由于土钉布置较密，土钉的加筋作用可以对滑移面以内的土体进行改良，最后形成强度较高的复合土体。因为土体的强度和刚度远小于土钉，所以当土体处于塑性变形阶段时应力开始转移，使得土钉承担了部分土体应该承受的应力，从而改善了土体中的应力分布情况，延缓了复合土体塑性区的发展和滑移面的形成。当支护结构水平位移发展而使土体开裂时，土钉的分担作用更加显著，此时土钉内部的组合应力使得注浆体破碎。如果土钉间距布置合理则可在相邻的土钉中间形成土拱，土拱承担其后的压力并将之传递给土钉，由土钉分担并传递给深层的稳定土体。总的来说，土钉的这种分担作用可以概括为：在改善土体应力集中现象的同时又延缓了土体塑性区的发展和滑移面的形成。

（2）箍束骨架作用。土钉以一定的密集度分布于土层中，由于土钉群的刚度和强度远高于土体，因此它们在土体中起到了一定的骨架作用，协同土体承担抗拉和抗剪切作用，从而改善了土体中的应力分布情况，避免了土体因局部应力集中而发生破坏。同时相邻土钉之间形成的土拱可以提高复合土体的整体性，从而使得复合体能够得到更大的承载力。

（3）传递和扩散应力作用。该作用主要是通过土钉与周围土体的相互作用来实现，土钉将自身承担的荷载沿着土钉的长度向附近土体扩散，并向深处稳定的土体进行传递，使得复合土体内的应力大小远低于无支护措施时的边坡土体，最终延缓了滑移面的形成与发展过程。

（4）约束坡面变形作用。由于基坑开挖卸载和土体的侧向变形必然会导致坡面的鼓胀，而混凝土面层的存在对坡面的鼓胀有一定的限制作用，进而起到了对边界的约束作用，而土钉能够保证面层更好地发挥作用。

二、土钉支护的工作性能

为了揭示土钉的工作性能，并为土钉支护的设计提供依据，国外对大型土钉支护工程进行了大规模的量测工作，获得了许多有价值的资料。这些试验主要有如下几个：法国CEBTP 的大型试验、德国 Karisruhe 大学岩土研究所的大型试验、德国 Stuttgart 一处永久支护的实测、美国西雅图的一处工程开挖、美国加州大学 Davis 分校内的现场试验。

根据这些试验的观察结果，可以得出土钉支护在一般土体自重作用下的基本工作特点有以下几点：

（1）随着向下开挖，支护不断向外位移。在匀质土中，支护面的位移沿高度大体呈线性变化，类似绕趾部向外转动，最大水平位移发生在顶部。但在非匀质土中或地表为斜坡或受有地表重载时，最大水平位移点的位置可能移向下部。从为数极少的支护现象发现，土钉支护的破坏是一个连续发展的过程。

（2）土钉置入现场土体后，如果土体不发生形变，土钉就不会受力，随着继续向下开挖、地表加载或土体徐变而发生土体变形，于是通过土体与土钉之间的界面黏结力使土钉参与工作并主要受拉。量测表明，只要土体发生微小的变形就可使土钉受力。土钉在工作阶段很少受到弯剪作用，只在支护最终沿滑移面破坏失稳时，滑移面附近的土钉才同时受到拉弯剪的联合作用。

（3）土钉的拉力沿其长度变化，最大拉力部位随着向下开挖从开始时靠近面层的端部逐渐向里转移，当土钉较长时，最大拉力部位一般发生在土体的可能失稳破坏面上。当土钉长度较短时，土体破坏面可能移出上部土钉之外，则这些土钉中的最大拉力一般发生在钉长中部。

（4）当破坏面穿过加固的土体时，后者被分割成失稳区和稳定区两个部分，前者向外运动，与土钉之间的界面剪力或黏结力的方向向里，使土钉的拉力从端部逐渐增加并在可能的破坏面上达到峰值。而在被动区内，土钉与土体之间的界面剪力方向向外。土体破坏面上的土钉或者受拉屈服，或者被拔出。

（5）不同深度位置上的土钉，其受到的最大拉力有很大差别，顶部和底部的土钉受力较小，靠近中间部位的土钉受力较大。但临近破坏时，底部土钉的拉力显著增长。

（6）支护喷射混凝土面层背后的实测侧向土压力，其沿高度分布也为中间大、上下小，接近梯形但斜边为抛物线，而不是三角形，压力的合力值要比挡土墙理论给出的计算值（朗肯土压力）低得多。这表明土钉支护的面层完全不同于一般的挡土墙。支护面层所受的土压力合力远小于土钉所受拉力之和。

（7）支护的最大水平位移 δ，一般不大于坑深或支护高度 H 的 3%。δ 与 H 的比值据法国的实测资料为 1%~3%，美国为 0.7%~3%，德国为 2.5%~3%。国内的测试结果也大体相同。

第三节　土钉（土钉墙）工艺

随着经济的发展和社会进步，建筑行业迅速发展。近年来，高层建筑数量越来越多，规模越来越大，人们对高层建筑施工质量安全也提出了更高要求。作为高层建筑的重要组成部分，基坑工程发挥着不可替代的作用。随着科学技术的进步，许多新技术、新工艺、新材料逐渐被应用到建筑基坑工程施工中，例如，土钉支护结构（即上墙）。该结构具有工期短、工艺简单、成本低廉等诸多优点，能够有效提高基坑边坡的稳定性及强度，在建筑基坑工程中得到了广泛应用。要想充分发挥土钉墙支护结构的优势性能，必须加强设计与施工管理，做到方案科学、施工合理，以此保证建筑基坑工程施工质量，消除边坡塌方事故，提高建筑整体安全性。

一、土钉墙支护结构概述

（一）土钉墙支护结构特点

第一，在基坑工程中应用土钉墙能够有效提高边坡承载性与整体稳定性，且不必另外设置支撑，对坑壁也不会产生太大变形，噪声影响较小；第二，在土钉墙支护施工中，土钉埋设可以与基坑开挖施工同步进行，缩短单独作业时间，施工效率高，施工周期短；第三，土钉墙支护施工不占场地，对于面积小、难以放坡或者周围建筑物密集的施工场所，土钉墙支护结构能有效解决施工难题；第四，土钉墙支护结构施工工艺简单、加固效果好，技术可靠性强；第五，土钉墙支护结构施工成本低，具有经济性与合理性。

（二）土钉墙支护结构适用条件

土钉墙支护结构适用于以下情况：地下水位以上的黏性土、胶结的填土或者粉砂土等。随着土钉墙施工技术不断进步，在杂填土、松散沙土、软土以及流塑土中也可采用这一技术方法。值得注意的是，对于塑性指数超过 20 的土，在应用土钉墙支护结构之前，要仔细评价其蠕变特性；对于标准贯入锤击数在 10 击以下的沙土，最好不要采取土钉墙支护结构。除此之外，土钉墙支护结构不适合以下情况：含水量较高的砂卵石层及粉细砂层、缺乏临时自稳性的淤泥土；炉渣、煤渣等腐蚀性土；对于流塑形态下的软黏土，由于其成孔难度大，采用土钉墙支护结构同样无法取得理想的经济技术效果。

(三)土钉墙支护作用原理

在建筑基坑施工中，土体具备结构整体性特点，但是其抗拉强度、抗剪强度均比较低，甚至可忽略不计。在基坑开挖过程中，土体的存在能够保证边坡维持一定的直立高度，但是如果超出其临界高度，就会破坏土体整体性，因此需采取必要的边坡防护手段，通过挡土结构承担土体测压力，以免破坏土体的整体稳定性。将一定分布密度和长度的土钉放置在土体内，土钉和土体共同作用对后者强度的不足进行弥补，这就是土钉墙支护体系。土钉利用滑裂面加固坑周土体，土与土钉结合形成复合土体，从而实现原状土刚度及强度的提升。如果土体受力情况产生变化，不可避免地会产生变形，利用土钉进行加固，能够对这种变形进行约束，以此确保土体稳定性。

(四)土钉墙支护体系的不足

第一，土钉墙支护体系需要用到大量土钉，部分土钉杆体很长，如果在建筑密集区域进行施工，很容易与原有地下设施发生碰撞，破坏地下设施。如果条件允许，可以调整土钉长度，将土钉灌浆体直径增大，但有些情况必须选取别的支护措施。第二，只有在土体变形、土钉与土之间存在相对位移时，才能发挥出土钉的作用。如果基坑工程对位移有严格限制，则无法采用土钉墙支护结构进行施工。第三，超深基坑不适合采用土钉墙支护体系。其主要原因为：超深基坑会明显增大土钉墙支护体系的位移量，导致基坑安全受到影响。第四，土钉墙支护体系对地下水位有一定要求，地下水位不能超出基坑的基地。如果基坑开挖过程中出现地下水，不仅会影响土钉成孔，也会影响注浆效果，引发滑塌事故。

二、建筑基坑工程土钉墙支护结构设计与施工

(一)土钉墙支护施工流程

1. 基坑开挖

安排专门人员负责指挥土方开挖工作，采取分层、分段的方式开展施工作业，控制好各层开挖深度，确保其在 2m 以内。只有在确保土钉及混凝土喷射面满足 70% 的设计强度后，才能开始进行下一层土层开挖。此外，施工单位还要制定必要的防护措施，以免土方开挖对支护结构产生碰撞。机械作业与人工修整应当相互配合，确保开挖面平整、无虚土。在基坑开挖过程中，如果开挖面产生裂缝、渗水等问题，需要将厚度约 30mm 的混凝土喷射在上面，对开挖面进行有效保护。

2. 混凝土面层初喷

在基坑开挖完成后，将 C20 强度等级的混凝土喷射在边壁上，喷射厚度控制在 50mm。混凝土材料质量需严格控制，水泥采用普通硅酸盐水泥，骨料采用碎石或者机制砂，前者粒径不能超过 20mm，含泥量需控制在 3% 以内。采取分段、分片的方式进行混凝土喷射，施工顺序为由下至上，喷头应当垂直于土钉墙墙面。在混凝土喷射完成后，应当在 2h 内进行养护，防止裂缝出现。

3. 钻孔

根据设计要求进行钻孔作业，控制好土钉的水平间距、竖向间距分别为 1.5m、2m。成孔工具采用人工洛阳铲，水平孔最上排的深度为 9m，其他均为 6m。为方便注浆工作，土钉倾角宜控制在 5°～15°。孔位要根据设计图纸确定，遇到障碍物时可适当偏移；控制好土钉水平方向上及竖直方向上的孔距误差，前者≤50mm，后者≤100mm；孔深应当比设计深度大 0.1m，土钉杆体长度也要比设计长度大。

4. 插入钢筋土钉

采用φ25钢筋作为土钉，施工前需要对钢筋进行除锈、调直处理；采取双面搭接焊的方式连接钢筋，搭接长度需控制在主筋直径的5倍以上，焊缝高度需控制在主筋直径的0.3倍以上；在制作土钉时，应当严格按照设计要求确定土钉的直径、长度等参数，在孔的中心部位放置锚杆，对中支架的焊接间距为2m，从而确保钢筋始终位于孔的中心部位。

5. 注浆

采用纯水泥浆作为注浆材料，水灰比须控制在0.5~0.55范围内。浆液的搅拌工作要在注浆过程中进行，并保证搅拌充分、均匀，做到随搅随用；在注浆过程中，注浆管需插入至孔底，一边注浆一边拔管，拔管速度不能过快，注浆管不能超出液面，同时注浆压力需控制在0.4kPa以上。当注浆抵达孔口时，应当停止注浆并进行封口。在浆液凝固后，如果锚固体无法充满浆液，还要进行补浆；在注浆工作结束后，应当及时清理干净注浆工具。

6. 钢筋网布设

钢筋网材料选用φ8圆钢，规格为200mm×200mm，误差控制在10mm以内。网筋之间的搭接长度需控制在300mm以上；钢筋网在铺设以前需进行调直；选用φ14钢筋作为加强筋，将土钉钢筋与加强筋牢固焊接在一起，挡块焊接在外部，确保其具有整体性。

7. 混凝土复喷

在钢筋网布设结束并验收通过后，需复喷混凝土，喷射厚度控制在50mm，喷射方法按照初喷时进行。

(二)土钉墙施工质量管理技术措施

严格按照土钉墙支护施工流程开展作业。对于任何一道工序，都要采取施工人员自检、质检员抽检等方式进行验收，只有上一道工序验收合格后才能进入到下一工序。尤其是对隐蔽工程的质量验收，需要施工单位给予特别关注；加强材料质量控制。检查水泥材料，确保其具备合格证书、成分化验单及其他质量证明文件。喷射混凝土采用硅酸盐水泥，骨料采用中粗砂。在混凝土喷射完成后，需要对面层进行检查，确保其没有露筋、空鼓以及裂缝等问题；钢筋网铺设前必须进行调直，严格按照设计要求确定网格尺寸；及时收集、整理施工过程中的各项工程资料，认真填写原始记录；加强土钉墙支护检测。土钉墙支护检测分成三个阶段：土方开挖至4.5m为第一阶段，观测频率为2d/次；土方开挖至9.2m为第二阶段，观测频率为1~2次/d；支护完成后第三阶段，观测频率为2d/次。

二、土钉支护设计内容和施工的若干要求

(一)设计内容

土钉支护一般适用于地下水位以上或进行人工降水后的可塑、硬塑或坚硬的黏性土，胶结或弱胶结P，包括毛细水黏结Q的粉土、砂土和角砾、填土；在经过大量工程实践后，土钉支护在杂填土、松散砂土、软塑或流塑土、软土中也得以应用，并可与砼灌注桩、钢板桩及止水帷幕等配合使用进行支护，在设计方面，需要关注几个问题：①土钉支护结构可以根据不同的类别和工程经验进行设计。②土钉的抗拔力与长度应根据公式进行计算、实验来决定。③土钉锚固钉作用，应该是任一土钉所控制面积上的土压力要小于土钉的锚固力。④土钉钢筋受到的拉应力应该小于作用力。⑤土钉墙应该是把土钉自身和土作为一个整体来进行

稳定性的验算。

(二)土钉支护施工的要点

土钉支护要严格按照工程进度分层开挖，做到及时支护。不宜抢先开挖，避免后期工程的变化造成不利影响；土钉支护不宜在有地下水的状况下使用；对于不良的土层要采取有效措施，防止基坑边坡的裸露土体发生坍塌。可以通过以下几种方法进行：①在水平方向上间隔开挖。②修坡后立即喷涂混凝土或砂浆，待凝固后再钻孔。③先将作业深度上的边坡做成斜坡保持稳定，待钻孔并设置土钉以后在清坡。

三、土钉支护的现场测试与施工监控

现场检测与施工监控也是土钉支护施工的重要环节。施工过程中，要始终对支护进行变形监测和地面裂缝观察，如果周围有建筑物，要密切观察建筑物是否有变形和开裂情况。检测与监控的主要内容有：①土钉现场的抗拔实验。②土钉支护体顶部的水平位移和垂直的沉降测量。③基坑的地表地物的开裂与变形监控。④对于土钉受到应力的钢筋和受到压力的面层的工作状态进行全面监控。

第四节　工　程　实　例

一、工程概况

(一)工程概况

位于深圳市的半岛城邦花园，该建筑工程二期建筑分别为 3 栋 48 层框架剪力墙结构建筑，2 栋 25~32 层框架剪力墙结构建筑，2 栋 3~6 层的小区中学以及幼儿园，该项目的总建筑面积为 $28 \times 10^4 m^2$，设有 2 层的地下室。该项目的施工位置处于填海区，工程项目的地层情况比较复杂，并且施工场所的地下水位和海水有一定的关联，所以对建筑物的钢筋混凝土具有一定的腐蚀性，填砂层的特点是分布广泛并且厚度较大，填石集中并且范围较大，淤泥层平面分布较广（局部较厚），基岩面标高变化幅度大。

影响项目的基坑开挖的地下水主要是孔隙潜水，尤其是项目所使用的填砂及填石具有很强的透水性并且和海水关联比较密切。该工程项目的西、南、北侧均贴近市政管网，进行基坑开挖之后必然会对周围的市政道路以及市政管网产生不利的影响，鉴于这些情况，所以在该工程中使用全封闭截水对基坑进行支护，基坑支护工程中所使用的止水帷幕选择使用水泥搅拌管桩、单管旋喷桩并且配合使用素混凝土冲孔咬合桩等施工工艺，对于能够选择使用水泥搅拌管桩的位置选择使用水泥搅拌管桩，对于含有较多块石或者是砂层厚度太大的填土的某些位置选择使用单管旋喷桩，对于填石孔隙太大或者联通性好的位置选择使用素混凝土冲孔咬合桩。在该工程项目中基坑开挖选择使用局部放坡挂网喷混凝土、预应力锚索联合土钉墙以及冲孔桩、预应力管桩与锚索等支护形式对基坑进行共同支护设计。

(二)基坑安全等级

基坑四周已经建成的市政道路和市政管线非常多，所以对于基坑开挖所导致周围建筑物或者是道路的沉降有比较严格的界限值，具有厚度较大的透水层，高地下水位，并且基坑开挖的深度相对比较大，按照相关的规范的划分准则，该基坑的安全等级确定为二级。

(三)止水帷幕

原有的基坑设计除了9-9剖面的填石区及剖6-6、11-11坡面的冲孔管桩间选择使用单管旋喷桩外，基坑的其余所有位置都选择使用水泥搅拌管桩，然而在项目的实际开展过程中发现，1-1剖面，2-2剖面、95.7m的3-3剖面、15.4m的4-4剖面、14.5m的5-5剖面，都出现了基坑填砂层厚度太大，且填土中出现块石较多的问题，其中54.4m的8-8剖面所进行的填土由于块石较多无法采用水泥搅拌管桩施工，施工过程中经常出现钻头、钻杆折断的现象，导致施工进度达不到设计要求，经过甲方以及监理的同意，由设计院出具设计变更，再上述所有的剖面均选择使用单管旋喷桩进行基坑内施工。该工程项目在设计变更后所选择使用的止水帷幕施工方案，在实际施工过程中起到了非常好的止水效果，整个基坑开挖没有出现漏水的现象。

(四)基坑支护结构

基坑支护平面图如图4-1所示。

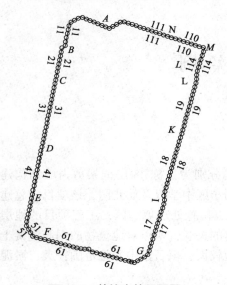

图4-1 基坑支护平面图

1. 基坑西侧(ABCDEF段)

位于基坑西面的 ABCDEF 段选择使用上部局部放坡，下部直立的处理方式，放坡段设置1排3m长48的钢管土钉支护，并且设置6.5@200×200钢筋网片，于钢筋网片表面喷射100mm厚的C20细石混凝土；直立段下部选择使用桩锚共同支护的支护形式，管桩的间距选择1.1~1.2m，其长度选择7~13m，至于选择何种间距以及长度必须根据淤泥厚度来进行选择，管桩的顶端设置1排12m 48钢管土钉支护，连同选择用截面为400×400mm的混凝土冠梁进行连接，直立段中间位置设置1排锚索，两桩1锚。直立段的坡面设置@15×15铁丝网，于钢丝网面喷射100mm厚的C20细石混凝土进行护面处理。4-4剖面南端及5-5剖面，基坑开挖中因为淤泥顶标高提高了近3m，导致绝大多数的锚索都埋在了淤泥中，所以锚索的抗拔力达不到之前的设计标准，导致该处出现了位移变形较大的现象，而且该处仍然需要开挖6m的大承台基坑，所以经设计院变更设计对该处进行了针对性的加固设计，经过加固后的基坑整体已经趋于完全稳定。

2. 基坑南部(FG段)

基坑南部的 FG 段选择使用 D=1000mm 的桩锚索共同支护结构形式，冲孔桩间距选择为1300mm，冲孔桩间设置1根 D=600mm 的单管旋喷桩，冲孔桩顶设置一道1000×700mm的冠梁，冲孔桩喷50mm厚素混凝土。

3. 基坑东部(GHILM段)

基坑东部 GHIL 段除了部分的淤泥露出段设置土钉支护之外，其余位置均选择使用1：2的大放坡支护形式，坡面选择使用设置6.5@300×300mm的钢筋网片，于网片表面喷射50mm厚的C20细石混凝土进行护面处理；LM 段选择使用1：1坡度，并且选择使用土钉墙进行基坑支护。

4. 基坑北部(*MNA* 段)

基坑北部的 *MN* 段,进行放坡处理,选择使用土钉墙进行基坑支护,*NA* 段与南部基坑支护形式相同,其冲孔桩间距设置为 1300mm。

二、土钉墙设计及与其他算法对比分析

(一)土钉墙支护设计

基坑的 14-14 剖面选择使用土钉墙进行基坑支护。

1. 确定支护设计参数

如前所述,该工程的基坑工程安全等级为Ⅱ级,根据相关的规范,本书中的基坑侧壁重要系数选定为 1.30,坡顶超载选定为 10kPa,各个地层岩土支护参数见表 4-1。

表 4-1 岩土支护参数

指标 分层	天然重度/ (kN/m³)	固结快剪		锚固体与土体黏结 强度标准/kPa	厚度/m
		内摩擦角/°	凝聚力值/kPa		
人工填土①	18.5	15	10	20	4.5
淤泥质土②	17.0	10	25	45	3.2
粉质黏土③	19.5	25	36	80	2.7
全风化花岗岩④	19.5	20	28	60	2.5

选择使用直径 22mm(Ⅱ级钢筋)的土钉钢筋,130mm 的成孔直径,M20 的水泥浆,15° 的土钉射入角,基坑的土钉水平间距与垂直间距都为 1.3m,土钉墙的坡角为 45°。

2. 支护计算

(1)综合内摩擦角的计算,凝聚力以及天然容重,本书选择使用厚度加权平均值法进行计算。

$$\psi = \frac{15 \times 4.5 + 10 \times 3.2 + 25 \times 0.4}{8.1} = 13.25°$$

$$C = \frac{10 \times 4.5 + 25 \times 3.2 + 36 \times 0.4}{8.1} = 17.2\text{kPa}$$

$$\gamma = \frac{18.5 \times 4.5 + 17 \times 3.2 + 19.5 \times 0.4}{8.1} = 17.96\text{kN/m}^3$$

计算综合内摩擦角 ψ_d 的大小:

$$\theta = 45° + \frac{13.52°}{2} = 51.76°$$

$$\psi_d = \arctan\left[\tan\psi + 2c/(rh + 10)\cos\theta\right] = 30.7°$$

综合上述,本工程中的土钉墙支护设计选择使用以下的设计参数:喷射混凝土的面板厚度为 100mm,钢筋网选择使用 6@200×200,混凝土的面板中每 6m² 均设置 1 个泄水孔。

(二)理正软件设计方案

软件进行计算的规范根据是:《建筑基坑支护技术规程》(JGJ 120—2012)。

(1)选择使用王步云法和按照相关规范中的方法进行计算,可以得出基坑支护的第一排

土钉长度 12m，第二、三排土钉长度 10m，第四、五排土钉长度 8m，第六排土钉长度 6m，相较之下，比单选择使用《建筑基坑支护技术规程》中的计算方法所得到的基坑支护的土钉长度，能够节约工程造价 6.9%。

（2）将两种计算方法所得到的计算结果，代入到理正软件当中进行验算，在考虑地下水作用的情况下，安全系数亦能够满足相关规范中的要求，这说明选择使用《建筑基坑支护技术规程》中的相关的计算方法，所得到的安全系数是保守的。

（三）侧壁水平位移分析

本书整理了各个工况下的基坑侧壁结点的水平位移计算结果，详细见图 4-2，图中的工况 1 所代表的是第一排土钉施工情况，依次类推工况 2、3、4、5、6 分别表示的是第二、三、四、五、六排土钉施工情况。

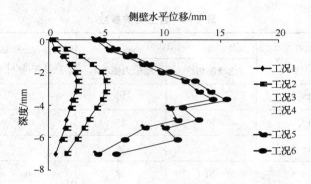

图 4-2　平位移曲线

通过数据分析，可以得到以下几点结论：

（1）伴随着基坑开挖深度的不断增加，导致基坑的侧壁水平位移数值不断变大。出现这样的现象主要是由于基坑开挖的过程中受到空间挤压效应的作用，基坑的水平位移最大值出现的位置是位于基坑中部附近的区域内，而且水平位移的最大值会随着基坑开挖工程的进行呈现出逐渐向下发展的情形。

（2）在基坑开挖到达坑底的时候，最大水平位移的位置位于基坑侧壁 3.7m 处，这个位置也正和土钉轴力最大值的位置相同，这也从一个方面说明了土体的位移是导致土钉被动受力的原因。

（3）从图中可以看出，基坑的侧壁水平位移在工况 5、工况 6 的条件下是一条折线，说明土体位移在土钉作用下有明显减小的趋势，表明了土钉对土体的良好的约束作用。

（四）基坑周围地表沉降分析

伴随着基坑的不断开挖，导致地表的沉降值不断地增加，在距离基坑侧壁约 4m 处的位置出现了沉降最大值，从此之后，随着距离坑壁的距离不断增加，地表沉降值也越来越小，最后趋于稳定，这已基本上达到了基坑开挖工程周围地表沉降普遍规律。1、2、3、4 号测点是按距离基坑坑壁的远近来设置的。分别是 1 号的距离是 2m，2 号测点的距离是 6m，3 号测点的距离是 12m，4 号测点的距离是 20m。从图 4-3 可以得知，在整个基坑工程的实施过程中，沉降速率最大的 1 号测点，沉降速率最小的是 4 号测点。基坑开挖施工到达坑底时，各个沉降观测点的沉降速率均较理论计算值要大，其原因是因为基坑开挖在实际的施工过程中会出现更大的基坑变形。

(五)基坑底部回弹分析

在进行基坑的施工过程里，由于对土体进行开挖，不断会有土体被挖出并且由于土体被挖出而导致土体释放自重应力，这会导致基坑坑底出现土体回弹的现象。随着距离基坑坑壁的距离的增大，其土体回弹的数值也在增大，其土体回弹最大值出现在基坑坑底的中线附近。从图4-3中还可以看出，距离基坑坑壁0~3m的范围之内，基坑坑底的土体回弹数值增幅较为明显，当距离基坑坑壁的距离>3m时，基坑坑底的土体回弹数值增幅减缓，并且趋于稳定。

第五章　土层锚杆设计与施工

第一节　锚杆支护技术

锚杆支护开始用于深基坑工程之前人类就开始了对其作用本质的探索，随着锚杆支护工程实践的不断丰富，对其原理的认识也日益全面和精确。近半个世纪以来，国内外许多学者及工程技术人员运用理论分析、实验研究以及现场实测等手段对锚杆作用机理进行了不懈探索，并取得了大量研究成果。

（1）锚杆技术是一项新兴起的基坑支护技术，这种技术的灵感来源于隧道施工中的新奥法，其通过喷射混凝土技术和全黏结注浆锚杆技术的完美结合来保持周围土体稳定性的作用。锚杆支护是指预先在土体上进行打孔，锚杆放入预先打好的孔中通过灌注水泥砂浆形成锚固体，在受力的情况下，锚固体与周围的土体相互作用，产生摩擦力，锚杆与锚固体在外力作用下形成握裹力，这种通过锚杆自身强度、握裹力、摩擦力共同作用，抵抗由于土体发生形变或者形变趋势产生的侧压力。这种支护方式不但经济还能最大限度地保证施工安全。以锚杆技术支护为主的结构类型包括，锚杆支护、喷锚支护、锚格梁支护、锚格网支护等，支护形式都属于锚杆支护的一种，属于主动型支护。20世纪70年代锚杆支护结构在欧美等国家就被使用，随着我国对锚杆技术的应用愈发频繁，锚杆支护技术在深基坑的工程实践中应用也越来越广泛。甚至延伸到抢险工程及高边坡的加固工程中。锚杆支护类型繁多，根据支护结构的工作机理，受力传递机理、使用年限等形式将锚杆分为不同的类别。

（2）锚杆技术的支护机理：主要有锚格梁组合作用、锚杆锚固作用、锚杆支护主要有悬吊作用、加固拱作用、组合梁作用、减小跨度作用及挤压连结作用等5方面的作用机理。该结构的内部存在有面层的土压力、锚杆的拉力以及锚杆与土体之间的摩擦力，这些内力间的作用相互平衡，才保证整个组合结构的内部稳定，与加筋土挡墙有十分相似的受力机理。锚杆结构是在土体中埋入长度和分布密度都符合要求的锚拉杆，通过其与土体结合后的共同作用提高土体自身的强度，锚杆本身的强度通过加强土体整体刚度来达到提高整个复合结构的总体稳定性的目的。此外，因为锚杆能承受一部分拉力，因此在复合结构中有约束骨架的作用，从而增加了土体边坡的整体稳定性。锚杆与土体之间的相互作用：成锚杆与土之间在土体发生相对位移或者位移趋势锚杆与土之间产生摩擦力，发生位移或者位移趋势外侧的土体称为非稳定性土体，存在土体向外的侧移的趋势，有向边坡临空面滑移的趋势，对锚杆产生向边坡外侧的拉力。锚杆与土体间的摩阻力大小由土体自身的性质决定，发生位移或者位移趋势内侧的土体称为稳定性土体，对锚杆产生向边坡内侧的拉力，该拉力主要依靠锚杆与土之间的摩擦阻力，该阻力的方向因锚杆的全长而异，在滑动面位置发生转向，滑动面以外的摩阻力为有效锚固作用力。

第二节　锚杆构造及类型

锚杆的构造：锚杆由锚头、锚具、锚筋（粗钢筋、钢绞线、钢丝索）、塑料套管、分割器及腰梁组成。

基本类型：

（1）一般注浆（压力为 0.3~0.5MPa）圆柱体，孔内注水泥浆或水泥砂浆，适用于拉力不高、临时性锚杆。

（2）扩大的圆柱体或不规则体，系用压力注浆，压力从 2MPa（二次注浆）到高压注浆 5MPa 左右，在黏土中形成较小的扩大区，在无黏性土中可以扩大较大区。

（3）采用特殊的扩孔机具，在孔眼内沿长度方向扩一个或几个头的圆柱体，通过中心杆压力将扩张式刀具缓缓张开削土成型，在黏土和无黏土中都适用，可承受较大的拉拔力。

锚杆的组成可以划分为杆体、锚具和锚固体三个部位，锚杆通过锚固体与外部岩土体结合。锚孔中心的杆体是锚杆的主要受力部分，通过拉杆周边的握裹力将杆体所受之力传递到锚固体中，然后通过锚固体与周边土体之间形成摩擦力，摩擦力传递到周围稳定地层中，进行分散，让周边地层整体受力。用于深基坑工程中的锚杆可以从不同角度进行分类：

（1）根据锚杆使用年限不同将锚杆分为临时锚杆和永久锚杆，临时锚杆是指使用时间小于 2 年的锚杆，而永久性锚杆则是使用年限大于 2 年。

（2）根据施工工艺的不同，又可将锚杆分为采用普通钻进工具打孔后施工锚杆的普通钻孔锚杆、通过打孔后进行扩孔再施工锚杆的扩孔式锚杆和采用旋转钻成孔的旋转钻式钻孔锚杆三种。

（3）根据工作机理可将锚杆分为主动性锚杆和被动性锚杆两种。

（4）根据是否添加预应力来划分可将锚杆分为非预应力锚杆和预应力锚杆两类。锚杆在土体发生位移时才有支护侧壁的作用，然而出于对基坑的稳定性与安全性的考虑，土体不得有过多的位移，把张拉锚杆锚固在挡土结构上使土体位移变小，这就是预应力锚杆。预应力锚杆属于主动锚杆，非预应力锚杆属于被动锚杆。

（5）根据锚杆张拉施工完成后，其受到的荷载不同，锚固体与周围稳定性土层的受力状态不同，又可将锚杆分为拉力型锚杆和压力型锚杆两种。

第三节　锚杆抗拔作用

土锚固技术正在我国的隧道、洞室、边坡、建筑基坑、受拉基础、结构抗倾覆、抗浮等工程建设中迅猛发展，并取得了巨大的经济效益。但是，处于软岩或土体中的预应力锚杆在受力时，往往由于锚杆锚固段注浆体与地层间的剪切强度不足或出现黏结破坏导致锚杆失效，工程局部失稳乃至垮塌的事例。因此，提高单锚的抗拔承载力对遏制工程事故，保障工程安全具有重要的作用。另外，提高单锚的抗拔承载力，可以实现用较少的锚杆来满足锚固结构物稳定性的要求，这对于降低工程成本，缩短工程建设周期十分有益。长期以来，国内外对于提高单锚抗拔承载力一直给予极大的关注，研究工作从未间断。如英国 Barley 研发的单孔复合锚固体系(SBMA)法、法国土锚公司研发的 ZRP 高压注浆型锚固系统均能大幅度提高土层锚杆的抗拔承载力。程良奎等在荷载(压力或拉力)分散型锚杆的研发和应用方面做了大量的工作,并针对淤泥质土层中锚杆应用的困难,研发了后高压注浆技术,用于上海淤泥质土地层中的锚固结构,单锚承载力提高了一倍。中国台湾的陈秋生研究的机械式扩孔器装置,实现了多段式锥形扩孔地锚,并在台湾得到广泛应用。周建明等分别采用压应力分散装置和囊式注浆体装置,开发了承压型旋喷扩大头锚固技术,并在抗浮和基坑支护工程中获得较广泛应用,成效显著。这些研究成果及其工程应用经验,对促进我国岩土锚固技术的进步发挥了重要作用。但是,对这些提高单锚抗拔承载力的途径和方法的力学机制、工作特性、影响因素,尚欠深入研究。对它们相互间的综合比较分析也较为欠缺,不同方法的适用条件也不够明确。

一、显著提高锚杆抗拔承载力方法的力学机制分析

(一) 单孔复合锚固法(荷载分散型锚杆)的承载机理

传统的荷载集中型锚杆,由于锚杆锚固段注浆体与周边地层的弹性特征存在显著差异,在受荷时,注浆体与地层界面上的黏结应力分布是极不均匀的。沿锚固段全长的粘结应力一般呈现分布区间短、黏结应力峰值高的特点。锚固段周边岩土体的抗剪强度不能被充分发挥,利用率低,即使增加锚固段长度,也不能有效提高锚杆抗拔承载力。荷载分散型锚杆是在同一个钻孔中,安设 2 个以上的单元锚杆,构成单孔复合锚固体系。这种新型锚杆工作时,作用于各单元锚杆的拉力仅为荷载集中型锚杆总拉力的 $1/n$(n 为单元锚杆数),且单元锚杆的锚固段很短,也仅为荷载集中型锚杆锚固段总长的 $1/n$,这就从根本上改善了锚杆的传力机制,即在受荷时,锚杆锚固段周边的黏结应力分布呈现出与荷载集中型锚杆截然不同的情况:黏结应力集中现象大大缓减,沿锚固段全长分布较均匀,平均黏结应力值显著降低,从而可以较充分地发挥和利用整个锚固段周边地层的抗剪强度,锚杆的抗拔承载力得以大幅度增长。从理论上说,这种荷载分散型锚杆的抗拔承载力可随着单元锚杆数量和锚固段总长度的增加而呈比例提高,并已被大量的工程实践和实施成果所证实。

(二) 后高压注浆型锚杆的承载机理

对锚固体周边地层实施后高压注浆正是出于增大注浆体与地层间黏结摩阻强度的考虑,后高压注浆锚杆的承载机理是:

(1) 改良锚杆锚固体周边土的物理力学性质,提高土的抗剪强度。由于后高压劈裂注浆挤压土体,使颗粒间距离减小,单位面积上颗粒的接触点增多,提高了原状土的凝聚力,另外水泥水化反应生成的 Ca^{2+} 离子与土体中的氧化物反应以及与 Na^+ 离子交换,提高了土体、裂隙及弱面点颗粒的固化黏聚力。对土体进行高压劈裂注浆,可增大土体密度和增强颗粒的咬合作用,浆脉的形成能约束颗粒间的运动,弱结合水的减少可减小吸附水膜厚度。同时,化学反应和离子交换也限制了颗粒间的相互作用,从而可提高土体的内摩擦角。

(2) 提高锚固段剪切面上的法向应力。通常以 >2.5MPa 的高压劈裂后注浆,会对孔壁外周边土体产生较大的径向应力。英国 Ostermayer 的研究认为:二次高压劈裂注浆使锚固体表面受到的法向应力比覆盖层产生的应力大 2~10 倍。

(3) 采用袖阀管、注浆枪、密封袋等装置,实施有序的后高压注浆工艺,能保证锚固体周边土体的劈裂注浆形成的浆脉分布范围大且均匀,具有良好的地层加固效应。此外,通过后高压注浆,可使得锚固体与地层间结合面上的黏结摩阻强度得以显著增大,大幅度提高锚

杆的抗拔承载力。

(三) 扩大头锚杆的承载机理

扩大头锚杆是指在锚杆锚固段底端或在锚固段全长形成一个或几个体态扩大了的锚杆，其也是一种能改善锚杆传力机制的锚杆，一般称为"支承-摩阻"复合型锚杆。其承载力由扩大头变截面处土体的支承力和锚固体与地层接触界面上的粘结摩阻力构成。一般认为土体的支承力是扩大头锚杆承载力的主要部分。能否充分发挥扩大头锚杆变截面处土体的支承阻力，乃是显著提高该类型锚杆抗拔承载力的关键。关于在砂性土中的扩大头锚杆承载力的估算则应主要考虑砂的重力密度、内摩擦角及锚固段上方的覆盖层厚度。

(1) 以荷载分散、后高压注浆与压应力分散旋喷扩大头锚固为基本特征的三种锚杆技术，承载机理清晰、设计理念先进、实施方法简便、应用成效显著，是值得推荐的三种能显著提高锚杆抗拔承载力的方法。

(2) 深刻认清这三种方法的承载机理，切实掌握它们各自的技术内涵、工作特性和实施要领，是最大限度发挥和提升锚杆抗拔承载能力的关键。

(3) 基于三种能显著提高锚杆抗拔承载力方法在承载机理、技术内涵、工作特性与实施要领存在的差异，它们的适用条件也是不同的：荷载分散型锚杆适用于各类土层和软弱、破碎岩体中的锚固工程，且具有锚杆蠕变变形小、承载力持续保持稳定、初始预应力损失小等优点；后高压注浆型(带袖阀管)锚杆适用于包括淤泥质土在内的各类土层和破碎岩体中的锚固工程，且在锚杆验收或使用过程，一旦出现锚杆承载力不足，可用作有缺陷锚杆的加强和补救措施；压应力分散型旋喷扩大头锚杆可用于砂土、粉土、粉质黏土等地层的锚固工程，当基坑工程需拆除锚杆芯体时，只要用热融锚具更换普通锚具，就可经济方便地满足锚杆杆体回收的要求。

第四节　锚杆的承载能力

锚杆的极限承载力是评价锚杆施工质量的一个重要指标，在影响锚杆承载力的众多因素中，灌浆工艺起着至关重要的作用。本书结合北京市某基坑工程，通过现场锚杆承载力试验，讨论了在土层含水量较高的情况下，常压灌浆和二次高压灌浆两种灌浆工艺对土层预应力锚杆承载力的影响，并进行了对比分析，认识到在富水土层中二次高压灌浆工艺能有效提高土层预应力承载力，从而增强基坑的稳定性和减小基坑开挖对环境的影响。

一、工程概况及基坑支护形式

(一) 工程概况

北京市某小区三期工程地上为 3 层幼儿园、附属用房和其他 1、2 层建筑，地下为 2 层车库。本工程北侧紧邻小区主要道路，且坑壁距离电缆沟仅为 0.70m，南侧距坑边 3.00m 有一单层厂房，施工图±0.00 相当于绝对标高 34.50m。

(二) 工程地质及水文地质概况

本工程场地土层自上而下分别为：①粉质黏土素填土，层底标高 30.44～33.00m；②杂填土，层底标高 31.74～33.90m；③粉质黏土，层底标高 29.81～32.09m；④黏质粉土-砂质粉土，层底标高 26.09～29.35m；⑤黏质粉土-砂质粉土，层底标高 24.89～27.90m；⑥粉质黏土，层底标高 17.84~19.61m；⑦粉细砂，厚度 0.80~4.50m；⑧砂质粉土-黏质粉土，厚度 0.30~3.50m；⑨黏土，厚度 0.50~1.80m；⑩细中砂，层底标高 13.6~17.3m。本场地勘察实测地下水情况为：第一层为上层滞水，水位标高 26.73~32.50m（埋深 0.7~6.5m）。第二层为潜水，水位标高 23.15~23.49m（埋深 9.95~10.60m）。

（三）基坑支护形式

北侧基坑采用排桩+锚杆+旋喷止水体支护；西侧采用土钉墙结构；南侧采用排桩+锚杆；西侧和南侧采用管井降水法。本书只讨论南侧的桩锚结构。

二、锚杆的承载力试验

（一）常压灌浆锚杆的抗拔试验

（1）锚杆的施工参数。根据原设计，基坑南侧采用排桩+锚杆复合支护结构形式。锚杆长度为 15m（锚固段长度为 4m），孔径为 150mm，水平间距为 1800mm，倾斜角为 15°，采用常压灌注素水泥浆，水灰比为 0.45，主筋采用 $3\gamma12.7$（1860MPa）钢绞线，单根预应力锚杆抗拔力设计值为 280kN，锁定荷载为 180kN。腰梁采用两根 18 号工字钢。

（2）锚杆抗拔试验。挖土至标高 30.50m 时进行锚杆的施工，由于土层含水量较大，使用人工洛阳铲成孔出现严重的塌孔现象，后改为螺旋钻机成孔，锚杆总数为 25 根。灌浆后第 7d 进行锚杆抗拔验收试验，锚杆的端部位移和支护结构的变形位移用百分表测定，张拉设备采用高压电动油泵、空心液压千斤顶。

（3）试验结果。试验结果为：25 根锚杆中最大极限抗拔力为 200kN，最小极限抗拔力为 110kN，平均极限抗拔力约为 150kN，仅为设计值的 53.5%。选择其中 3 根具有代表性的锚杆，绘制其 P-S 曲线。

（二）二次高压灌浆锚杆的抗拔试验

（1）锚杆的施工参数。为保证基坑的稳定性和减小基坑周围地表及近邻建筑的沉降变形，依据原设计中常压灌浆锚杆的抗拔试验结果，对原设计进行了修改，修改内容为：在原常压灌浆锚锚杆下 1.3m 处加设一排二次高压灌浆锚杆，锚杆长度为 15m（锚固段长度为 4m），孔径为 150mm，水平间距为 2400mm，倾斜角为 15°，主筋采用 $3\gamma12.7$（1860MPa）钢绞线，单根预应力锚杆抗拔力设计值为 380kN，设计锁定荷载为 240kN，首次灌浆采用常压灌注，素水泥浆的水灰比为 0.45，12h 后进行二次高压灌浆，灌浆压力为 0.5~2.0MPa，腰梁采用两根 22b 槽钢。

（2）锚杆的抗拔试验。挖土至标高 29.20m 时进行二次高压灌浆锚杆的施工，采用螺旋钻机成孔，锚杆总数为 14 根。二次灌浆后第 7d 选 5 根锚杆进行抗拔验收试验，锚杆的拔出位移和支护结构的变形位移用百分表测定，张拉设备采用高压电动油泵、空心液压千斤顶。

（3）试验结果。试验结果为：锚杆的极限抗拔力均超过 360kN。由于加载设备的原因，荷载只能加到 369kN。选取其中 3 根与上述常压灌浆锚杆位置相对应的高压灌浆锚杆，绘制其 P-S 曲线。

（三）试验结果分析

本工程在进行南侧锚杆成孔施工时，发现锚杆所在土层的含水量很大，使用洛阳铲无法成孔，出现严重的塌孔现象，后改为螺旋钻机成孔。土层含水量较高与螺旋钻机孔所造成的孔壁的泥浆层较厚是影响常压灌浆锚杆抗拔力的主要原因。

与一次常压灌浆相比，高压灌浆能使浆液对一次常压灌浆形成的圆柱形锚固体及其周围土体产生劈裂充填作用，在圆柱形锚固体外形成新的锚固体——异形扩体。此时，锚固体的剪切滑动面不再是原来的圆柱面，而是不规则的曲面，滑动面内外均受注浆影响，特别是劈裂注浆改变了滑动曲面处土体的物理力学性质，从而提高了锚杆承载力。通过实验分析可以发现，在整个加载过程中，锚杆基本处于弹性工作状态。

高压灌浆工艺能提高锚杆的抗拔力的主要原因：

（1）改良土的物理力学性质，提高土的抗剪强度

（2）提高锚固体剪切滑动面的面积。由于高压灌浆的劈裂、挤密作用，加固了原锚固段土体，形成异形扩体，锚杆承载破坏时，剪切滑动面也相应外移。新的剪切滑动面的面积与一次常压灌浆形成的圆柱形锚固体相比明显增大，一般为一次常压灌浆形成的锚固体外表面的 2~6 倍。

（3）异形扩体受压部位的端承效应。高压灌浆形成不连续异形扩大锚固体，当锚杆承受张拉荷载时，不仅要克服锚固体与周围土体间的摩擦阻力，而且还要克服扩体受压部位所受到的土体压力，这种端承效应能大大提高锚杆的承载力。

总而言之，首先，通过对高压注浆的机理分析，表明其能改良土体的现有性质从而在被注范围内产生一种新的介质，达到提高锚固段土体的 c、φ 值、提高锚固段土体所受的 σ 值及锚固段土体外表面的剪切滑动面面积，并产生异形扩体受压部位的端承效应的目的，显著提高预应力锚杆的承载能力；其次，在相同轴向拉力作用下，二次高压灌浆锚杆的拔出位移比一次常压灌浆锚杆小，有利于控制基坑支护结构的水平位移；再次，在富水土层中，采用二次高压灌浆锚杆可以有效控制基坑支护结构的水平位移，从而减小基坑周围地表及邻近建筑物的沉降变形。

第五节　锚杆设计

一、自由段长度与负摩阻问题

土层锚杆是一种埋入土层深处的受拉构件，它一端与工程构筑物相连，另一端锚固在土层中，整根锚杆长度分为自由段和锚固段。自由段是指将锚头处的拉力传至锚固体的区段，其功能是对锚杆施加预应力；锚固段是指水泥浆体将预应力筋与土层黏结的区段，其功能是通过锚固体与土层的黏结摩阻作用或锚固体的承压作用，将自由段的拉力传至土层深部。考虑到基坑壁的总体稳定及深部滑裂面稳定，自由段实际长度应稍大于计算值，按照当地相关规范要求自由段不宜<5m，并应超过滑裂面1.5m。土层锚杆锚固段长度不宜<4m。如在设计过程中自由段设计过短，一部分锚固段必然处于滑裂面主动区内。在基坑开挖过程中，当坑壁在主动土压力作用下出现变形时，主动区内的锚固段将产生向基坑内方向的摩阻力，即负摩阻力，削弱了锚固效果，从而使预应力受到损失，引起松弛。

二、锚杆设计角度问题

(一) 深基坑锚杆支护

锚固力产生于滑裂面外深部稳定地层。为了降低工程造价，锚杆长度一般在满足受力要求的情况下尽量缩短长度，所以，锚杆往往设计成与水平面成一定的角度，角度越大，越早

进入稳定地层。

(二) 从结构受力分析

只有水平分力对支护结构是有益的。从上式可以看出，θ 越小，水平分力越大，对支护越有利；反之 θ 越大，水平分力越小，相应的垂直分力会越大。当锚杆角度 θ 设计过大时，为了得到所需的水平分力，只有通过增加锚固段长度来实现，这样造成了工程造价的提高。同时垂直分力过大，一方面会加大对支护桩（墙）的压力，在软弱地层中，会使它产生下沉等不良影响；另一方面还会产生一个下滑力，使锚杆台座或支承腰梁产生向下滑移，引起预应力松弛，并可能造成坑壁变形也随之增大。特别是在连续墙锚杆支护工程中采用槽钢腰梁，由于槽钢腰梁的特性，致使容易产生下滑。根据锚杆施工经验发现，按 30° 角施工的锚杆，在张拉及施加预应力时，有少数台座出现向下滑动；按 45° 角施工的锚杆，台座根本立不住。施工时，所有钢板全部经过与槽钢焊接后张拉，但仍发现部分 45° 角施工的锚杆因承受过大的垂直分力，预埋钢板上端与连续墙砼面或钢板之间的焊接出现拉裂的情况。

(三) 从施工方面分析

锚杆具有一定的角度，有利于钻孔孔壁保持稳定、下锚操作及灌浆施工。尤其在采用常压方式注浆时，浆液在凝固过程中，由于浆液自身压力作用，会使锚固体变得较为密实，有利于提高灌浆质量。但是，角度太大时，钻孔时机器须贴近孔口，同时须垫高机座，会给工人起卸钻具带来操作困难。锚杆角度超过 40° 时，施工难度大增。并且会由于钻机垫得太高（三层方木），出现摇摆，易造成钻机倾覆等安全事故。因此，锚杆倾角是综合考虑以上各因素后进行取值的。土层锚杆有关规范规定：锚杆角度应 ≥10°，且 ≤45°，以 15° ~ 35° 为宜。

三、关于锚杆成孔工艺

(一) 护壁问题

广州及珠江三角洲其他地区，地质条件复杂多变，但总的来说可分为：人工填土、冲积层、残积层及基岩层，主要包括淤泥或淤泥质土、粉细砂或中粗砂、黏性土或粉土等土层及各种风化程度不同的泥质、砂砾质等基岩层。在这种地层成孔，采用普通斜孔钻孔工艺一般都能满足要求，只是在遇到饱和松散的粉细砂层时，应注意护壁。通常通过调节泥浆性能、合理掌握钻进参数即可成孔。极少数情况如饱和流砂流泥层需采用套管护壁。一般认为，泥浆护壁会因形成泥皮而影响锚固力，但笔者通过多个工程实例表明，泥浆护壁的钻孔，在锚杆（索）下入孔内后，注浆前往孔内大泵量泵入清水洗孔 10~20min，完全可以将泥皮消除，而对于软弱地层及细砂层，通过高压灌浆，亦可取得较理想的锚固力（下面专门讨论）。至于套管护壁成孔，须在注浆完毕后将套管从孔中拔出。因此，如果套管下得过深，如超过 10~15m，普通钻机功率小，难于起拔，还需要配备专门的拔管设备；如果最终有套管遗留孔内拔不出来，这样不仅会提高工程成本，而且可能会因套管将锚固段砂浆与土层隔离开而影响锚固效果。

(二) 钻头选用问题

合理选用钻头，对锚杆成孔亦很重要。总的来说，锚杆孔均采用不取芯的"全面钻进法"施工，钻头多为三翼或四翼钻头，前者因水口大、不易堵水而用于较软土层，后者因合金多、施工速度快而用于稍硬的风化层，两者并没有明显的使用界限。在遇到坚硬岩层时，全面钻进效率降低，可采用合金或金刚石钻头，用"取芯钻进法"进行施工。

四、关于锚杆制作

锚杆加工时，一般沿轴向每隔 1.5~2.0m 设置一中位架(隔离架)，中位架作用是保证杆体在孔内有一定的砼保护层，防止杆体材料在孔内直接托底。对钢绞线锚杆，中位架市面上有专用产品卖。在锚杆加工时，锚杆搭接一般采用不小于 5d 双面帮焊或者套筒进行连接。两者都有优缺点，套筒连接优点主要是搭接效果更好，洗孔和灌浆施工效果更佳，但造价比帮焊更高。在施工过程中，施工单位可根据施工质量要求和工程造价等要求综合考虑，自行选择。

五、关于锚杆注浆工艺

(一) 配比问题

锚杆注浆一般采用水泥砂浆或纯水泥浆，水泥宜用普通硅酸盐水泥，必要时采用抗硫酸盐水泥，水泥宜选用 425 号及以上标号。水泥砂浆灰沙比宜采用 0.5~1.0，水灰比为 0.38~0.45；水泥净浆水灰比宜采用 0.4~0.5，二次高压注浆宜采用水灰比为 0.45~0.50。一次注浆压力宜为 0.5~1.0MPa，二次注浆压力宜为 2.0~3.0MPa，一次注浆初凝后，可进行二次注浆。

锚杆施工一般与土方开挖交替进行，在张拉锁定之前，锚固体及台座混凝土强度均应大于设计强度的 70%，这就需要等待一段时间的龄期，以使锚杆注浆体达到一定强度。在施工过程中，可适当通过加入 4‰N 型高效减水剂等外加剂，达到缩短龄期的效果。在基坑施工时，由于工期较紧，通过掺加外加剂，在 7d 龄期进行砂浆抗压强度试验，其强度值满足大于设计强度的 70%，因此，可大大缩短施工工期。

(二) 特殊地层中提高锚固力方法

这里是指含淤泥或砂的软土层及裂隙发育的涌漏水风化层。目前通常的注浆方式有两种，一次常压注浆及二次高压注浆。一次常压注浆是指将注浆管连同杆体一起下入孔底，在常压(一般 0.5~1.0MPa)下，浆液由孔底注入，边注浆边拔出注浆管，待孔口溢出浆液后即停止灌浆。二次高压注浆是指在下锚的同时下入两条注浆管，一条为带有许多小孔的预埋花管，并用黑胶布将小孔封闭，另一条在进行完一次常压灌浆后被拔出。待浆体达到初凝后，再从预埋的注浆管用 2.0~3.0MPa 的高压进行劈裂注浆，使浆液自土体扩散、挤压，使锚固体扩大。二次高压注浆对提高松软土层的锚固效果非常明显。该场地上部地层为杂填土、淤泥质土及粉质黏土层。预应力锚杆采用 $\phi32$ 的钢筋，成孔口径为 $\phi150$mm，长度为 22m，水灰比为 0.45~0.5。一次常压注浆时水泥用量约为：15~20 包/孔，在二次高压注浆时，一般水泥用量可达 2~5 包。

但二次高压注浆操作起来较为繁琐。预埋花管的密封问题，要尤为慎重，如密封不严，在下锚时容易脱开，一次注浆时水泥浆将会进入此管，二次注浆就无法进行了；如果密封太牢固，二次注浆又存在浆液无法冲开密封的问题。另外，两次注浆时间间隔问题，要根据工程实际情况由试验确定，间距太短或太长，二次注浆都将因浆液无法灌入而失败。笔者在此提出一种"一次高压注浆"工艺，是综合上述两种注浆方式而成。虽说效果比二次高压注浆稍差，但却操作简单易于掌握，失败率低，这种方式只需一条注浆管，即在一次常压方式注浆完后，马上用废水泥纸袋、麻袋或封口袋等将孔口快速密封，用 1.5~2.0MPa 压力进行注浆。此法在对裂隙发育、涌漏水的地层时收到了良好的效果。采用一次高压注浆，不仅可以封堵孔口防止浆液因漏水而流失，而且，高压力可以抵抗岩层裂隙水压，使浆液注入裂隙中，以提高灌浆及锚固效果。施工时发现，注浆量可相应增加2~4包水泥用量。

(三)注浆形式质疑

目前所采用的"全孔法"注浆方式是值得商榷的。因为自由段内注浆体在土方未开挖、进行预应力张拉时，它是产生摩阻力的，而一旦开挖后，由于它处于滑裂面内主动区，随着坑壁位移产生，它会转动而产生负摩阻力，影响锚固效果。要消除这一现象，须在注浆方式上进行改变，常压注浆方式下可以进行锚固段定量注浆。高压注浆方式下可用止浆塞来隔离自由段。

六、锚杆头漏水问题

深基坑支护中，锚杆头出现渗水现象是较常见的。渗水来源不外乎：①基坑外地下水位较高；②地层承压水及裂隙水。

渗水通道产生的原因有：①灌浆时孔口密封不严；②锚杆张拉锁定时，由于注浆体、杆体与孔壁地层产生变形而出现裂隙；③基坑使用过程中，由于变形发生或应力轻松等引起裂隙。如渗漏水现场不严重，在施工时可预埋泄水管进行引水。如渗漏水现象严重时会影响土钉墙的施工效果和基坑内正常施工作业，甚至可能危及周围建筑物、道路及地下管线的安全，必须采取措施进行封堵。但要根治渗漏水现象，只有在基坑变形完全稳定后方能做到。一般是在地下室衬墙施工时进行。堵漏方式是：凿开漏水通道，先用砂浆预埋两条注浆管引水，待砂浆具有一定强度时，再通过此两条预埋管进行压力注浆堵漏。

第六节　锚杆的抗拔试验

锚杆是将拉力传递到稳定的岩层或土层的锚固体系，一般采用钢绞线、钢筋、特制钢管等钢材做杆体材料，当杆体材料采用高强钢丝束、钢绞线时，也称为锚索。它是岩土锚固技术的主要构件，依赖与周围岩土层的抗剪强度传递拉力或使地层本身得到加固。在锚杆的设计施工过程中，锚杆的试验非常重要，也是有关锚杆规程规范中必不可少的内容。为确定锚杆的极限承载力、验证锚杆设计参数及施工工艺的合理性，检验锚杆的工作质量是否满足设计要求等，需要对锚杆进行相应的试验。锚杆试验主要有基本试验、验收试验及蠕变试验，其中基本试验和验收试验是工程中较常遇到的两种试验，本书主要探讨上述两种试验在基坑及边坡工程土层锚杆中的应用。

一、具体试验

(一)基本试验

锚杆基本试验主要是确定锚杆的极限抗拔力和锚杆参数的合理性，掌握锚杆抵抗破坏的安全程度。为了达到区分锚杆在不同等级荷载作用下的弹性位移和塑性位移，以判断锚杆参数合理性和确定锚杆极限拉力的目的，锚杆抗拔基本试验采用循环加、卸荷法。最大试验荷载一般取杆体强度标准值的0.8或0.9倍，或取设计预估的破坏荷载值；加载增量及循环次数略有不同，但均采用等量对称加卸荷，初始荷载及最后卸荷等级均为0.1倍试验最大荷载；位移观测时间稍有不同，但每级加荷稳定标准均一样。另外各规范对试验锚杆的破坏标准一致，即后一级荷载产生的锚头位移增量达到或超过前一级荷载产生的位移增量的 2 倍；某级荷载下锚头总位移不收敛；锚杆杆体被拉断或锚头总位移超过设计允许位移值。锚杆极限承载力规定取破坏荷载的前一级荷载值。

(二)验收试验

验收试验的目的是检验施工质量是否满足设计要求。锚杆抗拔验收试验采用分级加荷方法，主要需确定最大试验荷载、加载分级、观测时间及方法。由相关试验可知，最大试验荷载取锚杆轴向拉力设计值的 1.0~1.5 倍，分级荷载增量取最大试验荷载的 0.1~0.25 倍不等，每级荷载观测 5~15min。虽然各规范试验方法要求有不同，但验收标准一致，即在最大试验荷载作用下锚头位移相对稳定；试验测得的弹性位移应大于自由段长度理论弹性伸长量的 80%，且小于自由段长度与 1/2 锚固段长度之和的理论弹性伸长量。

二、分析与探讨

(一)锚杆理论弹性伸长量及其计算

对拉力型锚杆的基本试验或验收试验，规范对试验测得的弹性位移量均作出了规定，即应大于相同荷载下杆体自由段长度理论弹性伸长量的 80%，且小于自由段长度与 1/2 锚固段长度之和的理论弹性伸长量。锚杆抗拔试验中为保证试验设备的对中，一般卸荷时荷载没有降低到零，而是回到初始荷载(0.1 倍最大试验荷载)，因此弹性位移量为测得的总位移量减去荷载卸至初始荷载时测得的位移量(即塑性位移)。

1. 杆体弹性伸长量的理论计算

L：锚杆的弹性伸长量计算长度，可根据计算对象不同分别取 $L=L_f$(自由段长度)或 $L=L_f+L_a/2$(锚固段长度一半)。

E：预应力筋的弹性模量。

A：预应力筋的截面面积。

由于对实测弹性位移量大小作出规定的目的是通过与杆体的理论弹性伸长量的对比，分析杆体自由段长度和锚固段长度是否符合设计要求。因此在计算理论伸长量时，即使是锚固段部分，公式中的 E、A 仍应当取杆体的参数值。

2. 锚杆试验结果的整理与分析

根据现场试验得出的荷载-位移值，锚杆试验应绘制荷载-位移(P-S)曲线，基本试验尚应提供荷载-弹性位移(P-S_e)曲线和荷载-塑性位移(P-S_p)曲线。锚杆设计参数为孔径 $\phi150mm$，锚杆长度 32m，锚固段长 26m，杆体采用 $4\times7\phi5$ 钢绞线。

3. 锚杆杆体弹性位移量规定的意义

试验测得的弹性位移量应大于杆体自由段理论弹性伸长量的 80%，小于杆体自由段与 1/2 锚固段之和的理论弹性伸长量，规范规定的意义在于验证锚杆自由段和锚固段长度是否与设计基本相符，为基本试验或验收试验是否真实反映设计意图作出判断。对于基本试验，当杆体弹性伸长量不满足规定要求时，说明试验锚杆的自由段或锚固段长度与设计值有较大误差，试验不能真实反映设计锚杆的质量和承载力储备，影响到试验结果的准确性，失去了基本试验作为检验锚杆性能全面试验的意义。对于验收试验，当不满足规定要求时，或者说明自由段长度小于设计值，使用中当出现锚杆位移时将增加锚杆的预应力损失，或者表明在相当长范围内，锚固段注浆体与杆体间的黏结作用已被破坏，锚杆的承载力已严重不足，均应判为不合格锚杆。

(二)锚头位移相对稳定的规定

锚杆验收试验中规范规定合格锚杆必须满足在最大试验荷载作用下,锚头位移相对稳定。但锚头位移相对稳定标准的规定却相当不明确。我国不同规范之间,对同一技术问题作出相互不协调的技术规定,已经是一种常态。由于岩土锚固技术应用范围很广,目前已大量在基坑、边坡、隧洞工程及地下结构抗浮工程中使用,因此对于工程中锚杆抗拔试验的规范选用,应基于如下原则:首先应明确锚杆使用的工程类型,再按使用年限根据其是临时性还是永久性锚杆来确定适用规范,同时尽量与工程设计采用同一规范,以保持荷载、抗力及其他技术要求的统一性。

第七节 锚 杆 施 工

一、概述

深基坑工程是一门包含了土力学、结构力学、土建施工等多种学科知识的综合性、区域性较强的综合性学科,它还有待发展。近几十年来,深基坑支护既是地下工程建筑施工过程中的最重要施工工序,又是在施工深基坑过程中的最主要难题。安全经济的解决深基坑支护这一难题的主要途径之一就是锚杆支护。施工中对锚杆支护有比较高的质量要求,施工质量的优劣一方面会影响工程自身的质量和进度,另一方面对周围建筑物也会产生影响。然而锚杆支护具有施工过程方便,效率较高、成本低、效果好等特点,还对加快施工进度起到肯定的作用。

二、土层锚杆的施工

(一)成孔

锚杆支护施工中,锚杆钻孔的施工是尤为重要的环节,它直接影响着整个施工的经济与成本问题,锚杆承载力的大小也取决于钻孔质量的优劣。成孔可分为湿作业法和干作业法两种方式。一般软硬性土层可通过湿作业法把钻进、出渣、清孔三道施工程序同时完成,还可防止出现塌孔、残渣遗留等现象。应不间断地注入循环水,让水位保持在护筒孔口处,钻进到设计标高后应继续进行水循环直到孔内流出清水为止,证明清孔过程完成,孔内循环水压力最佳值一般在 0.15~0.30MPa。

(二)拉杆的制作和防腐

1. 拉杆的制作

(1)钢筋拉杆。对变形的钢筋进行除锈后方可加工成锚拉杆,将多根锚杆焊接组成钢筋束作为拉杆使用可以大大地增强锚杆承载能力,锚杆焊接时的焊点间距通常为 2.5m 左右,完成钢筋束焊接后,通过在拉杆下部焊接支架或者使用定位筋的方法保证锚杆可以插入钻孔的中心,也可保证拉杆的保护层厚度均匀,为了避免侧壁土体随拉杆的插入进入到孔底,拉杆端部每 1.5~2m 的位置放置圆形锚靴。

(2)钢绞线和钢丝束拉杆。锚杆的制作不仅可以使用变形钢筋也可以使用钢绞线和钢丝束。一般钢绞线锚杆在加工场制作装配,首先确定锚索的长度,根据设计长度对钢束进行加工切割,为防止锚索在运输过程中发生化学反应,通常采用在锚索涂刷油脂的方式进行保护，防护油脂可使用有机溶剂进行消解，然后可以切割使用。使用钢丝束加工制作锚索时，为保持钢丝束平行需要沿锚索长度方向每 2~4m 安装坚固耐用的间隔块来实现，间隔块材料选用必须满足可承受装卸时产生地冲击动能的要求。

2. 拉杆的防腐

一般情况下，伸入孔内的锚杆用灌浆料保护并与灌浆料形成锚固段，自由段以及孔外的部分需要另外做防腐和隔离处理。从 3 方面对锚杆的防腐措施进行分析阐述：①锚杆不宜安装在潮湿的环境中。现场条件不能避免潮湿环境时，应加强对水流的引导措施，以便于降低锚杆被腐蚀的速度。②灌浆料应该选用质量较高的硅酸盐水泥，使用的添加剂和水应减少氯离子等有害元素的含量，另外制作锚杆的钢筋应质量可靠，符合国家相应的标准。③在锚杆插入孔中时应尽可能地保证锚杆从孔中心伸入，以保证杆体保护层的厚度均匀，灌浆料的调制应注意控制浆液的浓度，向孔内注浆应采取有效的措施，以保证灌浆料与杆体组成的锚固体均匀、连续密实，通过二次灌浆的方式增强锚固体的密实性和抗渗性。锚杆的防腐方法有很多，一般通过在杆体表面涂抹防锈漆外加塑料布包裹的方式进行防腐处理，另一个是通过套筒对锚头进行封闭达到防锈的目的，这两种方式都能起到良好的防锈作用。

3. 安放拉杆

一般对土层锚杆而言，为防止出现孔道塌陷的现象，钻进到孔底标高后就需要立刻把锚杆和压浆管同时插入孔内。当锚杆或锚索所承受的荷载较大时，为避免由于人工搬运、插入等造成的杆体变形，需要使用起重设备根据钻孔时的倾斜角度将杆体起吊插入孔内。

(三) 压浆及其工艺

1. 砂浆的配制

灰砂比一般采用 1∶1 或 1∶0.5(质量比)，水灰比一般为 0.4~0.5 的比例就可保证砂浆在灌浆管中平顺的流动。为保证砂浆在管内流通顺畅，进入压浆泵的砂浆应经过筛网过滤处理，也可使用水灰比为 0.45 的纯水泥浆进行灌注。水泥浆最大泌水率不宜超过 3%，拌和后 3h 泌水率宜控制在 2%，24h 后泌水应全部被吸收。砂浆的配制应避免初凝时膨胀，并且还要达到设计要求，一般还要具备可泵送、低泌浆等特点。

2. 压浆及工艺

(1) 压浆。使用较粗的钢筋制成拉杆时，导管可使用直径 3cm 的钢管并且一端连接压浆泵，刀管的另一端与杆体绑扎后随杆体同时插入钻孔内，导管管口距钻孔孔底约 0.5~1m 左右，灌浆从孔底开始向孔口灌注，随着砂浆的灌注，导管也随之提升，为保证孔内的水和空气完全排出孔外，确保灌浆的质量，一般将导管口伸入浆体面以下 4m 以上，压浆应注意以下 3 点：

①灌浆液要均匀地灌入到锚杆杆体上；②确保锚固体的密实和抗渗的特性；③灌浆液初凝前，必须防止由于外力引起的锚固体破坏。

(2) 压浆方法。压浆分为一次压浆和二次压浆两种方法。为锚固段承载能力的大大提高，可以分成两个阶段对锚杆根部进行浆液灌注，完成一次注浆后，需要在锚固体管道内预留一根压浆管，在一次注浆后的浆液初凝 16~24h 后，可对钻孔内进行二次压浆，二次注浆可使锚固体在第一次注浆压力下产生的裂缝得到填充。锚固体产生的裂缝用二次压浆填充后，不但可使锚固体在土层中形成径向预应力，而且可使锚固体表面产生拉毛效果，增强了锚固段在土体中的摩擦，等同于增大了锚杆和土体之间的握裹力作用。上海市特种基础工程研究所和同济大学共同对上海圆康路 3 号院的锚杆施工技术进行仔细的研究，经过仔细的研究发现，第一阶段的注浆完成后，浆液初凝 2.5h 左右以后，可进行第二阶段的注浆，这样可以提高斜土锚杆的抗拔力，大约可提升 23kN/左右，相比使用套管的锚杆施工，该锚杆承受荷载的能力得到了极大的提高。

（3）扩孔锚杆及工艺。为了提高锚杆在较差地质中所承受的扛拔拉力，可以采用扩孔锚杆的施工方式。1977 年 Hanna 使用旋转式或旋转冲击式钻机装置达到锚杆插入孔所需要的尺寸以及倾斜度，随后把专利装置放入孔内，注浆导管拔出时，与杆体连接的压浆管在压力的作用下把水泥注入至孔内，这种注浆的方式注浆的直径可比原直径大 4 倍，这种装置被称为压力喷射式锚杆装置，其原理是通过喷射将水泥浆渗透进入土体孔隙中，然后通过装置控制高压在孔内形成柱式区。机械式扩孔通常使用扩张刀具使孔变大，例如 UAC 扩孔装置，该装置安装在拉杆底端，钻孔达到设计标高后，通过机械的方法将这一辅助装置打开来达到扩孔的目的，这一种辅助装置一般可同时达到两个扩孔锥，重复使用可达到 8 个扩孔锥。

（四）张拉锁定

对压浆后的锚杆一般要进行 10d 左右的养护，砂浆的强度达到设计强度的 80% 后，通过使用液压千斤顶对锚杆进行张拉锁定。当锚杆用于基坑的开挖支护时，对锚杆施加的承载力一般可达到初期预应力 75% 时张拉，要按照实际情况对初期预应力张拉力进行调整，并不是拉力越大越有效。当锚杆承受相对较小的实际荷载时，因预应力张拉发生的反向荷载可能超过对结构的不利影响。初期预应力张拉的大小决定锚杆结构所需的有效的张拉力和张拉力的松弛大小，张拉力松弛产生的原因有以下 3 点：①制作锚杆的材料本身的松弛；②混凝土干缩造成的结构变形；③地基变形。

（五）腰梁的设计及其安装

腰梁是主要设置在支护结构顶部以下传递支护结构与锚杆支点力的钢筋混凝土梁或钢梁，其作用主要是力的传导。腰梁可以把锚头产生的轴向拉力传导在灌注桩上，然后把轴力分解成水平和竖直方向的力。支护结构的特点、材料、锚杆倾斜度、锚杆的垂直力以及结构形式对腰梁的设计都有一定的要求。

1. 腰梁设计

（1）荷载。荷载分为两种情况：一是荷载力直接作用在台座上，然后台座在支点处将力传递给腰梁，这种荷载在台座与腰梁支点处进行集中荷载作用；二是荷载直接作用在挡墙上，挡墙把力传导给腰梁，这种荷载是属于均布荷载作用。

（2）应力计算。以锚杆位置作为支点，①根据简支梁理论，锚杆腰梁的最大弯矩为在锚杆作用点处，两端点采用桩间距 1 桩 1 锚时，确定最大弯矩后抗力采用锚杆的允许应力值计算界面模量。②根据连续梁理论，连续梁具有三个或更多个支撑，确定最大弯矩后抗力采用锚杆的允许应力值计算界面模量。同时需要注意的是，腰梁的设置方法有两种：一种是与锚杆轴向一致的斜向布置，另一种是水平布置。

（3）断面设计。制作腰梁最常见的材料通常是工字钢和钢筋混凝土。用工字钢制作的腰梁以一般钢梁所承受的弯矩和剪力进行设计计算，钢筋混凝土制作的腰梁以一般混凝土梁的受力进行设计计算，钢腰梁水平方向设置时，锚杆的作用力方向为竖直方向。

（4）台座。腰梁与挡墙之间通过台座连接，台座需要承受极大的竖直方向的荷载，这使得在设计时对焊缝的要求较高，要对焊接长度做精确的计算分析。如果挡墙使用的是地下连续墙这种结构时，腰梁可以取消设置，可以直接使用混凝土的支座把锚杆与挡墙固定在一起，这种工艺的选择应依据支座可承受压力的大小来确定支座面积的大小，并计算支座在受到竖直方向作用力的情况下支座可抵抗下沉的程度和稳定性。

2. 腰梁安装

为保证腰梁均匀受力，在加工安装腰梁时要确保腰梁的受压面处于相同水平面。在施工灌注桩时，因坐标以及施工工人的水平差异，灌注桩不能保证在同一水平面上，所以在安装腰梁时要根据实际情况对腰梁进行调整。具体方法：对桩位进行复核测量，按照测量结果加工非标台座调整受压面，以保证腰梁受压面处于相同水平面。还要对锚杆点进行标高复测，通过调整工字钢间距来调整腰梁。直接安装腰梁时，根据设计要求通过沉木对腰梁进行调平，然后整体焊接为箱梁，具有安装方便等特点。

第八节　工　程　实　例

锚杆支护是以锚杆为主体的支护结构的总称，它是一种较为安全和经济的主动支护形式，其技术为在地面、地下室墙面、边坡或基坑立壁土层钻孔，达到一定设计深度后，在孔内放入钢筋、钢管或钢绞线等抗拉材料作为杆体，灌入水泥砂浆或化学浆液以黏结杆体和土层，利用杆体与锚固体的握裹力、锚固体与土层之间的黏结力以及杆体自身强度协同工作，来承受各种荷载，以达到控制基坑的变形、边坡的稳定、巷道的支护，保持土体和结构物稳定的目的。锚杆支护以其施工方便、结构简单、安全可靠、成本相对较低及适应性强等特点，在工程领域内的应用十分广泛。目前，它已经在深基坑工程、巷道支护、地下工程、隧道工程、矿山工程、结构抗浮、边坡工程、重力坝加固工程的支护应用中得到了广泛的发展，具有十分好的经济效益和社会效益。随着城市建设规模的不断扩大，城市用地日趋紧张，相邻建筑物的距离越来越近，许多工程项目不得不在非常复杂狭小的环境条件下施工，对基础工程的要求也越来越高。工程界对于岩土锚固技术提出了更高的要求，传统的普通预应力锚杆应力集中现象十分明显，因此，如何解决应力集中问题成为当代锚杆技术的一个发展方向。随着锚杆技术在应用中得到了飞速的发展，这个问题已得到部分的解决，目前已从传统的单一集中拉力型结构锚杆，发展出了拉力分散型、压缩集中（分散）型、拉压混合型和可拆芯式锚索等多种新型的锚固结构。在近年来出现的新型锚杆结构中，拉力分散型锚杆无疑是其中很具有代表性的一种，目前的应用比较广泛。

我国自20世纪50年代开始锚杆支护以来，几十年来锚固技术得到了日新月异的发展，在城市建设中，大量应用于深基坑支护。近年来随着在工程领域的锚杆的大量实际使用，也发展出了很多不同的锚固技术，但无需讳言的是关于锚固技术的理论研究远远没赶上其实践应用的速度，接下来笔者就对拉力分散型锚杆在北京耀辉国际城基坑中应用进行了细致分析。

一、耀辉国际城项目背景

(一) 工程概况

北京耀辉国际城发展项目位于北京市朝阳区建国门外大街南侧，西邻西大望路，基坑尺寸约为131.5m×146.1m。由酒店式公寓、豪华公寓、裙楼、1#、2#别墅、邮局和纯地下车库组成，其中酒店式公寓40层，高度168.0m，基底埋深−21.43m；豪华公寓40层，高度138.0m，基底埋深−21.13m，以上建筑部分地下均设四层地下室。基础埋深在设计±0.00标高(37.0)以下 20.03~21.43m，需进行降水、护坡、土方开挖。

1. 工程地质条件

耀辉国际城发展项目在地貌单元上位于永定河冲积扇的中下部，拟建场区地形基本平坦，原有建筑物尚未完全拆除，勘探时钻孔孔口处地面标高为 36.10~37.10m。

2. 水文地质条件

本次勘察，在勘探深度范围内分布有 4 层地下水，各层地下水类型及钻探期间实测地下水位情况参见表 5-1。

表 5-1　地下水类型及水位情况

层号	地下水类型	地下水静止水位	
		水位埋深/m	水位标高/m
（一）	上层滞水	7.70	28.73
（二）	层间潜水	14.20~15.10	21.33~22.30
（三）	承压水（测压水头）	18.30~21.00	15.47~18.13
（四）	承压水（测压水头）	21.60	14.83

历年最高水位：拟建工程场区 1959 年最高地下水位标高为 36.30m 左右（记为历史最高水位），近 3~5 年最高地下水位标高为 32.60m 左右。

二、支护方案的选择

耀辉国际城项目基坑开挖深度约为 -21.5m，支护施工前需进行地下水的降水工作，地层条件较好，含较厚的砂、卵石地层，土层分布均匀，力学指标稳定。从现场施工条件和工程成本角度出发，结合周边类似基坑支护方案，本工程不考虑造价昂贵的地连墙支护形式，仅考虑北京地区目前最常用经济的支护方法，主要有护坡桩（或配合锚杆）、土钉墙支护以及护坡桩+锚杆与土钉墙两者组合的支护方式。

桩顶采用土钉墙主要基于以下考虑：

（1）上部采用土钉墙支护可以充分发挥土钉墙非脆性破坏的优点，通过加强观测及时监控土钉墙变形，发现异常及时处理，避免发生护坡桩破坏前无预警，突然脆性破坏的恶性事故。

（2）上部 4m 土质根据地勘报告显示为黏性土、粉土，土质较好，可以人工成孔，适宜土钉支护形式。如超出 5m，则土钉施工至含卵石的砂层不易成孔，易带来不安全因素。

（3）本方案的组合式支护体系可避免发生护坡桩脆性破坏的事故，故相对于全护坡桩+四道锚杆支护方案安全，且造价更低。

根据上述分析，对于本工程深度达 20 余 m 的基坑，如果全部采用土钉墙支护，其安全性无法保证；综合考虑工期、成本等方面的因素，桩顶土钉墙与护坡桩+锚杆的组合支护为本工程基坑支护方案的最佳之选。

三、耀辉国际城基坑支护方案

基于以上分析，我们确定了采用土钉墙+桩锚形式作为本基坑的支护方式，其中上部 4m 高度范围采用土钉墙，坡度 1∶0.1；下部 18m 深度范围采用钢筋砼护坡桩+锚杆支护，护坡桩直径 φ800mm。根据基坑深度、周边环境特点及基础桩平面布置图，将本基坑划分为四区进行支护优化设计。

(一) 土钉墙设计

桩顶连梁以上 4.0m 高边坡按 1∶0.1 放坡 (如无场地可采用直坡),按水平间距 1.1~1.3、垂直间距 1.1~1.3 布设土钉,土钉长度 3.5~4.0m,土钉直径 $\phi \geq 100mm$,倾角 5~15°,配筋为 $\phi16$ 钢筋,注浆材料为纯水泥浆,水泥为 32.5# 普硅水泥,水泥浆水灰比为 0.4~0.5,满孔注浆;面板为 C20 细石喷射混凝土,厚度 $\geq 80mm$,配 $\phi6@250×250$ 钢筋网。应保证土钉与面板钢筋网连接的牢固性。

(二) 桩锚设计

为了做到方案经济合理,必须了解场区和周边建 (构) 筑物的情况及与本工程基坑的相对位置关系。基坑周边环境较为复杂,特别是基坑南侧红线基本与现状围墙重合,围墙外为两幢 7 层宿舍楼,底层为半地下室,其结构底深约 1.5m,红线距宿舍楼约 7m。红线与宿舍楼之间有多条市政管线。根据上述周边环境情况、基坑深度及基础桩平面布置图,将本基坑划分为四区进行支护优化设计。

(1) Ⅰ区:北侧基坑 6-14 轴、西侧基坑 L-H 轴、东侧基坑 M-H 轴基坑深度按 21.30m 考虑 (地面标高以 36.87m 计),采用桩锚+土钉墙方案。由于基础桩桩位距支护结构较近,基础桩施工时对护坡桩嵌固段土体产生扰动,因此设置四排锚杆。

(2) Ⅱ区:南侧基坑 8-11 轴基坑深度按 19.90m 考虑 (地面标高以 36.87m 计),采用桩锚+土钉墙方案。由于距已有建筑物最近处不足 7.0m,支护计算需考虑水压力,因此设置四排锚杆。

(3) Ⅲ区:南侧基坑 8 轴以西、11 轴以东基坑深度按 19.90m 考虑 (地面标高以 36.87m 计),采用桩锚+土钉墙方案,设置三排锚杆。

(4) Ⅳ区:东侧、北侧、西侧基坑-20.03m 槽深段基坑深度按 19.90m 考虑 (地面标高以 36.87m 计),采用桩锚+土钉墙方案,设置三排锚杆。

四、拉力分散型锚杆施工的技术要点

根据本基坑对边坡位移要求以及边坡支护要求,结合本场地工程地质条件经设计计算确定,在不同地段设置数量和长度不等的预应力锚杆以满足基坑支护的安全和变形要求;由于本工程基坑体型较大 (单边长度都在百米以上),且深度较深 (基坑深度约为 21.5m 左右),因此预应力锚杆的需求量将会很大,为最大限度地减少预应力锚杆长度节省工程造价,并有效缩短施工周期,预应力锚杆设计为分段拉力型预应力锚杆,以最大限度地发挥预应力锚杆周边土层的摩阻力,有效降低单根锚杆的设计长度,最终有效降低整个基坑的锚杆用量。

(一) 拉力分散型锚杆的施工要点

拉力分散型锚杆的施工基本同普通拉力型锚杆一样,具体流程如下:土方开挖到设计锚杆位置以下 50~70cm→制作锚杆的同时进行锚孔标记→钻孔→插入锚杆→注浆→补浆→养护→上腰梁、锚具→张拉锁定。钻孔时依据地层情况选择不同的钻机,一般在细颗粒地层中可采用国产土锚钻机,施工方便,价格低廉;但在粗颗粒地层特别是卵石层、岩石地层及遇流砂时,必须采用全套管跟进锚杆钻机保证成孔速度及质量。成孔角度一般 $\geq 15°$,钻孔直径 $\geq 15cm$。预应力锚杆的杆体采用强度等级为 1860N/mm² 钢绞线与隔离架绑扎制作而成,钢绞线可根据设计可选用 $\phi15.2$ 或 $\phi12.7$ 其中之一。锚体自由段涂抹黄油并套上塑料管使钢绞线与水泥浆隔离。注浆管预先深入锚体,锚杆注浆后分段拔出,锚杆注浆采用水灰比

0.45~0.50 的水泥浆，根据需要采用一次常压注浆或高压注浆，待锚固结石体强度达到 15MPa 后，进行锚杆张拉锁定。相关技术细节问题如下：

1. 钻孔

（1）锚杆施工前，要求挖土至锚杆位置以下 0.5~0.7m，并保证离护坡桩 6.0m 范围内平坦。

（2）钻进过程中，应随时注意钻进速度，避免卡钻，应把土充分倒完后再拔钻杆，以减少孔内虚土，方便钻杆拔出，必须保证成孔长度。钻孔口径采用钻头、钻杆直径控制，终孔深度采用累计钻头、钻杆长度控制。

（3）钻机对位时，必须校正钻机位置，确保垂直偏差在 20mm 之内，角度偏差<0.5。孔位确定和垂直度控制采用人工方法控制，钻具入射角采用调整钻机量角器控制。

（4）根据地层条件，在砂卵石地层需采用跟套管钻机施工，选用进口套管锚杆钻机，其他地层可采用普通锚杆机配备螺旋钻杆进行钻进。

2. 锚杆杆体的组装与安放

（1）按设计选用钢绞线，钢绞线切割绝对禁止使用电焊、气焊。在杆体上每隔 1.5m 须设隔离支架一个并绑扎牢固，确保隔离支架与钢绞线间无滑动。

（2）杆体制作时应整理好材料，对钢绞线除油除锈。根据设计要求量好自由段、锚固段长度，对自由段应用塑料管套好，确保不会有浆液漏入自由段。

（3）往锚孔内下入杆体时，注浆管随杆体同时下入孔内，应控制角度和力度，不可使用蛮力，避免损坏支架，致使杆体脱离钻孔孔中心，管端距孔底宜留数厘米的距离，方便浆液流入。

（4）按锚杆成孔角度插入钢绞线，同时插入注浆管，若有塌孔现象须将钢绞线拔出，重新钻孔，直到达到设计要求为止。

3. 注浆

（1）钻孔完成后，应确认孔深并清孔：用清水注入孔内清理孔底沉渣直至返出清水，随后将带有 6 分注浆管的钢绞线下入孔内。

（2）注浆将 1 寸注浆管与 6 分管对接，开始注浆，直至将孔内水压出孔口返出纯水泥浆，在此过程中 6 分管应始终处于孔底，注浆完成后方可将此管抽出口外。上步完成后，分 3~4 次拔出套管，每次拔管后都应由孔内进行注浆至孔口返出水泥浆，最终完成后应分 3~4 次对锚孔进行补浆，直至浆液充满孔口。

（3）注浆浆液一般采用水灰比为 0.45~0.5 的纯水泥浆，也可根据工程需要（如满足速凝、早强等需求）加入适量的外加剂。

（4）注浆管要插到孔底，边注浆边拔注浆管，直到浆从孔底向孔口压出为止，注浆结束后应观察 1~3min，当注入的浆体向土体渗透时，还须及时补浆。

（5）当天完成的锚杆必须在当天注完浆，以防止塌孔影响锚杆质量。

4. 张拉与锁定

（1）锚固体强度达到 15MPa，混凝土连梁强度达到 70% 后进行张拉，张拉应采用"跳张法"，张拉时应分级进行加载。

（2）锚杆正式张拉前应提前进行预张拉，一般取设计拉力的 0.1~0.2 倍张拉 1~2 次，以使钢绞线平直次，然后经调整锚具后，再正式张拉。

（3）锚杆预应力没有明显衰减时，锁定荷载至设计锁定值，分级张拉至 1.1~1.2 倍设计拉力后按设计要求进行锁定；锁定后发现有明显的应力损失时，应进行补拉。

（二）拉力分散型锚杆的张拉

拉力分散型锚杆张拉前的准备程序也同普通锚杆一样，但在张拉锁定时，拉力分散型锚杆尤其有独特之处，其特性也由此而产生。普通预应力拉力型锚杆的张拉都采取的是整拉整锁法，即对同一锚孔内的所有锚杆同时施加预应力进行张拉和锁定，而拉力分散型锚杆一般采用补偿张拉法或循环单拉单锁法。由于拉力分散型锚杆每个锚孔内有不同分组的锚杆，需分别对其进行张拉，从理论上讲，最好的张拉方式当然是用多个千斤顶同时分别对各组锚杆进行张拉，但此方式目前在国内很少使用，我们采用的依然是传统的单个千斤顶来进行工作。利用单个千斤顶来进行拉力分散型锚杆的张拉时，先张拉分组中较短的那组锚杆，然后较长的组，按由短到长的顺序进行张拉锁定，此即所谓的"单拉单锁"；为避免张拉锁定过程中的预应力损失，如：锚具造成的损失、钢绞线变形造成的损失、卸载松弛造成的损失、分次张拉造成的损失等，在完成单拉单锁后，再接第一次顺序进行一次单拉单锁，甚至更多次的张拉，此所谓"循环"。事实上循环的主要目的是尽量减小张拉过程中造成的预应力损失，与普通张拉中的补偿张拉意义近似。

第六章　地下连续墙施工技术

随着现代社会的急速发展，基础设施的建设规模也在随之增大，城市轨道交通工程变得越来越复杂，其中轨道交通和高层建筑所需的超深地下连续墙基础工程也逐渐增多。并且，地下连续墙作为主要的围护结构技术应用不断加大，近些年来逐渐向超深方向发展。

第一节　工艺原理及适用范围

工程应用中常见的地下连续墙结构形式主要有壁板式地下连续墙、T 形地下连续墙、Π 形地下连续墙、格形地下连续墙、预应力或非预应力 U 形折板地下连续墙等几种形式。

一、壁板式地下连续墙

壁板式又可分为直线壁板式和折线壁板式[如图 6-1(a)所示]，而折线壁板式常用于转角和模拟弧形段位置。在地下连续墙工程中壁板式应用较广，适用于各种直线段和圆弧段墙段。在上海世博园 500kV 地下变电站工程中，直径 130m 的圆筒形基坑地下连续墙施工中为了模拟圆弧段，就采用了 80 幅直线壁板式地下连续墙。

二、T 形和 Π 形地下连续墙

T 形和 Π 形地下连续墙[如图 6-1(c)、(d)所示]常用于基坑支撑竖向间距较大且开挖深度较大，受到相关条件限制，墙厚无法增加的情况，通过加肋的方式，增加墙身的抗弯刚度。

三、格形地下连续

格形地下连续墙[如图 6-1(e)所示]是一种将 T 形和壁板式地下连续墙两种形式组合在一起的结构形式，格形地下连续墙结构形式的构思出自格形钢板桩岸壁的概念，格形地下连续墙依靠其自身重量保持稳定，属于半重力式结构。同时，格形地下连续墙结构也是一种用于建(构)筑物地基开挖的无支撑空间坑壁结构。格形地下连续墙常用于大型的工业基坑、船坞以及施工条件下无法设置水平支撑的基坑工程，如上海耀华-皮尔金顿二期熔窑坑工程，熔窑建成后坑内不允许有任何永久性支撑和隔墙结构，而且要保护邻近一期工程的正常使用。该工程采用了重力式格形地下连续墙方案，利用格形地下连续墙作为基坑支护结构，同时作为永久结构。格形地下连续墙在特殊条件下具有不可替代的优势，但由于受到自身施工工艺的约束，一般槽段数量较多。

四、预应力或非预应力 U 形折板地下连续墙

作为新型的地下连续墙结构的代表，预应力或非预应力 U 形折板地下连续墙[如图 6-1

(b)所示]已应用于上海瑞金医院地下车库工程。折板本身具有抗侧刚度大、变形小、节省材料等特点，拥有良好的受力特性。

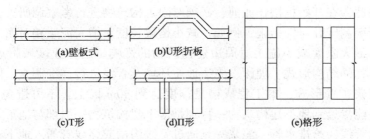

图 6-1 地下连续墙平面结构形式

地下连续墙施工技术适用范围：

与灌注桩对桩径和刚度进行灵活调整不同，受到目前施工机械和工法的限制，地下连续墙的厚度具有固定的模数。因此，为了保持地下连续墙的经济性和特有的优势，基坑深度超过 10m 以上。在进行设计方案论证时，必须对拟采用地下连续墙的方案进行技术、经济分析，经济合理时才可采用。一般情况下地下连续墙适用于如下条件的基坑工程：

（1）施工开挖深度>10m，才能保证地下连续墙有较好的经济性；

（2）当基坑空间有限，施工红线内场地紧张，而采用普通基坑围护结构形式无法满足施工操作空间要求的工程；

（3）对基坑本身的防水和变形有较高要求的工程，或者邻近存在保护要求较高的建、构筑物(比如城市施工中常见的居民楼、学校、医院)；

（4）对防水、抗渗有较严格要求，且围护结构可作为主体结构的一部分的工程；

（5）整体施工选用逆作法施工，地上和地下同步施工时，基坑围护结构优选地下连续墙；

（6）在超大、超深基坑施工中，采用普通结构形式无法满足要求时，适宜采用地下连续墙。

第二节　施工准备

一、周边环境调查

深基坑地下连续墙是集大型成槽、吊装施工机械、专业操作人员于一体的综合性很强的工程，不仅需要解决自身需求的各项问题，比如：施工机械、材料进场，对施工场地进行规划，临时用水接入，临时用电接入及安装，民工及项目驻地建设，施工场地出入口及围挡设置；更需要避免对周边环境的影响，比如：建筑垃圾处理、施工噪声扰民、污水排放、施工风险对周边的影响、交通导改对行人的影响。每一项均需要遵守地方规定、要求并结合周边实际环境及条件解决，因此，为保证后续施工顺利、高效，工程施工需要做好充分的环境调查。

(一) 施工场地周边建构筑物调查

周边的建构筑物性质对工程施工有着很大影响。在临近高大建构筑物的地方施做地下连续墙时，因为槽壁会受到由建构筑物引起的荷载影响，承受较大的土压力，引起成槽缩孔或者槽孔塌落，这种事故反过来导致槽孔附近的地面沉陷，引发此位置建构筑物非正常开裂、倾斜、损坏，因此，在开始挖槽作业前，必须对附近构筑物进行考察调研、分析计算影响等级，针对影响情况制定针对性措施，例如：减小槽段长度、增大泥浆相对密度、尽量缩短施工时间等措施，最大限度减小施工对周边建构筑物的影响。当作业区域附近有地下结构物时，应对建构筑物的结构形式、埋深、周边地质环境及管线进行详细调查。因为地下连续墙挖孔作业采用泥浆护壁形式，本工程成槽是深度达到 40m 以上，不可避免存在地质疏松、空洞，泥浆很可能渗透到地下建构筑物；特别是地下建构筑物一般都与地下管线连通，比如电力管线、通信管线、给排水管，泥浆一旦通过管线沟槽或穿线管涌入地下建构筑物将会造成恶劣影响，同时泥浆对渗透底层，还会进一步产生地表沉降、引起管线破裂等次生灾害。

(二)给排水条件调查

地下连续墙在造浆、成槽过程中需要大批量地用到水，特别是在泥浆配合比调配阶段和成槽阶段，对施工用水的供应要求很高，一旦供水不及时就会影响成槽进度甚至槽孔安全；另外，当遇到大雨天场地会产生大量雨水集水，如果不及时疏导排放则会流入泥浆池或者泥浆通道，泥浆会被稀释，泥浆护壁作用受到直接影响，甚至会出现塌孔，因而，在进入作业阶段前应做好给排水条件调查，并提前准备好给排水条件，保证施工连续性。调查最近的给水接入点，联系给水公司安排临水接入，严格按照相关程序进行接入。临时用水管线的布置要统筹规划，既保证用水方便、管线安全，又不能影响后续施工。临水管线路由要在临建方案或临建图中明确标出，方便后续维修、保护。施工前调查清楚最近的市政雨水、污水管线位置，严格按照市政设施管理单位的要求完善相应手续之后进行接入，严禁雨水、污水混排。雨污水管线在场地内的走向及布置形式要制定详细的规划，既能保证排水、排污需要（特别是雨季排水），又不能影响周围施工便道、成槽施工及基坑开挖施工的安全，做好管线的防渗漏处理。

(三)施工临时用电接入条件调查

地下连续墙施工时，泥浆系统、钢筋加工机械、钢筋安装等机械用电功率很大；另外，生活区宿舍、厨房严禁明火，因此均需用电，需要花费足够的时间、精力考察施工现场的供配电是否满足施工要求，做好接引前的预备工作。施工前应调查最优临电接入位置，充分考虑功率负荷、临电接入点距离、临电线路敷设方式等，并及时完善申请程序，与电力公司协调接入配合事项；临电进入场地路由要在临建方案中详细说明，并配图，敷设方式要遵守相关规范，敷设位置根据施工场地布置情况统筹确定，既满足后续施工需要，又要保证管线安全。

(四)市政管线情况调查

本施工场区地下存在的管线主要有中压给水管道、600mm 污水排水管道、400mm 雨水排水管道、500mm 燃气管道、10kV 电力管线、电信通信管线等。由于城市地下管线较集中，并与城市功能、居民生活息息相关，施工前应对影响的管线进行充分的保护，必要时进行管线改移，这涉及前期管线调查、相关产权单位联系、与业主及设计单位协商处理措施，每一环节均对场地的正式投入施工产生直接的影响，因此管线调查工作必须准确、详尽，能为管线保护、改移提供参考，并起到复核设计文件的作用，避免过程中出现管线实际情况与管线综合图不符，造成施工搁浅，影响正常进展。另外，前期详尽的管线调查为后续工程施工创造一个安全可控的施工环境；基坑工程受到附近雨水、污水、自来水管线影响发生垮塌、变形的事故屡见不鲜，暗挖施工造成的沉降损坏上部管线造成不良的社会影响也无法承受。详尽的管线核查规避管线与施工的相互影响，做到提前筹划、防患于未然显得尤为必要。

（五）施工场地及周边建构筑物调查

除了管线以外，场地内已拆迁建构筑物基础、待拆迁建构筑物及周边高大建构筑物、重要建构筑物、架空线、园林树木均对施工产生影响。对于已拆迁建构筑物基础，例如桩基、挡土墙等，则要通过了解相关建构筑物设计资料，掌握遗留基础对后续施工的影响，做到提前规划。如果大型混凝土基础正好处于地下连续墙处，则会对地下连续墙成槽施工造成极大困难，应该提前评估影响，调整设计方案或者清除遗留构筑物，此时相关调查资料及处理过程资料直接关系到业主计价款的确定。施工场地附近架空线、树木、建筑物对地下连续墙钢筋笼吊装、施工机械回转有着直接影响，通过施工调查评估影响，形成报告，指导制定保护措施或者申请改移、拆除。而周边高大建构筑物及重要建筑则对地下连续墙施工有着直接的要求，例如：本工程附近一亩园公交枢纽明确要求夜间禁止噪声大的施工、严禁泥浆流出施工场地、起重吊装施工离公交枢纽站房 50m 以上，并对扬尘治理做出了较高要求，导致地下连续墙成槽、钢筋笼吊装等噪声较大的施工无法在夜间施工，必须做出全面的规划、制定工期保证措施。因此，前期的调查对后续施工安排起到直接的指导，保证了后续施工的合理、有序安排。

（六）施工设备进场条件

由于钢筋笼吊装使用到的 150t 履带式起重机、成槽机、锁口管等机械、设备体积庞大，施工场地布置、进场道路规划均要充分考虑机械设备进场条件。一方面保证场地条件适合机械进场、组装、展开施工，另一方面要提前调查运输路线是否满足要求，包括沿线桥梁承载力、道路宽度、坡度、隧道净空等。

（七）平面控制点及高程控制点调查

平面控制点及高程控制点是地下连续墙施工过程中测量放线时坐标和标高确定的必要条件，为此，在展开地下连续墙施工之前，必须对工程测量点进行查验，确定是否能够满足工程需要，并选择合适路径将控制点引至。

（八）挖槽土方弃土场调查

地下连续墙施工期间产生大量泥浆及渣土，场地内无法大量存储废弃泥浆，北京市对泥浆、渣土的运输、处理要求严格，施工前必须对运输车辆、运输路线、运输时间限制、处理地点做好详细调查确认，严格按照规定办理运输、卸载相关手续，选择达标车辆，确保泥浆、渣土顺利外运。另外，为应对渣土不能顺利外运的特殊情况，比如：大雨天弃土场封闭、首都大型活动安保期间禁止土方外运等，在场地规划时应预留出渣土临时存放场地，尽量减轻渣土外运受限对施工的制约。

（九）商品混凝土站调查

水下施工地下连续墙混凝土时，混凝土浇筑中间停滞时间超过 0.5h 就会导致砼和易性、流动性降低，导管中的混凝土会因和易性、流动性不佳引发堵管，因此，水下砼浇灌需要维持混凝土供应的不间断性。在北京市范围内进行正式工程混凝土施工作业时，必须采用业主单位指定的混凝土拌和站的商品砼，因此在施工之前，必需对商品砼站地理位置、资质情况、交通条件进行调查、对比掌握，确定能满足地下连续墙施工供料质量、及时性等要求的混凝土拌和站。

二、技术准备

(一)施工方案编制

施工技术方案文件是地下墙施工作业方法及技术的指导文件,施工方案的编制要在周边环境调查的基础上根据客观环境编制,工艺的制定充分考虑现场施工条件及环境因素,工期的安排充分考虑周边环境对施工的影响,工序的衔接充分考虑场地布置情况,确保施工方案的针对性。深入结合导致深基坑地下连续墙出现渗漏水等质量缺陷的客观因素,制定有针对性的施工工艺、方法,重点针对以下关键工序制定保证措施:

1. 槽壁稳定性分析及针对措施

泥浆产生的静水压力对地下连续墙槽孔土、水压力的平衡是维持槽壁稳定的根本保障,如果无法满足这一平衡,就会直接导致出现槽壁失稳破坏、局部坍塌影响施工安全、质量,进而对周边环境安全产生影响。编制方案过程中根据地质情况选择合适的泥浆类型及技术参数是一项重要工作,为选购适合的膨润土、添加剂等材料制定必要的技术标准。

2. 成槽机械选择

根据土层的软硬程度,确定成槽机类型与成槽方式是本环节的核心任务。

3. 钢筋笼制作及起吊

根据钢筋笼的尺寸、重量以及施工周边环境选用起重机械,当场地受限或者钢筋笼长度、重量超过可用流动式起重机械设备最大起吊能力时则要考虑分段加工、吊装。本工程中盾构隧道洞门处钢筋笼采用玻璃纤维筋配筋,钢筋笼形成两端钢筋、中间 7m 玻璃纤维筋的形式,由于玻璃纤维筋与钢筋材料及受力特点的差异为起吊安装造成了很大困难,因此制定安全、质量、工期保证措施是不可或缺的任务。

4. 锁口管接头处理

锁口管接头及拔出设备及技术相对比较成熟,但是接头阻水一直是影响地下连续墙发挥阻水效能的软肋,是制定接头处理措施、改进施工工艺的重要突破口,期间主要解决锁口管起拔时间控制难、混凝土绕流、接头清刷不到位等难题,相关措施应在技术方案中予以明确。

5. 水下混凝土浇筑

在水下砼浇筑前做好充分的准备,比如:导管气密性试验、水下灌注辅助设备就位情况、导管布置数量及位置、浇筑速度控制等。浇筑过程中把导管没入混凝土中的长度以及混凝土供应的连续性作为最重要的任务,保证墙体质量。

(二)方案实施

施工前严格进行施工操作环境、工艺流程、技术要求交底,首先对施工现场技术人员进行方案交底,使之熟悉施工方法、控制要点、现场组织要求,为施工准备打下坚实基础,为后续施工的顺利开展提供技术指导。

施工前分部位、环节对施工班组工人进行交底,对关键环节、新工艺的工艺要求和技术要求作专题交底,要细化到操作层,做到交底内容能够直接指导工人操作;对大型钢筋笼整幅吊装等特殊施工方法及其安全操作规程作专题交底、教育;在一些控制薄弱环节,比如接头清刷、泥浆制备、成槽纠偏等工序,要详细说明规范施工的重要作用,培养班组施工的质量意识;施工过程中质检人员严格按照设计、方案要求履行好质量监督职责,做好质量控制,关键环节技术人员做到全程旁站,现场直接盯控施工质量,指导工人操作;钢筋笼吊装、锁口管安装及拔出等危险性较大的施工环节专职安全员必须全程现场盯控，做好警戒、疏导，督促操作人员按照交底及操作规程施工。

(三)槽壁稳定性保证措施

地下连续墙施工中槽壁稳定性控制处于各项技术工作的首要位置，成槽过程中塌孔、扩孔现象时有发生，原因主要是引起槽壁坍塌、失稳的影响因素过多、工程地质情况千差万别等，但是，截至目前，对引起槽壁失稳的原因研究还不够充分，还没有一种可以广泛采用、准确适用的分析方法来实现指导现场施工作业，再加上施工现场意外状况频繁，控制措施不到位等等，因此，在施工前需要做大量的准备工作来制定保证槽壁稳定的措施。

1. 地质条件调查分析

影响开挖稳定性的主要因素之一就是土体的抗剪强度指标，这一指标与土体内摩擦角、密实度有直接关系；相关试验证明，土的内摩擦角越大槽壁稳定性越好，越不容易出现失稳、坍塌现象(如图6-2、图6-3所示)；一般情况下黏土层、粉质黏土层成槽比较理想，不容易出现槽壁失稳，在砂层、卵石层、松散回填土中成槽易发生坍塌。

土质情况对泥皮的形成有着直接的影响：在泥浆护壁条件下，在高密实度的黏性土槽孔壁表面很容易形成"泥皮"，土层黏聚力越大其自身稳定性越好，在泥浆护壁及土体自身稳定性作用下所需的泥浆相对密度越小，膨润土用量也会越小；对于非黏性土，由于土体颗粒间孔隙较大，泥浆会沿着土体间的缝隙渗透入土层一段距离，在渗透过程中由于泥浆的胶凝作用会在渗透范围逐渐与槽壁土体粘结为一个整体，阻隔泥浆继续渗入土层，最终在槽壁上形成泥皮；但是，如果土的级配状况不理想，粒径居中的颗粒比例过小的情况下，土颗粒间缝隙过大，泥浆胶体不能有效填充、黏附，反而会破坏土颗粒间原有的黏聚力，不仅不能有效形成泥皮，反而会因泥浆对土体的冲刷或者因在土中渗透距离过长造成槽壁塌落、泥浆的流失。

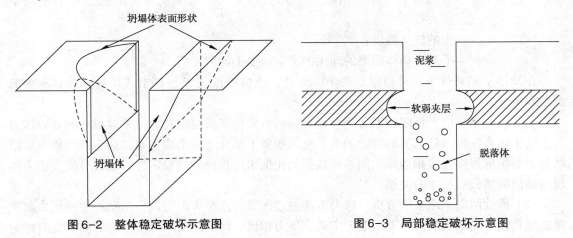

图6-2 整体稳定破坏示意图　　　　　　图6-3 局部稳定破坏示意图

2. 地下水位

从受力平衡角度分析，泥浆在槽壁上的压力在不小于水压力和作用在槽壁上的土压力之和的情况下才能保证泥浆护壁作用的实现，因此，在挖槽作业过程中，一般均要求泥浆浆液顶面位置高于地下水水位，以保证泥浆压力对地下水压力的优势，这一方法在实践中得到了充分验证，成为工程实践中泥浆的控制指标之一。

3. 根据设计参数选择分析方法

目前，槽壁的整体稳定性分析方法主要包括二维分析方法(如图6-4所示模型)和三维分析方法两大类，它们的共同点是：均在假设的相异形状的滑动面、滑动体的基础上，通过对假定的滑动体受力平衡进行分析或对单元土体应力极限状态进行分析总结出来的；这些分析方法的不同之处主要是对水平方向土压力 P 的计算方法。

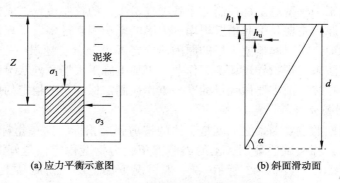

(a) 应力平衡示意图　　　　(b) 斜面滑动面

图 6-4　二维分析法中假定的滑动体

槽壁整体稳定性安全系数定义通常有以下三种：

$$F_s = \frac{P_s - P_w}{P} \tag{6-1}$$

$$F_s = \frac{\tau_f}{\tau} \tag{6-2}$$

$$F_s = \frac{P_s - P_w}{P} \tag{6-3}$$

式中　　　F_s——槽壁整体安全系数；

P_s、P_w 和 P——分别为某一深度槽壁上单元土体受到的泥浆压力、水压力和水平向土压力；

τ_f——土的抗剪强度；

τ——平衡滑动体需要的动用的滑动边界上的剪应力。

在知道 γ_s 的条件下，可根据上式计算出 F_s，或根据预定 F_s，按上式反过来计算所需的泥浆容重 γ_s。

（1）单元土体应力极限状态分析。这种分析方式的实质是槽孔内泥浆对槽壁的有效压力与主动土压力在极限状态下的特定关系，是由槽壁上单元土体的应力摩尔圆半径与相应极限状态下与抗剪强度包线相切摩尔圆半径数据的比值来评价槽壁的稳定性，这种分析方法未体现与槽段的横截面尺寸的关系。

（2）槽壁两侧土压平衡分析。这类方法通过泥浆在水平方向对两侧槽壁产生的压力和在考虑竖直面土拱效应的情况下槽壁上主动土压力相比，即上述公式（6-1），来对槽壁的稳定与否做出评估结果，未体现出与地下连续墙成槽宽度 w 的关系。

（3）滑动体受力平衡分析。此分析方法是根据土层实际情况假设一个土体失稳滑动面，通过滑动土体抗剪强度和滑动土体滑动面上制约滑动体变形趋势所需的剪应力的比值数据，即上述公式（6-2），来评价槽壁的稳定性，目前所总结的方法都不能体现与槽段的横截面尺寸的关系。

（4）三维滑动体受力平衡分析方法。这类方法充分体现了槽孔周围土体水平面上的土拱效应，大大提高了土体自稳能力；根据土质实际情况假设三维滑动体，通过作用在槽壁上的有效泥浆压力与平衡滑动体滑动趋势所需要动用的泥浆压力的比值，即公式(6-3)，或者通过公式(6-2)，来定性槽孔的稳定性。

目前主要是用有限元(FEM)分析方法来对槽壁稳定进行三维数值分析；对于土这种典型的非线性弹塑性体，如果能对地基土的边界条件进行合理的假设，就可以利用有限元来分析稳定问题，但目前此法多应用于无黏性土，对黏性土的分析不是很广泛。目前分析采用的多是抗剪强度折减系数法(SSR)即折剪土的剪应力参数直到土体被破坏，此外还要假设土体为理想的弹塑性体，并遵循莫尔库仑破坏准则，或满足杜拉克普拉格塑性公设。

槽孔的长度是导致矩形槽孔失稳的最明显原因，槽孔有限的整体不稳定以及局部不稳定均出现在槽长≥5m的条件下；这种情况的出现可能是随着槽段长度越来越大，槽孔开挖导致的应力重新分布越来越接近于平面受力分析，土体的土拱作用效应不明显的原因。对应起来看，成槽深度对槽壁稳定性的作用并不明显，槽孔上部浅地层失稳是地下连续墙成槽时不稳定性出现的主要形式，图6-5所示的滑动体形状与实际发生的情况较为接近。施工前可根据地质情况进行分析计算，充分利用土拱效应对槽壁稳定性的有利影响，指导制定较合理的护壁泥浆参数。

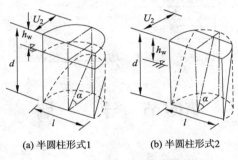

(a) 半圆柱形式1　　　　(b) 半圆柱形式2

图6-5　三维分析法中假定的滑动体

4. 确定合理的护壁泥浆技术指标

护壁泥浆技术指标在地质、水文、施工荷载影响等各方面因素充分研究之后确定，并经施工实验调整。泥浆的性能指标主要包括黏度、pH值、相对密度、泥皮厚度、失水量、稳定性、胶体率、含砂率8项内容，其中黏度、失水量、相对密度、泥皮厚度起关键作用，而泥皮厚度、失水量又受黏度、相对密度、地质情况直接影响，因此施工前主要确定黏度、相对密度。

(1) 泥浆护壁原理目前，护壁泥浆主要采用的是膨润土泥浆，膨润土的组成主要是蒙脱石黏土矿物，并且在水中可以产生水化现象，膨润土泥浆具有触变性，这是由于某些黏土矿物颗粒在水中会凝聚成薄板状颗粒的悬液，凝胶状颗粒表面分别带有正、负电荷，在异性电荷相互引力作用下，在泥浆颗粒间形成弱胶结，因此膨润土泥浆在静止时出现絮状凝胶现象，受外力搅动时产生液化。

(2) 泥浆技术指标确定地下连续墙成槽过程中槽壁失稳坍塌、扩孔的一个重要因素是槽内护壁泥浆相对密度不能满足要求，即某一深度护壁泥浆作用力小于土压力、地下水压力的合力，导致槽壁向槽内坍塌。泥浆技术指标的确定应由施工中最容易发生槽壁失稳的土层实际情况进行分析确定，需要确定土层土质情况、地下水水位情况。此外，在同一地层中，有地下水的情况下槽壁稳定性比干槽土层槽壁稳定性低；而泥浆黏度与泥浆相对密度共同作用，使泥浆在压力作用下、向槽壁渗透过程中在槽壁上聚集、凝结形成泥皮，阻隔地下水、减小施工过程中的扰动、地面超载对槽壁土体影响，极大促进槽壁稳定性；泥浆黏度、相对密度越大，薄膜泥皮越致密、稳定。

第三节　施工工艺流程

施工工艺流程如图6-6所示。

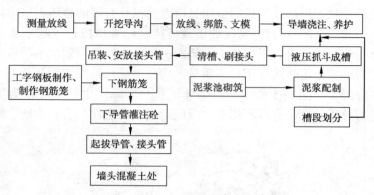

图6-6　地下连续墙施工工艺流程图

第四节　导　　墙

一、测量放线

根据地下连续墙的槽段分幅进行位置控制点的测设工作，对控制点位进行保护，并依据控制点进行施工测量放线施工。

二、导墙设计形式

导墙施工是地下连续墙施工的关键环节，其主要作用为控制地下连续墙的施工精度，可作为量测挖槽标高、垂直度的基准，也可起到挡土作用和作为重物支承台，同时也可起到稳定泥浆液面的作用。

导墙施工顶面应水平，应按测量放线的平面准备位置施工。高差控制在10mm以内，轴线偏差≤10mm，在竖向必须保持垂直，局部高差要求≤5mm，导墙顶面应高出地面10cm，防止地表水流入槽内破坏泥浆性能。为保证施工顺利进行，内外导墙之间净宽大于地下连续墙厚度50mm，深1.5m，其中心线与地下连续墙施工轴线重合，导墙施工时为考虑基坑开挖后连续墙受周边土压力向内产生位移侵入净空，中心线则外放50mm。

导墙结构示意图如图6-7所示。

三、导墙施工流程

导墙施工的工艺流程包括：平整施场地、测量定位、挖槽、打垫层、绑扎导墙钢筋笼、

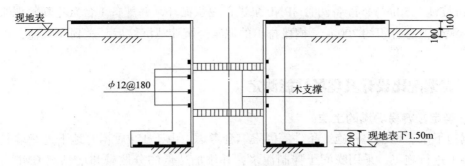

現地表

$\phi 12@180$

木支撑

200 現地表下1.50m

100
100

图 6-7　导墙结构示意图

支侧模板、浇注混凝土并养护、拆模并设置横撑、导墙外侧回填黏土压实。

（1）测量定位。按设计图纸放出地下连续墙的中心线及导墙的开挖线、端线并引入高程，控制导墙顶面的高程与地下连续墙顶面高程基本一致。

（2）开挖导沟。使用机械挖槽，挖至设计标高以上 20cm 时（一般挖至原状土为止），采用人工清、修理边坡。为了保证导墙不滑移及沉降，并能承受住顶升接头箱的反力，二导墙上部从导墙内侧分别向外翻 80cm 和 130cm。

（3）支模钢筋绑扎。导沟开挖完成后，对导沟底部做 100mm 厚的 C10 素混凝土垫层。钢筋绑扎时应严格按照设计图纸施工，槽底纵向钢筋的下方需设置钢筋保护块，以保证保护层厚度。先浇筑导墙下部外翻的混凝土，后在临土面混凝绑扎钢筋支模，外加 50×100 横向和纵向背楞，并每隔 2.0m 加设 2 道横向支撑。

（4）混凝土浇筑及养护。在导墙混凝土浇筑之前，必须将槽底的渣土和灰尘清理干净。浇注混凝土时选用插入式振捣棒振捣。导墙浇捣应比自然地坪高出 10cm，防止地表水进入槽内。振捣时注意避开钢筋，同时保证距模板至少 10cm。导墙混凝土浇筑完成 24h 后，需覆盖塑料薄膜进行养护。导墙混凝土拆模后，应每隔 1m 设上下两道木横撑，防止导墙在侧向土压作用下产生变形、位移。同时严禁大型机械设备在导墙周边行驶。导墙整体施工完成后，应在导墙外侧用黏土回填、夯实，防止地表水从导墙背后渗入槽内，引起槽段坍方。

导墙按每 30m 为一单元分段施工，前后两段导墙相连施工缝要凿毛清理，导墙内水平钢筋必须连成整体，并按设计位置预留泥浆溢流孔以减少泥浆对场地的污染。导墙的施工接头位置应与地下连续墙施工接头错开。

第五节　泥　浆

为保持开挖沟槽土壁的稳定，地下连续墙成槽过程中，需不断地向槽中灌入护壁泥浆。泥浆在成槽过程中主要起液体支撑的作用。通过在开挖的土体表面形成泥皮，防止地下水的渗入和槽壁坍塌。泥浆还具有润滑、冷却挖槽机具和悬浮土渣、固壁的作用，泥浆是保证挖槽机成槽的关键因素。泥浆管理和运用的好坏，直接影响到地下连续墙的施工质量。

一、泥浆的配制与净化

泥浆循环系统：泥浆采用钠基膨润土搅拌泥浆，现场开挖新浆池（200m³）、净浆池

250m 及沉淀池(250m³)，配备两台 3PNL 泵进行泥浆循环，并配备 1 台泵将新鲜泥浆送到施工槽孔。泥浆池总容积约 700m³。槽段排出的泥浆经沉淀池沉淀后泵送到净浆池，供下一槽段使用。

二、泥浆配比设计及现场性能测定

(一)确定最容易坍塌的土层

依据地下水、地基土和施工条件等因素综合考虑。由于 12#盾构井地下连续墙是在软弱的冲积层上进行施工，采用膨润土拌制泥浆，并添加适量的分散碱和增黏剂 CMC。地基土主要由粉砂、粉土、粉质黏土、黏土等构成。综合考虑此种复合地基情况，确定以最容易坍塌的土层(粉土、粉砂)为主要因素来确定泥浆配合比。

(二)确定泥浆的黏度

为了保证槽壁的稳定性，需要泥浆有一定的黏度。根据地基土质、有无地下水、挖槽方式、泥浆循环方式的不同，选用不同黏度的泥浆。总体来说，用于黏性土地基的泥浆黏度应不能大于沙质土地基的泥浆黏度。地下水较少的地基的泥浆黏度应小于地下水多的地基的泥浆黏度。另外，应特别注意，当采用大型抓斗水下提拉的挖槽方式时，在泥浆静止状态下挖槽，容易产生槽壁坍塌。所以泥浆黏度要大于泥浆循环挖槽方式时的黏度。综合考虑水文情况、地质条件、施工区域类似工程经验以及相关地下连续墙的施工经验。为了满足工程的地下连续墙挖槽稳定性要求，最终确定采用泥浆静置 24h 的黏度(700/500mL)在 18~25s 的膨润土泥浆。

12#盾构井地下连续墙的工程泥浆基本配合：膨润土 8.5%；Na_2CO_3 2.5‰；高黏 CMC2‰。

(三)泥浆试配与修正

在试验段施工中，对前面确定的基本配合比进行检验、确定。根据护壁情况，确定合适的配合比，并在正式施工中根据实际情况进行调整。搅拌泥浆的顺序为水→膨润土→CMC 溶液→分散剂→其他外加剂。为了保证膨润土颗粒充分水化、膨胀，搅拌出的新浆应该在储浆池内静止 24h 以上，测试合格后方可使用。

三、泥浆净化处理

待成槽机开挖后，将储浆池中的泥浆输入槽内，保持液面距导墙顶以下 300mm 左右，并高于地下水位 500~1000mm 以上。灌注水下混凝土的同时，将置换出来的泥浆泵送至泥浆处理池，经净化处理分离出泥浆中的渣土，恢复泥浆的正常性能，可重复循环使用。回收泥浆检测，如性能指标严重恶化，则需作废浆处理，用全封闭废浆车外运至指定地点，保证施工质量及清洁。

四、泥浆质量管理

(1)新拌泥浆每隔 24h 测试其性能，随时调整其性能，回收泥浆应做到每池检测。

(2)对槽内泥浆定期取样测试。若达不到标准规定，要及时调整泥浆性能。

(3)抓斗提升出地面时要及时补浆，以保持槽内泥浆面高度。

(4)在清槽结束后测一次黏度和相对密度，浇筑砼前再测一次，并做好原始记录。

第六节 挖　　槽

一、槽段划分

大尺度地下连续墙的单元槽段的划分应根据场地地质水文条件、抓斗尺寸、钢筋网起吊能力、地下连续墙结构、混凝土供应能力等确定。应综合考虑满足槽壁稳定性、成槽施工工艺要求、成槽设备的性能、钢筋笼制作和起吊能力等因素，尽可能加大槽段宽度，减少接头。在导墙制作完毕养护期间，在导墙上用红油漆按地下连续墙槽段划分图画出槽段分界线和接头箱放置位置线。

二、成槽设备

本工程地下连续墙施工要满足永久结构的要求必须保证地下连续墙的垂直度和平整度，控制地下连续墙沉降以及墙体止水、抗渗。考虑以下几个因素的影响：①地层特性；②开挖深度；③地下连续墙厚度和强度；④施工条件；⑤机械设备的性能。对这五个因素进行综合评估，拟选用宝峨抓斗系列。

三、成槽施工

成槽施工是地下连续墙施工关键技术之一，是工期控制和质量控制的关键点。根据施工区域的具体地质情况，确定采用地下连续墙液压抓斗施工。施工过程中，抓斗应保证对准导墙中心线取土。通过液压抓斗导向杆调整抓斗的空间位置和垂直度。同时控制成槽进度。

本工程基本槽段(6m一个槽)施工，采用一槽三抓挖槽法。即先开挖两边土体，然后挖取中间部分土体。异型槽也基本采用一槽三抓挖槽法。槽段分序进行施工，其中编号分为1序槽和2序槽；为保证连续墙的稳定性，在地下连续墙的转角处，分别设有"Z"形槽、"L"形槽等。

具体施工时，依据现场测量放出的施工槽段线，首先在每一个挖掘单元的两侧分别使用液压抓斗成槽至设计标高；然后将成槽设备抓斗移至该槽段的中部，抓槽至设计标高。抓斗机具就位前，为了满足施工垂直度要求，必须对施工作业场地进行平整硬化处理，同时需保证吊车履带与导墙垂直。

挖槽作业需要连续施工，不能中断。随着挖槽向下延伸，需随时向槽内补充泥浆，始终保持泥浆液面位于泥浆面标志处，一直到槽底挖完，防止挖槽过程中坍槽。因故中断时，必须将液压抓斗从沟槽内提出，并保证机具设备远离槽段施工范围。防止设备侧翻或塌方埋钻。当抓斗提升出地面后，要及时对槽内补充新鲜泥浆，始终保持槽内泥浆面在导墙顶面下50cm左右。

当槽段挖至设计标高后，应第一时间对槽深、槽宽、槽位和垂直度进行检查，并记录好相关数据。

在施工中应严格按规范规程相关要求，控制槽段的垂直度和允许偏差，保证成槽质量。

四、清槽

成槽后需要进行清槽，清槽施工通常采用"二清法"。一清：当成槽并沉淀 1h 后，用抓斗抓起槽底余土及沉渣。二清：若孔底附近泥浆或沉渣厚度不能满足相关规范、规程要求，应利用灌注导管（采用双 3PN 大泵并联）在浇筑混凝土前进行正循环清渣。

（1）清槽关键点：为了防止泥浆静置时的悬渣沉淀，必须保证泥浆的正常循环。刚开始进行循环时，应将导管提起 5~6m。等泥浆相对密度基本稳定后，再逐渐下放至槽底，清底必须在刷壁或下完接头箱后进行。

（2）槽段接头清刷：用吊车吊住刷壁器对槽段接头混凝土壁进行上下刷动，以清除混凝土壁上的杂物。刷壁时需要注意：

① 刷壁过程中要注意接头位置有否异常，钢丝绳的偏移量。

② 刷壁要斜向拉，相邻槽段要尽快施工，避免泥皮过厚，导致附着过硬，难以清洗干净。

③ 成槽后，抓斗要尽量在接头箱位置紧贴已浇槽段向下除去混凝土。

（3）使用外形与槽段接头形状相匹配的清刷器对相邻槽段接头界面进行刮除、清刷泥皮。停待约 1h，待土渣沉淀后，再用抓斗清底。

（4）槽深测量及控制：成槽后，应对 ≥20% 同类型槽段进行检测，且不应少于 3 幅；每幅槽段成槽检测不少于 2 个断面，检测结果应记入施工档案，对不合格要求槽段重新进行整改。

槽段终孔并验收合格后，清孔合格标准为（清孔换浆结束后 1h 进行检查）：① 孔底淤积厚度 ≤10cm；② 从距孔底 0.5~1.0m 处取浆试验，达到混凝土浇筑前槽内泥浆标准，且不含粒径 >5mm 的钻渣。其中槽段内混凝土浇筑前泥浆各项指标参数为：黏度 45~50s，失水量 ≤30（mL/30min）；pH 值 9.5~11.0；含砂率 ≤5%。

施工过程中槽深可采用标定好的测绳测量，每幅根据其宽度测 2~3 点，同时根据导墙实际标高控制挖槽的深度，以保证地下连续墙的设计深度。

第七节　槽段接头及结构接头

划分单元槽段时必须考虑槽段之间的接头位置，以保证地下连续墙的整体性。一般接头应避免设在转角处以及墙内部结构的连接处。

（1）地下连续墙采用工字形止水钢板接头，应满足以下要求：

① 不能影响已完成的一期墙段及后续墙段的施工，不能影响施工设备和机械的正常运行。

② 能起到伸缩接头的作用，能传递各单元槽段之间的应力。接头结构承受混凝土的侧向压力，并保证满足变形要求。

③ 混凝土不得从接头下端流向背面，也不得从接头与槽壁之间流向相邻槽段去。

④ 接头不得窝泥，并且要易于清除。接头表面上不应黏附变质泥浆的胶凝物或沉渣，以免造成漏水或者强度降低。

⑤ 施工接头不能因分段搭接错位而影响整体性和垂直性，以至影响后续墙段的施工。

（2）地下连续墙接头采用接箱处理接头：

① 吊装接头箱应使用履带式吊车。

② 接头箱应分段起吊、入槽。在槽口逐段拼接到达设计长度后，沉放至槽底。

③ 接头箱必须沉放到设计位置，上端口与导墙连接处用槽钢扁担托住以防混凝土倒灌。接头箱后侧应填筑黏土，防止混凝土绕流。

第八节　钢　筋　笼

根据设计，地连墙钢筋网片的最大长度为43m，含工字钢最大重量约为85t左右。采用300T履带吊+150T履带吊配合整体吊装，钢筋网片加工场地尽可能就近布置。

一、制作平台要求

钢筋加工平台应浇筑素混凝土，地面高差≤2cm。地面上安装与最大单元槽段钢筋笼长度和宽度相同的10槽钢。槽钢按上纵下横排列、横向间距为4m，纵向间距为1.5m。焊接成矩形，四角保证成90°，并在制作平台的四周边框上按钢筋纵横间距尺寸焊定位筋。

二、钢筋笼制作

钢筋笼制作应严格按设计图纸标定的钢筋品种、长度和排列间距，从下到上，按横筋→纵筋→桁架→纵筋→横筋顺序铺设钢筋。钢筋笼制作过程中应注意：

（1）钢筋网片必须根据设计图纸中墙体配筋图和单元槽段的划分来加工。

（2）钢筋网片吊装时应整节起吊安装，钢筋接头采用Ⅰ级直螺纹连接。转角部位的钢筋网片应设置斜撑，以增加吊装刚度和稳定，待下笼时逐根切割掉。

（3）地下连续墙的基坑钢支撑预埋件，应保证预埋件中心位置误差<1cm。

（4）钢筋网片底部的纵向受力主筋应向内弯曲，避免吊装时钢筋磕碰槽壁。横向筋放置在外侧，纵向主筋放置在内侧。纵向筋底端距槽底应满足设计要求。

（5）应按设计要求保证钢筋网片主筋内外净保护层厚度。水平钢筋端部与接头箱应留有10~15cm间隙。在纵向主筋上每隔3m应设置一排垫块以保证保护层的设计厚度，垫块用0.5cm厚扁钢制成，每排每个面大于3块。

（6）应根据导墙顶面的实际标高和钢筋网片安装标高确定吊筋长度。并在桁架的纵筋上焊接吊筋吊环。为保证钢筋网片起吊时的刚度，在钢筋网片内布置3~4榀桁架：槽段宽度>6m时，架立桁架为5榀；槽段宽度>5m时，架立桁架为4榀；槽段宽度<5m时，架立桁架为3榀。钢筋网片水平筋与桁架钢筋交叉点、吊点2m范围、钢筋网片口处应100%点焊，其他位置70%点焊。

（7）根据均匀分布原则，在桁架上确定了4个主吊点，4个副吊点。副吊点位于钢筋网片中、下部，主吊点位于钢筋网片顶端。应在已确定的吊点位置上，用预弯成"]"形的钢筋与桁架上下纵筋焊接加固。

三、受力验算

钢筋笼起吊前必须对以下内容进行验算：吊点位置、起吊时钢筋笼受力状态、钢丝绳强度及地位荷载等内容，通过计算具体参数，为实际施工提供依据。

四、试起吊

进行正式起吊前进行试吊作业。通过卡环将钢筋笼吊耳与吊装钢丝绳连接，起吊后，运输车辆迅速撤离现场，使钢筋笼底端下降至距离地面 200mm 时，静止 5min，检查绳扣、地面、起重机等一切正常后，方可继续吊装。

五、吊装程序

（1）钢筋网片制备及焊接质量检查。各吊点采用直径 36mm 圆钢制作，各焊缝长度为 10d，必须饱满无夹渣。位置确定在纵向桁架上连接成整体。钢筋笼网片制作时在吊点位置上下各 1m 范围内满焊。各焊点的质量检查严格执行三检制度（班组自检、项目部初检、监理复检），对不符合焊接质量要求的立即整改。

（2）钢筋笼起吊时，主吊机吊绳应挂到距钢筋笼顶部的第一排水平筋下的吊点及距第一个吊点 12m 处。副吊机吊绳应挂到钢筋笼下端二排吊点上。当主副、吊机吊钩同时起吊时，当钢筋笼以水平状态提升约 20cm 后，稳定钢筋网片 5min，检查各吊点、吊具和吊车行走路面情况，确定没有异常后，主吊钩可继续提升。此时，副吊钩应水平方向沿主吊机方向移动。起吊时，严禁让钢筋笼底端在地面上拖拉。应保证缓慢使钢筋笼由水平状态转变成垂直悬吊状态。当钢筋笼成垂直悬吊状态稳定后，由工人在两侧用人力操纵，防止钢筋笼摇摆，然后辅吊吊钩缓慢下放，直到扁担下滑至离地面 1m 左右，人工拆除扁担上滑轮。此时，辅吊机应吊走扁担，并离开钢筋笼下放区域。假如发生钢筋笼吊起后，在行走过程中摇摆，应立刻在钢筋笼的下端系拽引绳，采用人力操纵。

（3）移动主吊机到沉放钢筋笼的相应位置，将钢筋笼对位后，缓慢、垂直沉放入槽中。沉入槽内时，应保证吊点中心对准槽中心。相邻槽段混凝土接头面与钢筋笼侧面之间保留适当空隙，缓慢下降，保证不产生横向大摆动，以免碰坏槽壁。在水平方向，在钢筋网中心涂刷红油漆作标志，在导墙的相应位置也用红油漆作标志。在钢筋笼吊装下沉过程中，应始终保持两标志点重合。假如出现偏差，应重新调整对准后才能继续沉放。

（4）钢筋笼沉放到达底部吊点位置后，用 3 根穿杠（10cm×20cm×160cm 的实体钢板）支撑在导墙上，等网片下沉，且弹性变形达到稳定，钢丝绳彻底松懈后，拆除套在钢筋笼上的卡环及绳索及相应的吊具。先起吊，笼子脱离穿杠后，取出穿杠，继续沉放钢筋笼。当沉放位置达到临时支撑点加强钢筋位置时，用 3 根穿杠，横穿过钢筋笼并搁置在导墙上。此时，钢筋笼被横杠托住，拆除套在钢筋笼顶部的卡环、绳索及相应的吊具。同时，将卡环套在钢筋笼顶端的吊环上，用主吊车吊住钢筋笼。

（5）提升钢筋笼，抽出横在导墙上的穿杠。缓慢下沉钢筋笼至设计标高。此时，用穿杠穿过吊环并搁置在导墙上，托住钢筋笼。

第九节　混凝土浇筑

一、混凝土配合比

本工程地下连续墙混凝土设计强度等级 C30，设计抗渗、防冻等级 W8F150，为了达到此等级，水下灌注需提高一等级为 C35 的混凝土，防水混凝土施工的配合比应通过试验确定。

二、灌注准备

（1）下放钢筋网片和导管前必须清刷砼接头。用挖槽机抓斗清槽底沉渣。刷接头设备应保证把接头刷洗干净。

（2）混凝土浇筑平台就位后应先调平，对准钢筋网片导管通道。吊防直径 25～28cm 的混凝土浇筑导管。应保证导管密封性能，导管下口与槽底距离≤50cm。

（3）现场检查混凝土塌落度满足设计标准。灌注前，应在导管内泥浆液面处放置隔水球胆。

（4）钢筋网片固定后 4h 必须内灌注混凝土。否则，应进行泥浆循环清槽替浆。

（5）浇筑砼前，要测定槽内泥浆相对密度、含砂量及槽底沉渣厚度，若相对密度＞1.20 或槽底沉渣厚度＞100mm，则要采取置换泥浆清孔。其方法见前述清底换浆。

三、混凝土灌注

（1）当槽段长度采用 2 根导管灌注时，应保证两导管之间距≤3m，导管距槽端部≤1.5m。

（2）浇筑混凝土时应保证混凝土面上口平，一个槽段上的 2 个导管应同时开始灌注。2 台混凝土罐车（每车≥6m³ 混凝土）对准导管漏斗同时浇筑混凝土，保证混凝土同时下落，混凝土面层同时上升。

（3）根据导管下口埋入砼深度≥1.5m 来确定，砼≥15m³，基本能满足首灌量的要求。设专人经常测定混凝土面高度，并记录混凝土灌注量（因混凝土上升面一般都不水平，应在 3 个以上位置量测）。通过记录数据来确定拔管长度，埋管深不得少于 1.5m，最大不超过 6m。一般控制在 2～4m 为宜。

（4）水下混凝土必须连续灌注，从而保证混凝土在导管内的流动性，防止出现混凝土夹泥现象。砼面上升速度≥2m/h。双导管同时灌注，两侧砼面均匀上升，高差应＜500mm。灌注全槽时间不得超过混凝土初凝时间。

（5）砼初凝前 30min，用顶升机上提并活动接头箱，缓慢提升 10cm 之后，每隔 30min 活动一次，4～5h 后再拔出接头箱。

（6）地下连续墙顶部浮浆层控制采取以下措施：

① 根据实际槽深计算混凝土方量；

② 用测绳量测混凝土面深度；

③ 到上部时，可用钢筋标出尺寸，向下探测混凝土面层；

④ 为保证设计墙顶处砼强度满足要求，通常混凝土最后浇筑高程要高出设计高程 0.3～0.5m，待开挖后将上部浮浆凿去。

第十节　施工质量控制措施及注意事项

地下连续墙技术是土木施工中重要的环节，其在深基坑施工中具有非常关键的作用。地下连续墙技术的施工好坏，直接决定了深基坑施工的质量。因此，在应用此技术时，一定要给予足够的重视。以下就地下连续墙的施工技术进行深入研究，结合施工质量控制实例地下连续墙施工过程，对其施工中的关键环节进行探讨，从而为地下连续墙施工提供有益的参考。

一、地下连续墙施工前期准备

想要有效利用地下墙施工技术来提升深基坑的施工质量，首先要保证施工的准备工作的质量。其中，一要保证有效掌握施工图纸，二要保证合理选择施工设备，下面就对这两个方面进行研究。

(一) 掌握施工图纸

建筑施工是一个动态的过程，是按照施工设计思路有效开展下去的。因此，想要促进施工的良好运行，就需要对施工图纸有充分的了解，要牢牢把握设计师的设计思想，实现从图纸了解设计意图再回头修订图纸的过程。与此同时，要进一步强化对图纸的了解，则需要了解工程的基本情况，认真分析工程的施工方案，明确工程的重点和难点，从而为接下来的施工打下良好的基础。

(二) 有效选择设备

设备的好坏一定程度上影响着工程的施工质量。在本次施工中，考虑到天津市有丰富的地下水资源，且地质较差的问题，施工标段应用防水性能较好且结构十分稳定的地下连续墙结构。在选用成槽机时，应用了液压抓斗，其特点主要有以下几点：

(1) 液压抓斗具有非常好的施工效率，其抓斗的闭合力非常大。与此同时，卷扬机能够快速提升，只需较短的施工辅助时间。当其提供较大的闭合力时，能够更好地促进复杂地层的连续墙施工开展。

(2) 液压抓斗配有倾角传感器和纵向及横向纠偏装置，首先通过倾角传感器实时检测抓斗的状态并发送到处理器进行处理，由处理器发出纠偏信号到控制油缸，调整抓斗状态。在工作中能够随时对槽壁进行前后、左右全方位的修整，在软土层施工中纠偏效果明显。

(3) 液压抓斗具有先进的测量系统。抓斗配备了触摸屏电脑测量系统，记录、显示液压抓斗开挖的深度和倾斜度，其挖掘深度、升降速度和 x、y 方向的位置可在屏幕上准确显示，测斜精度可达 0.010，并可通过电脑储存及打印输出。

(4) 液压抓斗有非常可靠的安全保护系统。驾驶室设有安全操纵杆及配有多项中央电子检测系统，可随时预报各主要部件的工作状况。此外，抓斗旋转系统可使抓斗相对臂架回转，在不移动底盘的情况下，完成任何角度的成墙施工，大大提高了设备的适应能力。

二、地下连续墙施工的关键工序及应注的问题

本工程地下连续墙采用一槽三抓的跳挖施工法，根据设计确定单元槽段长度。标准段的施工过程，大致可分为七步：①测量放线及导墙施工等准备工作；②用专用机械进行成槽开挖；③安装锁口管；④安装钢筋笼；⑤水下混凝土灌筑；⑥拔除锁口管；⑦已完工的槽段。

待准备工作完成后，在沟槽的两边放入锁口管，然后把钢筋笼插入槽段之中，按照设计的高度进行下沉。然后把导管插入，接着进行水下混凝土灌注。当混凝土初凝之后，将锁口管拔除，从而初步形成了完善的单元地下连续墙。而在整个施工过程中，存在着一些关键环节和应该注意的问题，具体来说，主要表现为以下几点：

(一)导墙的施工

在进行导墙施工时，首先要进行测量放线，然后对开挖导墙，根据施工的要求和规定，规范绑制双排钢筋、支模、浇筑。这一施工环节较为简单，但是导墙的质量好坏却对地下连续墙的轴线和标高有着非常重要的影响。对于导墙来说，其要座于原状土之上。此外，导墙除了要在成槽中有很好的导向作用之外，还要能够有效承受施工中车辆及设备的荷载，有效避免槽口的坍塌；要保证存储泥浆的稳定液位；要搁置入槽后的钢筋笼，同时还要能够承受顶拔锁口管时产生的集中反力。

(二)泥浆的配备

泥浆配制质量的好坏对施工质量好坏起着关键性作用。在对泥浆进行配备时，要充分保证液压抓斗成槽的安全和质量。在这其中，有效保证护臂泥浆生产循环系统的质量控制指标是非常关键的。在施工过程中，要有效配备足量的、合格的泥浆，从而有效保证地下连续墙施工的正常开展。实际施工，对泥浆的质量控制非常严格，每日必检、每幅必查。同时对循环浆的质量作出以下要求：相对密度<1.1、黏度<25s、含砂率<4%。也正因为如此，在施工过程中有效避免了地下连续墙出现坍塌事故的概率。

(三)地下连续墙成槽

地下连续墙成槽是非常重要的环节，在施工中一定要标明单元槽段的位置，标注出每抓的宽度位置和首开幅成槽宽度位置、钢筋笼搁置位置及泥浆液面高度，并标出槽段编号。要注意拆除单元槽段的导墙支撑，与此同时，要在槽段两侧筑挡水墩。接着要有效检测泥浆管是否畅通，检查是否存在漏浆的问题，然后向该幅槽段内注入泥浆至泥浆液面位置。对于闭合槽段，应首先复测槽段的宽度，如有较大变动，应立即通知技术负责人进行核定。

在整个成槽施工中，要严格控制成槽的速度，保证液压抓斗的筑坝位置放宽，这样能够有效降低泥浆液面的落差。此外，在应用液压抓斗时，要用最大的工作半径停机，液压抓斗履带下面应铺4cm厚钢板或路基箱。然后分析成槽护壁的泥浆施工情况，进行必要的调整。

此外，要重视刷壁环节的作业质量。刷壁器应用偏心吊刷，这样就能更好地保证钢刷面与接头面紧密接触从而达到清刷效果。后续槽段挖至设计标高后，用偏心吊刷清刷先行幅接头面上的沉渣或泥皮，直到刷壁器的毛刷面上无泥为止，确保接头面的新旧砼接合紧密。

(四)钢筋笼的加工及吊装

钢筋笼要符合施工的质量要求，需要经过验收签证才能够吊装入槽。要保证钢筋笼的外观洁净和不变形，在同一截面上的钢筋焊接接头≤50%，对焊接头无裂纹、错位。在起吊钢筋笼时，要先用100t履带吊（主吊）和一台50t履带吊（副吊）双机抬吊，将钢筋笼水平吊起，然后升主吊、放副吊，将钢筋笼凌空吊直。吊运钢筋笼单独使用100t吊车（主吊），必须使钢筋笼呈垂直悬吊状态。利用在导墙上标注的钢筋笼位置确定钢筋笼入槽定位的平面位置与高程偏差，并通过调整位置与高程，使钢筋笼吊装位置符合设计要求。

(五)锁口管接头的安装定位

当锁口管被下放之后，用吊机向上提升2m左右，保证其固定，然后让其沉入至槽底土中，将其上部进行有效固定。与此同时，其背后空隙部位要进行填实，这样能够有效避免锁口管出现移位问题或者砼绕流下幅槽段。与此同时，在安装接口时，要对其进行必要的保护，可以通过投黏土袋法，向接口孔的两侧投入黏土袋进行填筑，另外，还要有效清理接口，可以安装特别加工的接口清理装置，在槽段成槽后将接头清理装置安装在液压抓斗斗体上，安装的接头处钢板方向应朝下，这样就可以利用斗体自重自动切削脱离。

（六）水下混凝土浇筑

混凝土浇筑要在钢筋笼入槽后 4h 内开始浇灌，施工时要保证供料连续，一般要保证 20m/h，同时要保证导管埋入混凝土>1.0m。砼浇注中要保持砼连续均匀下料，砼面上升速度控制在 4~5m/h，导管埋置深度控制在 2~6m。同时，导管要在混凝土浇筑过程中保持插入混凝土的状态，保证其埋深>2m，避免混凝土导管出现拔空的状况。另外，混凝土灌筑的间断时间不能过长，要有效保证在 1h 以内。在进行砼浇筑时，要保证砼不会溢出。

在浇筑过程中，要认真观察砼面的高度以及导管的埋深。当混凝土被送入导管之内时，此时，槽内的混凝土面会出现上升的情况，这样就需要对来料方数以及实测槽内混凝土面深度所反映的方数核对一次，有效保证二者相符。

第七章　逆作法施工技术

第一节　概　述

一、逆作法施工原理

(一) 逆作法定义

"逆作法"是在正作、逆作施工的分界面处先形成竖向结构，以下各层地下水平结构自上而下施工，并利用地下水平结构平衡抵消围护结构侧向土压力的施工方法，即从地面零点标高向下施工地下结构的同时从地面向上施工地上结构的施工方法。顺作法的施工顺序为：先挖基坑→施工地基基础→地下结构(柱，梁，板)→由地面向上施工地上结构—封顶，逆作法是地面以下、以上同时相逆施工。

(二) 基坑逆作法施工原理

首先沿地下结构的边轴线或周围施工基坑支护结构(地下连续墙、支护桩等)，同时根据设计图、施工图上标注的位置施工支承桩，支承柱作为整个逆作法施工期间(地下室封底之前)承受所有竖向荷载的支承，包括结构自重和施工荷载。其次，施工±0.00处(地面一层)的梁板结构，与外墙或者支护桩连接形成刚度较大的第一道水平支撑，然后依次开挖土方，施工地下各层结构，直到最终底板封底。由此就逐步形成了以整个地下结构为横向和竖向的支撑体系，与此同时，为地上结构的建筑提供了前提条件，地上、地下便可以同时施工直到整个工程的结束。

(三) 逆作法分类

随着逆作法理论和施工技术的不断发展，根据围护结构的支撑方式将逆作法类别概括为如下几大类：

(1) 全逆作法。全逆作法的支撑方式是利用标高±0.00以下的整个钢筋混凝土梁板对四周的围护结构形成水平支撑。其运土方式为在楼板处预留孔洞运出相应的土和材料。即浇筑梁板，预留洞口，开挖土，依次交错施工，直至整个底板浇筑完成，与此同时可同步进行上部建筑的施工。全逆作法根据地上地下是否同时施工分为两大类。第一类即地上结构和地下结构同时施工。第二类地即地下逆作法范围施工完毕后再进行地上的顺作法施工，比如像地下商场，地下轻轨一类的就属于第二类全逆作法施工。

(2) 半逆作法。其施工顺序和全逆作法相似，不同点在于先施工钢筋混凝土交叉格梁形成水平支撑，利用格间洞口运送土、材料。待土方开挖完成后，再二次浇筑各层楼板。

(3) 部分逆作法。开挖土方时，在基坑周围预留一部分土体形成水平支撑，抵挡围护墙外侧土压力的影响。基坑中部一般采用顺作法施工，基坑周边采用逆作法施工，因此也叫盆状开挖逆作法。

(4) 分层逆作法。该方法最主要的特点是采用分层逆作法来作为四周围护结构水平支撑，一般为土钉墙支护。

二、逆作法设计

(一) 桩墙围护结构设计

逆作法施工时的基坑工程围护结构一般分为两种：全逆作法施工时，围护结构采用桩墙支护结构(地下连续墙和排桩)；分层逆作法施工时采用土钉墙支护，本章工程背景为全逆作法，围护结构为桩墙支护。

1. 设计计算原则

(1) 围护墙体内力的分析常用极限平衡法(等值梁法、静力平衡法)，当墙体刚度较小时可直接根据 Peck 经验土压力来确定内力。

(2) 当桩墙围护结构与地下室水平构件连接作为地下主体结构的侧墙或者另设内衬作为侧墙的一部分时，地下连续墙或者排桩根据结构的防水要求和抗浮要求来确定与主体结构(顶板、中板底板或者内衬)的连接方法。

(3) 地下连续墙可不设内衬或设较薄的内衬，排桩一般设较厚内衬，也有将主体结构的中板或者底板插入桩体的。

(4) 排桩作为围护结构的设计计算一般根据开挖过程以及支撑情况来确定：施工阶段时，排桩当作围护结构计算。使用阶段时，其截面大小应按桩墙合一计算。地下连续墙承载力计算可参照桩基规范和基床系数法。

2. 逆作法地下连续墙节点构造设计

节点构造设计要求：既要满足永久受荷状态下的设计要求，又要满足施工状态下的受荷要求；设计的节点要求在可行前提下经济且易操作；满足抗渗防水且不影响建筑物使用的要求。

(1) 地下连续墙因为本身不仅作为地下室外墙还同时兼有承重功能，因此对其质量和抗水防渗挡土能力要求较高。接头设计一般采用刚性接头，常用的有穿孔钢板接头和钢筋搭接接头。穿孔钢板接头，具有较强的抗剪能力，使相邻墙槽段连接在一起，共同承担竖向荷载，较好地抑制不均匀沉降，增强槽段止水防渗的能力。钢筋搭接接头设计如图 7-1 所示，即先施工槽段钢筋笼部分，将钢筋笼部分钢筋延伸到下一槽段，浇筑混凝土时预留钢筋搭接空间，施工后一槽段钢筋笼时与前一槽段伸出的钢筋搭接，浇筑后施工槽段混凝土完成接头搭接。

(2) 地下连续墙与梁的节点连接。地下连续墙与梁的连接多按固结考虑，设计过程必须保证梁端受力钢筋的连接和锚固以及梁断面的抗弯和抗剪强度要求。在设计该节点时，可采用刚性接头、铰接接头和不完全刚性接头等形式。连接的方式有：预留连接钢筋法、预埋连接钢板法、预埋剪力连接件法、齿形连接接头法、锥螺纹钢筋连接接头法。各种方法各有优劣，应根据实际结构情况选择最为经济、简单易行的连接方式。

(3) 地下连续墙与底板连接节点设计。墙与地下室底板的连接要求：要能够使墙与底板连接成一个整体而且要与设计假定的刚性节点一致；墙和板的连接紧密度必须达到能防水。通常为保证质量常在连续墙四周的地下室底板添加一些钢筋做加强处理，两者接触面加止水条，连接处加剪力键。

排桩围护时，将钢筋预先插入支护桩内再浇筑底板混凝土，即将主体结构的底板和楼板插入桩内。

钢筋搭接接头设计见图 7-1。

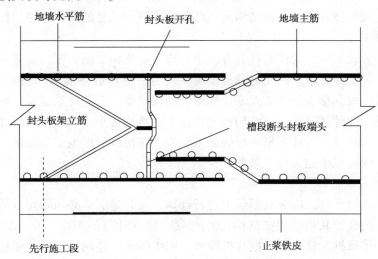

地墙水平筋　封头板开孔　地墙主筋

封头板架立筋　槽段断头封板端头

先行施工段　止浆铁皮

图 7-1　钢筋搭接接头设计

(二)水平支撑体系设计

1. 结构体系

逆作法水平支撑体系为水平结构构件与支护结构相结合组成，即利用地下结构的内部水平结构构件如梁板等，同时作为逆作法基坑工程施工过程中的水平支撑的设计方式。在工程中运用较广泛的结构体系为梁板结构体系和无梁楼盖结构体系。其中梁板结构体系主要由主梁、次梁和楼板构成。该结构体系结构受力明确，多用于逆作法施工。其优势在于可以按工程所需在梁间施设孔洞，梁周围预留止水片，在逆作法施工结束以后再行浇筑封闭。此外，为减少竖向荷载，降低土方开挖难度，可以在基坑开挖阶段仅施工框架梁作为内支撑，待基础底板完工以后再浇筑楼板，但缺陷在于梁板二次浇筑时存在止水和连接的整体性问题。无梁楼盖结构体系主要为板柱结构，楼板厚度相对于同一柱网体尺寸的梁板结构要大，其荷载直接由板传递到柱或者墙的竖向支承。无梁楼盖结构的设计一般根据柱网尺寸以及荷载大小情况来设计。在柱网尺寸以及荷载比较大的情况下，一般的处理方法是在支柱顶设置柱帽，降低楼板的弯矩，满足柱顶处的冲切荷载要求。

2. 设计计算原则

水平结构与支护结构相结合的设计计算原则如下：

(1)地下结构外墙的侧向土压力最好采用静止土压力设计计算，水平构件分别按承载能力极限状态以及正常使用极限状态设计计算。

(2)设计时不仅要求地下结构水平构件满足使用期且应对各施工工况条件下，结构构件的内力、变形进行计算分析。

(3)为防止有害裂缝的生成，在设计施工过程中，必须分析计算立柱和桩与地下结构外墙所产生的差异沉降。

(4)地下主体结构的梁板兼作施工平台或栈桥时，其构件的强度和刚度应按水平向和竖向两种不同工况受荷的联合作用进行设计。

(三)竖向支撑体系设计

逆作法竖向支撑体系为竖向结构构件(中间支撑柱)与支护结构相结合。在逆作法施工过程中同时作为水平构件的支撑体系，其作用在于，一方面，在地下室底板还没有浇筑竣工之前，承载施工产生的荷载以及地上地下各层结构的自重；另一方面，在地下室底板浇筑竣工后，与底板连成整体作为地下室结构的一部分将上部所承受的荷载传递给地基。

1. 设计计算原则

逆作法施工方式不同，荷载的计算方式不一样。全逆作法施工时，荷载包括恒载和施工荷载。恒载按工程实际计算，施工荷载根据施工内容、材料设备堆放等的实际情况来计算。半逆作法施工时，根据楼盖浇筑方式来计算地下结构自重。若先浇筑盖梁，则待底板封底后再逐层浇筑楼板，此种浇筑方式，结构自重和施工荷载均较小。若梁板同时浇筑，则楼板的重量同样算作结构自重。若地下室顶板做施工场地，则荷载根据施工实际情况来计算，若不作为施工场地，则荷载按相关规范来取。

2. 中间支撑柱的设计

中间支撑住在设计时，应对其承载力进行计算，尤其是沉降必须做充分的验算，保证施工时中间支撑柱的变形和基坑围护结构（地下连续墙、排桩）的沉降保持一致。中间支撑柱具有多种样式，如果桩为钻孔桩、挖孔桩样式，则中间支撑住同样可设计成挖孔桩、钻孔桩的形式且应在桩柱中预埋好梁柱节点的钢部件。为保证支撑柱的承载力，当其截面较小时，可采用二次叠合柱。中间支撑柱的结构形式有：地下室的结构柱；工字钢、H 型钢、钢管柱（底端插入灌注桩）；钢管混凝土；钻孔灌注桩。

3. 临时立柱的设计

逆作法施工，临时立柱是一个相当关键的构件。临时立柱首先要求具有足够的强度以承受施工时的荷载。其次，要有一个临时基础，在软土地基上可考虑做单桩基础，砂土和硬土地基上可考虑在挖孔井中做小型扩展基础。其设计的关键在于如何控制沉降量，必须对其本身以及基础做施工期间的承载力以及变形做运算。

4. 中间支撑住与水平构件的节点设计

中间支撑柱与梁节点设计主要取决于中间支撑柱的结构形式，现就各种结构形式的节点设计叙述如下：

（1）H 型钢中间支撑柱（桩）与梁节点连接。钻孔钢筋连接法即在 H 型钢上钻孔，将梁钢筋穿过支撑柱；传力钢板法即通过焊接，于 H 型钢翼缘处焊上传力钢板，再将梁钢筋焊接与传力钢板上。

（2）钢管以及钢管混凝土中间支撑柱（桩）与梁连接节点设计。该节点构造参照 H 型钢与梁节点的连接，多采用传力钢板法。

（3）钻孔灌注桩与梁连接节点设计。施工灌注桩时于各层楼梁标高处预埋钢板环套，当挖土至楼梁底时，焊接上传力钢板以及锚筋，通过锚筋与梁实现可靠性连接。

（四）地基基础设计

桩基础一方面沉降变形小，可大大提高地基承载力；另一方面具有较好的抗压抗拔功能，同时还具有不错的抗震性能。对于高层建筑的深基坑逆作法，地基基础首选桩基础，尤其是一柱一桩的形式。

逆作法的一柱一桩设计即逆作阶段，于地下室每根构造柱的位置仅设置一柱，一桩承担和传递荷载。施工时，一般现行施工桩柱，同时在梁柱节点位置上预留浇筑孔，待逆作施工至基坑底部并浇筑底板后，再逐层用混凝土包裹钢柱形成永久性结合柱。

第二节　逆作法施工技术

一、地下连续墙施工

地下连续墙是通过专用设备沿着预定位置开挖出一定宽度和深度的沟槽，采用泥浆护壁，施设钢筋笼并用混凝土浇筑而成。地下连续墙在基坑开挖期间起到临时挡土作用，基坑工程完工后作为地下永久的挡土结构。地下连续墙施工的关键技术在于连续墙槽段的连接、连续墙墙面垂直度、平整度的控制以及连续墙变形及其引起周围地表沉降的估算和监测。

(一)槽段的连接技术

地下连续墙槽段之间的连接可采用刚性接头和柔性接头。刚性接头能较好地满足施工设计要求，将槽段连接成一整片墙体。若采用柔性接头，可在墙顶部设置钢筋混凝土顶圈梁来增强槽段间剪力的承受力，增加后如果剪力仍旧过大，则可以通过于墙和底板连接处设置底板环梁。当两种增强措施都在使用过后仍旧不能承受槽段间剪力，则必须使用刚性连接。

(二)垂直度和平整度的控制

地连墙的垂直度要求达到 1/300 以内，对于超深基坑，垂直度要求更为严格，要求≤1/600；墙面平整度要求表面局部突出和倾斜之和≤100mm，墙上预埋的连接件偏差≤50mm。

(三)地连墙变形引起周围地表沉降控制

地连墙变形会导致周围地表发生沉降，要求其沉降量不影响周围建筑物及地下管线等的安全使用。

二、中间支撑柱的施工

逆作法施工，中间支撑柱在施工期间承受上部结构自重以及施工荷载，地下工程竣工后，中间支撑柱一般外包混凝土作为正式地下室结构柱，永久承担上部荷载。因此，中间支撑柱的定位和垂直度要求极为严格。一般规定，垂直度控制在 1/300～1/600 以内，轴线偏差控制在±10mm 内，标高控制在±10mm 内。中间支撑柱在逆作法施工时常用的有钢立柱(通常为角格构柱、钢管混凝土柱或 H 型钢柱)、人工挖孔桩以及钻孔灌注桩。

(一)钢立柱的调垂施工方法

桩柱的施工关键技术在于精度的控制，根据不同类别的桩需采用专门的定位方法以及定位设备，如钻孔灌注桩根据需要可以适当增大桩孔，钢立柱必须采用专门的定位调垂器械。钢立柱的调垂方法基本分为气囊法、机械调垂法和导向套筒法三类。

1. 气囊法

气囊法的优点在于调垂效果比较好，对各种类型的钢立柱调垂均适用，以角格构柱的调垂为例，首先将传感器安装至格构柱 X 和 Y 方向的上端，在下端四侧分别放置一个气囊，将放置好传感器和气囊的角格构柱固定在土层中(具有较好的受力能力)。其中，传感器的终端以及各个气囊(通过进气管)与电脑室连接组成调垂施工期间的智能化施工监控体系。监控体系运行时，首先通过传感器把格构柱的偏斜信息传递给电脑，经电脑的相关程序分析，打开倾斜方向的气囊进行充气并推动格构柱下部进行调垂。当格构柱达到规定的垂直度时，相关指令便会关闭气阀停止气囊充气，同时停止对格构柱的推动。调垂可同时对格构柱的两个方向同时进行。对于气囊，当混凝土浇筑至其下方 1m 左右时，即可拆除，混凝土继续浇筑至设计的标高位置。

2. 机械调垂法

机械调垂法的显著优势之一在于经济适用，缺点是不适用于刚度小的支承柱的调垂。机械调垂系统的组成原件主要有传感器、纠正架、调节螺栓等。首先同样将传感器安装在支承柱上端 X 和 Y 方向上，支承柱固定在纠正架上，并于支承柱上设置 2 组调节螺栓，每组共 4 个，两两对称，2 组调节螺栓有一定的高差，以便形成扭矩。测斜传感器和上下调节螺栓在东西、南北方向各设置一组。如果支承柱下端向 X 正方向偏移，则将 X 方向上的两个调节螺栓一松一紧使支承柱绕下调节螺栓旋转直到达到规定的垂直度；同理 Y 向通过 Y 方向的调节螺栓进行调节。

3. 导向套筒法

导向套筒法的明显优势在于其调垂较易，调垂效果较好，即通过气囊法或者机械调垂法先将导向套筒调至支撑柱规定的垂直度，再将支撑柱插入导向套筒，然后浇筑立柱桩混凝土固定支撑柱，拔出导向套筒。

(二) 中间支撑住采用钻孔灌注桩的施工

钻孔桩的施工采用如下施工工艺流程：平场→测量放线、桩位定位钻→孔成孔→下钢筋笼、钢管套→灌注基桩混凝土→钻芯、抽泥浆凿杯口混凝土注浆→安装定位器下钢管柱→上口固定→浇杯口混凝土→浇钢管柱混凝土→回收钢套管灌砂。

测量放线：在中间支承柱的东西方向和南北方向各设置两点，挂线对中，按中心点安置专用设备，要求水平位置的偏差≤2cm。

钻孔成孔：钻孔成孔要求其垂直度偏差不能超过 1/100，孔径在直径 1500mm 以上，孔底钻入卵石层至少 50cm。

下钢筋笼和套管：将按设计加工好的钢筋笼和钢套管焊接在一起，利用吊车将注浆管以及连接好的两者下放到孔内，将孔口重新调中并固定。

灌注基桩混凝土：灌注过程必须连续不中断，关键技术在于控制好拔导管的时间。其中要求混凝土坍塌度保证≤20cm，灌注深度确保将导管埋入 1.5~2m。

钻芯、抽泥浆：灌注混凝土 7h 以后方可进行下钻头钻芯，抽浆，其中必须注意保证钻孔中心的准确性以及钻孔深度不得超过定位器基准面。

凿杯口混凝土：杯口混凝土的凿除采用专用的三脚架和绞磨把施工人员运入孔底进行操作，施工过程注意注浆管的保护。

注浆：注浆的目的是为了加密灌注桩桩底的浮渣，填充其空隙使灌注桩的沉降量达到相关规定要求。注浆的操作主要是通过注浆管运用高压注浆泵来完成。

安装定位器：定位器的安装主要采用膨胀螺栓安装在指定的位置。其中注意定位器底部要求砂浆饱满，安装基面干净平整。钢管柱下空前必须对其型号进行复核，安装过程应确保基面无杂物，下放到孔底后需复查高程是否合格。

上口固定：将钢管柱按测定的中心定位，固牢。浇杯口混凝土：使用专用导管插入孔底浇筑混凝土，浇筑深度在 1~5m 之间。

浇钢管柱混凝土：灌注需连续不中断，一次性完成。回收钢套管灌砂：回收钢套管需先采用千斤顶顺着垂直方向顶，待顶力<10t 时，改用倒链或者吊车拔管，同时往管内注砂。

三、逆作土方开挖

逆作施工,基坑土体的开挖与地下结构的施工分层交叉进行。挖土的过程,由于土体应力的释放,使基坑围护结构以及基坑土体产生变形,周边环境受到影响。因此,逆作法土方工程是基坑工程的关键部分,挖土过程必须保证地下结构的变形以及受力要求同时尽可能提高挖土的工程效率。

(一)取土口设置

逆作法施工中,除顶板大开挖平场时采用明挖法,其余的均采用暗挖法施工。取土口一般在 150m² 左右,常按如下原则进行设置:

(1)设置取土口大小时,必须满足结构受力要求,保证土压力的有效传递。

(2)设置取土口水平间距时,一方面要考虑能满足挖土机不超过二次翻土的要求(挖土机有效半径在 7~8m 左右),避免多次翻土引起土体过分扰动;另一方面,在地下结构施工期间要能满足自然通风的要求(地下自然通风有效距离一般在 15m 左右)。

(3)设置取土口数量时,应满足在底板抽条开挖时的出土要求。

(4)地下各层楼板与顶板洞口位置应相对应。

(二)开挖形式

当基坑工程较大时,土方及混凝土结构的量相对较大,土体的开挖以及结构的施工工期相应较长,无形中增加了基坑的风险。为了有效控制基坑变形,保证基坑稳定性,土体开挖以及结构施工可考虑划分施工块,采取分开开挖和施工。其划分原则如下:

(1)根据"时空效应"原理,施工可采取"分层、分块、平衡对称、限时支撑"的方法;

(2)综合考虑基坑立体施工交叉流水的要求;

(3)根据工程所需,合理设置结构施工缝。

具体施工措施:

(1)合理划分各层分块的大小,通常顶板层土方开挖划分得相对大一些,余下各层分块面积较小一些。这是因为顶板挖土采用明挖法,挖土速度快,基坑暴露时间短。余下各层因为是逆作暗挖,速度慢、工期长。施工分块面积小,可提高每块的挖土和结构施工速度,减小基坑暴露时间,从而减小围护结构的变形。此外,地下结构分块时需综合分块挖土时能够有较为方便的出土口进行考虑。

(2)盆式土体开挖即保留周边土体,明挖中间大部分土方。逆作区常利用土模进行顶板施工,而土模施工明挖土方量比较少,大量的土方都是后期逆作暗挖使得挖土效率相当低。对于大面积深基坑的首层开挖可考虑使用盆式土体开挖,一来可有效控制基坑变形,二来大大提高了出土效率。

(3)采用抽条开挖方式,即先浇筑基坑中部地板,待其达到一定强度后,按一定间距抽条开挖周边土方,并分块浇捣基础底板。要求每块底板土方开挖至混凝土浇捣完毕,必须控制在 72h 以内。抽条开挖方式可以解决底板厚度大影响基坑变形的问题。

(三)逆作通风照明用电

通风、照明、用电的安全问题是逆作施工中的重要问题,必须加以重视,稍有不慎将会导致严重的工程事故,造成不必要的工程破坏、经济损失和人员伤亡。整个地下施工过程均需要派遣专职人员巡视、检查。具体措施为:地下室各层底板,预留通风口(根据柱网轴线和实际送风量的要求,通风口间距控制在 8.5m 左右)。随着工程施工的进展,当露出通风口后，及时安装大功率涡流风机向地下施工操作面送风，保证地下施工作业面的清新空气流通循环。

地下施工的照明用电线路为专用的防水等级较高的线路，一般埋置在地下室梁板柱等结构上，其中，防水电箱一般固定设置在柱上。随着施工的推进，从电箱到各电器设备的线路要求采用双层绝缘电线且架空铺在楼板底。

四、逆作结构浇筑

逆作法施工，地下室结构节点形式比较特殊。根据逆作法的施工特点，地下室结构无论是什么结构形式均采用从上往下分层浇筑。浇筑方法如下：

（一）利用土模浇筑梁板

楼板模板：对于地下室的各层梁板（首层以及其余各层），挖土至其设计标高，夯实平整土面后，浇筑一层50mm左右的素混凝土，若土质好可抹一层砂浆代替，再刷上一层隔离层便做成了楼板的模板。

梁模板：如果土质较好，可按梁断面挖出沟槽形成土胎膜；若土质较差，则利用模板来搭设成梁模板。

柱头模板：逆作施工时，先挖出柱头处的土体至梁底下500mm，于该位置设置柱子的施工缝模板，该施工缝模板最好呈斜面安装以便于浇筑下部柱子。将柱子的钢筋穿过模板向下伸出接头长度并在施工缝模板上设立柱头模板与梁板连接在一起。如果土质比较好，柱头可采用土胎膜；如果土质较差，则利用模板搭设。柱头下部的柱子在挖出后再搭设模板浇筑。

柱子施工缝处的浇筑方法有直接法、充填法以及注浆法。直接法即浇筑施工缝下部的混凝土时，除了偶尔会加进一些铝粉以减少收缩外，还可继续浇筑相同的混凝土。通常可以做假牛腿来增加浇筑的密实度，待混凝土硬化后去除。充填法即在施工缝处留出充填接缝，待混凝土面处理后，再将膨胀混凝土或无浮浆混凝土充填于接缝处。注浆法即在施工缝处留出缝隙，待后浇混凝土硬化后用压力压入水泥浆充填。

（二）利用支模方式浇筑梁板

支模方式施工先挖去地下结构一层高的土体，再按常规方法对梁板进行模板的搭建、混凝土的浇筑，最后再向下延伸竖向结构。要实现该施工方式首先需要设法减少梁板支撑的沉降以及结构的变形，其次需要解决竖向构件与支护结构的上下连接问题以及混凝土的浇筑问题。其中，减少楼梁板支撑的沉降和结构变形可通过对土层采取临时加固措施来实现，有时也可采取吊模板的措施。加固的方法有两种：一种是浇筑一层素混凝土来加固，待墙、梁浇筑完毕，随下层土方的开挖一同凿除；另一种方法就是铺设砂垫层加固。吊模板的方法中，平台板、梁柱、剪力墙以及楼梯的模板采用木模，排架采用 $\phi 48$ 钢管。

逆作施工时，混凝土的浇筑方式一方面要调整竖向钢筋的间距，另一方面将构件顶部的模板做成喇叭状以便于混凝土的浇筑以及保证连接处的密实度。此外，上下层构件的结合面由于处于上层底部，常会因为地面的沉降和刚浇筑的混凝土产生的收缩而导致缝隙，故在结合面的模板上应预留多个注浆孔，便于采用压力灌浆的方式消除缝隙，保证构件连接处的密实性。

第八章 深基坑信息化施工技术

在基坑开挖施工过程中，基坑内外的土体将由原来的静止土压力状态向被动和主动土压力状态转变，应力状态的改变、土层应力的释放与调整引起土体的变形，即使采取了挡土支护措施，挡土支护结构的变形也是不可避免的。这些变形包括挡土支护结构以及周围土体的侧向位移与沉降坑内土体的沉降等。这些位移的量值如果超出容许的范围，都将会对挡土支护结构本身造成危害，如基坑支护结构内倾、变形，严重时会导致整个基坑支护结构的倒塌破坏，进而导致基坑周围的建筑物及地下管线开裂、倾斜甚至倒塌。以上海市为例，近十多年来因基坑失稳影响施工的事故已多达上百起，造成经济损失几亿元。引起这类事故的原因有多种，如支护类型选择不当、对水土压力及施工荷载估计不足，施工方法不当或施工过程受到外界因素的干扰等，都可成为引发事故的主要原因。对有关现象作进一步分析，可知除管理因素外，目前在基坑支护设计中尚无成熟的可兼顾考虑多种因素影响的计算理论和方法，对施工监测尚无形成较为完整的规章制度，以及尚不能依据现场采集的量测信息对基坑开挖的安全性及时作出预测预报，并针对可能出现的险情及时确定对策等都是基本原因。由于国家对基坑安全工作的逐渐重视及有关基坑规范技术的逐渐完善，动态设计及信息化施工技术开始得到运用。但是，作为一种新兴的技术，动态设计及信息化施工技术还或多或少的存在一些问题。因此对动态设计及信息化施工技术进行系统研究，使其逐渐完善并广泛运用于基坑工程是当前亟需解决的问题。

深基坑开挖是基础工程和地下工程施工中的一个传统课题，同时又是一个综合性的岩土工程难题。它既涉及土力学中典型的强度及稳定问题，又密切与变形问题相关，同时还涉及土与支护结构的共同作用问题。随着工程开挖深度的增加和土质、地下水及环境条件的变化和复杂化，它又成为一种难度大、风险高且受多因素影响和制约的复杂系统。尽管多年来设计和施工技术都有很大的发展，基坑开挖工程仍然有较高的事故率，其主要原因是传统的设计与施工方法难以适应基坑开挖工程的复杂多变的情况。传统的围护系统设计法以开挖的最终状态为基础，采用极限平衡的分析方法，验算基坑土体在所设计的围护条件下的稳定性。这一设计方法是与开挖的实际情况不相符合的。具体来说，传统的设计与施工方法存在的问题主要表现以下三个方面：

(1)传统的设计方法将侧土压力作为已知的外荷载，用以求解围护桩墙的内力及验算稳定性。实际上只有在主被动极限平衡状态下，土压力才是一个已知的定值，而主被动极限平衡状态是否达到，与围护桩墙的位移大小是密切相关的。在基坑外侧的主动区，桩墙向坑内侧位移量级达 $10.1\% \sim 33\%H$ (H 为开挖深度)才能达到被动极限平衡状态，这样大的位移量又是围护桩墙的安全不允许的，所以该部位作用的实际上不是被动土压力，而是某种土抗力，它随着围护桩墙的位移大小而变化，是个不确定量。即使在主动区，在主动极限平衡状态到达之前，土压力也仍然是一个未知的不确定量。在围护结构的设计中，将未知的土压力作为已知的外荷载，其计算结果的准确性不会很高。

（2）围护结构与土体的变形问题。围护系统和土体的变形是支护结构各部分与土体及外界因素相互作用的反映，是结构内力变化与调整的宏观结果。其特征和数值是整个系统是否正常工作最直观的标志，又是突发性事故发生的前兆，因而是施工控制的主要依据。土层的沉降及位移更直接地影响到周围建筑物、地下管线及道路交通的正常运营。但传统的设计法由于所采用的是刚塑性模型理论，只能进行强度与稳定分析而难以进行变形计算。虽然目前尚有一些经验方法可进行估算，但有地区局限性并缺乏足够的理论依据。

（3）传统设计法中支撑力是通过开挖最终状态的系统静力平衡条件确定。而基坑实际施工过程中，支撑是在土层开挖，挡土桩墙有一定变形后设置的。下一道支撑是在上一道支撑受力变形，基坑继续开挖后设置的，并非同时设置，实际受力条件与设计条件明显迥异，其数值理所当然地偏离设计值。在传统的设计法中，围护桩墙的内力也是按开挖最终状态的土压力和支撑力计算的。侧土压力和支撑力在开挖过程中是不断变化的，桩墙的内力也将随着改变，而不可能是固定不变的。虽然近来有些工程用增量法进行考虑施工过程的内力计算，但因为在内力计算中仍然引用静力平衡条件，而无法考虑形变相容和位移协调关系，所以仍然是相当粗糙的。

众所周知，土的物理力学性质参数是随着其生成条件及存在环境而改变的。即使在同一城市的不同地点，同一土层的参数也不可能是完全一样的。因而每一工程在设计计算之前都面临着土质参数的选择问题，而参数选择恰当与否对计算结果又有很大的影响。在传统设计法中，土质参数是设计者在勘察资料所提供的众多数据中凭经验选择的，其准确性难以检验。传统的施工是严格地按图纸进行的，除非在出现事故或确知结构处于危险状态时，才允许采取应急措施，改变设计方案。如果说这样的施工过程对上部结构还是可以接受的，那么对于深基坑开挖来说就十分不合适了。在深基坑支护体系的设计中，不确定的因素太多，结构的安全度难以掌握，要使设计符合实际情况是太难了，至少在目前的技术发展水平上是太难了。设计者只有两种选择，一是设计得比较保守，以确保安全；二是要冒较大的风险，以节省投资。不论作何种选择，应该说对工程的安全与经济都难两全。较好的方法应该是根据施工过程的信息反馈不断修正设计，以指导施工。

由以上分析可知，传统设计法的主要问题在于一个"静"字，以开挖的最终状态为对象，进行定值的设计。然而基坑开挖工程与其他工程的最大不同之处在于一个"动"字，在开挖过程中，包括某些土质参数在内的各种参量，诸如侧土压力、结构内力、土体应力及变形等都在变化。而其变化规律目前还未被充分掌握。这就产生了设计结果与实际情况的差别，从而引发各种工程事故，或者可能造成浪费。为了避免以上一些情况的发生，现阶段基坑工程设计与施工一般要求采用动态设计及信息化施工技术。

动态设计及信息化施工技术包含密切联系的两个组成部分，即动态设计与信息化施工。本技术的基本思路是在设计方案的优化后，通过动态计算模型，按施工过程对围护结构进行逐次分析，预测围护结构在施工过程中的性状，例如位移、沉降、土压力、孔隙水压力、结构内力等，并在施工过程中采集相应的信息，经处理后与预测结果比较，从而作出决策，修改原设计中不符合实际的部分。将所采集到的信息作为已知量，通过反分析推求较符合实际的土质参数，并利用所推求的较符合实际的土质参数再次预测下一施工阶段围护结构及土体的性状，又采集下一施工阶段的相应信息，如此反复循环，不断采集信息，不断修改设计并指导施工，将设计置于动态过程中，通过分析指导施工，通过施工信息反馈修改设计，使设计及施工逼近实际。

动态设计及信息化施工技术，就其工作内容来说，主要包括三个部分，即围护方案的优化设计及预测分析，包括基坑围护方案的确定，计算模型的选择及预测分析三个要点；施工全程监测及信息的反馈处理，其包括信息采集和信息的处理和反馈两个要点；围护体系性状的全程动态分析。

第一节 深基坑工程监测

一、监测和预报的作用

从许多起基坑工程事故的分析中，我们可以得出这样一个结论，那就是任何一起基坑工程事故无一例外地与监测不力或险情预报不准确相关。换言之，如果基坑的环境监测与险情预报准确而及时，就可以防止重大事故的发生。或者说，可以将事故所造成的损失减少到最小。基坑工程的环境监测既是检验设计正确性的重要手段，又是及时指导正确施工、避免事故发生的必要措施。基坑工程的监测技术是指基坑在开挖施工过程中，用科学仪器、设备和手段对支护结构、周边环境（如土体、建筑物、道路、地下设施等）的位移、倾斜、沉降、应力、开裂、基底隆起以及地下水位的动态变化、土层孔隙水压力变化等进行综合监测。然后，根据前一段开挖期间监测到的岩土变位等各种行为表现，及时捕捉大量的岩土信息，及时比较勘察、设计所预期的性状与监测结构的差别，对原设计成果进行评价并判断事故方案的合理性。通过反分析方法计算和修正岩土力学参数，预测下一段工程实践可能出现的新行为、新动态，为施工期间进行设计优化和合理组织施工提供可靠的信息，对后续的开挖方案与开挖步骤提出建议，对施工过程中可能出现的险情进行及时的预报，当有异常情况时立即采取必要的措施，将问题抑制在萌芽状态，以确保工程安全。

二、监测系统设计原则

施工监测工作是一项系统工程，监测工作的成败与监测方法的选取及测点的布设有关。监测系统的设计原则，可归纳为以下 5 条：

(一) 可靠性原则

可靠性原则是监测系统设计中所要考虑的最重要的原则。为了确保其可靠，必须做到：第一，系统需要采用可靠的仪器。一般而言，机测式的可靠性高于电测式仪器，所以如果使用电测式仪器，则通常要求具有目标系统或与其他机测式仪器互相校核；第二，应在监测期间内保护好测点。

(二) 多层次监测原则

多层次监测原则的具体含义有 4 点：

（1）在监测对象上以位移为主，但也考虑其他物理量监测。

（2）在监测方法上以仪器监测为主，并辅以巡检的方法。

（3）在监测仪器选型上以机测式仪器为主，辅以电测式仪器；为了保证监测的可靠性，监测系统还应采用多种原理不同的方法和仪器。

（4）考虑分别在地表、基坑上体内部及邻近受影响建筑物与设施内布点以形成具有一定测点覆盖率的监测网。

（三）重点监测关键区的原则

据研究，在不同支护方法的不同部位，其稳定性是各不相同的。一般地说，稳定性差的部位容易失稳塌方，甚至影响相邻建筑物的安全。因此，应将易出问题而且一旦出问题就将带来很大损失的部分，列为关键区进行重点监测，并尽早实施。

（四）方便实用原则

为了减少监测与施工之间的相互干扰，监测系统的安装和测读应尽量做到方便实用。

（五）经济合理原则

考虑到多数基坑都是临时工程，因此其监测时间较短，另外，监测范围不大，量测者容易到达测点，所以在系统设计时应尽量考虑实用低价的仪器，不必过分追求仪器的"先进性"，以降低监测费用。

三、监测内容

基坑工程的现场监测主要包括对支护结构的监测，对周围环境的监测和对岩土性状受施工影响而引起的变化的监测。其监测方法如下：

（1）支护结构顶部水平位移监测，这是最重要的一项监测。一般每间隔 5~8m 布设一个仪器监测点，在关键部位适当加密点。基坑开挖期间，每隔 2~3d 监测一次，位移较大者每天监测 1~2 次。考虑到施工场地狭窄，测点常被阻挡的实际情况，可用多种方法进行监测。一是用位移收敛计对支护结构顶部进行收敛量测。该方法测定布设灵活方便，仪器结构不复杂，操作方便，读数可靠，测量精度为 0.05mm，从而可准确地捕捉支护结构细微的变位动态，并尽早对未来可能出现的新行为、新动态进行预测预报。二是用精密光学经纬仪进行观测。在基坑长直边的延长线上两端静止的构筑物上设观察点和基准点，并在观察点位置旋转一定角度的方向上设置校正点，然后监测基坑长直边上若干测点的水平位移。三是用伸缩仪进行量测。仪器的一端放在支护结构顶部，另一端放在稳定的地段上并与自动记录系统相连，可连续获得水平位移曲线和位移速率曲线。

（2）支护结构倾斜监测。根据支护结构受力及周边环境等因素，在关键的地方钻孔布设测斜管，用高精度测斜仪定期进行监测，以掌握支护结构在各个施工阶段的倾斜变化情况，及时提供支护结构深度-水平位移-时间的变化曲线及分析计算结果。也可在基坑开挖过程中及时在支护结构侧面布设测点，用光学经纬仪观测支护结构的倾斜。

（3）支护结构沉降观测。可按常规方法用精密水准仪对支护结构的关键部位进行沉降观测。

（4）支护结构应力监测。用钢筋应力计对桩顶圈梁钢筋中较大应力断面处的应力进行监测，以防止支护结构的结构性破坏。

（5）支撑结构受力监测。施工前应进行锚杆现场抗拔试验以求得锚杆的容许拉力；施工过程中用锚杆测力计监测锚杆的实际承受力。对钢管内支撑，可用测压应力传感器或应变仪等监测其受力状态的变化。

（6）基坑开挖前进行支护结构完整性检测。例如，用低应变动测法检测支护桩桩身是否断裂、严重缩颈、严重离析和夹泥等，并判定缺陷在桩身的部位。

（7）邻近建筑物的沉降、倾斜和裂缝的发生时间和发展的监测。

（8）邻近构筑物、道路、地下管网设施的沉降和变形监测。

（9）对岩土性状受施工影响而引起变化的监测，包括对表层沉降和水平位移的观测，以及深层降和倾斜的监测。监测范围着重在距离基坑位 1.5~2 倍的基坑开挖深度范围之内。该项监测可及时掌握基坑边坡的整体稳定性，及时查明土体中可能存在的潜在滑移面的位置。

（10）桩侧土压力测试。桩侧土压力是支护结构设计计算中重要的参数，常常要求进行测试。可用钢弦频率接收仪进行测试。

（11）基坑开挖后的基底隆起观测。这里包括由于开挖卸载基底回弹的隆起和由于支护结构变形或失稳引起的隆起。

（12）土层孔隙水压力变化的测试。一般用震弦式孔隙压力计、电测式侧压计和数字式钢弦频率接收仪进行测试。

（13）当地下水位的升降对基坑开挖有较大影响时，应进行地下水位动态监测，以及渗漏、冒水、管涌和冲刷的观测。

（14）肉眼巡视与裂缝观测。经验表明，由有经验的工程师每日进行的巡视工作有重要意义。巡视主要是对桩顶圈梁、邻近建筑物、邻近地面的裂缝、塌陷以及支护结构工作失常、流土渗漏或局部管涌的功能不良现象的发生和发展进行记录、检查和分析。包括用裂缝读数显微镜量测裂缝宽度和使用一般的度、量、衡手段。

上述监测项目中，水平位移监测、沉降观测、基坑隆起观测、肉眼巡视和裂缝观测等是必不可少的，其余项目可根据工程特点、施工方法以及可能对环境带来的危害的功能综合确定。

基坑支护工程监测的特点是在通过监测获得准确数据之后，十分强调定量分析与评价，强调及时进行险情预报，提出合理化措施与建议，并进一步检验加固处理后的效果，直至解决问题。任何没有仔细深入分析的监测工作，充其量只是施工过程的客观描述，决不能起到指导施工进程和实现信息施工的作用。

对监测结果的分析评价主要包括下列方面：

（1）对支护结构顶部的水平位移进行细致深入的定量分析，包括位移速率和累积位移量的计算，及时绘制位移随时间的变化曲线，对引起位移速率增大的原因（如开挖深度、超挖现象、支撑不及时、暴雨、积水、渗漏、管涌等）进行准确记录和仔细分析。

（2）对沉降和沉降速率进行计算分析。沉降要区分是由支护结果水平位移引起还是由地下水位变化等原因引起。一般由支护结构水平位移引起相邻地面的最大沉降与水平位移之比在 0.65~1.00，沉降发生时间比水平位移发生时间滞后 5~10d 左右；而地下水位降低会较快地引起地面较大幅度的沉降，应予以重视。邻近建筑物的沉降观测结果可与有关规范中的沉降限值相比较。

（3）对各项监测结果进行综合分析并相互验证和比较。用新的监测资料与原设计预计情况进行对比，判断现有设计和施工方案的合理性，必要时，及早调整现有设计和施工方案。

（4）根据监测结果，全面分析基坑开挖对周围环境的影响和基坑支护的工程效果。通过分析，查明工程事故的技术原因。

（5）用数值模拟法分析基坑施工期间各种情况下支护结构的位移变化规律，推算岩土体的特性参数，检验原设计计算方法的适宜性，预测后续开挖工程可能出现的新行为和新动态。

四、报警

险情预报是一个极其严肃的技术问题，必须根据具体情况，认真综合考虑各种因素，及时作出决定。但是，报警标准目前尚未统一，一般为设计容许值和变化速率两个控制指标。例如，当出现下列情形之一，应考虑报警：

（1）支护结构水平位移速率连续几天急剧增大，如达到 2.5~5.5mm/d。

（2）支护结构水平位移累积值达到设计容许值。如最大位移与开挖深度的比值达到 0.35%~0.70%，其中周边环境复杂时取较小值。

（3）任一项实测应力达到设计容许值。

（4）邻近地面及建筑物的沉降达到设计容许值，如地面最大沉降与开挖深度的比值达到 0.5%~0.7%，且地面裂缝急剧扩展。建筑物的差异沉降达到有关规范的沉降限值。例如，某开挖基坑邻近的六层砖混结构，当差异沉降达到 20mm 左右时，墙体出现了十余条长裂缝。

（5）煤气管、水管等设施的变位达到设计容许值。例如，某开挖基坑邻近的煤气管局部沉降达 30mm 时，出现了漏气事故。

（6）肉眼巡视检查到的各种严重不良现象，如桩顶圈梁裂缝过大，邻近建筑物的裂缝不断扩展，严重的基坑渗漏、管涌等。险情发生时刻，预报的实现途径可归纳如下：

① 首先进行场地工程地质、水文地质、基坑周围环境、基坑周边地形地貌及施工方案的综合分析。从险情的形成条件入手，找出险情发生的必要条件(如岩土特性、支护结构、有效临空面、邻近建筑物及地下设施等)和某些相关的诱发条件(如地下水、气象条件、地震、开挖施工等)，再结合支护结构稳定性分析计算，得出是否会发生险情的初步结论。

② 现场监测是实现险情预报的必要条件。现场监测的目的是运用各种有效监测手段，及时捕捉险情发生前所暴露出的各种前兆信息，以及诱发险情的各种相关因素。监测成果不仅要表示出险情发生动态要素的演变趋势，而且要及时绘出水平位移及其速率、沉降、应力及裂缝等随时间的变化曲线，并及时进行分析评价。

③ 模拟实验有利于险情发生时刻的准确预报。险情发生时刻是现场监测数据达到了险情发生模式中的临界极限指标的时刻。模拟实验可以较准确地确定各种可能的险情发生模式和确定临界状态时的相关极限指标和险情预报根据。

④ 要及时捕捉宏观的险情发生前兆信息。肉眼巡视和一般的险情预报实例表明，大多数的险情是可能通过肉眼巡视早期发现的。在经过细致深入的定量分析评价和险情报警之后，应及时提出处理措施和建议，并积极配合设计、施工单位调整施工方案，采取必要的补救或应急措施，及时排除险情，通过跟踪监测来检验加固处理后的效果，从而确保工程后续进程的安全。

五、监测点保护

由于基坑施工现场条件复杂，测试点极易受到破坏，造成监测数据间断，给数据分析带来无法估量的损失。因此，监测点必须牢固，标志醒目，并要求施工单位给予密切配合，确保在监测段不遭破坏。

第二节　监测手段与信息采集及处理技术

在以往深基坑施工过程中，曾发生过不少质量事故和事故隐患，致使支护系统破坏，基坑滑坡坍塌，邻近建筑物开裂破坏，基坑周围道路开裂坍塌，地下管线严重变形，止水帷幕破裂造成严重渗漏，甚至工程报废或发生重大人身伤亡事故。鉴于基坑事故造成的严重后果，在深基坑工程中监测技术和动态信息化施工技术已得到推广。

一、深基坑工程监测内容

深基坑工程的监测包括支护结构监测和周围环境监测两个方面内容。支护结构需监测挡土墙墙顶的位移、倾斜、主钢筋应力、土压力、孔隙水压力、压顶梁、腰梁及内支撑轴力、应变、立柱的沉降与隆起、锚杆的锚固力等。周围环境需监测开挖影响范围内的建筑物、地下管线和土体的沉降、倾斜、水平位移，以及土体内的水位等。在深基坑工程监测项目中，支护结构水平位移、邻近建筑物及地下管线的沉降是必不可少的内容，其余项目可根据基坑工程安全等级、场地地质条件及周围环境状况作出合理的选择。

二、支护结构监测

根据前期开挖中监测到各类支护结构的应力、变形数据，与设计中支护结构受力和变形进行比较，对原设计进行评价，判断基坑在目前开挖工况下的安全状况，并通过分析，预测下一步工况下支护结构变形和稳定状况，为优化设计提供可靠的信息，并对后续开挖及支护方案提出建议，对施工过程中可能发生的险情报警，确保基坑工程的安全。

(一) 墙顶位移监测

挡土墙桩墙顶位移常用经纬仪和全站仪监测。其原理为：应用水平角全圆方向观测法，测出各点水平角度，然后计算出各点水平位移。其特点为测试简单，费用低，数据量适用。

在桩墙顶冠梁上布置测点，其位置和数量根据基坑侧壁安全等级及周围建筑物和地下管线可能受影响的程度而定。对于重要基坑，一般沿地下连续墙或桩顶每隔 10～15m 布置一个测点。在现场建立的半永久性测站要求妥善保护，基准点设在便于观测，不受施工影响的场地，基准点宜做成深埋式。基坑开挖期间，每隔 2～3d 监测一次，位移速率达到 5～10mm/d 时，每天监测 1～2 次。

(二) 倾斜监测

支护结构沿基坑深度方向倾斜常用测斜仪监测，也可采用全站仪观测。在桩身或地下连续墙中埋设测斜管，测斜管底端插入桩墙底以下，使用测斜仪由底到顶逐段测量管的斜率，从而得到整个桩身水平位移曲线。固定式测斜仪是将测头固定埋设在结构物内部的固定点上；活动式测斜仪先埋设带导槽的测斜管，间隔一定时间将测头放入管内沿导槽滑动测定斜度变化，计算水平位移。

(三) 支护结构应力监测

用钢筋应力计或混凝土应变计沿桩身钢筋、冠梁和腰梁中较大应力断面处监测主钢筋应力或混凝土应变，对监测应力和设计值进行比较，判断桩身、冠梁、腰梁内应力是否超过设计值。

(四)支撑结构应力监测

对于钢支撑，在支撑施加预应力前，将钢筋应力计焊接在钢管外壁。对于混凝土支撑，在钢筋笼绑扎时，将钢筋计焊接在主钢筋上，随基坑开挖，量测支撑轴力的变化。

(五)锚杆锚固力监测

为保证锚杆张拉时达到设计的预应力值，必须进行超张拉，通过在锚头位置安装锚固力传感器，测定锚杆锁定时的锚固力及开挖过程中锚固力的变化，从而确定锚杆是否处于正常工作状态、是否达到极限破坏状态。测力计有电阻应变计式，也有钢弦式，一般采用钢弦式测力计。

(六)土压力测试

挡土桩侧土压力采用沿挡土桩侧壁土体中埋设土压力传感器进行测试。采用钢弦式或电阻应变式压力盒。在埋设主动侧土压力盒时，其敏感膜应对准桩后，应施加较大的初压力，否则可能测不到主动土压力变化的全过程，甚至测不到数据。在埋设被动侧土压力盒时，其敏感膜面应对准桩前，不宜施加较大的初压力，否则后期土压力值超量程。

(七)土体孔隙水压力测试

孔隙水压力计，是监测地下土体应力和水压力变化的手段。土体孔隙水压力采用振弦式孔隙水压力计测试，用数字式钢弦频率接收仪测读数据。

三、周围环境监测

基坑开挖过程中，可能对邻近建筑物、邻近道路和地下管线造成一定影响，导致下沉或失稳。需要通过监测来判断和分析，以便采取相应对策。通过监测基坑周围土体边坡的水平、垂直位移变化、地下水位变化以及裂缝观察等手段，分析判断基坑是否稳定安全，防范各类风险和事故发生。

(一)邻近建筑物的沉降观测

在深基坑开挖过程中，为了掌握邻近建筑物的沉降情况，应进行沉降观测。在被观测建筑物的首层柱上设置测点，在开挖影响范围外的建筑物柱上埋设基准点或通过钻孔至基岩内设置深埋式基准点。采用精密水准仪，测出观测点的高程，再计算沉降量。

(二)邻近道路和地下管线的沉降观测

邻近道路和地下管线的沉降观测方法也是采用精密水准仪观测。测点布置应根据管线的材料、管节的长度、接头的方式而定。

(三)边坡土体的位移和沉降观测

边坡土体位移采用测斜仪监测。在土体中埋设测斜管，在土体深层部分埋设分层沉降标。通过对土体位移和沉降监测，可及时掌握基坑边坡的稳定性，当边坡潜在滑裂面出现险情预兆时应及时作出报警。

(四)地下水位测试

基坑在开挖前必须降低地下水位，但在降低地下水位后有可能引起坑外地下水位向坑内渗漏，地下水的流动是引起塌方的主要因素，所以地下水位的监测是保证基坑安全的重要内容。

(五)裂缝观察

经验表明，每天进行肉眼巡视观察是非常重要的，巡视内容包括支护桩墙、支撑梁、冠梁、腰梁结构及邻近地面、道路、建筑物的裂缝、沉陷发生和发展情况，裂缝的快速增多和纵深发展往往是事故发生的预兆。一旦发生裂缝，应在裂缝两侧做出标记，定期量测裂缝的宽度。

四、基坑监测工作要求

根据多年的基坑监测工程实践，为确保基坑监测的真实性、数据的合理性、分析的科学性、结论的有效性，对基坑监测工作实施提出以下几点工作要求：

（1）基坑监测工作测量精度要求高，测量人员必须对相关规范熟练掌握，正确使用仪器进行熟练测量操作。

（2）基坑围护设计单位及相关单位应在作业前提出监测技术要求，指导基坑监测单位开展工作。

（3）监测单位监测前应在现场踏勘和收集相关资料基础上，依据委托方和相关单位提出的监测要求和规范编制基坑监测方案，监测方案须上报委托方及相关单位批准后方可实施。

（4）基坑工程在开挖和支撑施工过程中的力学效应是从各个侧面同时展现出来的，因此监测方案设计时应充分考虑各项监测内容间监测结果的互相印证、互相检验，从而对监测结果有全面正确的把握。

（5）监测点布设应合理，能埋的测点应在工程开工前埋设完成，应尽量减少对结构的正常受力的影响，在工程正式开工前，各项静态初始值应测取完毕。

（6）监测数据的可靠性取决于测试元件安装或埋设的可靠性、监测仪器的精度以及监测人员的素质。监测数据真实性要求所有数据必须以原始记录为依据，原始记录任何人不得更改、删除。

（7）监测数据需在现场及时计算处理，计算有问题可及时复测，尽量做到当天报表当天出。因为基坑开挖是一个动态的施工过程，只有保证及时监测，才能有利于及时发现隐患，及时采取措施。

（8）对重要监测项目，应按照工程具体情况预先设定预警值和报警制度，预警值应包括变形或内力量值及其变化速率。

（9）监测数据必须填写在为该项目专门设计的表格上。工程结束后，应对监测数据，尤其是对报警值的出现进行分析，绘制曲线图，并编写工作报告。

在深基坑的施工过程中，为了对基坑工程的安全性和对周围环境的影响有全面的了解，需要对基坑开挖到下一个施工工况时的受力和变形的数值和趋势进行预测，确保基坑支护结构和相邻建筑物的安全。在出现异常情况时及时反馈，并采取必要的工程应急措施，甚至调整施工工艺或修改设计参数，同时积累工作经验，为提高基坑工程设计和施工的整体水平提供依据。因此，在施工过程中对基坑支护结构、基坑周围土体和相邻建筑物进行全面、系统的监测，是非常重要的。

第三节 工 程 实 例

在深基坑施工过程中，采用人工不间断监测可为支护结构和周围建（构）筑物及管网的安全性提供科学依据。但人工监测有其局限性，且时常受施工环境、天气和监测人员水平等因素影响，造成数据不完整或失实，影响施工判断与决策。科技发展日新月异，自动化监测技术趋于广泛应用，解决了天气影响、监测人员误差等人工监测的问题，可 24h 不间断采集数据，及时发现异常情况，遏制险情，将是未来施工监测之大势所趋。

一、应用项目概况

上海某工程项目规划建设用地东西向长约 220m，南北向宽约 140m，基坑周长约 722.4m，总占地面积约 30440m^2。基地内建设 2 栋高 263m 的主楼和高 27m 的 3 层商业裙房，总建筑面积为 416100m^2。地下室共 6 层，基坑最深处达 36m，是迄今为止上海市房屋建领域最深的基坑。在基坑北侧是上海市轨道交通 12 号线提篮桥站，其部分主体及附属结构已位于基地范围内。为防止基坑施工时对地铁产生影响，同时也保证基坑自身施工安全与顺利筑底，整个基坑划分为"三大三小"6 个分坑分阶段施工，基坑之间由地下连续墙作临时分隔。面对如此面积广、深度深、紧邻地铁、施工难度大的软土深基坑，信息化施工无疑是一大保障。项目部决定，在加强人工监测密度的同时，再投入使用自动化监测设备，使连续实时可靠的自动化监测数据为基坑安全增添一道防线。

二、自动化监测方法

(一) 自动化监测布点情况

仔细勘查现场，结合自动化监测设备运行所需的硬件环境，在不影响人工监测的条件下，项目部最终确定了自动化监测具备代表性意义的放置点位，如图 8-1 所示。布点多集中在中隔墙处，主要是考虑在基坑开挖过程中，中隔墙处数据变化较大，施工中若有异常，则可以及时采取补救措施，充分体现自动化监测的作用。测斜(图中以圆圈示意)，共布设 2 个测斜孔；水位(图中以三角示意)，共布设 3 个水位孔；支撑轴力(图中以五角星示意)，每道支撑布设 8 个钢筋应力计(第 2~6 道支撑，共计 5 道支撑)；数据采集箱，共布设 5 个采集箱(测斜 2 个，支撑轴力 2 个，水位 1 个)。

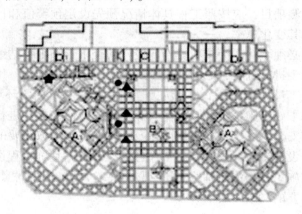

图 8-1 现场布设自动化设备示意

(二) 自动化监测设备安装及与数据模块间有线连接

1. 测斜仪安装

本工程采用具有测量范围宽、分辨率高、精度高、抗冲击性强、密封性良好等性能优异的固定式测斜仪，如图 8-2 所示。安装时，将第 1 个带固定式导轮的测斜仪和连杆连接，连接的过程中不转动测斜仪，记住仪器正、负值变化的方向，以便于后期资料分析和判断。

随后再旋紧连杆上的螺母，把传感器的电缆线用电工胶带绑在连杆上，把测斜仪放入测斜孔中。当连杆塞到一定长度后，将连杆的另一端再和第 2 个传感器连好，控制好仪器的正负方向并让所有导轮在同一平面上，用螺母旋紧。按以上方法依次按 2m、3m 间距交替连接 12 个传感器并全部放入管内，安装完成后依次通过有线连接接入控制模块。

2. 水压力计安装

本工程项目采用具有二次密封性能、外形小巧、全不锈钢结构的振弦式孔隙水压力计，安装施工时把与信号线连接的孔隙水压力计放入孔中，直到把孔隙水压力计往上拉时有阻力为止，安装完成后依次通过有线连接接入控制模块。

3. 钢筋应力计安装

根据现场实际情况，本工程采用具有防雷、抗干扰等优良性能的 $\varphi 28mm$ 振弦式钢筋应力计，如图 8-3 所示，在安装埋设前校对检查钢筋应力计规格、型号、编号等，对每只钢筋应力计的频率仪测读零点频率，做好记录。安装时将钢筋应力计并联在主筋上，通过焊接或钢丝绑扎固定在主筋上。为防挖机等大型机械设备经过而影响线路正常使用，各道支撑的钢筋应力计的信号线均穿过立柱桩接入位于栈桥上的控制模块中。

图 8-2　固定式测斜仪

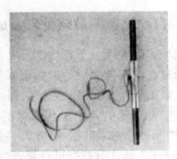

图 8-3　钢筋应力计

（三）数据采集箱间有线连接

考虑到现场的施工条件及其复杂性，数据采集箱间均采用有线连接。测斜及水位的数据采集箱通过中隔墙处的排水沟壁固定后连接，钢筋应力计的采集箱较远于测斜及水位，由于栈桥车辆往来频繁，材料堆场繁多，为保障数据采集的稳定性，信号线走线方式采用 S 弯钩固定于第 2 道支撑的扶手绕至中隔墙处，再由栈桥预留孔洞接出，避开施工区域接至中隔墙处，完成数据采集箱间的连接。

（四）数据采集方式

1. 数据采集

自动化采集软件实时采集时，采集数据将直接保存到软件安装路径下的 Access 数据库内，并显示在采集界面上，可供用户直接查看。脱机采集时，采集的数据保存在自动化采集箱的存储芯片内，用户通过电脑与采集箱连接，实现数据上传功能。

2. 数据传输

传感器埋设在被测点处后，将装有无线传输的自动化采集箱与传感器连接。数据采集箱内置采集模块及通信模块，采集模块具有 16 或 32 振弦传感器测量通道，数据可方便安全地存储在采集器的内存中。安装初期，在现场用手提电脑对采集箱进行初始设置，现场将采集箱置于一级电箱旁固定，避免现场施工对采集箱造成损伤，同时也方便获取直流电。办公室电脑通过 VPN 连接，实现固定 IP 的绑定，自动化采集软件通过 IP 及端口号与无线通信模块连接，自动化采集软件通过该无线通信方式对自动化采集箱进行配置，配置成功后，实现电脑与自动化采集箱的无线通信，如图 8-4 所示。

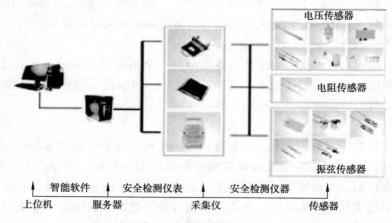

图 8-4　数据采集方式示意

三、自动化监测数据处理及成果

在现场施工进度处于基坑的第 2 道支撑（共计 6 道支撑）时，进场安装自动化监测设备，计算机通过自动化监测设备的物理采集办法，对现场的监测设备设定固定监测频率为每 4h 读取 1 次数据，可选择实时采集数据或脱机状态采集数据。数据采集直至拆除第 2 道支撑，完整记录了整个基坑开挖过程数据的变化，除偶然性（现场断电、因现场施工切断信号线等）数据中断外，采集数据共 26 万多条，数据采集率高达 95%。在原始数据中提取所需数据，进入 Excel 插件对数据进行整理、计算，对采集数据形成本次变化、累计变化，进行曲线分析，生成报表。

四、自动化监测与人工监测之比较

选取人工监测与自动化监测在各道支撑施工期间的任意 1d，取当日变化量、累计变化量最大值进行比较，比较结果如表 8-1 所示。

表 8-1　人工监测与自动化监测变化量对比

施工阶段	人工监测/mm		自动化监测/mm		累计变化量差异/%
	日变化量	累计变化量	日变化量	累计变化量	
第 2 道支撑	0.5	9.4	0.7	10.3	9
第 3 道支撑	1.3	25.3	1.2	24.5	3
第 4 道支撑	2.5	47.8	2.6	51.4	7
第 5 道支撑	1.6	55.7	1.6	58.6	5
第 6 道支撑	2.0	65.5	2.2	69.7	6

注：自动化监测累计变化量的起始值取自动化监测开始运行当天的人工监测累计变化量。

对采集的数据进行分析，出具曲线图，再与人工监测的数据进行对比，基本符合基坑变化情况。但在长期监测实践中，我们发现自动化监测与人工监测数据有时候存在一定的差异。

经分析，造成两者数据不一致，既有偶然因素（施工现场车载带来的影响、挖机镐头机带来的振动等），又有系统性因素（监测起点时间不一致、基准点不一致等），这些要在今后的应用中予以重视。

本工程从开挖至顺利筑底，施工周期8个月左右，通过规范钢筋绑扎、支模安装、浇筑混凝土等技术措施使支撑轴力控制在安全范围内；适时降水以严格控制地下水位；同时抓紧工期以尽可能减少地下连续墙变形。从上可以看出，在自动化监测的时间内，人工监测数据与自动化监测数据互补，成功地为项目施工安全保驾护航。

第九章　未来深基坑支护与施工新技术

第一节　基于 BIM 技术的深基坑设计

一、基于 BIM 技术的深基坑设计发展背景

(一) 相关概念分析

在城市建设过程中，由于地下空间所处位置大多临近繁华地段，人口密集，所以对地铁、地下商场、深基坑等大型地下空间的设计及施工要求越来越高。由于城市地下空间的复杂性，设计和施工的影响因素很多，稍有差错都会造成严重的安全事故，故提高设计及施工的准确性对于避免工程安全事故是一个相当重要的因素。据唐业清等人的调查研究，基坑事故的主要原因是在设计和施工两个环节造成的，设计和施工占所有安全因素的 85%，其他因素来自勘察和地下水处理不当。基坑工程涉及各方面的技术要求都比较高，在勘察、设计、施工以及桩锚施工、测量等各个环节都必须做到准确无误。且由于地下空间的复杂性和隐蔽性和不可预见性，许多安全隐患容易被忽略，这是造成事故的主要因素。BIM 技术因其系统化、可视化、信息化等优点，可以提高设计的准确性，刚好能满足基坑设计的需求。但因为 BIM 技术在岩土工程方向研究较少，所以还需工程技术人员不断地实践和探索，例如对软件的二次开发、实际应用等方面存在的很多不足之处加以改进。

BIM 技术是利用建筑工程信息对设计、施工、运营等环节进行信息收集和信息反馈的过程，BIM 技术的关键在于建筑所包含信息的掌握并加以运用，将建筑信息有序整理出来，形成工程所需的信息，比如地质勘察情况、结构构件数量、混凝土和钢筋用量等。BIM 技术的运用不仅仅是在设计阶段三维模型的一种体现而是贯穿于整个生命周期。与传统设计不同，传统设计的体现仅仅是二维图纸的表现，且施工组织管理主要体现为文字和表格，这恰恰是 BIM 技术的长处所在，BIM 技术平台的建立可以任意提取二维和三维设计图纸以及 4D 模型，还可以进行施工模拟演练、监控量预警等。BIM 技术在设计中的优势主要是可视化、协同化，根据建立的三维模型可以直观地看到工程建好之后的模样，比如建筑模型的门窗安装是否合理，水暖电设备安装高度是否合理，利用人物漫游功能，将虚拟人物置身于建筑中行进，可较为直观地检查设计中所存在的问题，此项优点相比二维图纸有着不可比拟的优势。同时 BIM 设计中的设计参数化对设计中的各个构建可以直接输入数字来控制构建长宽高等形状，因为是直接对三维模型的更改，所以出图时其正视图、侧视图等是同时改变，同时对周边的构建也是同时智能化更改，达到设计的协同性，可以做到一处更改，处处更改。BIM 技术在施工中的优势主要体现在其施工模拟和施工协调，同时可以导出构件明细表，如果对构件的深入标识，可以更为精确地导出造价所需的明细表，比如混凝土和钢筋用量等，相比

以往造价的工作量，此项优势可以节省大量工作时间；如果需要中途更改设计，造价单也可同时更改。BIM 技术在国外已应用多年，很多国家都有规范对其做出硬性规定，正是因为其带来的优势明显，如何提高设计准确度，保证施工的可行性，减少造价等，其所带来的好处被工程界认可。因为 BIM 技术的全周期性，利用信息整合，各个环节之间信息传递打破了之前传统工程的隔阂，形成一个有效的沟通平台，信息传递给各个环节带来了很多便利。

（二）BIM 技术的优势

（1）可视化设计，通过 BIM 技术，可以提取效果图，并利用效果图提供虚拟漫游的空间和仿真模拟等，让参建方对项目本身有直观了解。

（2）关联修改设计，BIM 模型的各个构建几何参数联动特性，并且使得模型与模型和视图以及统计数据之间实时关联。

（3）参数化设计，参数化设计的优势在于各个构建和设备之间都是由参数化构成的模型，并且可以直接利用模型信息进行数据统计和分析模拟，通过调整参数直接来控制构建的几何形状。

（4）任务划分与管理，设计处于整个周期重心的位置，同时各个专业间优化管理协同合作，实施精细化管理。

（5）协同设计，BIM 团队通过 BIM 设计平台可以实现实时协同、各专业协同、三维校审等功能，避免减少差错提高工程质量。

（6）三维设计交付，三维模型的建立不仅可以任意查看三维模型，还能任意切换二维视图，相比传统设计，大大提高工作效率。

（7）性能分析，对于建筑专业，BIM 技术还可提供光照、能耗、消防疏散等功能及更为人性化的设计。

（8）远程与移动平台工作，此项优势更适用于设计、施工、监测协同管理，利用移动平台随时传递工程信息，确保信息交流的及时性和准确性，提高工作效率和安全等级。

BIM 技术在我国发展较晚，推广初期遇到很多困难，比如软件各式各样，不能实现格式通用。具备 BIM 技术的综合型人才稀缺，不能有效运用 BIM 技术对工程进行指导，不能发挥 BIM 技术的优势。并且缺乏完备的规范，造成市场鱼龙混杂，对 BIM 技术的推广造成不小阻碍。

二、BIM 技术的基坑工程管理平台

（一）BIM 技术基坑工程管理平台的概述

任何一个工程项目的建设过程都是复杂万变的，需要管理者对其进行综合管理，一个完整的周期涉及众多参建单位，在数字信息化时代，信息传递很方便，所以项目的实施管理可以利用信息间的传递来实现对工程的全过程。

（1）建设管理信息的特点：

① 数量庞大，在项目的整个建设过程中，包括初步设计、勘察设计等各个阶段，都会创建大量的信息，同时这些信息也是相互传递来服务各个阶段所需，涉及技术、合同、造价等方面信息。

② 类型复杂，各种信息是通过不同类型来表达，有文字、图片、视频等，这些信息作为非机构化信息，不能做到自动处理，需要耗费人力进行整理，比如在 CAD 文件中，不能

直接在 dwg 格式中提取计算数据。

③ 信息源多，储存不集中，建设所涉及的业主单位、设计单位、施工单位、监理单位众多。因为各自工作性质、工作职能的差异性，将会创建出不同的管理信息。同时各单位内部还有各自的职能部门，比如工程部、财务部都会根据自己的工作内容创建信息。

④ 动态性，一个项目从开始到结束，其间的建设状态都是一直在变化的，工程信息也是在不断增加的，并且在建设过程中也会遇到突发状况，所以信息始终处于动态过程。

⑤ 关联性，建设工程中信息与信息都是相互联系的，比如地质勘察信息与设计信息，监控量测信息与施工信息，构件数量与造价信息，一种信息的变化会影响相关联的信息变化。

（2）传统施工管理方式：

① 人工管理信息模式。传统的施工管理信息录入都是采取手工方式录入，而手工录入的产物是信息管理制度、信息编码、信息流程图等。

② 利用信息系统的信息管理模式。对于大型工程项目，创建的信息量巨大，人工管理信息模式已无法满足项目管理需求，越来越多地借助信息技术辅助管理项目，人工管理模式逐步被信息管理的模式取代。但目前的项目管理系统还仅仅局限于某一个阶段或某一个专业，设计阶段的 CAD 软件，施工阶段的造价管理软件，进度管理软件等，这些软件只能对其单方面进行分析，而不能做到从整体角度综合分析，也缺少统一的规范标准，不同软件之间信息不能直接共用，导致工作效率降低，信息冗杂。传统项目信息都是分段式的，业主的建设意图。设计方的设计信息、施工方的信息都是独立的，信息的产生、变更是人为操作，通过文件传达、口头通知等方式上下传递，因此会产生信息传递不准确不及时等可能，从而造成工程效率下降，成本增加等后果。

1. 基坑工程管理平台的流程结构

（1）勘察阶段。根据已有的勘察资料，进行资料汇总和调整，对土壤分层、类型等情况进行说明，并注明岩土的参数信息，方便在设计阶段实施提取。同时建立三维地质模型，将现有的地质资料转化为坐标形式，再将坐标形式转换为三维形式。所得的三维地质模型不仅可以迅速查找地质情况，还可以为之后的设计工作提供辅助作用。但由于目前软件还不够完善，尤其是除了结构建筑专业以外，均需要二次开发才能得到很好的效果，所以这也是勘察方面所面临的问题，但是该问题的解决将会推动勘察专业 BIM 的发展。

（2）支护体系设计阶段。在勘察阶段建立好的 BIM 模型基础上，建立基坑支护体系的 BIM 模型，现阶段往往是通过二维图纸转换为三维模型，这是由于现阶段技术人员经验不足和软件不够完善造成的，但技术人员经验丰富，直接使用 BIM 软件对基坑支护体系建模也不是一件难事。基坑支护体系 BIM 模型建立作为整个 BIM 周期的核心部分，任务重，信息多，但是一旦支护体系 BIM 模型建立将会节省后续工作时间。利用支护体系 BIM 模型可以直接用于碰撞检查、施工模拟、造价计算等用途。部分可以通用格式的分析软件经过简单的二次开发直接将 BIM 模型用于数值分析。

（3）施工阶段。施工阶段的 BIM 模型主要用于施工模拟、工程量计算等方面，一些 BIM 技术发展较成熟的施工单位可以运用 BIM 模型进行监测系统的运用，在 BIM 模型中标注监控量测控制点，并及时更新控制点的位移变化，从而可以直观表现出 BIM 模型的变化，以此做到施工安全预警，目前这种技术都依赖于对软件的二次开发上。施工模拟可以在技术交底时直观地指导技术人员工作，同时也能分阶段分步拆解施工步骤，可以直观表现出已完成和未完成以及将要进行的工程步骤。

（4）基坑使用阶段。基坑工程在使用阶段需要保证其能够对周围土体做到有效支撑，对于各控制点的位移变化需要实时监控，测量人员根据每天的测量数据及时上传管理平台，并同时获得 BIM 模型变化情况，使得业主和施工方可以方便获知基坑安全情况。

2. 基坑工程管理平台的功能

（1）远程协同管理。建设项目的协同管理对于企业的跨边界跨地区有着十分重要的作用，BIM 核心建模软件采用的是网络结构，所以可以通过互联网进行远程信息传递，摆脱地域的限制，将互联网多方管理平台实现远程管理功能，适应 BIM 新的应用要求。

（2）实时信息更新。项目的设计和施工过程中，产生的信息及时上传至管理平台，工程信息就处于实时更新中，传统信息记录不及时将有可能造成安全隐晦没有及时解决的问题。工程建设中产生的图纸、报表、技术指导、会议纪要等都将及时汇总至 BIM 基坑管理平台中。

（3）多层次的决策分析。一个完整的建设项目由多个参与方共同协作完成，各参与方从自身角度出发对工程提出不同决策意见维护自身利益。各参与方对信息的需求程度不同，需要更加细化项目管理功能，对项目的决策分析和适用性有了更高要求。BIM 技术在 Revit 和 Navisworks 的接口和扩展功能，开发了 Web 的信息集成管理平台，实现了项目各方的过程管理信息、质量信息、监理信息等与 BIM 模型的有效整合，并提供访问、修改、增加、删除等操作，保证信息的及时更新，使业主、设计人员、施工单位等项目各参与方通过互联网可以及时全面地交换和共享工程信息。通过建立明确的信息传递方式和技术流程，利用 BIM 技术的协同管理优势，实现对工程的实时把握。

3. 平台的架构与可视化

基坑工程管理平台的作用主要用于信息的传递，各参建单位将各自的信息及时上传至管理平台，同时管理平台将各方信息处理并关联起来存储至数据库。设计方的建议可以及时传递给施工方，施工方需要设计变更也可及时与设计方交流，监控量测的数据也是一个反馈与获取处理方案的过程，宗旨就是将各方连接在一起，及时传递信息，提高工程安全质量。

管理平台可视化技术：可视化功能就是 BIM 模型本身所具有的强大功能，其可视化体现在三维模型展示、位移变形展示、渲染效果展示、现场实景展示、移动终端随时查看。目前管理平台的可视化可以用的载体可以是 PC 端、平板电脑、手机客户端等，此项技术的关键在于 BIM 模型的建立和载体读取 BIM 模型的功能。目前 VR 技术、AR 技术正迅猛发展，将此项技术应用于工程实践中得到了业主方的认可。AR 技术利用传感技术将三维图形与现实场景搭接起来，可以呈现出该位置的三维模型。VR 技术是在使用 VR 眼镜后将 BIM 模型直接呈现在观看者眼前，可以实现建筑漫游等功能。

（二）管理平台数据交互功能

目前，各阶段的 BIM 软件都有其专业的功能，比如场地模型应用 Civil3D 更为方便，建筑结构模型应用 Revit 更为方便，而分析软件则依据实际工程而定。目前只有 Bentley 公司做到了所有文件为统一格式，但由于 Bentley 公司软件相对昂贵，普及率并不高，所以面对各格式之间的交互困难的问题需要采取有效的数据交换方法。

Revit 和 Civil3D 软件作为 Autodesk 公司的主要软件可以导出相同的文件格式，并相互连接加载，但目前 Revit 只能导出 dwg 格式的 CAD 图，当该文件连接到 Civil3D 中时，会存在文件数据流失的问题，比如建筑信息和材质都已丢失。IFC 格式是用 Industry Foundation

Classes 创建的模型文件，该文件格式可以使用 BIM 程序直接打开，IFC 格式作为一个共通格式可以用于 BIM 程序之间信息转换，且保存信息不易丢失，包括建筑构件的几何尺寸、材料形状等。IFC 作为 BIM 技术的基础，部分基坑工程信息管理平台具有格式转换的功能，信息传递至平台后，自动以 IFC 格式存储，这样能实现不同文件格式类型随时转换。

(三) 基坑工程管理平台监测系统

基坑工程管理平台监测系统应该做到录入信息简单，数据处理智能，实现图表自动生成，安全预警功能，且输入进去的数值可供用于其他环节，比如对三维模型的更改，以达到安全预警的效果。在基坑工程实施过程中，需要对基坑工程进行实时监测，监控量测的预警对施工管理具有极其重要的作用，体现基坑工程实施状态。在以往的监控量测数据中，测量人员将各点的位移数值记录在纸质档案当中，以数值的形式存在，然后再在办公室中输入电脑，这样做工作量巨大，并且可以显示出曲线图，虽然可能较为方便地查阅数值变化情况，但是不能直观地看到每一处的健康状态，同样还有大量的数据需要翻阅，这样费时又费力。管理平台的监测系统具有可视化和输入简单的优点，监测人员在工程中测得的数值直接导入系统中，由系统自动生成曲线变化图和 BIM 模型变化图，这样可以一目了然地了解基坑的施工状态，加入变形色谱云图，以红黄绿三色定义预警状态。

(四) 基于 Web 的基坑工程的管理平台实施作用

在基坑建设过程中，项目各参建方按照相应的流程和权限设置，只要在有网络的情况下，可以通过 Web 浏览器进行数据浏览和输入。业主、施工方、监理方均通过网络管理该信息管理系统，施工方可以录入施工进度，监理方可以对上传的施工数据进行审核监督，并上传质检表，业主实时掌握工程进度、质量、成本、资源等，进行动态管理和控制。该系统的综合应用给管理工作带来明显推动作用。

(1) 提升了工作效率。采用 BIM 应用平台，采用标准化管理流程，实现项目管理的标准化、流程化，有效提升工程质量安全。

(2) 提高了信息共享程度，BIM 信息系统与 BIM 模型以及管理系统相互连接，根据职能部门要求和施工规范，对工作任务进行安排，各单位根据自己的用户权限，可以通过网络随时查看施工状态，随时掌握项目进展情况。

(3) 提供了实时完整的施工信息，给管理人员提供决策方案。因为其系统实时更新的功能，能够如实反映现场施工状态，进而发现问题并提出解决方案，对工程项目进行实时控制、工期预测、风险评估。

(4) 提升了项目管理水平。在 3D 模型的基础上，加上时间轴形成 4D 模型，可以生成施工进度、施工资源之间关系的动态模拟，BIM 管理系统将各参建单位的过程管理信息、质量信息、监理信息等有效整合，并提供查询功能，满足各参建方不同层次和不同职能部门的规范需要，推动项目管理由粗放式管理到精细化管理，提高管理效率和工程质量安全。

三、BIM 技术的基坑工程建模研究

(一) BIM 软件与传统建筑软件对比

BIM 软件与传统建筑软件的差别不少，大概可以以下几个方面对比出来。在设计信息的传递方面，二维设计软件的信息在不同阶段和不同专业之间传递会损失一部分数据，而三维 BIM 软件可以实现实时互通，达到更有效的数据传递。在设计变更中，传统二维软件需要设计人员消耗大量时间在协调和对图上，后期更改需要单独对每一张图进行更改，而三维

设计可以做到一处更改，处处更改，这样可以节省更多的工作时间。在设备数据和工作状态模拟关系上，二维设计软件无法进行工作状态模拟，三维 BIM 通过构件信息，可以做到工作状态的模拟。在平面、立面、剖面对应关系上，传统二维设计都是分别单独绘图，相互对应不是那么方便，但是 BIM 设计是直接进行三维设计，可以任意导出平面图、立面图、各个地方的剖面图，更改了三维模型与之对应的平面图纸也随之更改。

在工程量及材料数量统计方面，二维设计软件的工程量及材料量的统计准确度偏低，BIM 软件的提取工程量方便而又准确。在设计质量的对比关系中，二维设计功能受限，在一般层面上难有突破，BIM 设计软件从协同设计上保证设计质量，使得设计结果更可靠。在设计信息的流动与传递关系上，二维设计软件受平台和格式限制，设计结果和信息传递难以实现，而 BIM 软件可以做到实时传递。目前 Autodesk 公司的 Revit 软件运用较为广泛，其主要运用在建筑、结构、设备专业，因为软件中文件格式的通用性可以将各个专业的建筑模型建立一个完整的建筑信息模型，比如分别建立的建筑、结构、设备模型，可以采用链接的方式组合成一个模型。Revit 和 CAD 来自同一个公司，很多操作方式相似，所以掌握基本的设计功能相对容易。目前 BIM 技术中 Revit 占据了主要市场，其开放性端口便于对其进行二次开发，可以利用开发的程序和插件提高设计效率和质量。

1. 工程量统计

工程建设中需要测量的工程量项目很多，从勘察设计到施工期间由于地质、施工、设计变更等原因，施工区内的地形地貌变化很频繁。因此，不仅在勘察设计阶段要测量工程量，在施工前、施工过程中、竣工等阶段为控制工程进度、预算分项目经费、最后结算等都需要多次测量工程量。传统工程量统计，安装预算人员需从图纸中逐一计数来统计设备、部件、管道配件等，然后分类统计于表格中。目前 BIM 技术中的 Revit 软件中查询明细表功能，可分型号、分楼层、分系统形成统计报表。

2. 碰撞检查

碰撞功能是 BIM 技术中常用的核心功能之一，利用 BIM 软件可以迅速而准确地检查出设计中各单元之间有冲突的单元，常用的建模软件都自带碰撞功能，但 Autodesk 公司的 Navisworks 软件功能强大，对多种格式都能导入。碰撞检查是贯穿整个协同设计过程的，通过碰撞检查可以使多专业协同设计进行更为及时与有效的联系，在设计的进行中不断地将不同专业的设计同步更新与优化。简单地说，任何一个专业的设计都影响其他专业的设计，并且任何一个专业的设计都受其他专业设计的制约。碰撞检查在多专业协同设计中担当的是制约与平衡的角色，使多专业设计"求同存异"，这样随着设计的不断深入，定期地对多专业的设计进行协调审查，不断地解决设计过程中存在的冲突，使设计日趋完善与准确。这样，各专业设计的问题得以在图纸设计阶段解决，避免了在日后项目施工阶段返工，可以有效缩短项目的建设周期和降低建设成本。在进行多专业协同设计的过程中，碰撞检查承担的角色可谓是"引擎"，通过对各个设计专业的模型进行链接，及时发现各个专业之间设计的冲突，使得多专业协同设计成果更精确、更有深度、更满足施工标准与现实生产。运行碰撞检查将已经链接的模型运行"碰撞检查"，这是碰撞检查最重要的一步，通过该操作能查找目的构件之间是否存在冲突和碰撞。将结构模型链接到 MEP 模型后，运行"协作"选项卡中的"碰撞检查"。假设我们要检查结构柱与管线之间是否存在碰撞，只要将对话框中"类别来自"选择"主体项目结构"，勾选"结构柱""管件""管道"，然后单击"确定"。

运行碰撞检查后会自动弹出冲突报告的对话框，对话框中会显示相互冲突的构件名称及冲突构件的 ID，设计团队依照碰撞报告进行各专业之间的协调，选择最优的解决方式。Revit 系列软件提供了更人性化的显示方式，单击冲突对话框中的冲突构件名称，冲突构件会在三维视图中亮显，便于查找与校验。更改冲突图元和重复审查，根据碰撞检查报告，协调相关专业对冲突构件进行调整。将调整好的模型再次链接，重复以上步骤进行碰撞检查，通过该操作能保证各专业模型的精确性。

随着 BIM 技术的应用，基于 BIM 的多专业协同设计工作模式是未来的发展趋势，不同专业的设计成员联系在一起，在同一个平台上进行建筑项目全生命周期设计。相比以往多专业协同线性的工作模式，基于 BIM 的多专业协同设计工作模式能让各专业进行更多沟通，进而快速、高效、精确地设计。碰撞检查是协同设计过程能否有效实施的关键因素，确保多专业之间协作能更有效进行。以 Revit 系列软件为基础的碰撞检查，不仅为设计者提供三维的设计界面，而且使碰撞检查更方便、快捷和准确。这样在多专业协同设计的过程中，设计人员将更多的时间和精力投入到各专业的设计上，提高协同设计质量与建筑项目的品质。

（二）三维地质模型在地质勘察中的应用

1. BIM 技术在勘察中的应用

岩土工程勘察的主要目的是查明工程所建区域的地质情况，以对设计工作提供设计依据，以往都是使用传统二维图纸进行表达。由于 BIM 技术的发展，一部分人已经对 BIM 模型应用于三维地质做出了初步试探，并得到不错的效果，预计在不久的将来随着软件的成熟会有更加明显的效果。地质勘察 BIM 模型对勘察质量有几个促进作用：

（1）易于查明勘察图纸问题，以往的勘察资料是由很多张剖面图、平面图构成，对于某一个平面此二维视图表达还算具体，但是因为其独立性，并未关联周围地质情况，从而造成勘察资料不是非常准确的问题。同时二维剖面图容易在地层标高处造成不准确的问题，这样的问题在三维模型中易于查明。

（2）三维转二维成果便利，遇到勘察地质有变的情况下，直接在三维地质模型中进行更改，因为其数据的关联性，其他剖面图也同时进行了变更，这样就提高了设计的效率和质量。

（3）勘察成果具体形象，易于交流沟通。三维模型可以在 BIM 软件中任意转动，随意切剖，这样的直观优势便于工程师们交流沟通，从而提高工作效率。

2. BIM 在地质勘察中的特点和优势

BIM 软件主要有两个类型：①BIM 核心建模软件，包括建筑、结构、水暖电设计软件；②基于 BIM 的分析软件，有结构分析、施工管理的分析、概预计算等。但目前这些软件普遍只应用于建筑工程方向，并且依然存在诸多不便之处，而岩土工程方面 BIM 的应用也在探索阶段。

BIM 技术在岩土勘察中的三维可视化建模因为专业的特殊性存在以下几个特点：

（1）地质界面的不规则性，地质断层和地层尖灭等诸多不规则地质界面，通过一般的数学理论和建模技术模拟会存在误差。

（2）勘查信息的不完整性，不完整性主要体现在有限的勘探点不能全面反映出全部地质情况，只能通过结合地质成因推断的方法补全未经勘探点的地质信息。

（3）根据地质体固有的地质特性和工程属性来保证建模过程中的合理性，例如由沉积形成的地质类型各地层中之间不会有相互穿插、相互错动的方式。基于 BIM 的岩土工程勘察模型与常规 BIM 建模软件在建立模型方式上有些许差别。BIM 岩土工程勘察模型的建立可以通过手动输入和导入的两种方式。数据的来源有下列几种：①现有地质图形数据，在各城市的勘测院一般都有相应地址的地理信息模型和大概地质资料，包括地质图、地质构造图、地形图、工程地质剖面图等。②实测数据：通过地质队实地取样整理出来的地质资料。③理论推测和经验推导：针对有限的勘探点，对于未采取勘探的坐标进行合理的推算得到数据。④历史数据：根据相关文献查询获得。⑤集成数据：对现有的勘察数据进行合并、整理、提取、过滤等得到需要的数据。

（三）BIM 技术的基坑工程整体建模

1. 工程特点

湖南建筑高级技工学校教学实训综合楼位于湖南建筑高级技工学校内，北临南湖路。根据建设方提供的相关图纸，拟建的湖南建筑高级技工学校教学实训综合楼含两层地下室，考虑了底板厚度的负二层地下设计底标高为 46.9m，负一层地下室设计底标高为 50.5m。因此，本次基坑开挖设计底标高为 46.9m，西南侧局部开挖底标高为 50.5m。现地下室外围场地标高为 50.4~59.9m，基坑开挖深度为 3.5~13.0m。

工程±0.00 标高为 54.9m，待基坑回填后，北面外围标高 52.0~59.3m，东面外围标高 59.4~59.5m，南面外围标高 59.8m，西面外围标高 49.1~50.0m。因此，工程在东西和南北双侧将出现不平衡土压力的情况。该工程在北面、东面和南面将形成的永久性边坡高差分别为 0~4.4m、4.4~4.6m、4.6~5.2m，其中北面边坡已有挡土墙支护，在基坑/边坡施工前将对其进行保护和加固，仅东面和南面的边坡在本次支护设计范围内。基坑北侧为校园道路，坡度较陡，靠近基坑一侧已有重力式挡墙支护，距离地下室外墙线最近处 2.0m，无放坡空间；东侧亦为校园道路，地下室外墙线即为道路挡土墙边线，无放坡空间；南侧为湖南建筑高级技工学校计算机楼，基础形式为独立柱基/条形基础，其外墙距离基坑轮廓线最近处 7.3m，该建筑以北约 6.0m 建有挡土墙，无放坡空间；西面南端现状地形存在高差约 5~7m 的陡坎，现有挡墙支护，陡坎以下现有两栋学生宿舍，为条形基础/独立柱基，其地坪标高比负一层地下室的设计标高低 0.5m，故仅考虑负二层开挖对其影响，两栋宿舍距离负二层地下室外墙线最近处 5.6m；具有放坡空间；西北侧现有的垃圾站和澡堂将在基坑开挖施工前拆除，地下室外墙线距离红线最近 6.4m，红线外侧地势比内侧低 4m 左右，现有挡墙支护，具有放坡空间。本项目现状地形地貌条件较为复杂，设计时应充分考虑支护结构对周边建筑物的影响，确保安全合理。

2. 设计原则

本设计是根据勘察报告、基坑/边坡的平面位置、开挖深度、支护高度、场地周边环境条件等因素综合确定的。设计所需要的参数是根据勘察报告并结合同类工程经验确定的。

基坑 AB、BC、CD 段安全等级为一级，重要性系数取值 1.1；DE、EF、FA 段安全等级为二级，重要性系数取值 1.0。BC、CD 段边坡工程安全等级为一级，稳定安全系数 F_{st} 取值 1.35。本工程地基基础设计等级为乙级。基坑支护工程为临时支护，设计使用年限为一年。边坡支护工程为永久性支护，设计使用年限为 50 年。本场地抗震设防烈度为 6 度，不考虑地震工况。基坑顶部附加荷载按 15kPa 设计，临近道路荷载按 30kPa 设计，建筑物荷载按每层 25kPa 设计，挡土墙荷载按高度 25kPa/m 设计，严禁超载使用。

3. 基坑支护各段设计方案

AB 段：由于基坑外侧校园道路地势变化较大，且基坑轮廓线紧邻现有挡墙，根据《建筑边坡工程鉴定与加固技术规范》（GB 50843—2013），相关方应在基坑支护施工前委托具有专业资质的单位对现有挡墙进行安全鉴定。本段根据有无挡土墙细分为 AA1、A1A2、A2A3 和 A3B 四段分别设计：

AA1 段基坑设计顶标高 52.0m，坑底标高 46.9m，最大支护高度 5.1m。设计采用桩锚支护，排桩桩径为 1.0m，桩间距 2.0m。桩顶设置 600mm×1000mm 冠梁一道。桩腰设置 2 道预应力锚索，孔径 150mm，锚索入射角 25°，锚头采用通长设置的混凝土腰梁锁紧。侧壁喷射 100mm 厚 C25 混凝土面板。

A1A2 段基坑设计顶标高 54.4m，坑底标高 46.9m，最大支护高度 7.5m。设计采用桩锚支护，设置 2 道预应力锚索，其余结构参数同 AA1 段。A2A3 段基坑将现有挡土墙综合考虑后的设计顶标高 54.8~57.0m，坑底标高 46.9m，最大支护高度 10.1m。设计采用桩锚支护，桩顶标高 54.4m，排桩桩径 1.0m，桩间距 1.8m。桩顶设置 600mm×1000mm 冠梁一道。桩腰设置 4 道预应力锚索，孔径 150mm，锚索入射角 25°，锚头采用通长设置的混凝土腰梁锁紧。侧壁喷射 100mm 厚 C25 混凝土面板。

A3B 段基坑将现有挡土墙综合考虑后的设计顶标高 57.0~59.3m，坑底标高 46.9m，最大支护高度 12.4m。设计采用桩锚支护，桩顶标高 54.4m，其余结构参数同 A2A3 段。由于本段基坑外侧紧邻的现有挡土墙较高，为保证其安全，设计在挡墙顶高于冠梁顶 3m 的墙底设置扶壁柱。扶壁柱与其下支护桩位置保持一致，间距 3.6m，尺寸长 1.0m、宽 1.0m、高 3.0m，配筋及钢筋锚固要求详见相关图纸。

BC 段：基坑设计顶标高 59.4~59.5m，坑底标高 46.9m，最大支护高度 12.6m。边坡设计顶标高 59.4~59.5m，坡底标高 54.9m，最大支护高度 4.6m。设计采用桩锚支护，排桩桩径为 1.0m，桩间距 2.0m。桩顶设置 600mm×1000mm 冠梁一道。桩腰设置 4 道预应力锚索，孔径 150mm，锚索入射角 25°，锚头采用通长设置的混凝土腰梁锁紧。基坑段侧壁喷射 100mm 厚 C25 混凝土面板，边坡段侧壁浇筑 200mm 厚 C25 混凝土面板。冠梁、腰梁、砼面板沿边坡方向每隔约 20m 设置伸缩缝，缝宽 20mm，用沥青麻筋嵌缝。

CD 段：据建设方规划，本段基坑外围将先进行消防车道的开挖，原始地形自东向西将以 3.6%的坡度逐渐降低，故本段细分为 CC1 和 C1D 两段分别设计：

CC1 段基坑设计顶标高 58.0~59.3m，坑底标高 46.9m，最大支护高度 12.4m。边坡设计顶标高 58.0~59.3m，坡底标高 54.9m，最大支护高度 4.4m。设计采用桩锚支护，排桩桩径 1.0m，桩间距 2.0m。桩顶设置 600mm×1000mm 冠梁一道。桩腰设置 3 道预应力锚索，孔径 150mm，锚索入射角 25°，锚头采用通长设置的混凝土腰梁锁紧。基坑段侧壁喷射 100mm 厚 C25 混凝土面板，边坡段侧壁浇筑 200mm 厚 C25 混凝土面板。冠梁、腰梁、砼面板沿边坡方向每隔约 20m 设置伸缩缝，缝宽 20mm，用沥青麻筋嵌缝。

C1D 段基坑设计顶标高 57.5~58.0m，坑底标高 46.9m，最大支护高度 11.1m。边坡设计顶标高 57.5~58.0m，坡底标高 54.9m，最大支护高度 3.1m。设计采用桩锚支护，结构参数同 C1D 段。

DE 段：地表整平至负一层地下室设计底标高 50.5m 后，基坑支护最大支护高度 3.6m。设计采用坡率法放坡处理，坡率 1:0.75。坡面喷射 100mm 厚 C20 混凝土面板。

EF 段：基坑设计顶标高 50.4m，坑底标高 46.9m，最大支护高度 3.5m。设计采用坡率法放坡处理，坡率 1:1.0。坡面喷射 100mm 厚 C20 混凝土面板。

FA 段：基坑设计顶标高 49.1~51.5m，坑底标高 46.9m，最大支护高度 4.6m。设计采用坡率法放坡处理，坡率 1：1.75，放坡空间有限的位置，按坡率控制的标高整平。坡面喷射 100mm 厚 C20 混凝土面板。

锚杆族的建立，建立适当的族模型有利于建立整体模型，对模型的准确性和便捷性有着明显提高。锚杆族的功能体现在可以用参数化控制锚杆长短以及直径大小。腰梁族的建立同样可以使用参数化控制其长短和截面形状，相对锚杆族较为复杂，腰梁族模板的建立就能够在此基础上更改参数而得到其他形状的腰梁，这样可以满足不同腰梁的设计要求。

4. 设计方案对比

对于此基坑工程尝试采用两种支护方案进行支护，分别采用桩锚支护结构和双排桩支护结构两种方案。

基坑支护设计顶标高 59.5m，坑底标高 46.9m，最大支护高度 12.6m。设计采用桩锚支护，排桩桩径为 1.5m，桩间距 3.0m。桩顶设置 1000mm×1500mm 冠梁一道。基坑段侧壁喷射 100mm 厚 C25 混凝土面板，砼面板高度 12.6m，冠梁、砼面板沿边坡方向每隔约 20m 设置伸缩缝，缝宽 20mm，用沥青麻筋嵌缝。

冠梁族的建立是通过系统中的梁建立而得出，更改其类型、截面大小从而得到双排桩支护所需的冠梁族。双排桩中的桩是通过结构模板里的柱模型建立的，通过编辑，修改其属性和族类型，建立该双排桩支护结构所需的桩模型构建。

5. 设计方案数值模拟对比

从 Revit 中将桩锚支护模型和双排桩支护模型直接导出 DWG 格式或 DXF 格式，再将 DWG 图导入 MIDASGTS 进行数值模拟。计算模型中土体采用摩尔库伦本构模型。周围土体采用实体单元，模拟边界条件时选取周围的自由边界，双排桩支护结构的数值模拟符合设计安全要求。桩锚支护的锚杆采用植入式桁架单元进行模拟，砼面板采用析取单元的方法建立砼面板网格，土体参数在前文中的设计资料段已给出，此处不再描述。桩锚基坑分五次开挖，开挖深度依次为 1.5m、2.5m、2.5m、2.5m、3.6m。第一层锚杆长度 30.5m，第二层锚杆 22m，第三层锚杆 17.5m，第四层锚杆 15m。通过有限元分析得出，桩锚支护结构设计方案更加安全可靠。

四、BIM 技术的基坑工程施工模拟研究

(一) 施工模拟相关工具及软件

Animator 动画制作工具其主要功能为创建以及编辑对象动画，该软件自带多种控件，可以完成对几何图形平移、旋转、缩放、调色及透明度等操作，软件中的 Animator 树视图可以分层展现所有场景组件形状结构。该工具其主要特点在于可快捷地创建、管理动画场景，以时间轴视图为核心模拟施工过程动画。Timeliner 是 Navisworks 软件中的模拟工具，其用途为手动编写外部进度计划，动画与所需任务联系后通过程序的操作来实现模拟，所需任务主要包含资源、成本等要素。Timeliner 与 Animator 的联合使用使得动画与进度任务在时间上实现统一化。MicrosoftProject 为微软公司开发的项目管理软件，其在国际上使用较多，其功能主要为编制发展计划、跟踪进度、分配资源、分析工作量以及管理预算，在各类项目管理中都有着良好的表现，故在国际上逐渐使用广泛起来。采用 MSProject2010 版本来编制进度计划，目的在于编制的进度计划文件可以评估分析工程的实际情况，从而进一步控制整个项目进度。Navisworks 中实现施工模拟流程可视化的专业软件，其通过控制构件材料、尺寸、

位置等参数来建立结构构件模型。BIM 模型的核心由 Navisworks 体现，添加完整的项目模型附加信息进行碰撞模拟分析，解析碰撞过程中所产生的问题并找出附加信息的缺陷及不足加以修正，从而实现最终理想的可视化流程。采用 BIM 技术模拟在基坑开挖到支护全施工过程时，需要注意影响施工进度较大的几个方面如下：

（1）机械种类、开挖范围、标高参数的选择决定了基坑开挖程序是否合理。

（2）挖土过程的组织管理以及机械汽车指挥需要按照施工规范进行设置，从而体现模拟程序的系统性以及连续性。

（3）机械运输路线、机械整理、运输通道清理决定了挖土和运输过程的效率，合理规划可节省模拟时间。

（4）当模拟基坑开挖深度较大时，其安全性能主要通过加固基坑周围环境，主要采用铺设钢板来体现，清除基坑周围所存在的堆载。

（二）施工模拟

BIM 软件由数据源、数据层、项目管理三大块组成，本研究的主要工作内容分为如下三点：

（1）数据源、数据层处理，查阅相关工程文档资料，提取与所模拟工程相关的信息，将其导入到 BIM 程序中，即 BIM 中的 I（information）所需要做的信息产生及交换工作，该工作设计的 BIM 软件主要包括 AutodeskRevit，Navisworks，3DSMax，Microsoftproject 等。

（2）项目管理应用，设计施工现场的环境，建立对应模型后输出文件。再采用 Revit 设置施工中的具体参数并储存，采用 Microsoftproject 工程管理软件编辑施工进度提供数据层支持。最后导入 Navisworks 软件中运行并使用 Revit 生成 4D 动画来展现施工过程。

土方开挖工程概况：本工程开挖面积约 6130m^2，基坑土石方量约 $2.8×10^4 m^3$，支护面积约 2500m^2，基坑支护深度为 3.0～13.5m，场地平整标高 55.00m，基坑筏板垫层底标高 46.77m，基坑开挖深度为 8.23m。东、南、北三面为人工挖孔桩基坑支护、西面为自然放坡，基坑支护、基坑降水另行设计施工。

基坑支护分五步两层开挖。第一层开挖①方向，从外至内，开挖标高至 51.5m，第二层开挖②③④⑤方向，从内至外退场开挖，开挖标高至筏板基础垫层底标高。东南北三面为基坑支护腰梁锚杆钻孔提供工作面，保证钻孔机正常钻孔，配合腰梁施工开挖，腰梁完成后，可进入第二层开挖阶段。基坑支护腰梁锚杆施工具体方案见基坑支护专项方案。

1. 工艺流程

人工挖孔灌注桩工艺流程：场地平整→放线、定桩位→挖第一节桩孔土方→支模浇筑第一节混凝土护壁→在护壁上二次投测标高及桩位十字轴线→安装活动井盖、垂直运输架及吊土工具、排水、通风、照明设施等→第二节桩身挖土，清理桩孔四壁，校核桩孔垂直度和直径→拆上节模板，支第二节模板，浇筑第二节混凝土护壁→重复第二节挖土、支模、浇筑混凝土护壁工序，循环作业直至设计深度→进行扩底（当需扩底时）→清理废土，排除积水，检查尺寸和持力层→吊放钢筋笼就位→浇筑桩身混凝土。

2. 施工模拟的实现

桩锚支护施工顺序如下：

定位放线→施工护壁桩→施工桩顶冠梁→开挖至第一道锚索标高以下 300mm→施工开挖标高以上的喷射砼面层→施工第一道锚索→施工第一道腰梁→第一道锚索张拉锁定→以此类推施工完最后一排锚索→开挖至基坑底→施工开挖标高以上的喷射砼面层。放坡开挖施工顺序如下：放好坡顶线、坡底线，经复测及验收合格后开始开挖→开挖至第一排短钢筋标高以下300mm→施工开挖标高以上的喷射砼面层→以此类推开挖至基坑底→施工开挖标高以上的喷射砼面层。基坑/边坡开挖与周边挡土墙拆除先后顺序如下：AB段保护外侧挡土墙不拆除，在本段支护桩、冠梁和护壁桩施工完毕后，方可开挖基坑；BC、CD段应先施工支护桩，再分层开挖拆除挡土墙；DE段陡坎处挡墙应在平整场地至负一层地下室设计标高时拆除；FA段陡坎处挡墙可在放坡开挖时同时进行拆除。A、D两点处不同支护结构形式结合处的施工先后顺序为：先施工支护桩，后进行放坡开挖。B点处两侧桩顶高差5.1m，采用植筋的方式将低处桩顶冠梁与高处的桩体浇筑成整体。

工程桩采用人工挖孔桩，桩径分别为900mm、1000mm、1200mm、1400mm、1700mm、2000mm，桩底下部有扩大头，其中部分直径为900mm桩底无扩大头，共86枚，桩净长大于6m，桩底持力层为中风化砾岩，桩入持力层不少于500~1000mm，桩端土的极限端阻力标准值为7000kPa。人工挖孔桩桩身及护壁混凝土强度等级均为C30，护壁厚度为140mm，护壁加筋为$\phi8@150mm$，成桩后按规定要求做深层平板载荷试验和动测试验。冠梁地槽开挖当边坡或基坑某段的支护桩全部浇灌砼施工完后，可进行该部位冠梁施工，冠梁施工前应先开挖地槽，地槽底宽度稍大于设计宽度，地槽深度按标高控制，地槽侧壁视土质情况适当放坡，必要时采用内支撑对坑壁加固。按照设计配筋要求制安钢筋，梁的主筋采用对单面搭接焊，要求同一断面接头率≤50%。冠梁箍筋与主筋实施绑扎边接。为保障冠梁与人工挖孔桩紧密连接，冠梁施工前应将人工挖孔桩桩头浮浆凿除清理干净，并保证桩顶露出钢筋长度满足设计要求。锚杆的施工按要求的孔径、孔深、角度钻孔。为防止孔内残渣，钻孔深度应比锚索设计长度+500mm，孔距：±20mm，孔径：±5mm，倾斜度：+5%。注浆时，注浆管应插至距孔底250~500mm处，孔口部位应设置止浆塞。采用二次注浆工艺，跟管钻进，第二次注浆时水灰比宜为0.50，注浆压力宜控制在2.5~5.0MPa之间。放坡阶段放好坡顶线、坡底线，经复测及验收合格后开始开挖→开挖至第一排短钢筋标高以下300mm→施工开挖标高以上的喷射砼面层→以此类推开挖至基坑底→施工开挖标高以上的喷射砼面层。

（三）BIM技术施工模拟的优势

BIM虚拟施工管理的优势在于可以创建、分析以及优化施工进度，其可视化的施工过程可以完全展现将投入使用的施工方案的可行性，从而做到提前发现施工问题，消除施工隐患，为实际工程提供参考，使得项目管理者通过软件更好地理解项目范围，更加有效地管理设计变更，使得实际工程按时完成且保证工程质量。虚拟施工给项目带来的优势主要体现在如下两个方面：

1. 施工方法可视化

直接快速地将施工计划与实际进展对比，其各人群有效的协调可以从这体现出来，施工方、监理方、业主都可以过虚拟施工掌握现场情况，缩短了各方的交流时间，使得项目进度能够不受各方面因素的影响正常进行，避免了缺少现场人员监督失误等造成的影响，真正做到质量、安全、进度、成本管理、控制的人人参与。

2. 施工方法可验证

全真模拟运行整个施工过程使得项目管理人员、工程技术员、施工人员可以了解每一步施工活动，若发现问题，对应的技术部门可以提出新的施工方案，将新的施工方案进行再次模拟验证，从而在实际工程实施之前识别绝大多数的施工风险和问题，并有效地解决。其中施工组织是对施工活动实行科学管理的重要手段，按照网络时标进行施工方案优化和分析并对一些重要的施工环节进行模拟和分析，通过电脑的预演来提高复杂建筑体系的可施工性。BIM 虚拟施工管理的优势主要由施工具体过程来展现，主要体现在场地布置方案、关键工艺、土建主体结构施工模拟、装饰效果模拟四个方面的应用。以下对这个四个方面的内容做简要介绍：

（1）场地布置方案：为使得现场使用合理，施工平面布置应有条理，尽量减少占用施工用地，场容整洁、道路通畅，避免多个工地使用同一场地导致同一场地相互牵制、相互干扰。

（2）关键工艺：预应力钢结构的关键部位以及关键构件其安装相对复杂，合理的安装方案可以省时省费，对比传统方法来说，传统方法是施工人员在完全领会设计意图再传达给建筑工人，相对专业性的术语以及步骤工人无法完全领会，虚拟施工在这可以提供足够时间的技术交流优势便体现了出来。

（3）主体结构的施工模拟：根据拟定的最优施工现场布置和最优方案，将由项目管理如 project 编制的施工进度计划与施工现场 3D 模型集成一体，引入时维度，可以使得设备材料进场，劳动力配置，机械排班等各项工作合理安排。

（4）装饰效果模拟：针对工程技术重点难点、样板间、精装修，完成对窗帘盒、吊顶、木门、地面砖等基础模型的搭建，对施工工序的搭接，灯光环境等同时进行分析，综合考虑相关影响因素利用三维效果预测的方式有效地解决各方协同管理的难题。

（四）基坑工程进度管理

工程建设项目的进度管理是指对工程项目各建设阶段的工作内容、工作程序、持续时间和逻辑关系的制定计划，并以此作为管理依据。在施工过程中要经常检查实际进度是否按照计划要求进行，对出现进度偏差立马采取措施，改变施工计划，确保工程按时完成。

BIM 技术的优势主要体现在以下几个方面：

（1）提升全过程协同效率，基于 3D 的 BIM 沟通语言，简单易懂、可视化好，大大加快了沟通效率，基于 Web 管理系统和高效的协同平台，所有项目管理人员可随时获取工程数据，减少沟通的问题。

（2）加快设计进度，BIM 设计初期看起来是比传统 CAD 设计复杂，现阶段 BIM 设计确实效率不高，但实际上 BIM 模型的建立将会减少设计中的错误，提高出图效率，这样整体设计时间将会减少。

（3）加快生产计划、采购计划编制。工程中常因生产计划、采购计划编制缓慢损失了进度，急需的材料设备不能进场从而导致窝工影响工期，BIM 技术里的施工模拟软件可以生成合理的工程进度表，依据进度表进行施工将会提高施工效率。

（4）加快竣工资料交付工作。通过利用 BIM 技术管理平台，所有工程资料在项目建设过程中已经得到更改，在准备交付资料时只需将管理平台中的数据库进行提取即可，为竣工资料的准备节省了大量时间。

（五）BIM 技术在进度管理中的具体应用

在当前建筑工程中常用甘特图表示进度计划，甘特图能够直接表达各项施工任务的工作期限，但仅限于图表的表达方式。BIM 技术通过时间轴对应 BIM 模型，可以高度还原建筑的施工过程，实时追踪当前进度状态，分析影响进度因素，缩短工期。

目前各软件公司的 BIM 软件基本都有施工模拟功能，操作方法也较为相似，施工进度模拟大致分为以下几个步骤：①将 BIM 模拟进行材质赋予；②制定 Project 计划；③将 Project 文件与 BIM 模型链接；④制定构建运动路径，并与时间链接；⑤设置动画视点并输出施工模拟动画。通过 4D 施工进度模拟，能够完成以下内容：基于 BIM 施工组织，对重点施工环节进行剖解演示，制定切实可行的对策，依据模型确定方案、排定计划、划分流水段，BIM 施工进度利用季度卡来编制计划，做到对现场施工进度的每日管理。

（1）通过 Navisworks 软件定义分部分项的时间轴，将时间和施工内容连接起来，能迅速生成甘特图、横道图、动画演示，实现基于 BIM 平台的 4D 施工进度模拟。

（2）通过 Navisworks 可以直观了解到施工顺序，对于施工中的重难点部分也可细致拆解，便于技术交底，同时也能发现原施工计划中存在的不足之处，便于修改施工计划。

结合实际工程，建立有效的 BIM 基坑工程管理平台，利用 BIM 软件对基坑工程进行设计和施工模拟，从中获取部分经验，主要结论如下：①管理平台的建立可以将工程的勘察信息、设计信息、施工信息、监控量测信息有效整合，便于信息间传递，管理平台的应用将会提高各单位之间的协同工作效率。②依据工程实例，使用 Civil3D 软件对基坑工程所处地质环境进行三维建模，使传统二维勘察资料立体化、可视化。对比多种三维地质建模方法，总结出一种相对简便且包含基本地质信息的建模方法，并利用地质 BIM 模型可以为之后的工程设计提供基本信息，对基坑工程所处的地质环境有直观的体现。

（3）利用 Revit 软件建立基坑工程两种支护模型，对基坑工程的桩锚、腰梁、冠梁等构建进行族库的建立，可以实现快速建模，快速算出工程量等优势，BIM 模型可视化的特点对设计中所存在的问题可以直观察觉，运用碰撞功能能有效发现设计中存在的问题。利用 BIM 模型能导入有限元分析软件中，进行稳定性分析确保工程安全性，此流程相对传统设计分析效率更高。

（4）通过对 Revit 软件进行二次开发，开发的小插件工具对于各种模型的查看方便快捷，利用该插件对于基坑及地质模型的局部查看，亦可以查看锚杆和桩与地层之间的关系，是可视化功能的一种延伸。

（5）利用 Revit 模型所建立好的基坑模型，直接导入到 Navisworks 软件中，进行施工模拟，文件转换方便且利用率高。Navisworks 进行时间轴定义后可以生成施工进度表和施工模拟动画，体现出 BIM 模型在施工管理中的优势。

（六）对 BIM 基坑设计发展的展望

（1）由于我国运用 BIM 技术还相对不够成熟，还有很多方面需要借鉴国外的经验，目前我国的 BIM 规范尚在试用过程，没有一个规范的要求和标准，所以对于一个健全的 BIM 体系，还需要从国家的层面上对 BIM 进行规范化管理，以发挥其优势，从而带来工程届的改革。

（2）目前 BIM 软件还不够成熟，存在很多缺陷，比如应用专业少，信息化管理不够方便，各种软件之间格式不能通用，从而导致影响工作效率等问题。目前只有少数大型企业才具备二次开发的能力，并且二次开发的程序或软件也不完善，所以解决 BIM 专业软件的问题迫在眉睫。

（3）一个完善的 BIM 周期，需要完整的信息和完善的软件功能，可以实现勘察模型的精细化、设计的自动化、施工的模拟化、造价的迅速化、数值分析的简便化，大大提高工程的精确性和施工的安全性，这之间还有很长的路需要我们去探索。

第二节　超深地下连续墙施工新工艺

一、超深地下连续墙施工新工艺发展概述

随着时代的不断发展，改革开放的不断深入，我国各行各业的生产力不断提高，伴随着人民对于住房条件要求的呼声越来越高，建造高层建筑、超高层建造、深基础建筑的数量越来越多，但是已有的深基础施工技术已经不能很好地满足人民群众对于噪声污染的忍受程度。例如：现在有些深基础附近已经有很多建筑物，使得放坡开挖的方法已经不能使用，否则会导致周围建筑物的沉降；还有些深基础的工程比较靠近城市地下密密麻麻的地铁线路、通信线路等，使得沉井的方法也不能适用；还有些深基础工程受到周围地质条件、水文条件的影响，需要在施工过程中降低地下水的水位，但是地下水水位的下降会导致周围建筑物的沉降以及地基不稳，影响安全，所以说传统的施工技术已经受到了很大的挑战。但是地下连续墙的施工技术的到来就能很好地解决这些问题，现在各国的城市地下工程都已采用连续墙的施工方法。这些年来，地下连续墙的施工技术有着如下的发展趋势：

（1）伴随着工艺的提升、新型建筑材料的发明，地下连续墙的施工技术越来越发达。其所使用的混凝土强度越来越高，甚至可以达到 $50\sim70MPa$，抗渗透的水平也高达 $10\times10^{-10}s$。

（2）地下连续墙技术的快速发展使得现在可以采用地下连续墙技术的建筑物的规模越来越大，很多建筑物都可以做到越来越深、越来越厚，墙的体积达到了几十万立方米。

（3）在现在的城市发展过程中，很多连续墙已成为建筑物不可或缺的一部分。连续墙能起到挡水、挡土的作用，另外还可以传递竖直的负载。

例如，福田高铁站就是典型的采用地下连续墙施工技术的建筑物。其主要是以地下连续墙为主要防护结构借此穿越上下地层，主要有花岗岩层、强风化花岗岩层、弱风化花岗岩层、冲击层以及填土层。最深可以达到岩层下约 25m 的地方。这一项工程的地下连续墙不仅深度高达 52m，并且墙厚 1.5m。在国内已建工程中属首位，施工技术尚无成熟经验可供借鉴，因此，有必要对复合地层下超深超厚地下连续墙的施工技术开展研究，保证福田高铁站的地下连续墙的顺利施工。

笔者主要是基于福田高铁站的地下连续墙施工技术，研究比较合理的新型超深超厚复合地层下的地下连续墙施工技术。分析地下连续墙的成槽开挖技术与不同硬度岩层的适应性，形成一整套适用于复合地层的超大体量地下连续墙施工技术，这样不仅能够提升我国地下连续墙施工技术的水平，更加能够拓宽地下连续墙的范围。

（1）揭示不同成槽技术的地层匹配性。按照不同的硬度可以划分岩层的等级；通过成槽技术特点分析研究不同成槽技术与基岩的适应性，形成一套成槽技术的地层匹配性分析与比选方法。

（2）建立复合地层地下连续墙施工技术在核心城区的施工体系。以依托工程为背景，通过地层特性分析、施工流程总结、关键工序确定等研究，形成一整套的核心城区复合地层超厚超深地下连续墙施工技术体系，保证了施工质量，拓展了地下连续墙适用地层及尺度范围，对后续超大体量基坑工程围护结构选型与地下连续墙施工技术应用具有示范和借鉴意义。

地下连续墙的发展初期是仅作为施工时承受水平荷载的挡土墙或防渗墙来使用的。但是随着工艺的不断优化以及设备的不断发展，人们发现地下连续墙有着刚度大、整体性高等特点，这样就不再使用地下连续墙最为原始的功能，而是越来越多的用在基础施工的领域，代替打桩、沉井基础等。在现在的建筑工程中，地下连续墙已经成为建筑物主体的一部分直接用来负载竖直的载荷。

二、工程概况

（一）工程地址

广州深圳香港客运专线出发自广州南站，向东经过广东东莞到达深圳，在深圳北部的龙华设立深圳北站，另外采用隧道的形式穿越深圳市到达香港，另外会加设福田站于深圳市民中心位置。广深港客运专线福田站及相关工程（ZH-4标）起止里程为 DK104+500~DK115+919.29，线路全长 11.42km，自深圳北站由北向南以地下方式穿越深圳市区，止于深圳河分界线。主要工程由"两隧一站"组成，即益田路隧道、深港隧道和福田站，工程投资约 48 亿元。

福田站设立于深圳的行政文化中心，福田站位置优越，周围高档酒店和高层建筑密布。福田站具体在深圳市民中心附近的益田路下，形状约为纺锤形，北部连接益田路隧道，南部连接深圳香港隧道。全长 1023m，深 32.15m、宽 78.86m，站场规模 4 台 8 线。福田站的地下第一层是乘客换乘层，第二层是布置站房层，第三层为站台层，福田站一共设立 12 个出口，11 个通风厅以及留个消防疏散通道，还有 1 个消防水池和 4 座冷却塔。总建筑面积 147088.0m²。福田站能够无缝地对接深圳市已有的多条地铁以及公交站，是深圳市福田区的核心交通枢纽。地质结构方面，福田站的地质从表面往下分别是素填土、淤泥质土、粉质黏土以及细、中、粗砂，最下部为全风化至弱风化花岗岩。地下水主要存在于冲积砂土层及卵石层中，透水性好，富水性强。

（二）工程特点

1. 危险系数比较高，对环境的影响比较大

福田站地理位置特殊，附近有香港和澳门。另外福田站处在深圳繁华的中心地带，附近高楼密布，水文条件、管线条件非常复杂。站台毗邻 200m 的高层建筑，建筑超过 10 栋，离车站附近人流量最大的免税店只有 13.4m，该站和深圳地铁二号线、十一号线垂直交叉，基坑开挖土方约为 $183×10^4m^3$。如此复杂的施工环境、如此跨度大的基坑施工量在国内国际都是非常少见的。另外深圳处在中国南部，附近的热带风暴、台风、暴雨非常丰富，对于施工提出了更高的要求和挑战。

2. 技术含量很高、施工难度比较大

福田站作为亚洲最大，通车速度最高的地下车站，采用新型的施工标准、设计规范，对于质量的要求非常高。另外福田站由于采用的是五跨三层超大型地下结构，集明挖、盖挖于一体，对于工程的挑战更加大。

3. 环境保护要求高、制约因素比较多

福田站处在闹市区，对于这种城区施工，作业的时间、开挖的震动、噪声的控制、渣土的运输、爆破量的控制等与环境相关因素的要求都非常高，另外由于福田站横跨多个城市主干道，交通疏解、管线迁改协调难度大，受制约的因素多。

（三）福田站地下连续墙工程概况

福田站施工过程中需要穿透的地层主要有人工填土层、残积黏土层、全风化花岗岩层、强风化花岗岩层、弱风化花岗岩层、冲击层。主要的围护结构式地下连续墙，地下连续墙主要是由宽度为1.2m和1.5m的两种墙所组成，一共497幅。长度5~7m，深度37~52.5m，入弱风化花岗岩3.0~24.6m，岩层比较坚硬，抗压强度约为115MPa。连续墙所使用的混凝土的等级为C30，抗渗透的等级为S12，土方量一共为$11×10^4 m^3$。第一施工段、第二施工段、第三施工段、第五施工段采用临时封闭的1.2m厚的地下连续墙，第三施工段和第四施工段采用厚度约为1.5m的地下连续墙。

三、复合地层地下连续墙施工技术研究

（一）地下连续墙的起源与发展

利用各种挖槽机械，借助于泥浆的护壁作用，在地下挖出窄而深的沟槽，放下预先制作好的钢筋笼，并在其内浇灌混凝土而形成一道具有防渗（水）、挡土和承重功能的连续的地下墙体，称为地下连续墙（Diaphragm Wall）。地下连续墙施工技术起源于欧洲，它是从利用泥浆护壁打石油钻井和利用导管浇灌水下混凝土等施工技术的应用中，引申发展起来的新技术。1950年前后开始用于地下工程，当时在意大利城市米兰用得最多，故有"米兰法"之称。

由于经济的不断壮大，在城市当中出现了很多的高空施工项目以及地底的修建项目，而且旁边的氛围对于项目建设的作用也愈加突出，使得先前的手段无法继续用来修建地底施工项目。像有的地底项目在修建时周围有一些已经建好的工程，就不能再进行钻孔或者大面积挖掘等手段；有的地底项目与公路以及地底的水管或光电缆靠的很近，不能进行地底沉井；也有的地底项目由于土壤质量的好坏不同，需要使得地底的水面高度降低，不过这样做可能会造成土体沉降，给周围已经修好的工程或者是管道带来很多危险；还有的地底项目由于占地面积大，需要挖掘的深度也大，周围土壤、水质等的保护要求严格，假若运用铁板以及一般的木桩是无法起到支撑作用的，同时也不能确保临近建筑物不受到影响。不过，运用地底高度大的墙体修建手段就能够对于这些问题进行规避。所以，地底墙体修建手段在出现之处，就已经得到了很大的关注与运用，并且很快就被用到各种地底修建项目中来。像在东京的地铁修建中、伦敦的深高度的地底车辆存放处以及纽约的一百多层高楼下面的地底居室，这些均用到了地底墙体手段。欧美的高层楼房，像矗立在巴黎地铁通道之上的建筑物——高达200多米的蒙巴纳斯大厦很好地运用了这一方法，其地下基地深度高达50多米。还有我们国家的很多酒店与高楼大厦等都是用到了这种地底墙体修建手段。

现在，地底墙体修建方法逐渐显示出下面的特点：

（1）地底墙体建设由于用的原材料、修建技术以及手段等连续改进，地底墙体修建中用到的混合材料的质量也在不断加强，它的抗压能力现在为48~72MPa，同时防水能力也在继续加强，渗透系数可达到10~10cm/s。

（2）因为地底墙体修建方法在不断的提高，技术手段都有了很大的改善，它在施工项目中的应用也愈加的广泛，能够做的深度更大、强度更坚实，同时其总体积也不断扩大。

（3）现代化的都市修建当中，有更加广阔的地底墙体在固定项目中得到应用，同时那些能够挡水、遮土以及抗压等功能的地底墙体也用到了一些大规模的施工建设中。

（二）地下连续墙施工的特点

1. 地下连续墙的主要优点：

（1）保证项目施工过程都是一体化的，可以降低噪声以及震动幅度，这可以很好地用在城市当中人群多的地方进行24h修建。

（2）因为运用钢筋及混凝土标号高，其可以达到很大强度，具有很强的抗压及抗渗能力。

（3）它的用处很多，像防水、防止渗入、抗压、遮土、防止爆炸等，因为对于建设工序进行改善，使得地底墙体结构的防水性能变得特别好。

（4）对于施工地段的地下结构能够很好的适合，这可以用到除了岩浆洞以外的所有地貌结构，而不管是非常脆弱的泥土层还是在特别主要的高楼旁边进行施工，都能够保证质量和安全。

（5）地底墙体结构能够和逆作的手段一起使用。地底墙体是强度非常大的防护结构，可以运用到逆作法中进行建设。

（6）适用于多种地基条件。地底墙体的用处非常多，包括脆弱的地表结构以及硬度比较大的岩石层等，不同的岩石类型都可以用来建设地底墙体结构。

（7）可用作刚性基础。现在的地底墙体已经脱离了先前的单独基体防护，开始逐渐地用地底墙体来替换桩基础，从而可以有更好的承重能力。

（8）地底墙体在建设时不用进行放坡处理，同时成槽占地小，不用支模或者是混凝土养护。低温下也可以施工，缩短工期。

2. 地下连续墙的主要缺点：

（1）墙面需要二次加工处理或做衬壁。

（2）修建地段的地底墙体不同槽体内部的连接头部无法达标，会成为出现问题的环节。

（3）地底墙体的修建工艺手段要很严格，同时修建的准确度也要满足条件。

（4）在市区施工时，制浆和处理系统占地较大，容易造成环境污染。

四、复合地层超深超厚地下连续墙施工技术

（一）导墙施工

导墙施工是为了控制施工平面位置、成槽垂直度、防止塌壁的重要施工措施。导墙的断面形状根据不同的施工区域与地质条件决定不同的形状，有"I"字形、"L"形、"┐ ┌"形等。通过测量仪器确定地底墙体的中心线，放线完成后，通过一定的机械设备来进行导墙挖掘，人手动进行底部清理。在压实底部之后再加100mm的C10号混凝土垫层，在到了预期的强度时，就将钢筋布设好，封好模板，安装好木质支撑柱，注入C20号混凝土，通过插入式振捣棒振捣。同时必须使导墙高度超出水平面30cm，从而避免地上的水进入到槽体当中，使得泥浆有所破坏，这样做也能避免泥浆水向外流动。

在导墙混凝土的强度为70%时，就开始拆除外模，并立即沿其纵向每隔1m加设上下两道10cm×10cm方木作内支撑，槽口加16槽钢支撑，将两侧导墙支撑起来。如果导墙没有满足所要的强度要求，那么大型的设备就需要远离它，避免使得墙体结构破坏。导墙在修建时分地段加工，一段的长度大约为20m。导墙在修建以后如有缝隙需要进行清除，严格依据要求来进行修建，在加上钢筋之后，不同的导墙上都要有一个水流通过的孔，使得流出来的泥浆能够进入到周围的沟道中，从而尽量降低对于周边的污染。导墙修建时的缝隙要和地底墙

体缝隙之间隔开一定的距离。

导墙施工的控制标准：

（1）墙体内壁和地底墙体中心线之间的距离误差可以为±10mm。

（2）导墙里边和外边之间的距离要比地底墙体的厚度大50mm，这一值的误差可以在±5mm之间。

（3）导墙内壁的竖直角度差别要控制在5‰以内。

（4）导墙内壁的光滑程度要在3mm之内。

（5）导墙的顶端需要保持一个高度，整个顶部的高度误差要在±10mm以内，一些地方的高度误差要在5mm之内。

（6）为了保证施工边界以及修建的厚度要求，不管是对于水平面还是对于竖直面，墙体均不能侵入车站基坑一侧，这样就需要导墙在进行修建放样的时候，墙体水平向外扩大100mm。

（7）为确保地下连续墙转角处设计尺寸，在施工导墙时在转角处增设ϕ12钢筋。

（二）泥浆的制备、循环与处理

1. 泥浆的制备

泥浆可以保护外壁以及在流通当中把流出来的沙、石沉在水池中，同时还有降温、加强光滑的能力。泥浆使地底墙体在修建时可以保证水槽外壁不受到破坏，一定要依据不同的地貌、水土结构，运用不同的材料，同时按照不同的配比做出来。泥浆在制作是大致有下面的原料：膨松土、CMC以及碳酸钠。膨松土的价格特别低，而碳酸钠以及CMC要稍微贵一点，因此就需要在达标的前提之下尽量地降低花费。为了实现这种情况，就需要在质量能够保证的前提之下，加大对于膨松土的添加。泥土岩浆的质量要求大致包括黏稠程度、酸碱度、沙子含量、泥土的厚度以及水分丧失量。可以有许多不同的配比来满足所要得到的质量保证，不过想要得到最为实惠的配比则要经过很多的尝试工作。为了使得水槽的内壁稳定，就要接连往内槽中加入泥浆，同时还要保证加入的泥土岩浆要好。修建过程中所用的泥土岩浆主要是通过性能优异的膨松土制得，同时添加一些CMC可以加强泥土岩浆的保护能力。墙体在修建之前要尝试一下水槽成型，从而来检查泥土岩浆的质量好坏，同时对于其中不同的原料添加比例进行适当的变动，从而使得项目能够按时地完成。

2. 泥浆的循环与处理

泥浆护壁有保护能力是墙体修建过程中保证槽壁性能稳定的前提条件，一定要有相关的设备来检测泥浆的各种性能，随着泥浆的长时间运用，其质量会逐渐地下降，这时对其性能进行检测就显得更加重要。施工中主要有六个泥浆水池和机械设施，不同的泥浆水池都有两个降落水池，同时还有一个旋转一起来加快沙石除去，还有一个振动筛来对不同大小的碎渣进行分开。废弃的泥浆主要有由于泥土砂石影响而不能再使用的泥土岩浆和用完剩下的泥土岩浆。通过一定的手段来对废浆进行处理，添加一些分离试剂或者是沉淀剂，加快泥浆的分离，同时把上清液流入到污水排放池中，而分离出来的废弃泥浆要通过泵抽出来，然后用车辆拉到一定的处理场所，运输泥土岩浆的车辆都要进行密封处理，防止在运输过程中有所泄漏。泥土岩浆的添加比例在实际的修建过程中要从不同的情况出发，进行一定的变动。

制作泥土岩浆的时候，要从不同的地理环境、地面形貌以及具体的方式、用途等情况出发，配制出不同比例的泥土岩浆，通过实验得出性能最为优异的比例。新制备出来的泥土岩浆需要放1d以上，或者是通过填入一定的试剂使得膨松土能够完全吸水再加以运用。不管是在何种情形之下，都要使得水槽中的泥浆高度不低于水平面0.5m，而且还要不高于导墙顶端0.3m。对于泥土岩浆要有专门的人员进行监管，主要有用料以及质量方面的监管，同时还要建立起泥土岩浆施工帐篷、原料存放篷，防止膨松土吸水。另外，也要有专门的人员对于泥浆的运输进行监管，避免其在运输过程中外泄，造成旁边场地的污染。泥浆的屯有量要达到水槽内壁修建的使用需要。

（三）地下连续墙成槽施工

从地下连续墙修建的主要要求出发，墙体大致有下面的内容，Ⅰ以及Ⅱ序水槽段，Ⅰ序槽为首开槽段，两端边界条件均为土层，采用间隔式开挖，当一个Ⅰ序槽段施工后，当中还有一个Ⅱ序水槽进行隔开，再开始Ⅰ序水槽修建；Ⅱ序水槽是两个Ⅰ序水槽当中的关闭水槽，其临界点是已经建好的Ⅰ序水槽。根据连续墙穿越地层地质情况及入岩深度情况，特选择以下三种方式开挖成槽：

1. 液压成槽机结合冲击钻成槽

部分连续墙入岩较浅，对于完全风化的岩石或者是很浅的岩石只需通过液压成槽机来进行水槽修建，这一段水槽的长度分别是5.0m和5.5m，通过Ⅰ型的连接头来连接。每一段都用3个程序来进行挖掘，在旁边都已挖好的情况下再挖正中间。最下面的岩石通过ZK-8的常见简单钢索冲击钻形成水槽。在形成水槽以后要进行泥浆添加，避免造成塌陷。

（1）Ⅰ序槽段成槽。本工程连续墙接头设计为工字钢接头，Ⅰ序槽段为首开槽段，工字钢翼缘板伸出25cm，由于钻孔在进行倾斜时有所误差，1、5孔向外扩张35cm。

第一步：通过2ZK-8的简单类钢索来冲击钻成孔1、3、5到指定的高度；

第二步：液压成槽机挖掘1~3间、3~5间土体至强风化岩面。

第三步：冲击钻施压形成2、4孔到指定的高度。

第四步：冲击钻冲击相邻两孔间岩体至设计标高。

第五步：通过冲击钻结合特别的工具来修整槽段，把孔连接起来。

（2）Ⅱ序槽段成槽。Ⅱ序槽段为封闭槽段，连续墙两端边界条件均为接头工字钢。

第一步：通过2ZK-8的简单钢所冲击钻施压使得1、4孔到指定的高度；

第二步：液压成槽机挖得的泥土到完全风化的岩石后面。

第三步：冲击钻使得2、3孔到达指定的高度。

第四步：冲击钻冲击相邻两孔间岩体至设计标高。

第五步：通过冲击钻与特殊的工具相结合修整槽段，把小孔连接起来。

（3）半开半闭槽段成槽。由于连续墙槽段数量为奇数，或者因场地限制，不采取间隔式施工，而需要设置一部分半开半闭槽段，即连续墙一端边界条件为接头工字钢。

第一步：通过2ZK-8简单的钢索冲击钻制得1、4孔高度为指定高度。

第二步：液压成槽机挖得的水槽泥土到弱风化岩石高度。

第三步：冲击钻施压形成2、3孔的高度为指定高度。

第四步：冲击钻冲击相邻两孔间岩体至设计标高。

第五步：通过冲击与一定的工具相结合，把小孔连接起来。

（4）清槽。在水槽建好之后，就要对水槽进行清孔，清孔形式和通常清孔一样，从水槽大小、修建的高度出发，通过一定的循环方式来反复清孔，前文中提到的车站的墙体水槽长度很大，而且挖掘的也很深，所以可以用反循环的清孔方式进行。在完成之后，依据相关验收标准来进行检查，对槽段的挖掘深度、长度、泥土岩浆的相对密度以及砂石的含量等进行检验，在检查合格之后，再吊装钢筋笼。在清孔过程中，先是通过撩抓的方式进行清洗，接着再用导管来吸出泥浆，不断反复地进行清理。为了保证清理效果，清理之后泥浆的相对密度要超出 1.15，同时落下来的碎渣要≤50mm，在前半段的泥土弯头上面要用特殊的清洗装置来清洗，通过吊车把清洗工具加入到槽体内部反复清洗泥土接头 2~3 次。在清洗之后，要保证新旧泥土接合连接的地方要保持清洁。同时要在槽体更换泥浆以前清洗。在槽体洗涤1h 以后，要保证槽体中的残留物<20cm，同时在 20cm 上的泥浆相对密度<1.2。槽体洗涤以后一定要让专门的监管人员对于槽体的深度以及泥浆的密度进行测定，在达标以后才可以接到箱子上面。槽体中的残留物要≤100mm。

2. 液压成槽机结合双轮铣成槽

当入岩较深，冲击钻成槽进尺缓慢，无法满足工期要求时，在全风化花岗岩层以上部分采用液压成槽机抓土成槽，进入岩层后采用双轮铣成槽。双轮铣成槽采用间隔式施工。

（1）双轮铣制备槽体主要的特征以及相关方式。

① 双轮铣制备槽体主要特点：

A. 双轮铣槽机设备的特征：

a. 对地层适应性强，更换不同类型的刀具即可在淤泥、砂、砾石、卵石及中硬强度的岩石、混凝土中开挖。

b. 施工速度快，对于比较疏散的泥土，它的速度可以达到 20~40m³/h，而如果是在硬度较大的岩石内部，其速度可以达到 2~4m³/h。

c. 孔状结构规整，用这种技术制得的墙体竖直度能够保证在 3‰之内。

d. 运转灵活，操作方便。双轮铣形式带有链条的吊机能够自动地移动，可以不借助于轨道，这有利于其进行主动控制。

e. 在排除残余物的时候就可以进行施工，这样就能够降低混凝土等待花费的时间。

f. 记录仪器能够对整个加工程序进行监督，并且全程进行详细录入。

g. 操作噪声低，震动幅度小，能够在城市繁华地段进行修建。

不过这种技术因为在工序以及机器中有一些不足之处，所以它也有一些缺点，主要如下：

a. 无法用在孤石以及含有大的岩石地段，在这样的地貌下面就要与冲击钻以及爆破等形式一起运用。

b. 由于工具比较庞大，无法准确地区分不同槽体，特别是对于二期槽体的修建。

c. 地底下存在的铁制品或者是一些钢类物体，都会对其产生很大的影响。

d. 设备维护复杂且费用高。

e. 设备自重较大，对场地硬化条件要求较传统设备高。

B. 双轮铣槽机的施工机理：双轮铣设备在制备槽体时的基本依据是在液体压力的作用中，两个轮轴在不停地进行旋转，同时在水平方向进行削割，在竖直方向进行催坏地表结构，通过不断的循环过程来产生碴土。可以制得的最深槽体为 150m，每次修建所得的槽体大约为 800~2800mm。我国现在经常会用到的双轮铣工具大致包括德国的宝峨集团、意大利的卡沙特兰地机械工具企业以及法国的索莱唐日企业生产的铣削机械设备，制备槽体原理基本相同。双轮铣的机器构成大致包括下面几个结构：起重工具、铣槽设备、泥土岩浆加工以及筛选体系。大致的零件是铣刀架，它的高度为 15m、自身重量为 37t，具有液体压力以及电工制约体系的钢制框架，下面有三个主要的发动马达，横向进行对齐，旁边的马达主要是控制着带有铣齿的铣轮进行转动。在铣出槽体的时候，这些铣轮的转速很小，而且反向转动，其铣齿把地表结构中的岩石铣碎，而正当中的液体压力马达控制这泥土岩浆发动泵，并且经铣轮正当中的通道把钻碎的岩石以及泥土岩浆等残余物抽到水平面以上，并分别加以处理，分离之后的泥土岩浆再重新回到槽体中，这样不断地进行下去，直到最后制备出槽体来。

双轮铣槽设备在铣头当中有一些能够用来对于不同的数据进行采集并且传输的设备，员工能够依据触摸的形式来进行控制，同时也可以直接观察到双轮铣槽设备所处的工作形式，对于各种工作形式进行适当的调整。此外，还可以对不同的岩石结构进行铣头转速设定，对铣头上面施加的压力进行加大或者减小，从而使得铣头能够朝着不同方向放置两个导向的铁板，同时在其前面以及后面放置四个纠偏的铁板。如果岩石结构变化很大，那么就可以使得铣头在进行切削的时候，在前面后面以及左面右面所受到的力不一致，从而使得铣头有所偏离，做出来的槽体也会有所偏离。这个时候，员工就能够在触摸屏上，对液体压力中的千斤顶进行伸缩控制，从而改变铣头的位置，并且对其速度进行调整，能够很好地对制备出的槽孔结构进行控制。

双轮铣槽设备能够在不同的地表结构中进行施工，其效率要比一般的液体压力制备槽体机械高，同时所制得的槽孔也很深。此外，其上面还有电子显示仪，能够对小孔的结构以及深度进行显示，如果槽孔修建好以后，就可以把先前储存下来的结果都进行打印，可以把它当做实际的依据。这样看来，液体压力双轮铣槽设备可以在硬度较大的岩石中进行墙体修建。

（2）FD60双轮铣成槽边界条件。福田站A1区连续墙开挖深度34.9～41.7m，入弱风化花岗岩9.7～24.6m，岩层坚硬，其最大单轴饱和抗压强度114.8MPa。冲击钻成槽施工中进入岩层后进尺困难，难以达到计划的钻进速度，结合双轮铣成槽机的特点和技术要点，并在福田站工程首次引进了一台双轮铣成槽机——全国最大的CASAGRANDEFD-60/C850NG型双轮铣成槽机。采用双轮铣成槽进行施工时，双轮铣的工作范围始终要保持在同一界限内，只有这样，才能确保在开挖工作顺利实施的同时，也能达到连续墙的高排列精度。

（3）双轮铣成槽施工方法。FD60的开挖长度为3.13m，厚度为700～1200mm。按照设计要求，在此工程中，设定FD60的铣轮厚度为1200m，这也是目前最常用的规格。

① 单元槽段划分及平面布置。根据FD60双轮铣成槽边界条件，墙体有两种形式，Ⅰ序首开槽段和Ⅱ序闭合槽段，不易进行半开半闭槽段的施工。根据FD60成槽机的开口宽度、轮距、岩层抵抗成槽机侧向力的能力、施工现场起吊钢筋笼的能力等，Ⅰ序槽段长度取值3.13m及7m两种形式，Ⅱ序槽仅能选择3.13m。本区域连续墙除受转角限制采用冲击钻成槽外，其余采用双轮铣成槽。设计要求决定了沟槽的开挖顺序。在沟槽开挖之前，要先做一个较深的连续墙和两个较浅的连续墙，而且要保证前者的深度超过设计要求中的标准，通过这个工序，相关的工作人员可以有效地预判出双轮铣的切削刀齿的几何受力参数，对墙体的稳定性也可以进行初步的分析，有利于泥浆的处理过程进一步优化，对工作循环过程也可以充分了解和掌握更多的有效信息。

② Ⅰ序槽段成槽。

A. 首开7.0m槽段成槽。

第一步：液压成槽机挖掘1、2区上部土体，直至抓斗挖掘功效减缓后。

第二步：双轮铣槽机进行1、2区下部强风化、弱风化花岗岩的挖掘切削。

第三步：双轮铣槽机进行 3 区的挖掘工作，完成成槽施工。

B. 首开 3.13m 槽段成槽。

第一步：液压成槽机挖掘上部土体，直至抓斗挖掘功效减缓后。

第二步：双轮铣槽机进行下部强风化及弱风化花岗岩的挖掘切削，完成成槽施工。

③ Ⅱ序槽段成槽。FD60 成槽机宽度 3.13m，采取套铣接头方式对连续墙之间进行连接，其搭接长度取 115mm，即两个相邻 Ⅰ序槽段间预留土体长度为 3130−2×115＝2900mm。

第一步：液压成槽机预挖上部土体 5~6m。

第二步：双轮铣槽机挖掘下部岩层，Ⅰ期槽段接头处 115mm 的混凝土被切掉而形成套铣接头。接头中部套铣 120mm×210mm 砼凹槽，形成止水槽。

④ 双轮铣成槽机设备成槽开挖。FD60 型双轮铣的工作原理是通过两个铣削轮上的切削刀齿对地层进行破碎后，这些直径低于 80mm 的泥石粒和护壁泥浆充分拌合，被排渣量为 450m³/h 大功率排渣泵反循环排出到地面，并进入泥浆处理系统进行过滤后再循环使用。双轮铣的操作手必须根据地质情况来控制双轮铣的下降速度，并严格按照操作说明书所规定的操作章程进行开挖工作。此外，定期保养也需要操作手严格地遵循说明书所规定的具体要求来实行。FD60 型双轮铣只能进行垂直开挖，在开挖过程中，会由于各种现实状况导致铣头出现倾斜，槽孔也会随之偏斜，进而造成垂直度偏离的状况。这种状况的出现可能是由地质情况、地层变化、开挖速度、刀齿磨损程度和切削头受力不均等多方面原因的影响而造成的。操作手必须依靠垂直度仪所提供的数据，在发现槽体垂直度超出所规定的范围前利用沟槽机上的纠偏装置进行机械纠偏。

⑤ 双轮铣成槽机泥浆处理系统。泥浆处理系统是由 1 套 D500 型滤沙器组成，每个滤沙器内有滤网、干式分离系统、主锥形除渣器和其他水力旋流器组成。泥浆被抽入到泥浆收集器后被等量分配到 2 个滤沙器中进行过滤，被过滤后的泥浆将会再次进入沟槽内并循环使用，而大颗粒碎渣会由除渣器排出。通过泥浆拌合器将干式膨润土和水进行拌合，拌合后的泥浆被贮存在一个大型旋流式容器中。为了避免泥浆因静止而沉淀硬化，确保泥浆的搅溶性和黏性一直保持在某个特定的范围之中，旋流式容器必须要 24h 不停地工作。

⑥ 双轮铣成槽设备施工地下连续墙的工艺流程。下面以 3.13m Ⅰ序单元槽段+3.13m Ⅱ序槽段为例，简述双轮铣成槽机施工工艺过程：

A. 开挖前，按连续墙平面修筑≥10m 导墙，并使用方木进行支撑。

B. 用液压成槽机开挖 Ⅰ序槽段上部 0~18m 深度软土层，并用泥浆护壁。

C. 在导墙顶端设置定位导向框架，它可以使双轮铣按照设计要求进行精确定位。

D. 将双轮铣放入，对约 10~25m 区间段内的岩层进行开挖并直至设计要求的深度。

E. Ⅰ序槽段浇筑混凝土前接头处要预埋封端限位隔板，混凝土初凝后取出，为后期闭合幅槽段开挖提供方便，定位隔板要延伸入导墙面下 6m。

F. 间隔移动双轮铣至下一个 Ⅰ序槽，并按要求对双轮铣进行定位。重复步骤（B）、（E），按照设计要求开挖并浇筑下一个 Ⅰ序槽。

重复步骤 A~F，按照设计要求开挖并浇筑 Ⅰ序槽段施工。

G. 安装定位导向架，移动双轮铣至 Ⅱ序槽，开挖预留土体，并浇筑钢筋混凝土，形成封闭围护体系。

⑦ 混凝土的浇筑与成墙尺寸。在单元沟槽挖好后，及时除去并清理沟槽内残留下来的泥渣是首先要完成的任务，随后向沟槽内注入泥浆，用起重机吊将地面已经加工好的钢筋骨

架放入沟槽内。用导管向内浇注混凝土，这一方法称为水下浇注，其原因是随着混凝土由沟槽底部逐渐往上的浇注，泥浆就被置换了出来。等到混凝土浇至设计标高后，即完成该单元槽段的施工，用特制的接头将各单元槽段之间进行连接，就形成了连续的地下钢筋混凝土墙，呈封闭形状。

（4）双轮铣施工工艺的优化设计。双轮铣在工作岩层（土层或砂层）工作效率并不比传统成槽工艺优势明显。根据双轮铣的工作原理，在铣轮咬合处安装钢丝刷，大大减少了铣轮在工作中因接触过多的淤泥而造成的超负荷（反应在操控系统屏即为油缸压力过高），提高了铣进速度和工作效率，并在一定程度上减少了刀齿的损坏。熟悉施工地质勘探报告，根据不同岩层，合理布置铣轮的刀齿排布，提高施工效率；铣轮刀座的排布定制可视工程施工需求安排，若非特殊要求，可直接在现有铣轮增加或减少刀齿，以达到刀齿排布的目的。

FD60 型双轮铣具备高强度的特点，同时拥有主体框架结构。运用了外凸式设计的切削传动链能够在传动切削的同时使成槽的两侧形成一个品字形凸槽，这样在双轮铣下沉的过程中，双轮铣主体两侧的导向块会顺着凸槽滑行，成槽精度也就大大提升了。

FD60 型双轮铣上配置了 8 块纠偏板，这些纠偏板由液压千斤顶控制，通过垂直度检测仪，操作手可随时掌握关于铣削轮、排渣泵的相关信息，熟悉铣削头在铣槽内深度、直线度情况、铣削链的张紧度参数，也可以通过该仪器对成槽垂直度在 X、Y、Z 轴方向进行调整。排渣效果是直接影响成槽效率的一个关键因素，而排渣量、排渣粒径和排渣扬程是考评双轮铣工作效率的又一个重要参数。FD60 型双轮铣搭载了由哈伯曼公司制造的 KBKT-V1 型大功率叶轮式排渣泵，其叶轮间隙为 90mm，排渣量为 450m³/h，最大扬程为 50m。与其他同类产品相比，FD60 的排渣效果非常突出，在一定程度上解决了双轮铣排渣系统容易堵塞的问题。

3. 弱风化花岗岩层水下爆破结合冲击钻成槽

（1）工程概况。广深港客运专线 ZH-4 标福田站的围护结构设计采用了地下连续墙+4 道内支撑结构形式，其中北端头井附近处连续墙（27 幅长度计 194.65m，深度 35.1~41.6m）入弱风化花岗岩 12.3~24.7m，具备十分坚硬的岩层，其最大单轴饱和抗压强度为 114.8MPa。运用冲击钻成槽施工中，会存在如进尺困难等的问题，如若采用双轮铣进行钻进，速度也达不到十分理想的效果，且机械钻进对设备本身存在较大的耗损，对其的维修成本也颇高。因此，将控制爆破技术作用于进入微风化花岗岩较厚槽段，以便达到使连续墙整体微风化岩石破裂成块，随后再采用冲击钻成槽，从而使成槽设备能够掘进得更加快速、更加高效。

（2）设计方案选择。根据沿线的地形地质、位置环境等的特点，结合本工程的具体情况，地下连续墙普遍入微风化花岗岩的距离达到 10~20m 之间。拟采用控制爆破技术对进入微风化花岗岩或存在微风化花岗岩的槽段进行处理。

爆破方案如下：对于进入微风化花岗岩或存在微风化花岗岩的槽段，停止钻进，确保水头压力，利用"预裂爆破+挤压爆破"作用机理，通过地表水下钻孔作用于微风化花岗岩层，科学进行钻孔布孔，对于爆炸产生的能量进行有效合理的利用，将之作用于地下连续墙微风化部分岩石，使整体微风化岩石能够破裂并且分割成块状。爆破作业时，钻孔孔距在 0.4~0.6cm 之间，炸药单耗控制在 1.2~3.0kg/m³ 之间。在正式实施爆破之前，试爆是十分必要的，因为通过试爆呈现出来的效果，可以对爆破的各项参数进行及时的调整。

（3）爆破参数选择与装药量计算。

① 每次爆破槽段长度。地下连续墙每次爆破距离建筑物较近距离每次爆破槽段长度为3m，槽段长度在3.0～6.0m之间。

② 爆破槽段宽度。爆破槽段宽度与地下连续墙的设计宽度相等，为1.2m。钻孔时外放为0.5cm，成槽宽度1.3m。

③ 每次爆破岩石厚度。根据各槽段微风化基岩岩面分布位置，掌握各槽段爆破岩石的大致厚度，通常条件下为10～20m，平均爆破岩石厚度在15m左右。

④ 钻孔直径。使用直径为110mm和90mm的两种不同规格钻头的地质钻进行钻孔。进入中、微风化岩层时，运用抽芯的方式成孔。

⑤ 钻孔深度。钻孔深度＝设计连续墙深度+超深0.3m。

⑥ 炸药选型。炸药选择2#岩石乳化炸药，这种炸药具有防水性能，它的药卷直径为60mm。

⑦ 单孔装药量计算。以入微风化岩石15m，每次爆破槽段长3m为例计算。

⑧ 同段起爆最大药量。同段起爆最大药量为12kg。

⑨ 平均炸药单耗。结合前期工程的施工经验和岩石的性质特点，岩石坚固性系数f在10～12时，所对应的炸药单耗取值通常在1.0～3.0之间，本设计初步取值为1.42kg/m³。在爆破时，根据实际产生的爆破效果进行相应的调整。

（4）布孔及钻孔设计。

① 边界钻孔及边眼布孔。钻孔的深度低于连续墙预设深度0.3m。布眼时绕连续墙轮廓一周均匀布眼，孔眼与装药孔均匀分布于连续墙边缘，炮孔间距0.5m。

② 中心眼钻孔及布孔。同样钻孔深度要低于连续墙预设深度0.3m，沿中心线等间距布眼，空眼与装药孔沿直线等间隔排列于墙体中心线，间距为0.5m。

（5）装药、堵塞。边眼装药时炸药集中于炮孔底部，炸药上方填塞粗砂直至孔口引爆装置为双发电雷管反向引起爆炸。填孔时由下到上依次为，药卷1—PVC管内填粗沙—药卷2—粗砂。2层药卷分别用非电毫秒导爆管雷管引爆，在簇联后经双发电雷管反向起爆。两个药卷之间由PVC管隔开，长度为1～2m。

（6）起爆网路设计。为了确保引爆路线安全，使用孔内分段的电-非电引爆网络，各非电雷管并联，同时引爆双发电雷管。

（7）爆破安全距离计算。为安全起见，应根据被爆岩体的地底深度（大于25m），与爆源间距最小的建筑物（大于30m）来计算能同时引爆的最大炸药量，防患于未然。根据《爆破安全规程》（GB 6722—2014）计算。

（四）钢筋笼的制作与吊装

1. 钢筋笼的制作

钢筋笼的制作需严格按照相关设计和规范要求，包括其整体尺寸、预埋件数量、位置、焊接质量及钢筋数量规格等。人们在制作平台上制作钢筋笼，平台的平整度直接影响钢筋笼的制作精度，所以平台由20槽钢架设，用焊接方法固定以保证其平整。制作钢筋笼时，其保护层的厚度是很关键的参数。一般会通过设置5mm厚钢板做成的垫块来保护。横向桁架和纵向桁架下弦均采用$\phi 32$钢筋制成，其中横向桁架垫块间隔5m，纵向桁架间隔1.5m。纵向主筋间隔3m，每排每个面必须大于3块。制作钢筋笼时需要设定好预埋件的数量和安装位置；再由扁担高度和导墙顶高程计算出吊筋长度以确保钢筋笼升空后，处于预设位置。此外，钢筋笼的制作要求在制作平台上一次性完成，保证其连贯性与整体性。施工时，丝口切头由砂轮切割机完成，丝口参数如直径和长度必须与要与之连接的套筒一致，否则视为不合格。

2. 钢筋笼的吊装

吊装钢筋笼时需要两台履带吊。编制报批施工方案时，取最大钢筋笼各项参数进行计算。根据其重量、长度，再结合履带吊性能参数，保证其能顺利吊起。两台履带吊有主吊、副吊之分，功能不同，各司其职。主吊负责钢筋笼上半部，副吊负责钢筋笼下半部。吊装时，两带吊先同时运行，钢筋笼保持水平；主吊继续上升，副吊保持不动，此时钢筋笼呈垂直于地面的状态；除去副吊，由主吊独立垂直带载钢筋笼至孔口，用扁担安装钢筋笼，使其固定悬挂于导墙抢上，主吊移开。吊装时，钢筋笼底端距离地面不超过 0.5m。福田站是国内首座地下火车站，第五施工段地下连续墙厚度为 1200mm，使用最大钢筋笼长约 45.3m，宽约 5.08m。重约 74t。根据以上参数计算，可得吊装钢筋笼时选用规格为 70t、260t 和 300t 的履带吊配合吊装。两台履带吊配合作业，主吊吊笼顶，副吊吊笼尾，整体制作，流水线完成。

钢筋笼一次整体吊装，钢筋接头应设置于内力较小的截面处，并按规范要求错开。因本工程钢筋笼长度在 40~50m 之间，最重达 110t，必须使用大吨位履带吊起吊。钢筋笼吊放采用 300t、150t 履带吊吊装入孔，起吊铁扁担工厂定做，起吊方法为三索式，起吊时主钩起吊钢筋笼顶部，副钩起吊钢筋笼中下部，用 12 点起吊，使钢筋笼主筋起高转而垂直，去掉副吊钢丝绳，主吊吊点中心与槽段中心准确对准后慢慢下降入槽。起吊期间钢筋笼绝对不允许发生任何不可恢复的变形。入槽过程中，应绝对禁止割断结构钢筋的现象发生。第五施工段采用两带吊配合作业方式，主吊和副吊协助作业。其主要参数如下：

主吊：260t 履带吊，主臂长 59m，12m 幅度时起重能力为 76.5t。76.5t>74t，起重能力满足要求。

起重高度为 SQRT(59²−12²) = 57.8m，57.8−45.3（笼长）−3 = 9.5m>0.5m，计算看出 260t 主吊满足吊装要求。

副吊：70t 吊车，主臂长 24m，5.2m 幅度下，最大起重能力 44.2t，钢筋笼起吊角度为 60°时，对副吊的应力最大，约为其重量的 40%，即：74t×40% = 29.6t<44.2×0.8（双机抬吊时，吊点设置也是钢筋笼制作中的关键控制点之一，一般根据经验和计算确定，一般要保证中间两排吊点间距不超过钢筋笼总长的一半）。

主吊点：选用直径为 32mm 的圆钢作为吊点，在竖向桁架的主筋上焊接固定。吊点分为 2 排，每排 4 个。在笼顶第一道竖向桁架筋与横向桁架筋连接点处设置第一排的 4 个吊点；在低于笼顶约 18m 处设立第二排的 4 个吊点。下笼过程中换吊点时需临时固定钢筋笼，故在主吊点下方 0.5~1m 处设 "n" 形扁担临时支撑点。

副吊点：选用直径为 32mm 的圆钢作为吊点，在主吊点焊接的主筋上焊固。吊点分为 2 排，每排 4 个。在笼尾第一道竖向桁架筋与横向桁架筋连接点处设置第一排的 4 个吊点；在高于笼尾约 5m 处设立第二排的 4 个吊点。吊环选用 ϕ32 光圆钢筋，搭接焊于钢筋笼上，焊缝长度达到规范要求。取钢筋笼重量最大值：

M_{max} = 74t，取 ϕ32 光圆钢筋屈服强度 R_m = 235MPa 为抗拉强度值，公称面积为：S = 804.2mm²，g 取 10N/kg。

每个吊环能承受的拉力：

$$N_0 = 2 \times R_m \times S = 2 \times 235 \times 804.2 = 377974N$$

所需吊环数量：

$$n = M_{max} \times g / N_0 = 74 \times 1000 \times 10 / 37797 = 1.96$$

计算得需要吊环 2 个，为安全起见取 3 个。

起吊最开始使用 16 个吊环，之后依次撤掉 8 个、4 个，最终剩下 4 个吊环吊在导墙上。这样全程吊环数目 ≥3 个，符合操作要求。起吊过程：①主吊与副吊同时工作，吊离钢筋笼至地面 30cm 处，暂停检查钢筋笼是否平衡，吊机支脚是否稳定，钢丝绳工作现况，吊点可靠性等。②以一定的速度缓慢上升钢筋笼，达到指定高度后，副吊保持不动主吊继续提升，使钢筋笼保持竖直，移除副吊车。③主吊载着钢筋笼移动，到达槽段位置。④将钢筋笼对准槽口，缓慢放入槽内，并摘除副吊吊钩；第一次换吊点，用扁担将钢筋笼临时悬挂于导墙上，更换主吊第二排第四个吊钩。⑤继续下放，第二次换吊点，换笼顶吊环为吊点。⑥到达指定深度后，将钢筋笼悬吊在导墙上。为保证腰梁拉筋，钢筋接驳器等预埋件的准确位置，必须严格控制笼顶高度。⑦下放到位后，借助槽钢保证平衡。下两根 ϕ300 导管与钢筋笼内，导管底部高约 0.3~0.4m，与两端槽壁的距离 <1.5m，导管之间丝扣连接，为保证其密封性套一层橡胶垫圈于连接处，且下之前必须对其气密性进行检验。⑧导管放好后，安装混凝土机架。⑨为了使槽段间混凝土更好地连接，保持良好的防水性与整体性，I 序槽工字钢外侧接头部位采用沙袋填塞，II 序槽施工时用冲击钻进行复冲。

（五）水下混凝土的浇筑

安装完导管后，再次测量泥浆相对密度和孔深，若达到规定数值，就应浇筑水下混凝土，否则重复清空直至达到要求。由于连续槽段宽度大，一般水下混凝土浇筑采用双导管浇筑，我们也采用这种方法。浇筑对混凝土的坍落度和含气量都有要求。为满足浇筑要求，选用 C30 混凝土，以输送车为工具，经拌和—灌注—入槽等步骤完成灌注。过程中要做好灌注记录。为使导管深入混凝土至少 1m，混凝土的数量不应过少，因此漏斗要有足够的容量，且保证至少两条运输线同时运行，浇筑时的注意事项：①正常进行水下浇筑前，必须先确定导管深度在混凝土下 2~6m 内，否则灌注时混凝土内会卷入泥浆和沉渣，混凝土质量会下降；②浇筑时应连续不间断浇筑，严禁中途停止；③槽内混凝土面保持均匀上升，速度 ≥5m/h，否则导管内混凝土流动性会变差，出现夹泥，裂缝现象；④提升过程中导管位置要保持居中，深度不同，提升速度也不同；⑤应快速拆除导管，约耗时 15min 最佳；⑥每灌注两车混凝土进行一次导管拆除记录；⑦应安排专业的技术人员实时监测混凝土灌注过程，检查其坍落度、含水量；⑧详细做好灌注过程的记录，比如：灌注量、混凝土高程、导管深度、灌注时间等；⑨严格按照相关操作规程制作混凝土试件，保证混凝土质量。

（六）地下连续墙注浆与冠梁施工

一般在对地下连续墙墙底进行施工前都会进行注浆，这是为了减少其在垂直方向上的降低。施工时，在地下连续墙沿线的每幅钢筋笼两侧预埋两根注浆管（选用 ϕ20），注浆孔内径 5mm，孔间距 50cm，封堵住上部，下部超过钢筋笼，深入连续墙底。预先用橡皮套封堵注浆孔。浆液配合比为：42.5# 普通硅酸盐水泥：水 =1:1。按配合比将注浆材料置于搅拌桶中拌制浆液。用风镐破除掉连续墙顶观潮的混凝土，将 ϕ20 注浆管头露出来，焊接钢管丝扣于其上部，再将丝扣与注浆管连接，开动注浆泵，控制注浆压力在 1.5MPa 内，压力值满足后保持 10min 结束注浆。对梁冠进行作业前，需先清理干净围护结构顶的疏松混凝土，只有露出头的钢筋长度才可以保证围护结构与梁冠连接牢固，才能进行锚固。一般用埋设声测管的方式来监测地下连续墙质量，这叫做超声波检测法。一般根据槽段宽度均匀埋设 3~4 根声测管，保持其固定。

（七）施工质量控制措施

1. 槽孔偏斜的预防与处理

地下墙成槽时，极易发生操控偏斜，为避免这种情况发生，可以通过下列措施预防：

（1）选用的泥浆应与当地地质情况相互匹配，并通过预测实验来确定泥浆密度，一般不小于 1.05。

（2）溶解泥浆时，应选用能使其充分溶解的水，并保持 3h 以上。火碱、膨润土等材料是绝对不能直接倒入槽中的。

（3）挖槽与浇筑混凝土之间的时间间隔应越小越好，所以槽段成槽后应立即下放钢筋笼并浇筑混凝土，减少高压水流的冲刷，防止水位降低。

（4）在钻进沙层或软地层时，应控制槽段内液面比地下水位高 0.5m 以上，并计算加大泥浆密度，减小泥浆抓取量，控制成槽机的运行速度。

（5）坍塌会经常出现，可以分类进行补救。局部坍塌应加大泥浆密度，用液压成槽机抓取已经坍塌的混凝土；坍塌面积较大时，应进行回填，一般是用更为优质的黏土掺入 20% 水泥，并高于塌陷高度 0.1~0.2m；塌孔则应抓取较好黏土用液压成槽机填入。

2. 槽段漏浆塌孔的预防与措施

在浇筑地下连续墙过程中，经常会发生泥浆大量泄漏的现象，这是由于地下的环境突然发生变化，不均匀地分布着多孔的砾石地层，有时还会遇到暗沟等多孔地貌，泥浆遇到更大空间便会大量渗入，沿着孔隙、沟道、洞隙流失，这时槽内泥浆迅速减少，浆面高度迅速下降。这时应立即停用活沙石泵，输入尽量多的泥浆到槽内，同时提出成槽机，提高砾石层内泥浆密度和黏度。这就需要在准备工作中备上堵漏材料，保证槽内泥浆液面高度。此外，还应对不良的地下环境进行改善，比如用优质黏土填充暗沟、落水孔洞等。

3. 钢筋笼质量控制和上浮的预防与处理

钢筋笼的质量对整个地下连续墙的施工成败有着至关重要的影响，必须严格把关。装配前仔细检查断丝，裂纹并及时改善；起吊时经过计算选择最佳的吊具和起重机。起吊过程中严密监测垂直度和起重位置，并保证现场作业人员的安全。

预埋件就是预先安装在隐蔽工程内的构件，即在结构浇筑时安置的构配件，用于砌筑上部结构时的搭接。预埋件的位置不能偏差太大，一般通过控制垂直升降来定位。定位时需要得到测量杆的高度和导墙顶高程，从而计算出加固钢筋笼长度，确保准确的钢筋长度。

钢筋笼在吊装入槽时，必须实时监测偏移量，发现有异常立即调整。钢筋笼的下放过程应该是顺滑流畅的，中间不能有任何卡顿，如出现卡顿的情况，应马上停止下放，找出被卡原因，处理完后继续下放。如果违背要求强行放下，会严重破坏钢筋笼使之变形而报废，造成资源损失。

浇筑混凝土时，钢筋笼会出现上浮的情况，这是由于浇筑速度过快或导管埋得太深。为了避免出现这种情况，针对其成因可以有以下措施：①锚固点固定钢筋笼；②减慢浇筑速度；③降低导管的最大埋深。

4. 地下连续墙混凝土浇筑质量的控制

连续墙质量是否合格，最后一道关键工序就是其浇筑质量，所以一定要特别小心。为保证其高质量完成，有以下举措：①由于地下连续墙体积大，浇筑时间长，浇筑量多，浇筑前应做好各项紧急应对措施及准备工作；②考虑到超灌，需准备较多富余的混凝土；③浇筑前测量混凝土含气量、温度、坍塌度等，合格后方可浇筑；④浇筑前，检查水的密闭性，导管质量的牢固性，确保万无一失；⑤各项准备工作及检查工作完成后，浇筑开始，这个过程必须保持连贯一气呵成，如无特殊情况不可中途停止。

混凝土浇筑时，经常会出现地下连续墙混凝土夹层的情况。这是由多重因素造成的：①首批混凝土数量过小；②浇筑时混凝土供应不足；③导管接头有缝隙以上等原因使混凝土流动性变差，局部塌孔等。

为了避免以上情况出现，采取以下措施：①保证充足的首批混凝土浇筑量，这样会有足够的冲击量将泥浆冲出导管；②保持浇筑的连贯性，持续地进行浇筑，最好不要间歇，如果暂停应<15min；③保证浇筑的速度，使混凝土体积上升速度高于5m/h，否则会因浇筑时间过长而塌孔；④一旦塌孔，应立即停止活沙泵，加大水头压力，用优质砂土进行填孔；⑤为保证浇筑速度，可以多槽段浇筑，比如3~5个浇筑导管一起浇筑；⑥用丝扣连接导管接头，并用橡胶圈进行密封，导管应埋入混凝土下1.2~4m处；⑦导管使用完后进行拆卸，为了稳定尚未凝固的混凝土面，应缓慢提升导管。

第三节　绿色高效能可回收的基坑支护组合技术

一、绿色高效能可回收的基坑支护组合技术发展探究

随着我国社会经济的快速发展，城市化步伐的加快，城市空间的利用率也在增高，城市建设中出现了大量基坑工程。基坑工程是建造地下建筑结构时的临时性支护工程，目前基坑设计理论、施工方法和施工管理技术等方面积累了丰富实践经验，也提升了基坑支护技术水平，但大部分支护方法不同程度存在工程资源浪费和生态环境破坏的现象，因此研究节约资源、保护环境的绿色施工技术是目前基坑支护工程的重要课题，对推进国家经济建设具有重大意义。建筑基坑主要是为地下结构工程的施工提供有利的空间条件。基坑通过向地面开挖形成多个临空面，开挖过程必定会对周边既有建（构）筑物、地下管线、道路、土层及地下水体等造成一定的影响。为保证地下结构施工安全及基坑周边既有建（构）筑物、管线等的安全，对基坑临空面采取加固和保护措施被称为基坑支护。

当前，国内深、大基坑工程基坑已非常常见。工程应用中已发展了多种成熟的支护方式，通常分为放坡开挖、自立式围护体系和板式支护体系。其中，排桩加锚拉式支护结构简称桩锚支护结构，其体系计算方法和工程实践相对成熟，具有变形小、安全系数大的优点，被广泛用于深度6m以上的建筑基坑工程中，而6m以上的建筑基坑目前占建筑基坑的绝大多数。桩锚支护结构是通过对锚杆（索）施加一定的预应力，经排桩作用在基坑周围土体上，排桩通常采用钢筋混凝土灌注桩（钻孔桩、冲孔桩、挖孔桩等）、型钢桩、钢管桩、钢板桩、预制桩等桩型。

（一）建筑基坑桩锚支护结构存在的问题

桩锚支护加降水的设计方案是目前城市建筑基坑工程中被广泛采用的支护方案，一般支护桩多采用泥浆护壁的钻孔灌注桩。而锚杆则根据基坑开挖深度锚杆（索）采用一层或多层，且工程完成后也不再回收。降水是把基坑内外一定范围的地下水位降低到施工设计要求。桩

锚支护加降水的支护方式虽然能够很好解决建筑基坑的安全问题，但作为临时工程存在浪费资源、破坏或污染环境、影响后续地下工程建设等问题。

1. 资源浪费问题

桩锚支护结构需消耗大量的混凝土、钢筋等建筑材料，当地下工程施工结束时，这些建筑材料就会被永久地埋藏在地下得不到回收循环利用，造成极大的浪费。如北京中关村新浪总部基坑，建筑面积为 $22000m^2$，采用桩锚支护，基坑开挖深度为 14.6m，投入的钢筋、钢绞线和腰梁等建筑钢材约 663.5t，C30 混凝土量约 $3304m^3$，可见该临时支护工程投入的钢材等材料被埋入地下而不可回收再利用，造成极大浪费。这只是其中的一个工程实例，如全国范围每年这样的支护工程汇总到一起将是一笔巨大的资源，也是一笔巨大浪费。据 2004~2020 年中国钢材行业分析与投资前景评估报告，2013 年我国钢材产量达到 $106762.4 \times 10^4 t$，建筑钢材利用量约 $21352.5 \times 10^4 t$，保守的估计，建筑基坑钢材利用量达到约 $2562.3 \times 10^4 t$，这些钢材得不到回收利用，造成的资源浪费量显而易见。

2. 破坏和污染环境问题

为了实现基坑内干燥的开挖作业环境，通常需要将基坑内的水位降到基坑底部以下，事实上在降低基坑内水位的同时基坑外较大范围的地下水位降低，形成降水漏斗，基坑外一定范围的土体由于孔隙水及细颗粒的排出发生压缩变形，会导致地面产生不均匀沉降，从而引起基坑周围既有建筑物（构筑物）、地下管线等产生位移、沉降，甚至破坏。如上海市某轨道交通站基坑工程，由于基坑降水引起周围建筑物、地表及地下管线急剧沉降，造成不良社会影响。

建筑基坑降水会造成大量的地下水流失，对生态环境造成不良影响，例如北京市某商展大厦的监测数据显示，该工程开挖深度为 16m，每周降水量达 $12.6 \times 10^4 t$ 左右，到停止排水时，共抽取地下水 $378 \times 10^4 t$。目前已有一些城市明文限定施工降水，如北京市建委 2007 年发布了《北京市建设工程施工降水管理办法》。另外，由于护坡桩施工多采用泥浆护壁的钻孔施工方法，施工产生的大量废弃泥浆处理易造成环境污染或增加施工费用。如用罐车拉到野外倾倒（目前广泛采用），一是泥浆中的水分不易蒸发，大量侵占土地；二是泥浆中可能使用化学处理剂，当泥浆的水分蒸发后造浆的黏土细颗粒就会随风而产生扬尘或雾霾；添加了化学处理剂的泥浆也会造成土壤和地下水的污染等。如果在现场用分离设备将泥浆的固相颗粒与水分离，一是会大大增加施工费用，二是泥浆中细小的黏土颗粒不易分离，如分离不彻底将会引起城市排水管道堵塞。

3. 影响后续地下工程建设问题

桩锚支护结构中的锚杆（索）是为控制支护结构的水平位移而设置的，随着基坑深度增加，不但锚杆（索）的层数增多，而且其长度也会增加，多数延伸至建筑红线外较远的范围。因此，基坑工程结束后，若锚索或锚杆不回收，将其永久埋在地下就会影响建筑物附近后续管线铺设等地下工程的施工，甚至年久杆体腐蚀可能引起水土污染。针对目前建筑基坑工程广泛采用的桩锚支护结构存在的问题，应采用可回收锚索、水泥土型钢桩及基坑止水技术。

（二）水泥土型钢桩施工技术

水泥土型钢桩施工技术主要是水泥土复合搅拌桩插型钢法，也称 SMW（Soil Mixing Wall）工法，是在消化吸收日本技术的基础上发展起来的一项新技术，在基坑围护技术方面得到应用。SMW 工法于 20 世纪 80 年代末引入中国，但是受到较多因素的影响和制约，2005 年上海市在总结施工经验的基础上，制定了地方性的技术规范。水泥土型钢桩是 SMW

工法中最具代表性的工法，它的经济效益良好，但是正如前述，受到各种因素的制约，它并未能够在我国得到推广应用。S. H. Chew 等人通过实验对海相沉积软黏土与水泥土工程性质的关系进行了综合研究。GohT. L 等人对新加坡海相软黏土与水泥土工程性质进行了研究。A. Porbaha 等人阐述了深层搅拌技术应用的现状。Lorenzo 等人阐述了黏土地层中深层水泥土搅拌桩体表现的基本特征，并得到了一些成果。刘霞考虑了水泥土提供的刚度，进行室内试验，提出了一套新的设计理论。陆培毅、严驰、刘润等取黏性土在室内模拟制作 SMW 挡墙，分析开挖过程中土压力和挡墙侧移的变化规律。

吴大庆结合天津地铁某车站基坑工程，总结了一套 SMW 挡墙设计理论。周美燕将含钢量和入土深度作为变量进行研究，得出挡墙强度随着含钢量的增大而提高，入土深度反映的特性与重力式挡墙相似。至今为止出现了许多成熟的岩土工程模拟分析软件，并得到广泛应用，比如 FLAC3D、ABAQUS、ANSYS、Geoslope、Plaxis 等，这些软件利用各自优势帮助工程人员有效分析、解决岩土工程问题，如王振殿推导出 SMW 挡墙内力和变形之间的关系，认为 SMW 挡墙中型钢与土体共同起到支护作用，并运用有限元软件进行模拟研究。刘嘉对 SMW 工法支护结构的计算方法进行了深入系统的研究，并运用有限元软件 ABAQUS 对基坑开挖的全过程进行了模拟分析。

与 SMW 工法相关的设计理论及规范也被慢慢研究、推行出来。但是水泥土型钢桩在工程应用上也存在一些问题：搅拌桩的施工工艺很难保证水泥浆与地基土拌合均匀，防渗效果得不到保证；不可避免大量的水泥浆溢出地面，不但造成浪费，而且使地面泥泞，形成不利场地环境；施工机械有待进一步改进，提高搅拌桩的垂直度，搅拌桩深度有限等问题。另外施工机械有待进一步改进，提高搅拌桩的垂直度，搅拌桩深度有限等。

鉴于上述问题，何世鸣教授结合北京地区硬土层特点，提出了长螺旋水泥土型钢桩系列技术，主要有：长螺旋搅拌水泥土型钢桩基坑止水支护方法（201210509640.6），适用于较浅基坑；长螺旋旋喷搅拌水泥土型钢桩基坑止水支护方法（201210509637.4），适用于较深基坑或较长桩情况；长螺旋压灌水泥土型钢桩基坑止水支护方法（201210509638.9），适用于硬的砂卵石地层、泥炭土地层以及地下水难于和水泥形成可靠的固结体地层；长螺旋潜孔锤振动旋喷水泥土型钢桩基坑止水支护方法（201210509661.8），适用于地下有障碍的混凝土、漂石等复杂地层；人工挖孔水泥土型钢桩基坑支护方法（ZL201210509644.4），适用于人工挖孔节约环保情况。其中长螺旋水泥土型钢桩是在型钢水泥土复合搅拌支护结构的基础上改进，以长螺旋压灌水泥土成桩代替深层搅拌桩机搅拌水泥浆与土体成桩，较之搅拌桩其适应土层更加广泛，有效解决了工程中的难题。

（三）基坑止水技术

隔渗帷幕止水技术的出现可以解决降水破坏周边环境、水浪费资源等问题，能更好地保护地下水资源，保证基坑防渗止水要求，有利于可持续发展。隔渗帷幕按不同的分类标准有不同的分类：

（1）按施工工艺可分为水泥土搅拌法帷幕、高压喷射注浆法帷幕、地下连续墙帷幕。

（2）按帷幕体材料可分为水泥土帷幕、混凝土或塑性混凝土帷幕、钢筋混凝土帷幕。

（3）按帷幕体所处位置可分为竖向隔渗帷幕（包括悬挂式和落底式帷幕）、水平隔渗铺盖。

（四）水泥土搅拌法帷幕

水泥土搅拌法最先起源于美国，1953 年引进日本后得到迅速发展，1967 年瑞典应用于加固软土地基，随后在邻国附近推广开来，我国于1978年底研制成功第一台SJB-1搅拌机，1983年铁道部第四勘测设计院进行喷射搅拌法相关试验。陈昌富等探讨了水泥土墙支护结构优化设计方法，建立了以水泥土墙的有效宽度、嵌固深度和置换率为决策变量的优化设计模型，提出了水泥土墙支护结构参数优化设计计算方法。张朝峰等介绍了钻孔灌注排架桩作围护结构和水泥土搅拌咬合桩作止水帷幕在天津地铁1号线深基坑施工中的具体应用。叶书麟、S. H. Chew 等人对水泥土结石体的渗透性能做了大量试验，并发现了水泥土结石体的渗透性与水泥掺入比及养护龄期之间的关系，随着水泥掺入比的增加，养护时间的增长，水泥土结石体的渗透性能越好，可达到 $10^{-8} \sim 10^{-7}$ cm/s，满足工程中防渗要求。

（五）高压旋喷法帷幕

旋喷桩技术于20世纪60年代传入中国以来，经过几十年不断学习和摸索，基本可以自主生产注浆设备，还研制出适合中国市场需求的新型材料，旋喷桩技术现已广泛应用于土建、桥梁、隧道、水利、矿井支护等工程的地基处理及地下止水帷幕。沈东磊、黄永胜进行了临海（河）粉煤灰吹填区高压旋喷桩止水帷幕的应用研究，改进了帷幕厚度计算方法，提出桩身搭接的水泥掺入比和最小搭接宽度的概念，针对临海粉煤灰吹填区地基承载力低、粉煤灰易液化流失、易扬尘等特殊条件，提出新的施工工艺。吕善国、凌国华、董志高在某临江深基坑止水帷幕中采用二重管高压旋喷桩，止水效果良好。张志锋、梁卓华结合两个高压旋喷桩止水帷幕工程实例，分析了高压旋喷法帷幕优缺点。刘爱娟、李整建、刘太平对基坑止水帷幕优化设计进行了探讨，总结出一些优化目标、要点。张云进行了搅喷桩止水帷幕的工艺研究，这是搅拌与旋喷法结合的止水方法，确定了搅喷桩止水帷幕的工艺参数。

（六）地下连续墙法帷幕

地下连续墙最先在欧洲国家推广使用，1920年德国人提出了申请地下连续墙的专利，1948年 C. Veder 进行了地下连续墙浇筑试验，于1950年在圣玛利亚水库坝基防渗中得到应用。地下连续墙技术最初仅应用于水利水电工程，作为临时防渗结构、挡土墙结构，而后推广到市政、建筑、矿山、交通、铁道等领域。20世纪90年代初，意大利和法国公司雅绥雷塔水电土坝施工防渗墙，是当时世界上最长的地下防渗墙。日本的地下连续墙技术在全世界排在前列，已经累计修建了地下连续墙 1500×10^4 m² 以上。日本建成了深170m、厚3.2m的地下连续墙，垂直倾斜度只有1/2000。于1993年完成了深度170m、厚度仅为200mm的生产试验。我国于20世纪50年代末引入地下连续墙技术，于1960年在密云水库白云主坝工程中得到应用，自此我国大坝的防渗安全与施工技术得到迅速发展。Boton用模型试验研究了地下连续墙在基坑失稳前的性能，以及土体与支挡结构的相互作用、土体位移、墙体位移和孔隙水压力的分布规律。Poheta对新加坡硬土地区的两个地下连续墙支护的基坑进行了监测，发现如果在硬土中增大墙体的刚度和墙体埋置深度，或者增大支撑的刚度，对减小墙体的最大侧移和降低弯矩的效果并不是很明显，但增加支撑的道数对减小墙体变形有着明显的效果。张涛结合苏州市中心项目基坑工程实例，对影响槽壁稳定性的因素进行详细的分析讨论，研究各因素之间的制约、耦合关系，得出了影响地连墙槽壁稳定性的主要因素有地质条件、施工工艺、护壁泥浆、成槽设备。杨柳结合邯郸市某地下连续墙工程基坑工程实例，运用分析模拟软件对基坑支护体系进行稳定性分析，并与实际工程应用情况进行对比分析。刘鑫鹏通过分析基坑深度、场地周围环境限制、支护方法对比等因素，对长春市中心医院扩建工程采用槽式地下连续墙作为支护及防水结构进行了深入分析，得出承载能力极限状态对地下连续墙的结构设计没有影响，正常使用极限状态为地下连续墙结构设计的控制因素的结论。

（七）可回收锚索施工技术

基坑工程一般不对锚杆（索）杆体进行回收，支护结构施工完成后杆体埋在土体中就会影响建筑物附近后续管线铺设等地下工程的施工，甚至年久杆体腐蚀可能引起水土污染。可回收锚杆（索）按回收机理可分为力学式回收、机械式回收和化学式回收三种。力学式锚杆（索），钢绞线可与外套管拧在一起，回收时只需对钢绞线进行拧卸，即可抽出钢绞线；机械式锚杆（索）是将杆体与特制联结器联结，回收时只需将锚杆杆体从联结器拧卸下来即可；化学式锚杆（索）是在杆体自由段安装爆破装置，回收时点燃爆破装置，从杆体的粘结段将其切断并拔出。国外通用的可回收锚杆（索）主要有英国研制开发的 SBMA 回收式锚杆（索）、德国研制开发的 DYWIDAG 回收式锚杆（索）、日本研制开发的 JCE 回收式锚杆（索），以及日本研制开发的 KTB 回收式锚杆（索）等。我国早期对锚杆（索）的回收进行的研发工作包括：原冶金部建研院研制的"U"形回收式锚索；四川省华鉴山广能集团研制的"双锚头"可回收锚杆；20 世纪 90 年代初，矿务部门研制的偏楔式、麻花式及胀壳式可回收锚杆。上述回收式锚杆（索）推动了回收式锚杆（索）在矿山、巷道、基坑工程中的发展和应用。但是由于适用条件的限制，且不同程度地存在一些缺点，如施工工艺繁杂、回收设备粗笨、成本较高、回收率较低等，不适用于目前的基坑工程。

二、建筑基坑桩锚支护绿色施工技术

（一）桩锚支护绿色施工技术

通过对目前基坑支护工程实地调研与查阅文献，发现广泛采用的桩锚支护结构方式存在资源浪费严重、破坏污染环境、为后续地下工程留下隐患或障碍等问题，所以通过研究，提出建筑基坑桩锚支护绿色施工技术，即：长螺旋压灌水泥土防渗桩墙插型钢+可回收锚索技术。该技术的关键是如何实现长螺旋压灌水泥土成桩墙起到防渗作用，在水泥土桩中插入型钢与可回收锚索协同起到抵抗挡墙后土压力的作用，以实现支护型钢和可回收锚索钢绞线的回收。

（二）长螺旋压灌水泥土桩墙

长螺旋压灌水泥土桩墙是基坑工程中有效阻止地下水渗入基坑的技术方法，是该绿色施工技术关键技术之一。长螺旋压灌水泥土桩墙是一种新型的水泥土桩成桩成墙的工艺方法，该施工工艺采用"地面拌合后压灌成桩，桩间搭接成墙"的工艺方法，即在工程现场先将就地取得的地基土和水泥拌合成浆，而后通过地泵将水泥土拌合料输送到钻至设计标高的中空长螺旋钻具的管内，边起拔边压灌水泥土拌合料在孔内成桩，桩间搭接便成防渗墙。传统的水泥土搅拌桩和旋喷桩在某些地层受到施工工艺的限制，如泥炭土、有机质土和砂卵石等特殊地层，由于其施工工艺的限制，水泥土搅拌桩或者旋喷桩通常会存在成桩缺陷，很难完全发挥出其止水或者支护效果。如河南某基坑工程，采用水泥土搅拌桩加固土体，共成桩1440 根，桩体直径 500mm，对桩体进行检测时，发现桩体都存在桩身缺陷，桩身水泥不均且含量较少，无侧限抗压强度不满足设计要求。与之相比，长螺旋压灌水泥土桩可有效地解决成桩不均的问题，如桩间搭接处理好，定能取得好的止水帷幕效果，显示了其极大的优越性。长螺旋压灌水泥土防渗桩墙只用作防渗，故参照 SMW 工法向水泥土桩墙内插入满足设计要求的 H 型钢作为其应力补强材，至水泥土浆材硬结，形成一道具有一定强度和刚度、连续完整、无接缝的地下墙体，使之成为同时具有受力和抗渗双重功能的支护挡墙。待临时支护结束后，利用专业设备将 H 型钢拔除回收利用，实现节约资源和保护环境的绿色施工。

为了防止基坑开挖时地下水渗入基坑内，水泥土桩必须做成搭接连续的桩墙，形成止水帷幕。所以桩墙可以采用一排搭接布置形式，也可以采用两排搭接布置。但从基坑运行中的防渗效果和对搭接的要求来看，两排的布置形式防渗效果更好，且对桩间的搭接要求低。因为在基坑运行中后排桩在土压力的作用下向基坑内位移，迫使两排桩压的更加紧密，而且两排桩的重力式挡土效果增强，但两排搭接布置方式费用会高些。根据土压力等型钢可选择密插、隔一插一、插二跳一等方式。桩与桩的搭接厚度与基坑开挖深度有关。根据相关规范及实际工程调研，了解到桩与桩搭接厚度应为：当基坑开挖深度≤10m时，搭接厚度一般≥100mm；当开挖深度≤15m时，搭接厚度≥150mm；当开挖深度≤20m时，搭接厚度≥200mm，或试验确定。另外搭接厚度或水泥土桩的直径与桩间距等参数，还应根据计算型钢规格和间距确定，当相对不透水层位置较深，采用悬挂式帷幕，通过延长地下水渗流路径降低水力坡降。

（三）型钢及其插拔工艺

型钢是插入水泥土桩墙内，作为抵抗基坑边坡变形的主要构件，所以不但应有足够的抗弯性能，而且要方便插入和有利于回收再利用。

1. 型钢截面设计

长螺旋水泥土型钢桩墙在基坑支护中的全部弯矩由型钢承担，水泥土不参与计算，H型钢主要是根据桩墙后土压力等因素等确定，H型钢截面和型钢间距根据公式计算确定。型钢应按照一定的间距插入水泥土桩中，这样相邻型钢之间便形成了一个非加筋区。

2. 型钢插拔工艺

型钢的插拔直接关系到型钢的回收率，是基坑绿色施工技术的关键之一。为了提高型钢的回收率，通常H型钢在插入前涂抹减阻剂，这样以达到拔出过程中减小阻力，利于回收的目的。但是事实上一是市场上没有效果明显的专业减阻剂且价格较高，二是涂抹在型钢表面的减阻剂在插入过程中被周围水泥土摩擦消耗，特别是型钢下部基本不存在减阻剂，从而导致起拔困难，而且往往不能全部回收。

（四）可回收锚索技术

可回收锚索是该绿色施工技术的关键技术之一，其关键在于基坑工程运行时能够与型钢水泥土桩结合抵抗土压力，维持基坑稳定。待地下结构完成后，利用地下结构与围护结构之间预留的肥槽空间进行回收，或者在结构内对锚索进行回收，既节约资源，又可消除建筑物周围后续工程的隐患或障碍，减少对土体的污染，实现绿色施工。因此，可回收锚索的拉杆应采用柔性的钢绞线，最好采用无粘结预应力钢绞线，使钢绞线与注浆结石体隔离。其次无粘结钢绞线里端的承压头应具有承受锚固力和有利于回收钢绞线的结构，即：张拉锁定后能够承受一定拉力，抵抗基坑土体变形，确保基坑稳定；当地下结构完成后，利用肥槽回收钢绞线时，钢绞线与承压头能够方便脱离，便于回收钢绞线。绕过"U"形承载头，回收时，先拆除锚具内同一钢绞线两端头的夹片，对钢绞线一端用小型千斤顶施加拉力，在受拉力的同时，钢绞线的另一端被拉入孔内、绕过"U"形承载头后被拉出空外，既可以减少对周围建筑物后续施工的影响，又可以实现环境保护的可持续发展理念。

三、长螺旋压灌水泥土桩体材料实验及工程应用

长螺旋压灌水泥土桩是一种新型的水泥土桩，即在工程现场使用强制式或滚筒式搅拌机，将水泥土等材料充分搅拌，通过地泵将水泥土拌合料压送到中空长螺旋钻具的管内，边

起拔边压灌水泥土拌合料在孔内成桩，桩间搭接便成防渗桩墙。因此，水泥土桩桩体材料的组成是长螺旋压灌成防渗桩墙的关键。

（一）桩体材料的组成

根据目前工程水泥土桩的桩体材料的应用情况，针对长螺旋压灌水泥土桩墙对浆材结石体防渗和抗压强度等性能的要求，本着经济、实用、环保的原则，桩体材料选择粉土（黏性土或砂土）、水泥和石屑作为桩体主要组成材料，必要时加入防冻剂或速凝剂等外加剂。

1. 水泥

水泥一般适用于黏性土、粉土、素填土（包括冲填土）、饱和黄土、粉砂等地基加固。水泥土桩主要用来做止水帷幕，在无腐蚀地层条件下，长螺旋压灌水泥土桩施工采用普通硅酸盐水泥。普通硅酸盐水泥是由硅酸盐水泥熟料、5%~20%的混合材料及适量石膏磨细制成的水硬性胶凝材料，具有强度高、化热大、抗冻性好、干缩小的特性。

2. 土

土质对水泥结石体有很大影响，根据工程应用经验，采用粉土、黏性土或砂土得到的水泥结石体强度较高，其中粉土宜选用密实的粉土，黏性土宜选用硬塑状态的黏性土，砂土宜选用密实与中密状态的砾砂、粗砂、中砂，且粉土、黏性土或砂土不含有机质。压灌水泥土桩一般选用粉土，为保证土中粗颗粒不堵管，使用时应过筛。

3. 石屑

长螺旋压灌水泥土桩是采用地面搅拌后用地泵压送的方式灌注成桩，所以掺入适当石屑的目的是调节拌合料的流动性、可泵性，不至于水泥土浆堵管，影响施工作业。石屑宜选用质地坚硬、粒径为5~10mm的碎石。一般来说，石屑中含有一些石粉，首先石粉可以填充水泥土内部孔隙，使水泥土内部孔隙细化，增加了其密实度；其次石粉还可以增强水泥土的保水性，同时增强浆体和骨料的咬合力，进而加大水泥土强度。

4. 水

采用施工现场用水或生活用水，应对其进行必要的水质分析，并根据水质分析报告，采用添加剂等方法予以相应处理。

（二）水泥土固化机理

浆材结石体是水泥灰土体系通过水化、凝聚、结晶等一系列复杂的物理化学反应形成的。反应过程大致如下：

（1）水泥水化生产一系列水化产物，如水化硅酸钙、水化铝酸钙、钙矾石等，水泥的水化产物有的自身继续硬化形成结石体骨骼，有的与周围的黏土颗粒、粉土颗粒发生反应。

（2）水泥水化产生的大量钙离子引起分散的黏土颗粒聚结和硬凝反应，具体如下：

① 离子交换与聚结作用。水泥水化生成的氢氧化钙中的 Ca^{2+} 与黏土颗粒吸附的 Na^+ 或 K^+ 进行阳离子交换，使土粒的扩散层变薄，相互吸附聚结形成较大颗粒、在此过程中，由于水泥水化生成的凝胶粒子具有很大的表面能，有强烈的吸附活性，能使较大的土颗粒进一步连接起来，形成水泥土的蜂窝状结构，并封闭了各土团之间的空隙。

② 硬凝反应。随着水泥水化反应的不断进行，当溶液中析出的钙离子数量大于需要量时，在碱性环境下，Ca^{2+} 将与土中二氧化硅（SiO_2）、三氧化二铝（Al_2O_3）发生化学反应，逐渐形成不溶于水的结晶化合物。

③ 碳酸化反应。水泥水化物中游离的 $Ca(OH)_2$ 能吸收水和空气中的 CO_2，生成难溶于水的 $CaCO_3$，使水泥强度增大。当然，影响水泥土桩体强度和抗渗性能的因素还有很多，包

括土的物理性质、土中含盐量、有机质含量、pH 值、水泥掺入比、水灰比、养护条件和龄期等。

（三）水泥土配比实验研究

1. 实验目的

（1）通过水泥土配比实验确定压灌水泥土桩的水泥土配方，以满足工程对水泥土结石体防渗要求，并在此基础上进一步优化，从无侧限抗压强度、抗渗性、经济合理性进行评价筛选出最终配比。

（2）为长螺旋压灌水泥土桩墙施工技术的应用提供实验依据。

2. 水泥土结石体优化目标

（1）渗透性能目标遵循《型钢水泥土搅拌墙技术规程》（JGT/T 199—2010）的规定：型钢水泥土搅拌墙中的搅拌桩可作为防渗帷幕，根据工程经验，要求渗透系数应≤$1×10^{-6}$cm/s。

（2）无侧限抗压强度目标遵循《型钢水泥土搅拌墙技术规程》（JGT/T 199—2010）的规定：搅拌桩体 28d 无侧限抗压强度不应小于设计要求，且≥0.8MPa。

（3）塌落度目标考虑到拌合料的可泵性及流动性，根据工程经验，必须保证拌合料的塌落度保持在 18～22cm 范围内。

3. 实验方案

（1）实验材料。实验用土选用长春地区工程现场常用的粉质黏土（取自长春工程学院岩土与钻探工程实习基地基坑内，土的含水量 20.1%～27.6%，液限 34.4%～46.8%，塑限 19.5%～26.2%）；水泥选用亚泰鼎鹿牌 P·O32.5 普通硅酸盐水泥；碎石料选用长春双阳区一家混凝土站的碎石，粒径为 5～10mm；实验用水采用自来水。

（2）水泥掺入比与水泥土试样制作。水泥掺入比是指掺入的水泥质量与被加固土的湿质量之比，以百分数表示。按照 10%、12%、15%、18%、20%的水泥掺入比配制浆材，按加水、加土、掺入水泥、加石子料的顺序边搅拌边加料，搅拌均匀后立即取出部分拌合料进行塌落度检测，塌落度检测结果控制在 18～22cm 范围内，加水量通过塌落度控制。将搅拌均匀的水泥土拌合料制作成 70.7mm×70.7mm×70.7mm 无侧限抗压强度立方体试样及内径为 61.8mm×100mm 圆柱体渗透试样。

（3）水泥土试样养护与性能测试。将制作好的水泥土试样放置养护箱进行标准养护，达到一定龄期后，进行无侧限抗压强度测试、渗透性能测试。

（4）采集并分析测试数据。采集测试数据，进行分析、筛选水泥结石体抗压强度和渗透系数达到优化目标的最优配比。对优化配比进行重复实验，确保最优配比的可靠性。

4. 实验设备和器具

实验设备和器具包括：WDW-300 微机控制电子万能试验机（由济南联工测试技术有限公司生产），FWP-A 型柔壁渗透测试仪（由长春工程学院研制），UJZ-15 型砂浆搅拌机，振动台，养护箱，混凝土坍落度仪，电子天平，70.7mm×70.7mm×70.7mm 立方体模具，内径 61.8mm 圆柱体模具，捣棒等。

5. 配比实验

为确定最佳水泥土配比，首先进行正交实验。但经过一系列水泥土初步的配比，探索发现水灰比、土与石子之间的关系等不易确定，最终放弃了正交实验的方案，改用水泥掺入比为 10%、12%、15%、18%、20%的方案，加水量根据水泥土浆材塌落度满足 18～22cm 范围控制。

立方体试样：立方体试样主要用于无侧限抗压强度实验。在立方体模具内表面涂抹与水泥土不发生反应的脱模剂，本实验采用黄油。将搅拌好的水泥土浆材按螺旋方向从边缘向中心均匀插捣约 15 次，插捣时捣棒保持竖直，插捣后用刮刀沿试模内壁插拔数次。立方体模具放置在振动台振实，振实后拌合物要稍稍高出模具上沿口，刮除模具上多余的水泥土，最后用专业抹子抹平并盖上塑料薄膜。按照实验设计，五种掺入比共 5 组，每组制 6 个试样。

圆柱体试样：主要用于测定浆材结石体渗透系数。同样在圆柱体模具内表面涂抹脱模剂，将磨具放置在毛玻璃片上，毛玻璃片的大小一定要大于圆柱体磨具截面，与磨具接触面涂抹黄油，将水泥土浆料注入模具，同样用捣棒插捣，用刮刀沿着模具内壁插拔搅动数次，以排除气泡、水泡，保证其密实，最后用专业抹子抹平并盖上塑料薄膜。按照实验设计，五种掺入比共 5 组，每组制 3 个试样。立方体试样和圆柱体试样在 20℃ 环境中放置 48h 后脱模，然后放入养护箱进行标准养护，养护温度为 20℃，湿度 90% 左右。待达到规定龄期 14d、28d、60d、90d 后，取出试样进行抗压强度和渗透系数测试。

（1）无侧限抗压强度测试。实验采用 WDW-300 微机控制电子万能试验机（由济南联工测试技术有限公司生产），具体实验步骤如下：

① 取出立方体水泥土试样并擦拭干净，选择试样最佳的承压面并计算出试样的承压面积；

② 将水泥土试样放置于试验机的下垫板中心，调整球座，使得上下接触面均衡受压；

③ 上压板以 2mm/min 的速率连续均匀地对试样加荷，直到试样破坏，记录试样破坏荷载，精确到 0.01kN；

④ 试样的无侧限抗压强度按下式计算：

$$f_{cui} = \frac{P}{A}$$

试样达到 28d、60d、90d 龄期后，每组抽取 2 个试样，按照上述步骤操作完成实验，并采集相应数据。首先计算 2 个试样无侧限抗压强度平均值，精确至 0.01MPa。当 2 个试样的测量值与平均值的差值均超过平均值的 15%，则该组试验失败，需要重新制作试样；当 2 个试样的测量值与平均值的差值均不超过平均值的 15%，则取平均值为该组试样相应龄期的无侧限抗压强度。

（2）渗透系数测试。实验采用 FWP-A 型柔壁渗透测试仪，具体实验步骤如下：

① 试样切削与测量。将圆柱体水泥土试样装进切样筒中，用片刀修平试样两端，用卡尺测量试样直径及高度。

② 试验装置初始化。开启电脑，然后开启数据采集箱，进行设备预热约 4min；程序开启后，校正渗透压、围压、温度、渗出压及渗出液量。

③ 渗透液注入与脱气操作。打开储液腔的放气阀，利用水头差使渗透液流入储液腔内；关闭压力腔的放气阀，将压力腔供气阀的一端和储液腔排气阀的一端分别与控制面板抽气接口连接，启动真空泵，抽吸压力腔的气。

④ 试样安装。将试样装入胶膜内，并安放滤纸、下透水石，然后将胶膜套入试样底座，并用橡胶圈固定。依次安装试样上座、支撑盘、渗出液导管和压力腔罩。

⑤ 施加压力及渗出液调节。经过预测试、调节围压和渗透压后，先施加围压，待围压稳定后施加渗透压，保证围压大于渗透压 30~50kPa。

⑥ 开始测试。调节好围压和渗透压后，在计算机中"柔壁渗透仪数据采集处理系统"建

立基本试验信息。水泥土结石体渗透系数和无侧限抗压强度随养护龄期变化。龄期越长，水泥土结石体的无侧限抗压强度越高，水泥土结石体的渗透系数则越低，所以沿用水泥或混凝土结石体 28d 的测试结果作为最终性能指标不合适。根据实验结果，认为：临时性工程应根据工程的生命周期确定性能指标的测试龄期，如基坑支护工程宜采用龄期 28d 的指标；而永久性工程则需要确定其可达到的最终性能指标，如地基处理至少应测试龄期 90d 的指标。90d 后曲线的变化情况还有待进一步实验研究。

（四）长螺旋压灌水泥土桩在基坑工程中的应用

1. 云南省某办公大楼人防基坑工程

基坑开挖深度为 6.1m，地基土层从上而下依次为人工填土和耕植层、淤泥层、强泥炭质土层、强泥炭质土层等。稳定水位在地表下 0.8～1.0m 之间，主要为潜水，具微承压性。

基坑采用钢筋混凝土桩+长螺旋压灌水泥土桩+锚拉复合支护方案。桩径均为 0.6m，桩间距为 1.0m，水泥土桩水泥掺入比为 15%。施工顺序采用跳一打一，先施工长螺旋压灌水泥土桩，再施工钢筋混凝土桩，钢筋混凝土桩与压灌水泥土桩体搭接成一排，搭接厚度为 100mm。通过开挖证实钢筋混凝土桩与水泥土桩咬合紧密，止水效果良好。

2. 北京市某燃气锅炉房基坑工程

基坑开挖深度为 8.5m，地基土层从上而下依次为人工堆积的黏质粉土、砂质粉土层、粉砂、砂质粉土层，细砂、中砂层，粉质黏土层。稳定水位在地表下 1.0～4.5m 之间，主要为上层滞水。

基坑采用放坡护面+长螺旋压灌水泥土型钢桩复合支护方案。压灌水泥土桩径为 0.8m，桩间距为 1.2m，压灌水泥土桩水泥掺入比为 15%。施工顺序采用跳一打一，先施工压灌水泥土桩，再施工型钢桩，压灌水泥土桩采用一排搭接布置，搭接厚度为 200mm。经开挖后证实水泥土桩咬合紧密，从基坑开挖至地下工程施工结束，整个施工过程压灌水泥土桩墙防渗效果良好。工程实践证明，压灌水泥土桩在泥炭质土层、淤泥土层、流砂土层、卵石层等特殊地层中取得良好的支护止水效果。

（五）长螺旋压灌水泥土桩成墙施工技术要点

经过一系列水泥土配比实验以及工程应用，总结长螺旋压灌水泥土桩的施工要点如下：

（1）施工准备进场水泥具有出厂质保单及出厂试验报告，且取样复试结果合格；在现场取土，进行水泥土配比试配，确定水泥土浆配比；检查中空管式长螺旋钻机性能等。

（2）长螺旋钻机就位与垂直度调整按测放桩位钻机准确就位，钻具的垂直度偏差在 0.5% 范围之内，以保证水泥土桩间充分咬合。

（3）水泥土浆的配制通过现场试配确定水泥掺入比及配方，采用强制式搅拌机计量配制，搅拌好的浆材塌落度在 18～22cm 范围内。冬季施工时尚需用热水拌制水泥土浆，必要时尚需加入防冻剂或速凝剂等外加剂。

（4）地泵输送水泥土浆地泵的安放应尽量不要有弯道，地泵和钻机的距离最好控制在 55m 以内；泵送水泥土浆料时，地泵工作压力一般为 3.0～4.0MPa。

（5）压灌水泥土浆成桩钻至设计标高后，钻具提离孔底 5～20cm，开泵泵送水泥土浆，均匀缓慢连续提升钻具，钻杆的提升速度一般控制在 1.5～3.5m/min，钻头时刻浸入孔内浆液面以下，保证不出现断桩，直至孔口位置。

（6）质量检测：①开挖观测桩与桩的咬合接触情况，是否紧密，符合设计要求；②桩身质量检测：成桩 28d 沿桩身进行钻孔取样，要求取芯率 98% 以上；在实验室对芯样进行无侧限抗压强度和渗透系数测试，28d 无侧限抗压强度≥0.8MPa，渗透系数≤1.0×10⁻⁶cm/s。

四、型钢插拔工艺研究及施工技术

型钢是压灌水泥土防渗桩墙插型钢+可回收锚索支护体系中抵抗土体侧压力的主要构件，型钢的插拔工艺不仅决定了基坑侧壁的安全，同时也决定了型钢的回收率。

1. 型钢拔出作用机理与起拔力影响因素

为了反映 H 型钢的拔出规律，许多学者对型钢的拔出机理进行了理论分析和试验研究。由 H 型钢的拔出特征曲线可知，H 型钢的拔出过程大致分为四个阶段：

（1）第Ⅰ阶段。型钢在拔出力作用下位移变化甚微，而拔出力增长较快，直至达到脱结力 P_d，此阶段主要是水泥土对型钢的裹握力作用。

（2）第Ⅱ阶段。随着拔出力的继续增加，拔出力既要克服型钢和水泥土接触面上的裹握力，又要克服型钢变形所产生的弯曲变形阻力和静摩擦力。随着起拔拔出力达到最大值 P_m，裹握力消失，静摩擦力变成动摩擦力，拔出力快速下降。

（3）第Ⅲ阶段。拔出力主要克服型钢弯曲阻力、自身重力和滑动摩擦力。

（4）第Ⅳ阶段。当 H 型钢末端通过较大的弯曲点后，型钢弯曲阻力消失，拔出力主要由滑动摩擦力及型钢自身重力决定，拔出力陡降后趋于平滑。由上述实测的 H 型钢拔出力 P-位移 u 关系曲线分析可知，型钢和水泥土两种材料共同作用机理的复杂性决定了型钢拔出过程中影响因素较为复杂。但影响型钢起拔力的主要因素有：

① 水泥土对型钢的裹握力。其大小取决于水泥掺入比、有效裹握长度、与水泥土接触面积。

② 型钢与水泥土的静摩擦力。其大小取决于型钢表面涂抹的减磨剂、水泥掺入比。

③ 型钢的变形与水泥土产生的阻力，即变形阻力。其大小取决于型钢变形量、型钢回收工艺。

④ 型钢与水泥土的滑动摩擦力。其大小取决于型钢的规格尺寸、水泥土掺入比。

⑤ 型钢的自重力。其大小取决于型钢的规格尺寸。

2. 型钢插拔实验

（1）实验目的。通过几种不同插入工艺实验，测试型钢与水泥土桩脱结阶段的起拔力，探索插入工艺与起拔力的关系，找出起拔力或单位面积摩擦阻力最小的工艺，确定最利于回收的插入工艺。

（2）实验方案。

① 实验试件与材料型钢采用长 0.5m 的 2cm×2cm 角钢共 3 根，在角钢端部内侧焊接直径约 2cm 的螺母；灌浆管采用长度约 0.5m、直径约 15cm 的 PVC 管 3 根；水泥土所用土料取自勘测学院岩土工程实践基地基坑内的粉质黏土（含水量 20.1%~27.6%，液限 34.4%~46.8%，塑限 19.5%~26.2%）；水泥选用亚泰鼎鹿牌 P·O32.5 普通硅酸盐水泥；碎石料选用长春双阳区一家混凝土站，粒径为 5~10mm，实验用水采用长春工程学院勘测学院岩土浆材治理实验室自来水，水泥掺入比选用桩体材料实验确定的 15%，减阻剂采用废机油。

② 实验设备和仪器包括：SW-40 多功能强度检测仪，UJZ-15 型砂浆搅拌机，混凝土坍落度仪，电子天平，捣棒等。其中 SW-40 多功能强度检测仪由穿心式千斤顶，手动泵、三角底盘及测力装置等部件组成。采用 SW-4B 智能数字压力表，最大拔出力 40kN，活塞行程

10mm，最小读数 0.01kN。检测仪工作原理：转动摇把，千斤顶推动活塞上升，带动螺母及拉杆施加压力，由于传感器所受的油压与千斤顶内的油压相等，传感器与压力表的内部电路组成测力装置，将油压对应的压力值显示出来。

③ 实验工艺设计。为了探索不同插入型钢工艺对起拔阻力的影响，设计了如下六种工艺方案进行插拔实验。插入后定期对试样养护，待 90d 后进行拉拔力测试实验。

工艺一：灌注水泥土浆后，立即将角钢垂直插入工艺；

工艺二：灌注水泥土浆后待其初凝后，将角钢垂直插入，约 1min 后拔出角钢，向角钢在水泥土浆中形成的空洞内注废机油，而后再将角钢沿着空洞原路重新插入工艺；

工艺三：灌注水泥土浆后待其初凝后，将表面涂抹废机油的角钢垂直插入工艺；

工艺四：灌注水泥土浆后，将表面涂抹废机油的角钢垂直插入工艺；

工艺五：灌注水泥土浆后待其初凝后，将角钢垂直插入工艺；

工艺六：灌注水泥土浆后待其初凝后，将角钢垂直插入，约 1min 后拔出角钢，而后再将拔出的角钢沿空洞原路重新插入工艺。

（3）型钢插拔实验。

① 试样制作。试样共分两个批制作，第一批次试样制作过程如下：

A. 按照水泥掺入比 15% 的配比搅拌水泥土浆，分别将三根高度约 0.5m，直径为 15cm 的 PVC 管灌满。

B. 进行三种不同工艺型钢插入。

工艺一（样一）：灌注水泥土浆后，立即将 0.5m 长 2cm×2cm 的角钢垂直插入 PVC 管（黑色），露出 PVC 管高度 3~5cm，将水泥土浆面抹平；

工艺二（样二）：待灌入的水泥土浆初凝后，将 0.5m 长 2cm×2cm 的角钢垂直插入 PVC 管，约 1min 后拔出角钢，向管内水泥土浆形成的"L"形空洞内灌注黄油，待灌满后将拔出的角钢沿着"L"形空洞原路重新插入，露出 PVC 管高度 3~5cm，将水泥面抹平；

工艺三（样三）：待灌入的水泥土浆初凝后，将 0.5m 长 2cm×2cm 的角钢表面涂抹废机油，然后将其垂直插入 PVC 管，露出 PVC 管高度 3~5cm，将水泥土浆面抹平。

C. 定期对试样养护，待 90d 后进行拉拔力测试实验。

待第一批次试样实验测试完毕后，将 3 根角钢取出，对角钢进行除锈和除油处理，然后重复利用在第二批次实验中，第二批次制作过程如下：

A. 按照水泥掺入比 15% 的配比搅拌水泥土浆，分别将三根高度约 0.5m，直径为 15cmPVC 管灌满。

B. 进行三种不同工艺型钢插拔。

工艺四（样四）：灌注水泥土浆后，将 0.5m 长 2cm×2cm 的角钢表面涂抹废机油，立即将其垂直插入 PVC 管，露出 PVC 管高度 7cm，将水泥土浆面抹平；

工艺五（样五）：待灌入的水泥土浆初凝后，将 0.5m 长 2cm×2cm 的角钢垂直插入 PVC 管，露出 PVC 管高度 7cm，将水泥土浆面抹平；

工艺六（样六）：待灌入的水泥土浆初凝后，将 0.5m 长 2cm×2cm 的角钢垂直插入 PVC 管，约 1min 后拔出角钢，将拔出的角钢沿着"L"形空洞原路重新插入，露出 PVC 管高度 7cm，将水泥土浆面抹平。

C. 定期对试样养护，待 90d 后进行拉拔力测试实验。

② 拉拔力测试实验试样龄期达到 90d 后进行拉拔力测试实验，采用 SW-40 多功能强度

检测仪测定。具体操作方法如下：

A. 用前检查。转动摇把，测量千斤顶活塞位移是否达到 10mm，如未达到应加注机油。

B. 检测仪操作方法。将拉杆螺旋拧固在检测仪内，拉杆下端与角钢内焊接的螺母旋紧，顺时针均匀摇动手柄，油缸活塞上升，直至将 PVC 管内水泥土结石体破坏，记录仪表上显示的数值。

从型钢拔出的作用机理和拔出力影响因素可知，脱节时的最大拔出力取决于水泥土对型钢的握裹力 P_w、静摩擦力 P_f、变形阻力 P_d 和型钢自重 G，实验中六种工艺的角钢自重、变形阻力可认为是相同的，所以最大拔出力取决于水泥土对角钢的握裹力和静摩擦力，而握裹力是水泥土浆与型钢物理化学作用形成的粘结力。因此，初凝后再插入角钢就会大大降低水泥土对角钢的握裹力，初凝后插入角钢拔出再插入会使握裹力进一步降低，如工艺六起拔力小于工艺五。角钢表面涂油（减阻剂）或孔内注油在一定程度上不但会降低握裹力，而且会降低静摩擦力，如工艺二和工艺三。但当插入的型钢比较长时，涂抹的减阻剂由于插入过程的摩擦角钢下部减阻剂的作用甚微或不存在，而孔内注入减阻剂效果会更好，如工艺二的拔阻力小于工艺三。从实验分析可知，工艺二、工艺三、工艺五、工艺六都可以有效减小起拔力，但从工程实际应用看，考虑经济成本和可行性，工艺二孔内注入减阻剂会消耗大量减阻剂，成本高，不可取。所以在实际工程中根据具体情况可以选用工艺

三、工艺五、工艺六插拔型钢。

（一）型钢插拔工程应用试验研究

1. 顺义区老干部局活动中心扩建工程

（1）工程概况和工程地层情况。基坑开挖深度为 6.6m，从上至下地层分别为黏质粉土、填土层，粉砂-砂质粉土层，粉砂、黏质粉土层，砂质粉土层，重粉质黏土层。

（2）基坑工程北侧支护方案与效果。基坑支护方案采用水泥土 H 型钢桩+锚杆支护方案，水泥土径为 800mm，桩间距 0.6m，桩长 11m，水泥掺入比为 15%，一排搭接布桩。工程采用 HW300×300 型钢，采用隔一插一的插入形式，H 型钢插入桩体 11m，外露 1m。桩顶冠梁规格为 400mm×600mm。基坑开挖和北侧主体结构基础部分施工表明，支护和止水效果良好，达到了设计要求。

（3）型钢插拔工艺和试验效果。型钢插入：插入工艺采用灌桩后立即插入 H 型钢（即实验工艺四，灌注→表面涂减磨插插入），型钢插入前先对其表面进行清灰除锈，干燥条件下涂抹热融化的减磨剂；浇注冠梁时，埋在冠梁中的型钢用油毡包裹。型钢拔出：地下结构完成，回填肥槽后起拔型钢。先通过液压千斤顶和挖掘机配合作业，将 H 型钢顶出冠梁 1m后，再通过振拔机将桩体内剩余型钢拔出。型钢拔出后对形成空洞进行回灌，该工程共对22 根型钢进行回收，最终成功回收 20 根，回收过程较费力。

（4）由工程试验得出的结论。① 型钢拔出过程中，一定保持型钢与冠梁成垂直角度，即型钢不宜与冠梁形成夹角，否则不宜回收拔出。

② 冠梁的施工不宜型钢拔出，施工合理条件允许下可以考虑不施工连梁。

2. 顺义区再生水厂基坑支护工程

（1）工程概况和工程地质条件。基坑开挖深度为 11.4m，从上至下地层分别为素填土层、粉质黏土层、砂质粉土、粉砂层、黏土层、黏质粉土层、细中砂层。地层下部承压水水位埋深 18.6~22.0m，含水层为粉土层；上部承压水水位埋深 5.3~9.3m；局部含上层滞水，

水位埋深 1.8~4.2m，含水层为粉土。

（2）基坑工程支护方案与效果。采用放坡+水泥土型钢桩+锚杆复合支护方案。上部 5.6m 采用 1：1 放坡，下部水泥土桩径为 800mm，桩间距 0.6m，桩长 11.2m，水泥掺入比为 15%。

工程采用 HW300×300 型钢，H 型钢插入桩体 11.2m，外露 1m，为了便于插入，型钢下端做成"尖"形，采用隔一插一的插入形式，一排搭接布桩，不做冠梁，只是用水泥砂浆将桩顶抹平，外露型钢两侧用直径为 18mm 钢筋焊接。基坑开挖和监测数据表明，桩体间咬合良好，没有漏点，侧向位移和竖向位移均趋于稳定，满足设计和基坑监测技术规范要求。

（3）型钢插拔工艺和试验效果。型钢插入：插入工艺采用成桩初凝后插入 H 型钢（即实验工艺五，灌注→初凝→插入）。型钢拔出：地下结构施工完成后，使用振拔机直接对 H 型钢进行拔出。共施工 51 根型钢桩，顺利回收拔出 48 根，其余 3 根由于场地原因无法回收，回收率达 94%。

（4）由工程试验得出的结论。① 这次工程试验没有施工冠梁，型钢拔除较顺利，效率较高。

② 工程试验采用实验工艺五，即初凝后插入型钢，这样由于降低了水泥土对型钢的握裹力，所以起拔顺利，提高了型钢拔除效率。

③ 型钢下端做成"尖"形，有利于插入。

④ 采用振拔机比采用起重设备拔除型钢的速度快，效率高。

3. 顺义区拆迁安置小区锅炉房基坑支护工程

（1）工程概况和工程地质条件。该基坑开挖深度为 8.5m，从上至下地层分别为人工堆积的黏质粉土-砂质粉土层，粉砂-砂质粉土层，黏质粉土-粉质黏土层，淤泥质重粉质黏土层，细砂-中砂层，黏土-重粉质黏土层，粉质黏土-重粉质黏土层，细砂层，粉砂层，粉质黏土层等。

（2）基坑工程支护方案与效果。采用放坡+水泥土型钢桩+锚杆复合支护方案。上部 4.0m 采用 1：1 放坡，下部水泥土桩径为 800mm，桩间距 0.6m，桩长 8m，水泥掺入比为 15%。工程采用 HW300×300 型钢，H 型钢外露 1m，穿透桩体后插入土体 3m，采用隔一插一的插入形式，型钢下端做成"尖"形，一排搭接布桩，不做冠梁，只是用水泥砂浆将桩顶抹平。基坑开挖和取样试验表明：桩体间咬合良好，没有渗漏。桩体 28d 无侧限抗压强度达到 1.0~2.0MPa，渗透系数小于 $1×10^{-6}$cm/s。

（3）型钢插拔工艺和试验效果。型钢插入：成桩初凝后插入 H 型钢，随即拔出型钢，约 1min 后，再将拔出的型钢沿着"H"形空洞原路重新插入（即实验工艺六：初凝→插入→拔出→插入）。型钢拔出：地下结构施工完成后，使用振拔机对 H 型钢进行拔除。共施工 232 根型钢桩，对其中 228 根型钢进行回收拔出，228 根型钢全部顺利拔出，回收率达 100%。型钢拔出后对形成的空洞进行回灌充填。

（4）由工程试验得出的结论。① 工程试验采用实验工艺六进行工程试验，即初凝→插入→拔出→插入，且型钢下端部分穿透水泥土桩插入土体，这样大大降低了水泥土对型钢的握裹力，所以起拔阻力小，易于拔除，型钢回收率达到 100%。

② 相对于第一个工程试验而言，后两个工程试验可证明初凝后插入型钢还是有效果的，利于型钢拔除，工艺五、工艺六的效果相对工艺四效果好一些。

4. 工程试验对比分析

根据三个工程试验分析可知，采用相同规格的型钢 HW300×300，插入深度均为 11m 左右，但因分别采用了不同的插入型钢工艺，其拔除的难易程度和回收率是有差别的。采用实验工艺五插入型钢的水厂基坑支护工程较采用实验工艺四的活动中心扩建工程起拔型钢容易，采用实验工艺六插入型钢的锅炉房基坑支护工程较采用实验工艺五的水厂基坑支护工程起拔型钢容易，其原因在于水泥土对型钢的握裹力和静摩擦力不同，如锅炉房基坑支护工程采用初凝→插入→拔出→再插入型钢的实验工艺六，且型钢下端 3m 穿透水泥土插入地基土，所以型钢周围介质对其的握裹力和静摩擦力相对其他两种插入工艺最小。而活动中心扩建工程采用灌注→表面涂减磨剂插入的实验工艺四，因插入过程中含有大量颗粒的浆材对型钢表面附着的减磨剂摩擦消耗，尤其型钢下部可能消耗殆尽，再加上混凝土冠梁的设置，不但握裹力和静摩擦力较其他两种工艺大，而且使起拔时的变形阻力可能增加，所以实践证明该插入工艺方法起拔最困难。因此，欲使型钢起拔容易，提高回收率，应采用降低型钢周围介质对其的握裹力、静摩擦力及变形阻力的插入工艺。

（二）型钢插拔施工技术要点

经过型钢插拔工艺实验与工程应用试验研究，总结得出如下型钢插拔施工技术要点：

（1）型钢的插入宜在桩体初凝后插入，插入前必须检查其平直度和接头焊缝质量，满足设计要求，以降低型钢周围介质对其的握裹力、静摩擦力及变形阻力。

（2）混凝土冠梁设置易增加型钢变形阻力，造成型钢拔出困难。所以，根据需要可设置易于拆卸的钢质冠梁。

（3）型钢插入前先对其表面进行清灰、除锈，也可在干燥条件下涂抹附着力强的减磨剂。

（4）型钢的插入必须采用牢固的定位导向架，经纬仪校核型钢插入时的垂直度，控制好型钢插入标高。

（5）型钢下端宜做成"尖"形，插入桩体后应外露约 1m。桩体初凝后插入可以借助带有液压钳的振动锤等辅助手段下沉到位。

（6）型钢回收应在主体地下结构施工完成，地下室外墙与水泥土桩墙之间回填密实后进行。

（7）型钢拔除一般采用振拔机或吊车，必要时起初配以液压千斤顶拔活型钢。型钢拔除回收时，根据环境保护要求可采用跳拔，限制拔除型钢数量等措施，并及时对型钢拔除后形成的空洞回灌。

五、可回收锚索施工技术研究

可回收锚索是长螺旋压灌水泥土防渗桩墙插型钢+可回收锚索支护体系中抵抗土体侧压力的主要构件之一，可回收锚索技术不仅决定了基坑侧壁的安全，同时也决定了锚索的回收效率。

（一）可回收锚索工作原理

可回收锚索主要是回收用作拉杆的钢绞线，其组成包括拉杆(无粘结钢绞线)、特制承载头、浆材固结体及锚头等。当锚索被锁定施加预应力时，因拉杆采用无粘结钢绞线使其与浆材固结体隔离，作用在钢绞线上的拉力直接传至特制承载头并作用于浆材固结体上，浆材固结体在承载头的作用下与岩土体产生摩擦阻力(粘结力)，从而使无粘结钢绞线能够承受一定的拉力荷载，实现锚固支护作用。

当可回收锚索完成其支护作用后，采用张拉千斤顶松开锚头夹片，拆除锚头，使钢绞线与特制承载头脱开（根据承载头结构不同采用相应方法脱开），用卷扬机等设备将钢绞线抽出，实现回收。

（二）可回收锚索杆体

可回收锚索杆体是回收的主要材料，而且是利用基坑与地下结构预留肥槽的狭小空间进行回收工作的。所以，锚索杆体应具备如下性能特点：

（1）杆体应具有良好的柔性，便于利用基坑壁与地下结构间预留肥槽狭小空间回收。

（2）杆体应具有较高的抗拉强度，以便在保持良好柔性的情况下能够承受较大的锚固拉力。

（3）杆体应具有不被灌浆固结体粘接结构特点，当可回收锚索完成其支护作用后，便于利用千斤顶或卷扬机就可轻易将钢绞线抽出，实现回收。

根据可回收锚索杆体应具备的上述性能特点，应选择无粘结钢绞线。无粘结钢绞线具有钢绞线外涂抹防腐油脂，并用高密度聚乙烯材料挤塑成护套，钢绞线不会被灌浆固结体粘结，便于回收，而且具有良好的柔性和较高的抗拉强度。

（三）可回收锚索承载头结构设计

可回收锚索承载头是实现锚索回收的关键部件，支护过程中应能固定钢绞线拉杆，完成支护作用后应与钢绞线易于脱开。所以，可回收锚索承载头应具备如下性能特点：

（1）满足锚固所需的强度与刚度要求；

（2）能牢固锁定钢绞线并可与钢绞线轻松脱开；

（3）承载头与灌浆固结体有足够的接触面积，能被灌浆固结体固定。

满足上述性能特点的可回收锚索承载头可分为两种方式：

（1）"U"形可回收锚索承载头。无粘结钢绞线采用"U"结构绕过承载头，钢绞线的两端至锚孔口锁定；锚索使用功能完成后，拆卸锚头，拉"U"形结构钢绞线的一端，便可回收。该结构作为拉杆的无粘结钢绞线必须成对设置，承载头可选择高分子聚酯纤维增强模塑料或满足强度和刚度要求的钢材制成。"U"形可回收锚索承载头结构简单，成本低，易于实施。

（2）端部锁止型可回收锚索承载头。采用这种结构的承载头时，无粘结钢绞线的一端被承载头锁定，另一端在锚孔口被锚头锁定；锚索使用功能完成后，拆卸锚头，视承载头的结构采用相应的方法使钢绞线与承载头解锁，拉出钢绞线即可。该结构承载头可采用机械机构、液压机构或其它复合机构对无粘结钢绞线杆体进行锁止。端部锁止型可回收锚杆承载头结构复杂，成本较高，需进一步加强研究开发。

（四）可回收锚索设计计算

可回收锚索工作过程中，承载体因承受钢绞线的拉力而压迫灌浆固结体，因此可回收锚索设计时需要考虑以下几项：

（1）无粘结钢绞线有足够的抗拉强度，不致被拉断；

（2）灌浆固结体与岩土体界面间有足够的摩阻力或粘结强度，确保灌浆固结体不发生滑动；

（3）承载体及其与钢绞线的连接有足够的强度，不致发生破坏或脱节；

（4）灌浆固结体有足够的抗压强度，不被压坏。对此应进行一系列必要的设计计算与校核。

1. 无粘结钢绞线的选择

根据锚索轴向拉力，综合考虑确定无粘结钢绞线的抗拉强度、根数和规格。杆体材料选择无粘结钢绞线，锚索体极限抗拉承载力应符合：

（1）锚索自由段长度应穿过潜在滑裂面1.5m，且应≥5.0m，并应能保证锚杆和锚固结构体系的整体稳定。

（2）锚索锚固段长度应根据锚索设计拉力确定，对土层宜≥6m，中等风化、微风化的岩层宜≥3m。

（3）锚索水平间距和垂直间距应根据地层侧压力和规范确定，为了避免群锚效应，一般水平间距宜≥1.5m，垂直间距宜≥2.0m。

（4）当采用"U"形可回收锚索承载头时，单元锚索无粘结钢绞线必须成对设置；当采用端部锁止型可回收锚索承载头时，单元锚索无粘结钢绞线根数应根据承载头结构设置。

（5）沿可回收锚索的轴向每隔1~2m设置一个支撑架，将无粘结钢绞线分隔开，使钢绞线平直，便于回收。

（五）可回收锚索工程试验研究

1. 工程概况

工程为北京市石景山区长安大厦基坑工程，位于北京市石景山区银河大街西侧，鲁谷路北侧。勘探深度（50.0m）范围内的地层划分为人工填土层及第四纪坡洪积层、残积土层、侏罗系、石炭二叠系及蓟县系。地下水类型为基岩裂隙水，分布于基岩强风化区，受气候影响较大，主要补给来源及为大气降水和地下径流，主要排泄方式为蒸发及侧向径流，一般水量不大，但随季节变化较大。

2. 基坑支护方案

基坑开挖深度为23.4m，采用2.5m挡土墙+桩锚支护方案。设计桩径为800mm，桩间距1.6m，桩长为25.0m，桩身混凝土标号为C25，嵌固深度7.m。锚杆共设4层，试验位置选在基坑第二层，设置1根。

3. 基本设计参数

可回收锚索试验设置在第二层位置，轴向设计拉力为150kN，最后锁定值为120kN，锚孔直径为150mm，锚固段灌浆固结体与土层的摩阻力60kPa，采用"U"可回收锚索的自由段长5m，锚固段长度取10m。所以，每一单元锚索钢绞线长度应为5+10+1=16m，本次试验选用直径为15.2mm、横截面积为139mm²、抗拉强度为1860MPa的无粘结钢绞线，故"U"形可回收锚索钢绞线长度应为（5+10+1）×2=32m。

4. 承载头设计制作

试验共制作了两个锚索承载头，其中一个承载头是用高强度钢板制作的钢板式承载头，另一个承载头是用直径100mm、长度100mm的钢管焊接而成钢管式承载头。由于钢板式承载头宽度略大于成孔孔径，没插入到孔内，此试验只选用钢管式承载头进行试验。无粘结钢绞线由施工现场普通预应力钢绞线制成，钢绞线选用直径为15.2mm、横截面积为139mm²、抗拉强度为1860MPa的预应力钢绞线，长度为32m。除两个端部各预留1m外，其余杆体部分涂抹黄油，涂抹黄油杆体部分由塑料皮套套住，塑料皮套直径为20mm，长度为30m。杆体选用采用弯曲机绕载体弯曲成"U"形，并用钢带与承载体捆绑牢靠，为了使承载头更有效的发挥锚固作用，在承载头两侧共焊接4根直径为18mm、长度为2m的螺纹钢筋。沿杆体轴线方向每隔2.0m设置一个隔离架。通过可回收锚索试验，说明采用"U"形可回收锚索的钢管式承载头可以满足基坑支护锚索的张拉要求，而且完成支护寿命后，钢绞线可以绕其顺利拔出，实现回收钢绞线的目的。

（六）可回收锚索施工技术要点

通过理论研究和工程试验，可回收锚索施工技术要点总结如下：

（1）可回收锚索施工前，应充分核实锚固工程的设计条件、地层条件和环境条件；

（2）锚索水平、垂直方向孔距误差应≤100mm，钻孔轴线的偏斜率不应大于锚索长度的2%。

（3）可回收锚索若采用"U"形缠绕承载头结构，无粘结钢绞线应弯曲成与承载头相吻合的"U"形，并用钢带将无粘结钢绞线限制在承载头相应的位置上；不宜选择大直径无粘结钢绞线，不利于弯曲成"U"形；沿杆体轴线方向每隔1.0~2.0m设置一个隔离架，严禁扭曲错位。

（4）灌浆材料应根据设计要求而定，宜选用灰砂比1：1~1：2，水灰比0.40~0.45的水泥砂浆或水灰比为0.40~0.50的纯水泥浆，必要时可加入一定量的外加剂或掺合料，其结石体抗压强度应能满足设计要求。

（5）张拉设备应进行标定；正式张拉之前，应取0.1~0.2倍的设计轴向拉力值对锚杆预张拉1~2次，使其各部位的接触紧密，杆体完全平直。

第四节　新型拼装式 H 型钢结构内支撑技术

一、钢结构发展概述

随着城市地下空间的开发规模不断扩大，每年全国基坑施工的面积和数量亦不断增加。而在我国南方软土地区，基坑往往采用混凝土内支撑体系，而混凝土支撑体系在地下空间结构完成过程中需进行拆除，产生大量的废弃混凝土。这些废弃混凝土虽然部分可以作为一些再生建筑材料的原料，但绝大多数作为建筑垃圾废弃，对环境造成破坏。相比混凝土内支撑体系，钢结构内支撑可反复使用，使用过程中不产生废弃物，具有绿色环保的特点。但在我国，钢结构内支撑往往只在狭长形基坑，诸如地下通道、下立交、地下车站基坑中使用。工程界急需一种能应用于民用大型基坑的新型钢支撑解决方案。

二、我国钢支撑发展历史

20世纪90年代，随着深大基坑的出现，建筑基坑开始采用钢结构内支撑体系，代表有上海浦东由大厦基坑、上海华侨大厦基坑、北京国贸二期基坑等。当时的钢结构内支撑体系有以下特点：

（1）支撑现场焊接。钢支撑大多采用现场焊接连接，现场焊接条件恶劣，对焊接工人水平要求很高，一般工程难以做到。已发生的许多基坑事故主要是由于焊接质量问题导致基坑节点破坏而引发的。

（2）双向支撑相交处采用固定接头。大多数钢支撑横纵方向均位于同一高度，交叉处采用固定连接。该方法虽能增强支撑体系整体刚度，但两方向钢支撑受力相互影响，使得钢支撑体系受力复杂，计算分析难以模拟。

（3）钢支撑截面规格众多。当时钢支撑截面规格纵多，有 $\phi609$ 圆钢管、H 型钢以及一些组合截面。每个基坑支撑、围檩等构件截面都不尽相同，造成支撑件的无法重复利用。

（4）忽视预加轴力。由于当时国内钢支撑体系刚刚引入，设计及施工经验缺乏，很多基坑钢支撑都不施加预加轴力，造成采用钢支撑的基坑变形普遍较大，对周边环境影响很大，也给人钢支撑体系对周边环境保护不力的错觉。

经过二十多年的发展，现阶段我国钢支撑体系在地下通道、下立交及地铁车站等狭长形基坑得到广发应用，其特点有：

（1）支撑采用拼装式。钢支撑大多采用现场螺栓连接，安装方便，保证安装质量。

（2）支撑单向设置。钢支撑仅在狭长形基坑短向设置，支撑长度一般≤40m。

（3）采用 $\phi609$ 圆管支撑。现阶段钢支撑基本为 $\phi609$ 圆管支撑，规格统一。

（4）采用活络头装置预加轴力结合轴力自动补偿系统。经过多年的经验积累，对于钢支撑预加轴力施工已经形成了较为一致的认识：一般条件周边环境下，钢支撑采用活络头装置预加轴力以控制基坑变形，随着施工过程需对损失的预加轴力进行复加。基坑周边环境（如地铁、历史保护建筑或者重要管线等）对于变形较为敏感，则可采用钢支撑轴力自动补偿系统对钢支撑轴力进行控制。

由最早应用于民用大基坑退步到今天的狭长基坑，我国钢支撑技术主要有两大缺陷限制了其进一步发展：

（1）预加轴力系统不完善造成预加轴力损失大，无法对周边环境进行较好的保护。我国钢支撑现阶段预加轴力系统是在支撑与钢围檩连接处采用活络头加临时千斤顶装置。预加轴力时采用临时千斤顶预加轴力，当达到设计要求后在活络头中打入钢楔，然后千斤顶卸载、拆除。这就造成所有预加力最终由钢楔承担的局面，而钢楔刚度小，变形大，造成预加轴力损失大。

（2）我国钢支撑主要采用 $\phi609$ 钢管支撑，支撑只能单根设置，无法形成体系，整体性差。纵观钢管支撑基坑事故，很大一部分垮塌事故是因为局部钢支撑破坏后形成多米诺骨牌效应，造成整个支撑体系破坏。

三、新型拼装式 H 型钢结构内支

结合欧美、日本钢支撑最新技术及我国钢支撑现状，未来我国新型钢支撑体系的发展趋势为：

（1）拼装式。钢支撑采用现场螺栓连接，安装方便，保证安装质量。

（2）双向支撑上下脱离，接头处可滑动。根据相关力学分析，钢支撑双向支撑应上下脱离，在接头位置采用可滑动构造，保证一个方向支撑受力对于另一方向无影响。通过如此构造设置，可以明确支撑传力体系，便于分析支撑受力。

（3）采用 H 型钢支撑。根据国外经验，采取 H 型钢作为钢支撑构件，在构件连接、组合及安装方面均较 $\phi609$ 钢管拥有较多的便利性。

（4）可靠的预加轴力系统。实践经验表明，预加力对于基坑及周边环境变形的控制是十分有效的，可以解决钢支撑自身刚度较小的问题。但我国现阶段普遍采用活络头+临时千斤顶的预加力施工工艺，该工艺施加预加力损失大，效果不理想，应采用合理可靠的预加力施工装置和工艺，减小预应力损失。对于周边敏感环境条件，新兴的轴力自动补偿系统证明是较为有效的手段，是未来预加轴力技术的发展方向。

（5）自动实时的基坑健康监测。钢支撑体系对于温度、应力、变形等因素十分敏感，这些因素的变化均会造成钢支撑受力状态的变化，甚至对钢支撑体系的稳定和安全造成影响。传统的监测手段 1~2 次/d，采用人工采集，这种传统的监测手段不管是采集方式或是监测频率都难以满足钢支撑体系的监测要求。因此需要开发能自动、实时进行数据采集、传输的基坑健康监测系统。根据以上发展趋势，可以形成我国新型拼装式 H 型钢结构内支撑体系。该体系由三部分组成：双向超长 H 型钢支撑体系、超长钢支撑预加轴力系统（手动预加与自动补偿）及基坑智能全自动监测系统。其中双向超长 H 型钢支撑体系具有组装方便、施工快速、可反复使用的特点，可形成组合桁架体系，可双向设置。未来可取代在基坑中具支配地位的混凝土支撑体系，完全符合绿色、低碳的施工要求。超长钢支撑预加轴力系统（手动预加与自动补偿），为新型钢支撑预加轴力装置，分为手动预加和自动补偿两种。对于一般环境条件，可采用手动预加装置，该装置不同于传统的活络头装置，千斤顶永久设置。对于特殊周边环境（如周边有保护建筑，地铁车站等），采用自动补偿装置，该装置在手动预加系统基础上增加电脑控制系统，可实现支撑实时补偿、卸载轴力。基坑智能全自动监测系统全可实时、自动进行基坑监测，使得项目管理人员实时掌握支撑体系的内力和变形性状，保证体系安全。该内支撑体系解决了我国钢支撑技术的主要缺陷：

（1）轴力补偿装置采用永久液压千斤顶，千斤顶作为钢支撑体系的组成部分。该技术无需打入钢楔，可大大减少预应力损失。

（2）采用拼装式 H 型钢支撑，支撑可以任意组合、拼装。钢支撑可采用八字撑、双拼甚至三拼等形式进行组合，形成组合钢支撑体系，增强支撑整体性。

四、新型拼装式 H 型钢结构内支撑设计

（一）设计荷载

根据《建筑基坑支护技术规程》（JGJ 120—2012），基坑内支撑需考虑以下荷载及作用。

（1）温度应力：长度>40m 的支撑宜考虑 10%~20% 支撑内力影响。

（2）施工误差对承载力计算的影响：对钢支撑，考虑误差造成的偏心距不小于支撑计算长度的 1/1000，且≥40mm。

（二）支撑构件计算

1. 钢支撑设计

需分别计算钢支撑强度及稳定性。

（1）支撑稳定性按以下公式计算：

$$\frac{N}{\varphi_x A}+\frac{\beta_{mx}M_x}{\gamma_x W_x\left(1-0.8\frac{N}{N'_{Ex}}\right)}\leqslant f$$

（弯矩作用平面内稳定）

$$\frac{N}{\varphi_y A}+\eta\frac{\beta_{1x}M_x}{\varphi_b W_x}\leqslant f$$

（弯矩作用平面外稳定）

对于双拼、三拼组合桁架支撑，尚应计算组合截面的弯矩作用平面外稳定性，按以下公式计算：

$$\frac{N}{\varphi_{y\text{组合}}A_{\text{组合}}}+\eta\frac{\beta_{1x}M_{x\text{组合}}}{W_{x\text{组合}}}\leqslant f$$

（2）支撑强度按以下公式计算：

$$\frac{N}{A_n}+\frac{M_x}{\gamma_x W_{nx}}\leqslant f$$

2. 钢围檩设计

围檩稳定性、强度计算同钢支撑，尚应补充计算抗剪强度。

$$\frac{VS}{It_w}\leqslant f_v$$

（三）支撑体系计算

钢支撑体系设计宜采用平面框架模型分析，得到单根构件的轴力、弯矩及剪力。计算前，需要获取作用于围檩的每延米支撑反力。该过程可通过启明星、理正等深基坑计算软件对基坑剖面进行计算后得到。之后，通过有限元程序建立支撑体系的平面框架模型，再将之前得到的支撑反力作用于框架模型，最终得到各个构件的轴力、弯矩及剪力。

五、新型拼装式 H 型钢结构内支撑体系施工

（一）钢支撑施工流程

钢支撑施工流程为：施工准备→测量防线→钢围檩拼装→细石砼填充围檩空隙→钢支撑及千斤顶拼装→预加轴力→复紧螺栓→检查及轴力复加。

（二）钢支撑施工工艺要点

（1）开挖前需备齐检验合格的型钢支撑、支撑配件、施加支撑预应力的油泵装置（带有观测预应力值的仪表）等安装支撑所必须的器材。在地面按数量及质量要求配置支撑，地面上有专人负责检查和及时提供开挖面上所需的支撑及其配件，试装配支撑，以保证支撑长度适当，每根支撑弯曲≤20mm，并保证支撑及接头的承载能力符合设计要求的安全度。严禁出现某一块土方开挖完毕却不能提供合格支撑的现象。

（2）钢支撑安装按图纸设计要求，所有支撑拼接必须顺直，每次安装前先抄水平标高，以支撑的轴线拉线检验支撑的位置。斜撑支撑轴线要确保与钢垫箱端面垂直。

（3）每道支撑安装后，及时按设计要求施加预应力。支撑下方的土在支撑未加预应力前不得开挖。对施加预应力的油泵装置要经常检查，使之运行正常，所量出预应力值准确。每根支撑施加的预应力值要记录备查。施加预应力时，要及时检查每个接点的连接情况，并做好施加预应力的记录；严禁支撑在施加预应力后由于和预埋件不能均匀接触而导致偏心受压；在支撑受力后，必须严格检查并杜绝因支撑和受压面不垂直而发生徐变，从而导致基坑挡墙水平位移持续增大乃至支撑失稳等现象发生。

（4）钢支撑安装应确保支撑端头同圈梁或围檩均匀接触，并防止钢支撑移动的构造措施，支撑的安装应符合以下规定：

① 支撑轴线竖向偏差：±2cm。

② 支撑轴线水平向偏差：±2cm。

③ 支撑两端的标高差以及水平面偏差：≤2cm 和支撑长度的 1/600。

④ 支撑的挠曲度：≤1/1000。支撑与立柱的偏差：±5cm。

⑤ 支撑与立柱的偏差：±5cm。

（5）所有的螺栓连接点，必须保证螺栓拧紧，数量满足设计要求。需要焊接的地方，焊

缝必须满焊表面要求焊波均匀，焊缝高度应≥8mm，不准有气孔、夹渣、裂纹、肉瘤等现象，防止虚假焊。

（6）支撑预拼时，每个连接处用高强螺栓相邻交错串眼接拼钢支撑旋紧，螺栓外露上道支撑进行检查，并复紧连接不得少于二牙。施加预应力后，对所有螺栓进行二次紧固。每次安装好支撑后应对螺栓。

（7）由于地连墙表面平整度问题，围檩与围护桩之间往往不能密贴，故围檩安装时应及时用 C20 细石混凝土填塞空隙，确保支撑体系安装稳固。

（三）钢支撑主要施工方法

1. 材料运输

工程现场可利用塔吊作为钢支撑材料的垂直运输。并在基坑底配备履带式叉车（或挖机改造），用于钢支撑构件的水平运输。

2. 钢支撑拼装流程

拼装流程：准备工作→放线及验线（轴线、标高复核）→钢支撑附属支撑构件安装→支撑件中心线及标高检查→安装钢支撑、校正→按设计要求施加轴力并固定→钢支撑联系梁安装→循环工序进行安装→验收。

3. 安装工艺

（1）钢支撑的校正。钢支撑调整：有的钢支撑直接与预埋件焊接连接。根据钢支撑实际长度，埋件平整度，托架顶部距钢支撑底部距离，重点要保证钢托架顶部标高值，以此来控制钢支撑找平标高。平面位置校正：在起重机不脱钩的情况下将钢支撑底定位线与基础定位轴线对准缓慢落至标高位置。二层以下支撑的安装校正：因上部支撑构件的影响，不能一次就位时，先就位一端，另一端临时放置于钢围檩等构件上，然后将钢丝绳移至另一端，在拆解移动钢丝绳之前应检查钢支撑放置稳妥才可进行。将两根钢丝绳分别穿过上层支撑两侧吊挂在主副钩上，主钩进行吊装就位，当接近安装位置时，用副钩进行调整就位。校正：优先采用垫板校正（同时钢支撑脚底板与基础间隙垫上垫铁）。

（2）钢围檩的校正。钢围檩的校正包括标高调整、纵横轴线和垂直度的调整。注意钢围檩的校正必须在结构形成刚度单元以后才能进行。用全站仪将钢支撑子轴线投到围檩托架面等高处，据图纸计算出围檩中心线到该轴线的理论长度 $L_理$。每根围檩测出两点用钢尺校核这两点到钢支撑子轴线的距离 $L_实$，看 $L_实$ 是否等于 $L_理$，以此对围檩纵轴进行校正。当围檩纵横轴线误差符合要求后，复查围檩钢支撑底座间距。围檩的标高和垂直度的校正可通过对钢垫板的调整来实现。注意围檩的垂直度的校正应和围檩轴线的校正同时进行。

4. 预加轴力

加力注意事项如下：

（1）检查钢支撑弯曲度、两端位置及螺栓是否上紧。

（2）检查液压泵站和液压顶连接完好，电器和液压开关控制灵活、可靠。

（3）第一次加力到设计值 50% 后观察钢支撑变化 5min，第二次加力到设计值 80% 后观察钢支撑变化 5min，第三次加力到设计值后观察钢支撑变化 5min。

六、新型钢支撑体系工程方案研究

（一）工程概况

苏州某基坑北侧紧邻地铁车站，基坑面积约 6500m²，东西长约 90m，南北宽约 70m；裙房基坑开挖深度 14.65m。塔楼区基坑开挖深度 16.1m。原设计基坑内支撑体系采用三道混凝土支撑。由于混凝土支撑在基坑开挖后需经支模，绑扎钢筋，浇筑养护达到设计强度后才能形成支撑刚度，在此期间基坑变形将不断增加，可能对地铁车站运营造成影响。因此将原设计方案的三道混凝土支撑体系改为一道混凝土支撑+两道拼装式钢支撑体系。采用两道钢支撑替代原第二、三道混凝土支撑，缩短了支撑刚度的形成时间，同时在垂直地铁车站方向钢支撑上采用轴力自动补偿系统可以显著减小基坑变形，保证地铁车站的安全。

（二）钢支撑体系布置

1. 支撑平面布置

第二、三道支撑采用钢支撑，平面布置图见图 9-1。钢围檩采用双拼 500×500×25×25H 型钢。钢角撑采用 500×500×25×25H 型钢。钢对撑采用 400×400×13×21H 型钢，双拼设置，间距 1500~1800mm，型钢间采用系杆连接。钢对撑端部八字撑采用 400×400×13×21H 型钢。钢支撑间距 7.5~9m。横纵向支撑相交位置上下脱离（图 9-2），图中水平方向支撑在上，竖直方向支撑下。支撑采用 U 形卡箍相互连接，该连接可保证钢支撑在轴向可动，垂直方向约束。

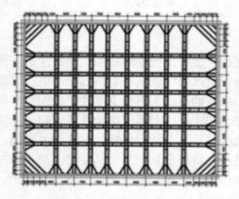

图 9-1　第二、三道支撑布置（钢支撑）

图 9-2　支撑相交节点

2. 支撑竖向布置

由于紧邻地铁车站，第一道混凝土支撑不宜下压过低，因此第一道混凝土支撑中心设置于相对标高-1.40m 处。第二、三道钢支撑各分上下两部分，图 9-1 中水平方向支撑在上，竖直方向支撑下。第二道水平方向支撑中心标高为-6.20m，竖直方向支撑中心标高为-6.70m。第三道水平方向支撑中心标高为-10.70m，竖直方向支撑中心标高为-10.20m。

3. 支撑预加轴力系统

根据本项目基坑的周边环境特点，基坑第二、三道钢支撑拟在垂直地铁方向支撑采用轴力自动补偿系统，在平行地铁方向采用手动千斤顶系统。

新型拼装式 H 型钢结构内支撑技术所具有的新型预加轴力系统、组合桁架支撑体系，较好地解决了现阶段我国钢支撑对周边环境控制能力弱，支撑平面整体性差的弱点，可取代混凝土支撑，应用于民用深大基坑。该技术具有减少建筑垃圾、提升项目绿色施工技术水平、减轻工人劳动强度、加快施工工期、减少施工成本等优势，贯彻了绿色环保的建筑理念，与未来建筑业发展的方向相契合。

第十章　基坑降水设计与施工

第一节　常用基坑降水方法

井点降水，是人工降低地下水位的一种方法。故又称"井点降水法"。在基坑开挖前，在基坑四周埋设一定数量的滤水管(井)，利用抽水设备抽水使所挖的土始终保持干燥状态的方法。所采用的井点类型有：轻型井点、喷射井点、电渗井点、管井井点、深井井点等。

一、井点降水法

沿基坑四周每隔一定间距布设井点管，井点管底部设置滤水管插入透水层，上部接软管与集水总管进行连接，集水总管为 φ150 钢管，周身设置与井点管间距相同的 φ40 吸水管口，然后通过真空吸水泵将集水管内水抽出，从而达到降低基坑四周地下水位的效果，保证了基底的干燥无水。

(一) 施工特点

(1) 机具设备简单、易于操作、便于管理。

(2) 可减少基坑开挖边坡坡率，降低基坑开挖土方量。

(3) 开挖好的基坑施工环境好，各项工序施工方便，大大提高了基坑施工工序。

(4) 开挖好的基坑内无水，相应地提高了基底的承载力。

(5) 在软土路基，地下水较为丰富的地段应用，有明显的施工效果。

(二) 分类

根据地下水有无压力，水井分为无压井和承压井。

当水井布置在具有潜水自由面的含水层中时(即地下水为自由面)，称为无压井；当水井布置在承压含水层中时(含水层中的水充满在两层不透水层中间，含水层中的地下水面具有一定水压)，称为承压井。

根据水井埋设的状态，水井分为完整井和非完整井。

当水井底部达到不透水层时称为完整井；否则称为非完整井。

因此水井大致分为四大类，无压完整井、无压非完整井、承压完整井、承压非完整井。

降水设备：井点管、连接管、集水总管、滤料。

(三) 施工工艺

1. 井点布置

对于铁路桥涵的基础在地下水丰富地段，一般采用单排环型布置，利用单排井点降水，降水深度宜≤5m。

首先进行基坑处原地面标高的测量，根据地面标高及基底设计标高确定基坑开挖深度，计算开挖坡率及开挖尺寸，依据开挖尺寸，在距离基坑边缘约 1.0m 处，布置井点吸水管位置。

2. 高程布置

井点吸水管的滤水管必须埋设在透水层内，埋设深度可按下式计算：

$$H_1 \geqslant h_2 + h_1 + il_1$$

式中　　h_2——井点管埋置面至基坑底面的距离，m；

h_1——基坑底面至降低后的地下水位线的距离，m，一般取 0.5~1.0m；

i——水力坡度，环型井点降水一般取 1/10；

l_1——井点管距基坑中心的水平距离，m。

按照上式计算出来的 H_1 值，一般情况≤6m，井点管露出地面高度≤0.3m，如果>6m，则要降低井点系统顶面标高。

3. 施工顺序

测量放线→挖井点沟槽→冲孔→下设吸水井点管→灌填粗砂滤料→铺设集水管→连接集水管与井点管→安装抽水设备→试抽→正式抽水→基础施工→撤离井管。

利用 7.5kW 高压水泵，通过软管与一根特制的 $\phi 40$ 钢管相连，钢管端部设有喷水孔，由两名操作工人手持钢管在集水管位置上下抽动，直至成孔，成孔深度一般比滤管深度 0.5m，冲孔时注意冲水管垂直插入水中，并做左右上下摆动，成孔后立即拔出 $\phi 40$ 冲水管，插入井点管，以免坍塌，集水管放入完成后，向孔内灌入少量粗砂，保证流水畅通。

每根井点管埋设完成后应检查其渗水性能，检查方法为：在正常情况下，井点口应有地下水向外冒出；否则从井点管口向管内灌清水，看管内水下渗情况，如果下渗越快，说明该管质量优良。

然后铺设 $\phi 100$ 集水钢管，集水管与井点水管之间的连接采用 $L=1.2m$，$\phi 40$ 的橡胶软管连接，两头用铁丝拧紧，外涂抹黄泥，以防漏气，最后连接真空水泵进行试抽。

试抽的主要目的是检查接头的质量，井点的出水状况，真空泵的运转情况。如发现漏水、漏气现象，应及时进行加固或采用黄泥封堵处理，因为漏气会影响整套系统的正常工作，影响整体的降水效果。

井点降水在使用时，要求不间断地连续抽水，真空泵旁侧必须配有备用发电机，一旦停电，立即要进行恢复，否则可能造成基坑大面积坍塌。井点降水的正常规律是"先大后小，先混后清"，在降水过程中，要派专人观测水的流量，对井点系统进行维护观察。

（四）质量控制措施

1. 质量标准

（1）井点管间距、埋设深度应符合设计，一组井点管和接头中心，应保持在一条直线上。

（2）井点埋设应无严重漏气、淤塞、出水不畅或死井等情况。

（3）埋入地下的井点管及井点联系总管，均应除锈并刷防锈漆一道，各焊接口处焊渣应凿掉，并刷防锈漆一道。

（4）各组井点系统的真空度应保持在 55.3~66.7kPa，压力应保持在 0.16MPa。

2. 注意事项

（1）土方挖掘运输车道不设置井点，这不影响整体降水效果。

（2）在正式开工前，由电工及时办理用电手续，保证在抽水期间不停电。抽水应连续进行，特别是开始抽水阶段，时停时抽，会导致井点管的滤网阻塞。同时由于中途长时间停止抽水，造成地下水位上升，会引起土方边坡塌方等事故。

（3）轻型井点降水应经常进行检查，其出水规律应"先大后小，先浑后清"。若出现异常情况，应及时进行检查。

（4）在抽水过程中，应经常检查和调节离心泵的出水阀门以控制流水量，当地下水位降到所要求的水位后，要减少出水阀门的出水量，尽量使抽吸与排水保持均匀，达到细水长流。

（5）真空度是轻型井点降水能否顺利进行降水的主要技术指数，现场设专人经常观测。若抽水过程中发现真空度不足，应立即检查整个抽水系统有无漏气环节，并应及时排除。

（6）在抽水过程中，特别是开始抽水时，应检查有无井点管淤塞的死井，可通过管内水流声、管子表面是否潮湿等方法进行检查。如"死井"数量超过10%，则严重影响降水效果，应及时采取措施，采用高压水反复冲洗处理。

（7）在打井点之前应勘测现场，采用洛阳铲凿孔，若发现场内有旧基础、隐性墓地等应及早上报。

（8）如黏土层较厚，沉管速度会较慢，当超过常规沉管时间时，可增大水泵压力，但应≤1.5MPa。

（9）主干管流水坡度流向水泵方向。

（10）如在冬季施工，应做好主干管保温，防止受冻。

（11）基坑周围上部应挖好水沟，防止雨水流入基坑。

（12）井点位置应距坑边2~2.5m，以防止井点设置影响坑边土坡的稳定性。水泵抽出的水应按施工方案设置的明沟排出，离基坑越远越好，以防止渗下回流，影响降水效果。

（13）如场地黏土层较厚，这将影响降水效果，因为黏土的透水性能差，上层水不易渗透下去，采取套管和水枪在井点轴线范围之外打孔，用埋设井点管相同成孔作业方法，井内填满粗砂，形成二至三排砂桩，使地层中上下水贯通。在抽水过程中，由于下部抽水，上层水由于重力作用和抽水产生的负压，上层水系很容易漏下去，将水抽走。

3. 安保措施

（1）井点管透水节段必须包裹严实不透砂，埋设深度应达到方案要求标高，并插于透水层。透水节段必须回填中粗砂，保证透水效果。

（2）井点管与橡胶管、橡胶管与集水管、集水管和真空泵的连接保证密封不漏气。

（3）抽水用电必须严格实行三相五线制，配电系统采用"三级配电两级保护"，实行"一机一闸一漏一箱"的规定。

（4）降水期间，应设专人巡视降水情况和进行机具设备的维护，当发生机械故障，如电机烧坏、开挖无意破坏或出现清水混浊等异常现象时，应及时处理，确保正常抽水。

（5）对各水管连接处保证一天检查一次，防止漏气，影响抽水效果。

（6）开始抽水时，当观测降水在计算时间内还未达到规定降水深度时，应立即检查原因，对降水进行重新修正和计算，直到达到规定降水深度后才可进行下道工序施工。

（7）井点管间距、埋设深度应符合设计，一组井点管和接头中心，应保持在一条直线上。

（8）当基坑周围有高楼或重要建筑物时，在抽水期间内，应在基坑周围建筑物设临时沉降观测点每日对建筑物进行沉降观测一次（观测应有观测记录），当发现有沉降异常时，应及时采取措施处理，处理时可在井点管和建筑物之间设回灌井，采用回灌法，保证建筑物地基以下水位平衡。

二、集水井排水法

明沟加集水井降水是一种人工排降法。具有施工方便、用具简单、费用低廉的特点，在施工现场应用得最为普遍。在高水位地区基坑边坡支护工程中，这种方法往往作为阻挡法或其他降水方法的辅助排降水措施，它主要排除地下潜水、施工用水和天降雨水。在地下水较丰富地区，若仅单独采用这种方法降水，由于基坑边坡渗水较多，锚喷网支护时使混凝土喷射难度加大（喷不上），有时加排水管也很难奏效，并且作业面泥泞不堪阻碍施工操作。因此，这种降水方法一般不单独应用于高水位地区基坑边坡支护中，但在低水位地区或土层渗透系数很小及允许放坡的工程中可单独应用。

集水井降水法一般适用于降水深度较小，且土层为粗粒土层或渗水量小的黏土土层。当基坑（槽）挖到接近地下水位时，沿坑（槽）底四周或中央开挖具有一定坡度的排水沟。沟底比挖土面低 0.5m 以上，并根据地下水量的大小，每隔 20~40m 设置集水井，集水井底面低于挖土面 1~2m，使水顺排水沟流入集水井中，然后用水泵抽出涌入集水井中的水，即可在基坑（槽）底面继续挖土。当基坑（槽）底接近排水沟底时，再加深排水沟和集水井的深度，如此反复循环，直到基坑（槽）挖到所需的深度为止。集水井降水法，适用于地下水量不大、土质较好的情况，遇流砂时不宜使用。

基坑或沟槽开挖时，在坑底设置集水井，并沿坑底的周围或中央开挖排水沟，使水在重力作用下流入集水井内，然后用水泵抽出坑外。

四周的排水沟及集水井一般应设置在基础范围以外，地下水流的上游，基坑面积较大时，可在基坑范围内设置盲沟排水。根据地下水量、基坑平面形状及水泵能力，集水井每隔 20~40m 设置一个。

集水坑的直径或宽度一般为 0.6~0.8m，其深度随着挖土的加深而加深，并保持低于挖土面 0.7~1.0m。坑壁可用竹、木材料等简易加固。当基坑（槽）挖至设计标高后，集水坑底应低于基坑底面 1.0~2.0m，并铺设碎石滤水层（0.3m）或下部砾石（0.1m）、上部粗砂（0.1m）的双层滤水层，以免由于抽水时间过长而将泥沙抽出，并防止坑底土被扰动。

三、喷射井点降水

喷射井点，是用来降低地下水位的一种抽水方式。喷射井点如果以压缩空气为介质，则称为喷气井点；如果用水作介质，则为喷水井点。常用的是喷水井点，常见的故障和防治方法同工作水循环能否正常有密切关系。喷射井点系统能在井点底部产生 250mm 水银柱的真空度，其降低水位深度大，一般在 8~20m 范围。它适用的土层渗透系数与轻型井点一样，一般为 0.1~50m/d。但其抽水系统和喷射井管很复杂，运行故障率较高，且能量损耗很大，所需费用比其他井点法要高。

（一）原理

喷射井点降水也是真空降水，是在井点管内部装设特制的喷射器，用高压水泵或空气压缩机通过井点管中的内管向喷射器输入高压水（喷水井点）或压缩空气（喷气井点）形成水汽射流，将地下水经井点外管与内管之间的缝隙抽出排走的降水。

根据工作流体的不同，以负压力水作为工作流体的为喷水井点；以压缩空气作为工作流体的是喷气井点，两者的工作原理是相同的。

喷射井点系统主要是由喷射井点、高压水泵（或空气压缩机）和管路系统组成。喷射井管由内管和外管组成，在内管的下端装有喷射扬水器与滤管相连。

当喷射井点工作时，由地面高压离心泵供应的高压工作水经过内外管之间的环行空间直达底端，在此处工作流体由特制内置的，两侧进水孔至喷嘴喷出，在喷嘴处由于断面突然收缩变小，使工作流体具有极高的流速（30~60m/s），在喷口附近造成负压（形成真空），将地下水经过滤管吸入。吸入的地下水在混合室与工作水混合，然后进入扩散室，水流在强大压力的作用下把地下水同作水一同扬升出地面，经排水管道系统排至集水池或水箱，一部分用低压泵排走，另一部分供高压水泵压入井管外管内作为工作水流。

如此循环作业，将地下水不断从井点管中抽走，使地下水渐渐下降，达到设计要求的降水深度。

喷射井点设备较简单，排水深度大，可达到 8~20m，比多层轻型井点降水设备少，基坑土方开挖量少，施工快、费用低。但由于埋在地下的喷射器磨损后不容易更换，所以，降水管理难度较大。

按照工作原理，喷射井点设备以喷射泵为中心，划分为供水系统与出水系统两部分。

1. 供水系统

供水系统包括高压水泵、供水总管、井点外管、滤管和喷射泵。

（1）高压水泵（或空气压缩机）：高压水泵是值为水流提供高压的设备。

（2）供水总管：供水总管一般选用直径 110mm 的钢管，壁厚 5mm。每隔 1.2~2.4m 在总管上开洞，井焊接长 100mm，直径 75mm 的短管。

（3）连接管：用橡胶管或透明塑料管作连接管。

（4）喷射井管（外管）：一般选用直径 110mm 的钢管，壁厚 5mm。

（5）喷射泵：喷射泵又称射流泵和喷射器，是喷射井点的核心设备。喷射泵使高压水或压缩空气由喷嘴喷出，造成周围局部负压，实现吸水上扬的排水机械。

2. 排水系统

（1）滤管：滤管采用与井点管同直径钢管，通常用 $\phi 60mm \times 5mm$、长 6.0m、壁厚为 3.0mm 的无缝钢管或镀锌管。井点管和滤管之间连接钢制管箍。滤管钻梅花孔，直径 5mm，间距 15mm，外包尼龙网（100 目）五层，钢丝网二层，外缠 20 号镀锌铁丝，间距 10mm。滤管长 2.0m 左右，一端用厚为 4.0mm 的钢板焊死，另一端与井点管进行连接。

（2）内管：内管通常用 $\phi 38~55mm$，壁厚为 3.0mm 的无缝钢管或镀锌管。内管与喷射器上口相连接。

（3）连接管：井点管与排水总管之间的连接用耐压胶管，透明管或胶皮管，与井点管和总管连接，采用 8 号铅丝绑扎，应扎紧以防漏气。

（4）排水总管：

① 排水总管通常用 $\phi 38~55mm$，壁厚为 3.0mm 的无缝钢管或镀锌管。

② 每隔 1.2~2.4m 在总管上开洞，并焊接长 100mm，直径 75mm 的短管。

③ 排水总管通过连接管将短管与井点内管相连接。

④ 排水总管一端焊死另一端通过阀门与工作水箱相连接。

（5）工作水箱：可以用 6mm 钢板焊接制成，也可以用钢筋混凝土浇筑成，容积 $\geqslant 10m^3$。

（二）井点布置

（1）井点布置应根据基坑平面形状与大小、地质和水文情况、工程性质、降水深度等而定。

（2）当基坑（槽）宽度<6m，且降水深度≤6m 时，可采用单排井点，布置在地下水上游一侧。

当基坑（槽）宽度>6m，或土质不良，渗透系数较大时，宜采用双排井点，布置在基坑（槽）的两侧；当基坑面积较大时，宜采用环形井点。挖土运输设备出入道可不封闭，间距可达 4m，一般留在地下水下游方向。

（3）井点管距坑壁不应小于 1.0~1.5m，距离太小，易漏气。井点间距一般为 1.2~2.4m。

（4）供水总管和排水总管的标高宜尽量接近地下水位线并沿抽水水流方向有 0.25%~0.5%的上仰坡度。

（5）水泵轴心与总管齐平。

（6）井点管的入土深度应根据降水深度及储水层所有位置决定，但必须将滤水管埋入含水层内，并且比挖基坑（沟、槽）底深 0.9~1.2m。

（三）适用范围

当基坑开挖所需降水深度>6m 时，一级的轻型井点就难以收到预期的降水效果，这时如果场地许可，可以采用二级甚至多级轻型井点以增加降水深度，达到设计要求。但是这样会增加基坑土方施工工程量、增加降水设备用量并延长工期，也扩大了井点降水的影响范围而对环境不利。为此，可考虑采用喷射井点。

喷射井点的适用范围可参照土的渗透系数、降水深度、设备条件及经济比较等因素确定。

当基坑开挖较深、降水深度>6m、土渗透系数 0.1~200.0m/d 时，基坑较深而地下水位又较高，这时如果采用轻型井点要采用多级井点，这样，会增加基坑挖土量、延长工期并增加设备数量，显然不经济的。因此，当降水深度>8m 时，宜采用喷射井点，降水深度可达 8~20m。

喷射井点用作深层降水，应用在粉土、极细砂和粉砂中较为适用。在较粗的砂粒中，由于出水量较大，循环水流就显得不经济，这时宜采用真空深井。

四、电渗井点降水

渗井点排水是利用井点管（轻型或喷射井点管）本身作阴极，沿基坑外围布置，以钢管（ϕ50~75mm）或钢筋（ϕ25mm 以上）作阳极，垂直埋设在井点内侧，阴阳极分别用电线连接成通路，并对阳极施加强直流电电流。

电渗井点适用于渗透系数很小的细颗粒土，如黏土、亚黏土、淤泥和淤泥质黏土等。这些土的渗透系数<0.1m/d，用一般井点很难达到降水目的。利用电渗现象能有效地把细粒土中的水抽吸排出。它需要与轻型井点或喷射井点结合应用，其降低水位深度决定于轻型井点或喷射井点。在电渗井点降水过程中，应对电压、电流密度和耗电量等进行量测和必要的调整，并做好记录，因此比较繁琐。

应用电压比降使带负电的土粒向阳极移动（即电泳作用），带正电荷的孔隙水则向阴极方向集中产生电渗现象。在电渗与真空的双重作用下，强制黏土中的水在井点管附近积集，由井点管快速排出，使井点管连续抽水，地下水位逐渐降低。而电极间的土层，则形成电帷幕，由于电场作用，从而阻止地下水从四面流入坑内。

（一）适用范围

在渗透系数<0.1m/d 的饱和粉质黏土中降水施工的情况下可以采用上述施工工艺标准。

（二）施工准备

1. 主要使用材料及要求

井点管：用直径 38~55mm 钢管，长 5~7m，下端 1.0~1.8m 的同直径钻有 φ10mm 梅花形孔（6 排）的滤管，外缠 8 号铁丝、间距 20mm，外包尼龙窗纱二层，棕皮三层，缠 10 号铁丝，间距 40mm。连接管：用直径 38~55mm 的胶皮管、塑料透明管或钢管，每个管上宜装设阀门，以便检查井点。集水总管：用直径 75~127mm 的钢管分节连接，每节长 4m，每隔 0.8~1.6m 设一个连接井点管的接头。滤料：中、粒砂，含泥量<3%。

2. 主要工机具

阳极宜选用直径 50~75mm 钢管（或直径 20~25mm 的钢筋）。电动钻机：选用 75mm 或 76.2mm 的旋叶式电动钻机。

3. 配套机具设备

当采用轻型井点时，当采用喷射井点时，机具设备同“三、喷射井点降水”一节相关规定。

4. 作业条件

施工主要资料包括：施工场地平面图、水文地质勘察资料、基坑的设计资料等。确定基坑放坡系数、井点布置、数量、观测井位置、泵房位置等。井点设备、动力、水源及必要的材料准备完毕。排水沟开挖（或接排水管），观测附近建筑物的标高，具备防止附近建筑物沉降的措施。夜间施工作业时，施工场地应安装照明设施，在基坑（槽）上部危险地段应设置明显安全标志。

5. 作业人员

现场所有作业人员在入场前须进行安全教育和培训。电器操作人员必须持证上岗。钳工、运转工：已经过技术培训，并接受了施工技术交底。

五、管井井点降水

管井井点适用于渗透系数大的砂砾层，地下水丰富的地层，以及轻型井点不易解决的场合。每口管井出水流量可达到 50~100m³/h，土的渗透系数在 20~200m/d 范围内，降低地下水位深度约 3~5m。这种方法一般用于潜水层降水。

（一）适用范围

一般该方法用于地下水位比较高的施工环境中，是土方工程、地基与基础工程施工中的一项重要技术措施，能疏干基土中的水分、促使土体固结，提高地基强度，同时可以减少土坡土体侧向位移与沉降，稳定边坡，消除流砂，减少基底土的隆起，使位于天然地下水以下的地基与基础工程施工能避免地下水的影响，提供比较干的施工条件，还可以减少土方量、缩短工期、提高工程质量和保证施工安全。

井点法排水适用于粉、细砂或地下水位较高、挖基较深、坑壁不易稳定和普通排水方法难以解决的基坑，应根据土层的渗透系数、要求降低地下水位的深度及工程特点，选择适宜的井点类型和所需设备。

（二）具体流程

1. 设备要求

井点设备主要包括井点管（下端为滤管）、集水总管和抽水设备等。

井点管采用 φ60mm×5mm 长 6.0m 无缝钢管。管下端配 2.0m 滤管，滤管采用与井点管同直径钢管，井点管和滤管之间连接钢制管箍，与集水总管连接用耐压胶管，滤管钻梅花孔，直径5mm，间距15mm，外包尼龙网（100目）五层，钢丝网二层，外缠20#镀锌铁丝，间距10mm。集水总管为内径100~127mm的无缝钢管，每节长4m，其间用橡皮套管连接，并用钢箍接紧，以防漏水，总管上装有与井点管连接的短接头，间距0.8~1.2m。

每套抽水设备有真空泵1台，离心泵1台，水气分离器1台，每套井点降水设备带70根井点降水管。

2. 施工方案

井点的平面布置：当基坑或沟槽宽度<6m，且降水深度≤6m时，可用单排线状井点，布置在地下水流的上游一侧，两端延伸长度以不小于槽宽为宜。如宽度>6m或土质不良，则用双排线状井点。面积较大的基坑宜用环状井点，有时也可布置成U形，以利于挖土机和运土车辆出入基坑。井点管距离基坑壁应≥1.0~1.5m，以防局部漏气。井点管间距一般为0.8~1.6m，由计算或试验确定。井点管在总管四角部位应适当加密。

井点高程布置：井点的埋设深度H（不包括滤管）。

$$H \geqslant H_1 + h + IL(\text{m}) H \geqslant H_1 + h + iL$$

H_1——井管埋设面至基坑底的距离（m）；

h——基坑中心处底面至降低后地下水位的距离（m）一般为0.5~1.0m；

i——地下水降落坡度，双排或环状井点1/10，单排井点为1/4~1/5；

L——井点管至基坑中心的水平距离（m）。

同时还应考虑井点管一般要露出地面0.2m左右，无论在何种情况下，滤管必须埋在透水层内，为了充分利用抽吸能力，总管的布置接近地下水位线，应事先挖槽，水泵轴心标高宜与总管平行或略低于总管，总管应具有0.25~0.5%坡度（坡向泵层），各段总管与滤管最好分别设在同一水平面，不宜高低悬殊。

3. 井点计算

首先排放总管，再埋设井点，管用弯联管将井点管与总管连通，然后安装抽水设备，在这里，井点管的埋设是一项关键性工作。

井点管采用水冲法埋没，分为冲孔与埋管两个过程，冲孔时先将高压水泵，利用高压胶管与孔连接，冲孔管与起重设备吊起，并插在井点的位置上，利用高压水（1.8N/mm²），又经主冲孔管头部的喷水小孔，以急速的射流冲刷洗土壤，同时使冲孔管上下左右转动，边冲边下沉，从而逐渐在土中形成孔洞。井孔形成后，拔出冲孔管，立即插入井点管，并及时在井点管与孔壁之间填灌砂滤层，以防止孔壁塌土。

认真做好井点管的埋设和砂滤层的填灌，是保证井点顺利抽水，降低地下水的关键。同时应注意，冲孔过程中，孔洞必须保持垂直，孔径一般为300mm，并在口下一致，冲孔深度宜比滤管低0.5m左右，以防止拔出冲孔管时部分土回填而触及滤管，底部砂滤层宜选用粗砂，以免堵塞滤管网眼，并填至滤管顶上1.0~1.5m。砂滤层填灌好后，距地面下0.5~1.0m的深度内，应用黏土封口以防漏气，井点系统全部安装完毕后，需进行抽试，以检查有无漏气现象。

井点降水使用时，一般应连续抽水，时抽时停，滤网易堵塞出水混浊，并引起附近建筑由于土颗粒流失而沉降、开裂，同时由于中途停抽，地下水回升，也可能引起边坡塌方等事故。抽水过程中，应调节离心泵的出水阀以控制水量，使抽吸排水保持均匀，正常的出水规律是"先大后小，先浑后清"，真空泵的真空度是判断井点系统工作情况是否良好的尺度，必须经常检查并采取措施。在抽水过程中，还应检查有无堵塞"死井"（工作正常的井管，用手探摸时，应有冬暖夏凉的感觉），死井太多，严重影响降水效果时，应逐个用高压水反复冲洗拔出重埋。

4. 通病预防

现象：抽出的地下水始终不清，水中含砂量较多，基坑附近地表沉降较大。

原因：井点滤网破损，井点滤网孔径和砂滤料粒较大。失去过滤作用。土层中的大量泥沙随地下水被抽出，滤层厚度不足。

预防措施：下井点管必须严格检查滤网，发现破损或包扎不严密应及时修补，井点滤网和砂滤料应根据土质条件选用。当始终抽出浑浊的井点，必须停止使用。

5. 安全事宜

抽水设备的电器部分必须做好防止漏电的保护措施，严格执行接地接零和使用漏电开关三项要求，施工现场电线应架空布设，用三相五线制。严禁非机械工操作现场机械。夜间施工应保持足够的亮度。应健全质量保证体系，及时做好相关施工记录。

第二节　工程概况

一、工程概述

拟建瓯北12#地块农房改造集聚一期建设项目位于永嘉县瓯北镇三江街道港头村、宁浦村。规划用地面积 57561.92m²，规划建设用地面积 50740.35m²，总建筑面积为 203025.06m²，地下室总建筑面积 40792m²。工程为 9 幢高层建筑群，主要建筑物为 1#住宅（26F）、2#住宅（28F）、3#住宅（28F）、4#住宅（26F）、5#住宅（26F）、6#住宅（26F）、7#住宅（28F）、8#住宅（28F）、9#住宅（28F）、1 层地下室、2 层商业及管理用房。建筑拟采用框剪结构和框架结构，桩基础。根据设计要求，工程采用钻孔灌注桩与钢筋混凝土支撑、钻孔灌注桩+加筋水泥土锚桩；坑外采用单轴水泥搅拌桩和止水进行支护与止水。考虑到地层含水量较大，为保证槽内侧土体的疏干，防止外侧地下水对支护体系的影响，需对内侧水体进行疏干。

二、工程地质及水文地质条件

根据江西省勘察设计研究院的《瓯北12#地块岩土工程勘察报告》，勘察场地位于永嘉县瓯北镇三江街道，所处地貌单元为冲海积平原地貌单元，经过长时间海水冲蚀、沉积等作用，浅部堆积形成了巨厚的淤泥及淤泥质土层，下部堆积形成巨厚层卵石层。拟建场地处于冲海积平原地貌单元，地势较低平，开阔，场地原为农田，地面标高在 1.20～1.60m 左右。场地东西两侧分别为宁浦村及江头村民居，距离场地建筑边线最近处 10.0m 左右。场地南侧及西侧有两条水沟，深2.0m 左右，宽5.0～1.0m，沟内水深1.0m 左右。场地内乡村公路及机耕道纵横交错，交通便利。

（一）地层情况

地层情况本次勘探最大深度为82.10m，根据浙江省建设地方标准《工程建设岩土工程勘察规范》（DB33/T 1065—2009），勘探深度范围内揭露的地基土自上而下地层有①黏土、②1

淤泥夹细砂、③1淤泥质黏土、④3卵石、④3a粉质黏土、⑤2黏土、⑤2′含粉质黏土圆砾共七个工程地质层。现分述如下:

第①层一黏土($al-lQ_4^3$):场地均有分布,灰黄色,饱和,可塑,中~高压缩性,含少许铁锰质氧化物斑点,干强度高,中等韧性,切面较光滑,无摇振反应,表层为30cm左右的耕植土,含少量腐殖质及植物根系。厚度1.00~2.20m,层底深度1.00~2.20m。

第②1层一淤泥夹细砂(mQ_4^2):场地均有分布,灰色~浅灰色,饱和,淤泥呈流塑状态,高压缩性,高灵敏度,干强度中等,韧性中等,间夹薄层粉细砂,呈松散状态,厚度0.5~3cm不等,粉细砂局部富集呈团块状,含贝壳碎片及腐殖质。厚度19.50~26.30m,层顶深度1.00~2.20m,层底深度22.10~29.50m。

第③1层一淤泥质黏土(mQ_4^1):场地均有分布,灰色~青灰色,土质随深度加深渐好,下部向粘土层过渡,饱和,流塑状,高压缩性,干强度较高,韧性高,切面较光滑,含少量粉细砂及腐殖质,粉细砂局部富集呈团块状。厚度9.50~19.00m,层顶深度22.10~29.50m,层底深度36.70~42.40m。

第④3层一卵石(alQ_3^{2-2}):场地均有分布,灰色,饱和,稍密~中密,中密状为主,磨圆度较好,以次圆形为主,以卵石、砾石为主,混杂黏性土,卵石含量约占50%~60%,砾石约占10%~20%,卵石成分主要为中~微风化状凝灰岩碎块,较坚硬,个别呈强风化状态,胶结一般,无分选性,颗粒排布无序,大小混杂,颗粒一般2~5cm,少量大于10cm以上。重型动力触探试验一般在10~40击,经杆长修正后平均11.7击。本层部分钻孔未揭穿,揭露厚度9.40~23.2m,层顶深度36.70~42.40m,层底深度50.50~65.60m。该层部分地段夹透镜体状④3a粉质黏土,灰色,饱和,软塑,中~高压缩性,干强度高,韧性高,切面光滑,摇振无反应。呈透镜体夹于④3卵石层上部,分布、厚度不均,揭露厚度0.80~2.60m。

第⑤2层一粘土(mQ_3^{3-1}):场地大部分主楼钻孔揭露该层,局部地段缺失,灰色,软塑~可塑,饱和,含少量粉细砂,呈团块状分布,局部富集,间夹少量圆砾颗粒。中等压缩性,干强度高,韧性好,切面光滑,摇振无反应。厚度1.00~3.60m,层顶深度58.50~61.60m,层底深度60.30~63.40m。

第⑤2′层一含粉质黏土圆砾($al-mQ_3^{3-1}$):灰色,饱和,稍密~中密,圆砾为主,含量约50%~60%,充填中细砂及粘性土,磨圆度一般,次圆状为主,部分为次棱角状,随深度增加,磨圆度逐渐变差。粒径一般在0.5~5cm,少量可达10.0cm以上,成分为强~中风化凝灰岩碎屑。主楼控制性钻孔内揭露,本次勘察未揭穿,揭露厚度0.20~19.80m,层顶深度60.30~65.60m。

(二) 地下水

本场地地下水主第四系松散层孔隙潜水及下部孔隙承压水。

1. 孔隙潜水

主要分布于②1、③1层中,土层渗透性较弱,水位受降雨因素影响稍有变化,地下水径流条件较差,水量较贫乏,以大气降水补给为主,蒸发为主要排泄方式。本次勘察期间,雨水丰富,勘察期间测得初见水位1.00~1.30m,一般略低于稳定水位,稳定水位一般1.00m左右(自现地面起算),标高2.00~3.00m,年变幅一般在1.0m左右。本层地下水的变动,对地基基础影响性不大,对基础及地下室基坑开挖施工稍有影响,施工时若遇有地下水渗出坑内积水现象时,可采取集水明排方式疏干。

2. 孔隙承压水

主要分布于④3卵石及⑤2′含粉质粘土圆砾含水层中，该二层土因其混杂有较多的黏性土，因此地层的渗透性能一般，富水程度一般~中等富水，主要接受上层潜水的渗透补给为主，径流条件一般，以垂直渗透补给深部地下水为主要排泄方式，与上层潜水存在一定水力联系。根据区域水文地质资料，本地区承压水水头一般为5~10m，在无过量开采抽取地下水情况下，该层地下水年变幅一般在1.0~2.0m。本场地地下水在一般情况下，对桩基设计和施工无明显影响，对灌注桩，施工中需做好水下浇灌混凝土的保护工作；同时保持孔内泥浆浓度和孔内水位高度，以防止缩径及坍孔现象。

第三节　地下水设计降水方案

一、方案确定

本场地地下水主要为：第四系松散层孔隙潜水及下部孔隙承压水。

（一）孔隙潜水

主要分布于②1、③1层中，土层渗透性较弱，水位受降雨因素影响稍有变化，地下水径流条件较差，水量较贫乏，以大气降水补给为主，蒸发为主要排泄方式。对基础及地下室基坑开挖施工稍有影响，施工时当遇有地下水渗出坑内积水现象时，可采取集水明排方式疏干。

（二）孔隙承压水

主要分布于④3卵石及⑤2′含粉质黏土圆砾含水层中，该二层土因其混杂有较多的黏性土，因此地层的渗透性能一般，富水程度一般~中等富水，主要接受上层潜水的渗透补给为主，径流条件一般，以垂直渗透补给深部地下水为主要排泄方式，与上层潜水存在一定水力联系。本场地地下水在一般情况下，对桩基设计和施工无明显影响，对灌注桩，施工中需做好水下浇灌混凝土的保护工作；同时保持孔内泥浆浓度和孔内水位高度，以防止缩径及坍孔现象。根据杭州浙大福世德勘测设计有限公司的设计要求，本工程采用钻孔灌注桩与钢筋混凝土支撑、钻孔灌注桩+加筋水泥土锚桩；坑外采用单轴水泥搅拌桩和止水进行支护与止水。考虑到主体结构的问题，为保证主体结构不上浮，需对内侧水体进行疏干。本工程宜采用大口径管井将第一层台地潜水引渗至第二层层间水中形成自渗或通过管井抽出即可满足降水要求。

二、降水井布置设计

考虑到地层为①黏土、②1淤泥夹细砂、③1淤泥质黏土，渗透性较差，为确保槽内基坑土体水体的疏干，结合附近工程的工作经验，槽内布设疏干井；为做帷幕渗水应急预案，外侧布设减压井，具体布井如下：①间距、孔深：对基坑进行围降与疏干，外侧降水井布置在基坑外缘1.0~1.5m处，井间距约为6.50m，井孔深约为14.0m；内侧疏干井布置在基坑内侧，井间距约为25.0m，井孔深约为10.0m；②孔径：管井孔径均为600mm；砂井孔径均为400mm；③井管：管井均下入内径300mm的水泥砾石滤水管；④滤料：在井管外围填入直径2~4mm的砾石滤料或3mm的石屑；⑤降水井数量：外侧共布置约137口，内侧布设

62 口；⑥抽降方法：基坑内侧疏干井均进行抽水，外侧视止水帷幕效果确定是否抽水；具体位置视场地情况而定。

第四节　降水技术要求

一、降水井工艺流程

测量施放井位—钻机对位—钻孔（地层自然造浆）—清孔（稀释泥浆）—下放井管—充填滤料—洗井—排水排浆—开始抽降。

二、施工工艺

放井位：按设计要求和基坑降水、支护平面图布设井位并测量地面标高，井位与设计要求偏差≤500mm，井位遇有地下障碍物需进行破碎，当因障碍物影响而偏差过大时，应与设计人员协商。定井位应由专业测量人员进行，井位应设置显著标志，必要时采用钢钎打入地面下 300mm，并灌入石灰粉，定位完毕请监理组织验收。

挖泥浆池：根据场地条件在基坑内距降水井 6m 处挖泥浆池，每 6 口井共用一个泥浆池。废浆应及时外运并作妥善处理，保持现场环境卫生。

挖探坑：对于井位中有地下障碍物的情况，应在井位处挖探坑，直径 800mm，深 1.0～1.5m，井口土质松散时，须设置护筒，避免泥浆侵泡、冲刷导致孔口坍塌。

成孔管井采用反循环钻机成孔，地层自造浆护壁。井径≥600mm，井孔应保持圆正垂直，孔深与设计井深误差<500mm。

换浆：井管下入前应注入清水置换泥浆，并用水泵或捞砂管抽出沉渣，使井内泥浆密度保持在 $1.05～1.10g/cm^3$。吊放井管采用无砂砼管，在混凝土预制托底上放置井管，在底部中间设导中器，井管四周外包一层 60～80 目尼龙网，拴 8 号铁丝，缓缓下放，当管口与井口相差 200mm 时，接上节井管，接头处用玻璃丝布粘贴，以免挤入泥砂淤塞井管，竖向用 4 条 30mm 宽竹条固定井管。为防止上下节错位，在下管前将井管依方向立直。吊放井管要垂直，并保持在井孔中心，为防止雨水泥砂或异物流入井中，井管要高出地面 200mm，井口加盖。填滤料井管吊装就位后，及时填充滤料，用锹将砾料沿井管四周均匀填料，防止架空，保证填料量不少于设计填料量的 95%。

洗井成井后，借助空压机清除孔内泥浆，至井内完全出清水止，再用污水泵反复进行恢复性抽洗，抽洗次数≥6 次。洗井应在成井 4h 内进行。洗井后可进行试验性抽水，确定单井出水量及水位降低能否满足设计要求。

水泵安装：潜水泵用绝缘材料绳吊放。安装并接通电源，每井附近架立电线杆，铺设电缆和电闸箱，做到单井单控电源，并安装时间水位继电自动抽水装置和漏电保护系统。

铺设排水管网：采用钢管、硬塑料管作为排水主管路，排水管直径 150mm，必要时可采用多向排水。排水管线布置在降水井外侧，每 5～8m 砖砌托台，排水管居中放置。井口设置保护砌衬并加盖。排水管网向水流方向的倾斜度以 1‰为宜。在排水管网进入市政管线接口处设置沉淀池，沉淀池采用砌砖池，规格为 2.00m×1.50m×1.50m，池中间砌一道 1.00m 高的矮墙。水先排入一个半池中，水面高于 1.00m 后流入另一个半池，这样，水中的砂便可沉淀在进水的半池中。沉淀池内壁须做防水处理。

抽降后应连续抽水，不应中途间断，水泵、井管维修应逐一进行。开始抽水时，因出水量大，为防止排水管网排水能力不足，可有间隔的逐一启动水泵。抽水开始后，应做抽水试验，检验单井出水量、出砂量及含水层渗透系数。当出砂量过大，可将水泵上提，如出砂量仍然较大，应重新洗井或停泵补井。

水位观测：布置4口水位观测井。抽水前应进行静止水位的观测，抽水初期每天观测2次，水位稳定后应每天观测1次，水位观测精度±2cm，并绘制地下水水位降深曲线。

抽降及维护：现场降水人员对不能正常工作的水泵必须及时更换，保证抽降效果。降水人员分两班轮流进行值班，每班1人。电工每天须有电工记录，每天早晚检查现场降水线路，保证现场降水用电安全。定期清理降水管线、沉淀池里的泥沙，保证排水线路畅通。

封井：孔口以下0.5~1.0m用黏性土回填封孔，防止污水流入水井。

施工期间降水要求：

(1) 施工降水系统由承包商负责提供及安装，保持降水面在最深基底以下0.5m。

(2) 场地降水时应连续监测，采取可靠措施防止因降水对周围建筑物、道路等设施产生不利影响。

(3) 施工期间应采取有效措施防止基坑周围的地面水流入基坑，以满足基础施工的安全和质量要求。

(4) 必须在以下条件满足后，方可停止施工降水：①地下室顶板上的覆土和道路施工结束；②场地排水系统已能正常排水；③主体结构施工至四层楼面以上。

第五节　管井降水设计

一、工程概况

拟建的某项目规划总建筑面积51105.0m²，地铁2号线从场地办公楼和商业内局部地段通过，现因建设方需增建地下人防空间，基坑深度需在原有基础上加深4.0m，地面平均标高为499.8m，最大开挖深度增加至14.0m，因此取最大开挖深度14.0m为支护设计计算深度，地下室边墙距场地红线(场地围墙)约为3.0m，基坑开挖线按地下室外墙外边线外扩0.8m进行测放，开挖线距场地红线(场地围墙)约为2.2m。本项目一侧支护已经完成并已开挖至基底，采用锚拉桩支护方式，地铁2号线从本工程场地正下方通过，隧道为圆形隧道，直径6.0m，隧道顶面标高为483.66m，相对地面埋深约为16.2m，地铁隧道已完工并通车，地铁保护桩及上部结构基础桩施工完成，本次支护设计为场地另一侧(主要为场地西南侧)基坑支护及降水设计。

基坑形状约呈矩形，场地周边情况条件如下述：

(1) 场地西北侧基坑开挖线距红线约2.2m，红线外为高层办公楼(正在使用，1~4层地下室，1层地下室保护桩距本工程基坑开挖线最近仅2.5m，其深度约6.6m；银石广场4层地下室保护桩距本工程开挖线11.5m，基坑深度约24.75m。

(2) 场地西南侧基坑开挖线距红线最近距离为2.2m，红线外为6~7层住宅楼，无地下室，独立基础埋深约为3.5m，场地外地下污水管距建筑红线约3.0m，埋深约2.0m。

（3）场地东南侧基坑开挖线距红线最近距离为1.2，红线外为市政道路南纱帽街，本侧位于地铁2号线隧道上方，隧道顶端标高为483.663m，隧道顶面相对埋深约为16.2m，道路污水管道位于道路两侧，距本工程建筑红线约3.0m，埋深约2.0m。

（4）场地其余侧基坑已完成支护。

二、工程地质及水文地质条件

（一）工程地质条件

根据《邮政地块旧城改造工程勘察报告》，场地地层结构较简单，场地上覆第四系人工填土（Q_4^{ml}），其下由第四系上更新统河流冲洪积（Q_3^{al+pl}）成因的砂、卵石组成，下伏白垩系灌口组泥岩（K_2g）。地层从上至下描述如下：

（1）杂填土（Q_4^{ml}）：杂色，松散，稍湿~湿；由混凝土块、砖瓦、卵石、炭渣等建筑垃圾组成。该层场地内均有分布，层厚2.60~3.20m。

（2）素填土（Q_4^{ml}）：褐灰色，稍密，稍湿~湿；以粉土为主，含少量砖瓦及卵石。下部以黏性土为主，该层场地内分布，层厚0.90~1.60m。

（3）中砂（Q_3^{al+pl}）：褐黄、青灰色，松散，很湿~饱和；含长石、云母片及铁质氧化物等，局部夹有少量圆砾及卵石。该层主要呈层状或透镜体状不规则分布于卵石层中，厚度2.10~6.10m。

（4）卵石（Q_3^{al+pl}）：深灰~灰黄色，湿~饱和，呈松散~稍密~中密~密实状态。卵石成分主要由岩浆岩、石英岩、砂岩等组成，多呈亚圆形，一般粒径20~80mm，夹少量漂石，个别粒径达300mm，多呈微~中风化，个别卵石呈强风化，充填物主要为（少量）黏粒和中细砂。根据《成都地区建筑地基基础设计规范》（DB51/T 5026—2001）及N120超重型动力触探测试结果，依其密实度将卵石层划分为四个亚层：①松散卵石：多呈透镜体分布于卵石层上部及中部，充填物以中细砂为主（局部夹中砂透镜体），卵石含量<55%，排列十分混乱，绝大多数不接触，N120锤击数2~4击/10cm；②稍密卵石：主要分布于卵石层上部及中部，下部呈透镜状产出，卵石含量55%~60%，大部分不接触，N120锤击数4~7击/10cm；③中密卵石：主要分布于卵石层中部及下部，卵石含量60%~70%，呈交错排列，连续接触，N120锤击数7~10击/10cm；④密实卵石：主要分布卵石层中下部，卵石含量>70%，呈交错排列，连续接触，N120锤击数大于10击/10cm。

（5）泥岩（K_2g）：紫红色，强~微风化，泥质结构，中~厚层状构造，矿物成分以黏土矿物为主，局部夹有灰绿色及灰白色矿物条带及团块，岩芯具有失水开裂的特征。泥岩顶板埋深13.20~24.30m，标高475.28~486.41m，高差11.1m，起伏较大。据岩体风化程度及力学特征，勘察揭露深度内该层可分为强风化、中风化二个亚层。强风化泥岩风化裂隙发育，岩芯呈碎块状及短柱状，钻探揭露厚度1.10~8.10m；中风化泥岩裂隙不发育，岩芯多呈柱状或长柱状，岩体较完整。钻探未发现软弱夹层、断裂破碎带和洞穴分布，此层本次勘察未揭穿。

（二）水文地质概况

（1）地下水类型。场地地下水上部主要属第四系孔隙潜水类型，砂、卵石层为主要含水层，另外泥岩裂隙中赋有一定的裂隙水，具有承压性，水量较大，主要由岷江水系及大气降水补给，水量较为丰富。

（2）地下水位勘察期间为枯水期，受场地四周施工降水影响，测得静止水位埋深 7.60～8.40m，标高 491.52～491.81m 之间，平均高程在 491.66m 左右。根据区域水文地质资料，场地地下水位丰、枯水期年变幅一般为 1.50～2.00m。经调查，并结合场地地形地貌、地下水补给、排泄条件等，综合判定历年最高水位（抗浮设计水位）标高建议值可取 497.00m。基坑开挖之前应进一步核实地下水稳定水位，为基坑降水的设计和施工提供可靠依据。

（3）地下水渗透性及其腐蚀性结合区域水文地质资料和已有的降水设计与施工经验分析，砂卵石层富水性和透水性均较好，属强透水层。上部的人工填土等透水性较弱，属弱透水层。该区域卵石层渗透系数 $K = 18m/d$ 左右，场地环境为Ⅱ类。

三、施工方案选择

（一）基坑降水

基坑降水是工程的先行工作，由于地下水位较浅和地下水的毛细上升作用，地基土中的空隙几乎为水所饱和，地基土的黏度很大，使得开挖和倾倒困难。为了确保土方开挖的顺利施工必须在土方开挖前 10d 进行降水。

（二）人工降水

结合本工程的水文地质条件和该地区以往降水经验，对各种降水方法施工可行性和工程造价的综合比较分析后认为：采用管井井点降水是本工程优选的方法。其优点在于：降水效果好、作业条件简单、运行管理方便、操作维修简便、运行成本低、可塑性大。

四、井点设计依据

（1）《邮政地块旧城改造工程勘察报告》；

（2）《本项目红线图》；

（3）《建筑与市政降水工程技术规范》（JGJ 111—2016）；

（4）《建筑基坑支护技术规范》（JGJ120—2012）。

五、基坑降水方案设计

（一）基坑涌水量计算

（1）基坑类型：基坑属于均质含水层潜水完整井基坑，且基坑远离边界。

（2）依据《建筑基坑支护技术规范》（JGJ120—2012）附录 E 公式 E.0.1 计算总涌水量：

$$Q = \pi k \frac{(2H - S_d) S_d}{\ln\left(1 + \dfrac{R}{r_o}\right)}$$

式中　Q——基坑涌水量（m^3/d）；

　　　k——渗透系数（m/d）；

　　　H——潜水含水层厚度（m）；

　　　S_d——基坑地下水分的设计降深（m）；

　　　R——降水影响半径，（m）；

　　　r_o——基坑等放半径（m）；可按 $r_o = \sqrt{A/\pi}$ 计算；

　　　A——基坑面积（m^2）。

（3）计算结果：基坑总涌水量 $Q = 7360.8 m^3/d$。

（二）降水井数量计算

（1）井点类型：井点类型属于：管井。

（2）计算公式：

降水井数量：

$$n = 1.1 \frac{Q}{q}$$

常井出水量：

$$q = 120\pi r_s l^3 \sqrt{k}$$

式中　r_s——过滤器半径，m，$r_s = 0.150$m；

　　　l——过滤器进水部分长度，m，$l = 12.5$m；

　　　k——含水层渗透系数，m/d，$k = 18$m/d。

（3）计算结果：

基坑总涌水量：$Q = 7360.8$m^3/d；

单井出水量：$q = 1851.4$m^3/d；

降水井数量：$n = 1.1Q/q = 4.4$个，取降水井为 5 个。

（三）管井设计

降水井成孔直径 $\phi600$，井管内壁直径为 300，间距约 18.0~26.0m，共布置降水井 5 口，深度 27.5m，其中滤水管长度为 12.5m，设一节沉砂管。

若电梯井、集水坑在开挖时有积水情况，可根据情况在电梯井、集水坑旁增设管井，以降低地下水。

地表排水在基坑周边距坡顶 1m 布置一圈排水沟，在排水沟上每 20m 留一个 0.7m×0.7m×1m 的集水坑，排水沟底按 0.5%坡度向集水坑找坡。排水沟采用砖砌筑水泥砂浆抹面。排水沟与坡顶间浇筑 80 厚 C15 混凝土垫层，坡向排水沟。管井所抽地下水直接排入排水沟，再由集水坑用水泵排至市政污水管道。

六、降水井施工组织设计

（一）降水井施工要求

（1）降水井布置结合工程实地情况，按设计方案合理布置。

（2）设计成孔井径为 600 以上，以确保填砾厚度。

（3）井管结构为降水井采用内径为 300mm，外径 360mm 的钢筋砼井管，其中包括滤水管(掺丝，可很好控制抽水时出水的含砂率)、井壁管(每根井管长度均为 2.5m)和沉砂管。

（4）为了保证附近道路安全，成井过程中认真记录地质情况，在砂层分布地段采用较小粒径 0.5~1cm 填砾作为滤水层，滤水管丝距采用 1.5mm，其余部分填砾粒径为 1~2cm。以严格控制井点出水含砂率(含砂率≤1/20000)。

（二）降水施工工艺

测量放线根据甲方现场给定的基础平面图和设计方案，结合工地现场周边环境，测量放出各井位，并打入木桩。

成孔采用 CZ-22 型冲击钻机成井，泥浆护壁工艺成孔。钻机就位安装好后，核对井位，确定无误后，人工开挖 0.5m 深，埋好护壁管，管径 700mm，护壁管埋设完毕后开始钻进成孔，采用泥浆护壁，保持孔内泥浆高度。

（三）防止砂粒流失对建筑物影响的措施

由于本工程施工降水从基坑开挖开始至地下室回填完为止，持续时间较长，抽水过程中卵石层中的砂粒流失可致使卵石架空、地面沉陷，从而对已有建筑物和市政道路造成破坏。故采取如下措施防止砂流失：

（1）成井过程中认真记录地质情况，在砂层分布地段宜增设滤水管，同时控制该部分填砾直径，以≤1.0cm为宜；

（2）在砂粒含量高的卵石层中，采用0.5~1cm填砾作为滤水层，滤水管丝距采用1.5mm，同时采用细砂窗网布包缠滤水管，以起到防止砂粒流失；

（3）在成井过程中，保证足够的洗井时间；

（4）抽水必须连续，其中不能间断。

（四）安全质量措施

（1）现场配备安全员、质检员、施工员，负责工地安全、质量、进度，确保顺利进行；

（2）严格按安全规范用水、用电、机械操作等；

（3）所有人员进场后均进行安全技术交底，并组织安全教育。

（4）降水过程中配设相应的仪器随时检查降水井孔中的动水位及出水的含砂率，以保证降水质量。其中，对周围建筑的沉降观测可与基坑沉降观测一起进行。

（五）设备

根据深井凿井工艺流程及成都地区的降水井凿井特点，采用的机械应效率高、易转运。人员：凿井均应使用专业凿井人员，随时注意凿井过程中的地层变化，确保凿井质量。材料计划：凿井采用冲击方式钻入，用泥浆护壁。井眼与降水管之间填充砾石滤料。材料根据施工进度分批次购进。

（六）施工用电方案

（1）潜水泵在运行时应经常观测水位变化情况，检查电缆线是否和井壁相碰，以防磨损后水沿电缆芯渗入电动机内。同时，还需定期检查密封的可靠性，以保证正常运转。

（2）为预防停电影响，降水开始前先联系好发电机，并每周到租赁站去检查设备可运转情况。降水过程中，在接到停电通知后，3h内安装好发电机及接好降水线路，发电机放在离变压器附近的应急空地上，设专人守护，做好随时发电准备，以确保降水施工的正常顺利进行。

第六节　轻型井点降水设计

一、适用范围

适用于含水层地铁车站基坑降水施工。

二、作业准备

内业技术准备收集地质资料、水位情况，根据设计图纸降水要求，依据相关规范进行设计计算，制订出合理可行的施工方案，报相关领导部门审批，并邀请专家进行评审，评审通过后进行施工。外业技术准备现场查看地形、地貌，施工降水区地下构筑物、管线及临近建筑物的资料，选择适应的机械施工。

三、技术要求

降水井必须在基坑开挖前 15~20d 开始降水，降水井井内降水作业深度不大于基坑分层开挖深度以下 0.5~1.0m，保证基坑在没有明水的条件下开挖土方。开挖至坑底，施工底板时在井点管位置设置底板泄水孔，然后拆除井点管。降水过程应伴随主体结构施工过程的始终，待顶板覆土后封闭降水井点管，灌注微膨胀砼，并加焊钢板封闭。

四、施工程序及工艺流程

施工程序针对本基坑的特点和设计要求，降水井成孔施工机械设备选用旋挖钻机及其配套设备，采用泥浆护壁的成孔工艺，其施工程序如下：

（1）测放井位：根据降水井井位平面布置图测放井位，当布设的井点受地面障碍物或施工条件影响时，现场可作适当调整。

（2）埋设护口管：护口管底口应插入原状土层中，管外应用黏性土封严，防止施工时管外返浆。

（3）安装钻机：旋挖钻应安装稳固水平，钻杆对准孔中心。

（4）钻进成孔：开孔孔径为 $\phi800$mm，一径到底。钻杆应轻压慢转，以保证成孔的垂直度。成孔施工采用孔内泥浆护壁，钻进过程中泥浆密度控制在 1.10~1.15，当提升钻具或停工时，孔内必须压满泥浆，以防止孔壁坍塌。

（5）清孔换浆：钻孔钻至设计标高后，在提钻前将钻杆提至离孔底 0.5m，进行冲孔清除孔内杂物，同时将孔内的泥浆密度逐步调至 1.10g/cm^3，孔底沉淤<30cm，直到返出的泥浆内不含泥块为止。

（6）下放井管：下管前必须测量孔深，孔深符合设计要求后，开始下井管。下管时在滤水管上下两端各设一套直径小于孔径 5cm 的找正器，以保证滤水管能居中。井管连接要牢固、垂直。下到设计深度后，井口固定居中。

（7）填充砾料：填充砾料（绿豆砂或瓜子石）前，在井管内下入钻杆至离孔底 0.30m~0.50m，井管上口应加闷头密封后，从钻杆内泵送泥浆进行边冲孔边逐步稀释泥浆，使孔内的泥浆从滤水管内向外由井管与孔壁的环状间隙内返浆，使孔内的泥浆密度逐步稀释到 1.05g/cm^3，然后开小泵量按前述井的构造设计要求填入砾料，并随填随测填砾料的高度，滤料应大于滤网的孔径，一般为 3~8mm 的细砾石，砾石滤料必须符合级配要求，其含杂质量≤3%，回填至地面以下 2.0m 处。

（8）填黏性土：围填黏性土时应控制填筑速度及数量，沿着井管周围少放慢回填，围填黏土厚度为地面下 2.0m。

（9）井口封闭：为防止泥浆及地表污水从管外流入井内，在井口周围砌 30cm 高宽 12cm 的砖壁。

（10）洗井：采用真空泵抽水洗井，抽出管底沉淤，直到抽出清水为止。

（11）试抽：降水井施工结束后，在井内及时下入深潜水泵、铺设排水管道、电缆等，抽水与排水系统安装完毕，即可开始试抽水。

（12）排水：洗井及降水运行时应用管道将水排至场地四周的明渠内，通过排水渠将水排入场外市政管道中。

管井施工工艺流程详见图 10-1。

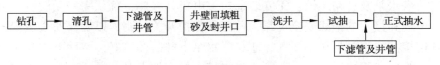

图 10-1　管井施工工艺流程

降水检测阶段和停止降水阶段流程见图 10-2。

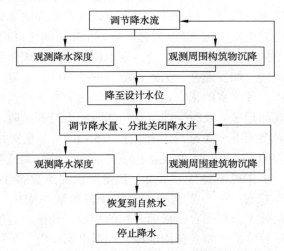

图 10-2　降水检测阶段和停止降水阶段

五、施工要求

(一) 降水(压)井设置

为保证基坑开挖在无水条件下作业，在基坑内实行深井井点降水，井点埋设深度为 $L= h+4.5\text{m}$（h 为对应井点里程处的基坑深度），根据具体位置的地质情况作相应调整，避免井点管伸入承压水层。降水井数量根据抽水试验增减。

(二) 深层减压井开启时间控制

(1) 根据地质资料中承压水层的埋深、承压水水头高度及基坑开挖深度，经过验算，为避免基坑内土体发生"底鼓"破坏，原则上要求在基坑开挖至第四道调节降水流观测降水深度，观测周围构筑物，沉降至设计水位调节降水量、分批关闭降水井观测降水深度，观测周围建筑物，沉降恢复到自然水停止降水支撑时启动深层减压井进行减压，减压要满足基坑抗渗流稳定要求，即减压后的承压水水头要小于从承压水层隔水顶板至基坑开挖面的土体能够抵抗的水头，从而保证基坑安全。

(2) 施工中通过现场监测情况，可适当调整深层减压井的启动时间和需要降低的水头。

(三) 降水施工技术准备

为了确保围护结构内外两侧水压力及土压力缓慢、稳定地变化，保证围护结构的安全及周围环境的安全，在进行降水施工前，根据设计要求及同类工程施工的经验，在基坑内外设监控点，用来观测降水时对周围环境和基坑的影响，并指导基坑开挖施工。基坑分段分层开挖时，要保证基坑内降水井中的水位处于基坑分层开挖面标高以下 0.5~1.0m，降水时要通过增减水泵运行数量控制降水速度，避免由于降水过快可能导致围护结构变形。

（四）降水运行技术措施

（1）安装潜水泵及管路系统：①安装前检查电机和泵体，确认完好无误后方可安装；②潜水电机、电缆和接头的绝缘安全可靠，并配有保护开关控制，以确保安全运行；③安装过程中保证各连接部位密封可靠不漏气；④将降水泵下井前调试好，然后下井开始降水，保证正常运转；⑤管路在基坑边缘汇入总管，将水排入指定地点；⑥注意在抽水过程中电缆与管道系统不被挖掘机、吊车等碾压、碰撞损坏，现场在这些设备上进行标识。

（2）试抽：①洗井后，对井管进行单井试抽，如有异常情况，重新洗井，并再次进行抽水试验。洗井结束后，待水位恢复可按设计下泵，下入深度宜在滤水管下半部分，以保证足够的降深。排水管道及电源线路一定要先连接好，试抽 3h，测定井内水位及观测孔水位变化，安装水表测流量，预估降水试验运行途径，等水位恢复后，积极配合抽水试验。②降水系统施工完毕后，应试运转，如发现井管失效，应采取措施使其恢复，如无法恢复，则须报废，另埋设新的井管，以保证降水的正常运行。③降水施工方案经监理审批后实施，由专人负责抽水、观测，做好观测记录，及时反馈信息；④降水运行开始阶段是降水工程的关键阶段，为保证在开挖时及时将地下水降至开挖面以下 0.5~1.0m，在洗井过程中，洗完一口井即投入一口，尽可能提前抽水。⑤降水的设备在施工前及时做好调试工作，确保降水设备在降水运行阶段运转正常。工作现场要备足水泵，数量要比井点数多 3~5 台。⑥在降水运行阶段应经常检查泵的工作状态，一旦发现不正常应及时调泵并修复，无法修复的应及时更换。⑦降水工作应与开挖施工密切配合，根据开挖的顺序、开挖的进度等情况及时调整降水井的运行数量。⑧降水运行阶段，要有备用电源，如遇电网停电，采用备用发电机发电，确保降水正常进行。⑨按降水监测要求做好监测记录，根据水位、水量变化情况及时采取调整措施。⑩抽水时每天 24h 派人值班，并做好记录，每天报水位、流量情况。记录内容包括降水井涌水量 Q 和水位降深 S，并现场绘制 $S-T$、$Q-T$、$S-Q$ 曲线，与基坑开挖深度附近监测资料绘于同一图上，了解其相关关系，以掌握抽水动态，指导降水运行达到最优。选择有代表性的井及时抽干井内的水，观测恢复水位，以准备掌握水位降深，又不过大影响降水正常运行。抽水运行期间还必须注意观测沉井进展情况，记录沉井标高，注意收集沉井监测资料变化情况。进入正常后，每天向监理报降水日报。

（五）井点监测

（1）沿基坑周围布设 ϕ100mm 的降水观测孔，利用水位计进行水位量测。

（2）降水开始前，所有抽水井、观测井统一联测静止水位，统一编号。

（3）选择有代表性的一排观测孔，从降水开始按抽水试验观测要求，进行水位观测。

（4）根据水位变化情况与预测计算分析，及时发现问题，调整抽排水系统，并与基坑其他岩土工程临测资料进行对比分析，及时建议、确定采用的防治措施。

（六）材料要求

轻型井点系统由井点管、连接管、集水总管及抽水设备等组成。其中井点管采用直径为 40cm 的钢管，长度为 8m，下端装有滤管，滤管直径与井点管直径相同，长度为 0.8~1.5m，两管间隔 0.6m，管壁外包两层滤网，内层为细滤网，采用 30~50 孔/cm 的黄铜丝或生丝布；外层为粗滤网，采用 8~10 孔/cm 的铁丝布。为避免滤孔淤塞，在管壁与滤网间用铁丝绕成螺旋形搁开。滤管下端安一锥形铸铁头。总管采用 ϕ100 钢管。钢管井点的滤管应采用穿孔钢管，孔隙率≥25%，外壁垫筋缠镀锌铅丝后并包土工布滤网。管井井点管采用无砂混凝土管时，其孔隙率≥20%。外壁应垫筋、缠丝、包土工布滤网。管壁周围滤料应选用干净粗砂或砾石。

（七）劳动组织及机具设备配备

根据现场实际情况确定降水泵组功率大小。每泵组一般配备机组操作人员 6 人，电工 2 人，电焊工 2 人，辅助人员 3 人，修理工 3 人，监测人员 3 人。

（八）质量控制

降水工作持续时间较长，降水管理工作的要点是：

（1）降水开始后，随时监测水位动态变化，根据水位观测情况，控制降水井排水时间和时间间隔。

（2）降水期间安排三班人员昼夜值班，进行排水降水控制操作、水位观测数据记录。

（3）降水期间安排专人负责对抽水设备和运行状况进行随时维护、检查和保养，观测记录水泵的电源、出水等情况，保证抽水设备始终处在正常运行状态。

（4）降水期间严禁随意停抽。

（5）备好备用电源，保证抽水正常、连续进行。

（6）基坑开挖过程中，密切注意真空效果，做好密封工作。

（7）若因地下围护结构渗漏面引起坑外水位下降超过规定值时，控制抽水力度或停抽。采取措施处理后再复抽。

（8）施工前应进行抽水试验，并根据抽水试验成果对井点数量布置和承压水降低的幅度进行调整，为保证基坑安全，在承压水层均须设置有效水位观测点，并在整个开挖和回筑过程中，监测承压水的水位，以确保达到设计要求。

（9）调节抽水时间来控制基坑内的水位高度。通过基坑内的观测井，掌握水位变化情况，其控制高度应通过计算确定，既不要抽水过深引起地面沉降，也不要抽水过浅危及坑底安全。基本将地下水降至基坑开挖面下 0.5~1.0m，即满足基坑开挖的要求。

（10）发现基坑出水、涌砂应立即查明原因并组织处理。

（九）安全保证措施

（1）重视个人自我防护，进入工地按规定佩带安全帽。

（2）施工现场内临时用电的安装和维修必须由专业电工负责完成，非电工不准拆装电气设备。

（3）严格执行电气安装、维修技术规程以及相关安全技术规范。

（4）检查、维修配电设施时，必须将其前一级相应的电源开关闸断电，并悬挂"有人工作、禁止合闸"等标志牌。

（5）抽水设备的电器部分必须做好防止漏电的保护措施，严格执行接地接零和使用漏电开关三项要求，施工现场电线应架空布设，采用"三相五线制"。

（6）夜间施工应保持足够的照明亮度。

（7）水泵安装前应检查各部件是否良好；电缆线必须绝缘，并牢固的捆绑在排水管上；吸水管底部应设逆止阀；水泵就位后应固定牢固；水泵试抽水合格后方可正式抽水。

（8）下泵时和运转过程中将绳索拴在水泵耳环上，不得使电缆受力，下入设计深度后将泵体吊住。

（9）随时检查水泵的运转情况，对运转不正常的水泵及时维修，并配有备用水泵，保证抽水的连续性。

第七节　管井降水施工方案

一、编制说明

降、排水设计依据：

（1）现行的工程建设和市政行业技术标准、施工规范和操作规程、工程质量检验评定标准及工程质量验收标准等技术规范。

（2）业主下发工程施工设计图纸（K0+054.528～K3+315.769段）及有关文件。根据甲方提供的地勘资料和图纸设计情况，本工程拟采用管井井点降水。

（3）工程建设用地交地范围内基本可以进场施工的范围K3+160－K3+315.769（K0+000）－K0+280段，长度435.769m。

（4）由于管线的施工区域的地下水位较高，经现场挖槽4.5m后，地下出水大约在4m左右，水量较大，且该工程的雨污水管道的底标高为385.579～385.234m，避免水下作业，使基坑施工能在水位以上进行（≥500mm），同时方便施工，有利于提高施工质量。所以在管道施工时需将管道施工区域的地下水降到管道施工的底标高以下，特制定如下降、排水方案。

二、工程简介

项目位于一条重要的东西主干道路，全长约11.3Km，规划红线宽60m，两侧绿化带宽度各20m，沥青混凝土路面。本工程雨水管道设计为双排管（南侧为主管，北侧为辅管），雨水主管道位于道路中心线以南15m侧分带下、北侧15m。管道分23段敷设，自西向东敷设，中途分别转输上游及辅管段雨水，终点汇于雨水干管并最终排入泾河，设计管径为DN500～DN2200mm。

本工程污水管道设计为双排管（北侧为主管，南侧为辅管），管道位于道路中心线北、北18m。管道分十六段敷设，自西向东敷设，中途分别转输上游及辅管段污水，终点接入下游同期设计正阳大道污水干管，最终排至规划污水处理厂，设计管径DN500～DN1800mm。

管材及接口：雨水管道采用HDPE双壁波纹管，钢筋混凝土承插口均采用弹性密封单橡胶圈接口，玻璃钢夹砂管采用弹性密封双橡胶圈接口。

污水管道采用HDPE双臂波纹管（内径管，环刚度为SN8、SN12.5），≥800管道采用玻璃钢夹砂管道（环刚度：$10000N/m^2$），DN1000～DN1800mm主管段主管道采用Ⅲ级钢筋混凝土钢承口管，橡胶圈接口，HDPE双壁波纹管及钢筋混凝土钢承口管均采用弹性密封单橡胶圈接口。

三、施工方法的确定

由于目前该段雨污排水管道的底标高平均约为385.579～384.782m，沟底宽度为3～5.8m。地下水储量丰富，根据施工现场需求，采用管井降水。该管道施工时，需分段进行施工。由于基坑开挖后底宽<6m且降水深度≥6m，采用单排井点，布置在基坑内侧。距基坑开挖线2m处，井点采用打井方式，深度为25m，纵向井距为15m一个井点，井点打完后

利用 2.2kW 的污水泵抽水输送到排水管沟内。基坑开挖后还采用明沟沿基坑纵向布置，距基坑外侧坡脚边缘 0.5m 范围内，排水明沟的底面应比挖土面低 0.4m，然后在基坑流水方向间隔挖集水井，集水井底面应比沟底面低 0.5m 以上，最后采用污水泵将集水井汇集的水抽排到排水管道内。由于本段工程两侧是农田，无法排除降水井抽出的地下水，故该段施工通过采用 di400 的波纹管，埋设在施工红线边缘左侧，长 1.8km，输送到当地灌溉渠内，然后流入泾河。

四、施工技术措施

(一) 管井降水施工措施

大口径井点，也就是常说的管井，系由滤水井管、吸水管和抽水设备等组成，适用于渗透系数较高，土质为砂类土，地下水丰富，降水深、面积大、时间长的降水工程。具有井距大，易于布置，排水量大，降水深，降水设备和操作工艺简单等特点。

(二) 降水技术要求

基坑降水设计应满足基础开挖施工的要求，主要有以下几方面：
(1) 降水面积：约 46000m²；
(2) 地下水位埋深自然地面以下 4.0m；
(3) 基础开挖深度：自然地面以下约 5.0m；
(4) 基础埋深：自然地面以下 5.20m（人工捡底 20cm）；
(5) 要求水位下降深度：自然地面以下 8m；
(6) 水位下降值：$S = 3.0$m；
(7) 抽水含砂量：$< 0.05‰$。

(三) 降水设计

1. 参数选择

根据原有地质资料及现场勘测水井作为计算依据。

2. 基坑等值圆半径（R_o）计算

$$R_o = \eta (L+B)/4$$

式中　L、B——分别为降水的长度与宽度；

　　　　η——系数，取 $\eta = 1.18$。

3. 基坑涌水量计算用非稳定流方法。

$$Q = \frac{2\pi T(2H_o - s)s}{HW(\mu)}$$

$$U = R_o/4at_o$$

式中　Q——基坑涌水量，m²/d；

　$W(\mu)$——井函数；

　　　H_o——含水层厚度，m，取 20.0m；

　　　S——基坑设计水位下降值，m；

　　　T——导水系数，m²/d；

　　　a——导压系数，m²/d；

　　　t_o——预期的基坑中心点水位到达设计水位下降值的抽水时间，d；

　　　R_o——基坑等值圆半径，m。

4. 过滤器比排水性能计算

$$\psi = 120\pi r \times \sqrt[3]{K}$$

式中 ψ——过滤器比排水性能；

　　r——井的半径，m；

　　K——含水层渗透系数，m/d。

5. 井点数目计算

用非稳定流方法：

$$Y_o = \sqrt{H_o^2 \frac{QH_o}{2n\pi t} \sum_{i=1}^{n} w(u_i)}$$

$$nY_o \geqslant \frac{Q}{\psi} \geqslant (n-1)Y_o$$

式中 Y_o——井点处的水柱高度，m；

　　n——井点数；

$W(u_i)$——井函数；

　　X_i——各井点中心至某一井点外壁处的距离，m。

6. 降水井深度计算

$$H_s = H_w + H_o$$

式中 H_s——降水井深度，m；

　　H_w——从地面到自然水位的深度，m；

　　H_o——含水层揭露厚度，m。

以上公式，已编为计算机程序，将有关数据输入计算机得：

降水井数 $n = 15$ 口，降水井深度 $H_s = 25$m，间距 15m。

7. 降水井井径设计及结构设计

开孔钻头直径：600mm，终孔钻头直径：580mm，降水井采用内径为 500mm 的钢筋混凝土井管，井结构设计为：25.0m 成井时要求井孔应圆整垂直，井管焊接牢固，安装垂直。洗井采用活塞和空压机联合洗井，确保洗井质量，达到正常抽水时含砂率<5/10000，以保证抽水设备正常运行。

8. 抽水设备选择

根据计算结果和设计降深，选择 QY 型潜水泵，流量为 20m³/h，扬程≥30.0m。

9. 排水系统设计

降水井排水采用管道内排水系统 di400 双壁波纹管，并在现场设集水池 6 个（具体位置现场施工时确定，规格 2.0m×1.5m×1.5m（长×宽×高）。井内排水由泵管就近接入排水明沟，最终排入泾河。集水池采用 C20 素砼或钢筋砼底板（板厚 150~200mm，沉砂池位置距最外边建筑基础距离≥2.0m 时底板需配筋，采用配筋 ϕ8@200×200），M16.5 水泥砂浆砖砌池壁，池壁内外两层用防水砂浆抹灰一遍，水池内侧采用防水处理。

（三）总体安排

土方开挖：雨水管的降水采用明沟排水，管沟施工时，在污水管的一侧设排水沟，将沟底加宽 500mm，管沟的边坡按 1：0.33 的坡度进行设置。排水沟沟底内铺设 50mm 的粗砂，以免流水将污泥带入集水井内将水泵堵死。在开挖管沟内侧距坡顶边缘线边线外 2m 处，管道两侧沿管道方向沟槽间隔15m布设管井，管井施工要根据现场管道的施工顺序进行施工。在布置管道两侧的井位时，要求管井沿管线方向错开井距的一半，以增大降水效果。管井的埋设深度为25m，均采用混凝土预制管，以加快降水速度，按经验来看，采用此管井降水，一般降水设备运转正常后5d内即可进行管沟土方作业。为缩短工期，管井内的抽水设备按每段施工所用的抽水设备的1.5倍进行准备。管道施工完后，将管井用粗砂进行回填，以不影响其它工程施工。

（四）井点的设置

在管沟开挖边线内侧2m的位置上进行井点的设置，井与井间距为15m，井深度25m。

施工准备→管井布置→钻机钻进→管井埋设→管井系统运行→降水施工完管井废弃。

（五）施工准备

1. 施工机具、材料的准备

（1）管井采用Φ500混凝土预制管。

（2）总排水管：di400波纹管，每节长6m，计1.8km，用于将集水池内的经沉淀的水排到附近下水管内，每个施工段设两处。

（3）抽水设备：WQ10-18-1.5无阻塞排污泵2寸潜水泵，其扬程要求≥18m。

（4）移动式打井架：用于凿孔冲击管及管井的下管。

（5）空压机：用于洗井。

（6）粗砂：用于管井与井孔壁之间的填料。

（7）粘土，用于井口以下1m范围的井点管与井孔壁之间封闭。

2. 现场准备：

（1）对现场进行平整，以便移动式打井架的运输及安装。

（2）现场施工电源要求：因降水应连续进行，特别是开始抽水阶段，时停时抽，井点管的滤网易于阻塞，同时由于中途长时间停止抽水，容易造成地下水位上升，引起土方边坡塌方，故要求确保现场不停电，设双路电源。现场设开关箱。每台抽水设备设一个开关进行控制。

3. 现场测量准备

根据施工设计图纸，将管道的位置，测放到场地上，并设置标桩，安排好井点的位置。测量采用"平面轴线定位法"，所用仪器如表10-1所示。

表10-1　仪器类型

仪器名称	型号	标称精度
全站仪	瑞德 RST-862R	2″
水准仪	NA$_2$	±0.7mm/km
	NA$_2$+GPM$_3$	±0.2mm/km

（六）管井设置

1. 安装程序

井点放线定位→钻孔→孔安装埋设管井→洗井→安装抽水设备→试抽与检查→正式投入降水程序。

2. 井点管的埋设

（1）首先测量放线确定井点位置后，管井埋设用泥浆护壁冲击钻成孔，钻孔直径一般为

600，当孔深到达预定深度后，应将孔内泥浆掏净，然后下入 500mm 混凝土预制管，滤水井管置于孔中心，在井管周围应粗砂进行填充，其厚度应≥50mm，井管上口地面下 500mm 内，应用黏土填充密实。

（2）冲洗井管：要利用空气压缩机、污水泵等设备将胶管插入井点管底部进行注水清洗，直到流出清水为止。

（3）安装抽水设备：在井管内设潜水泵，并用 2in 的白塑料管连接潜水泵，接至管线外设置的水池内。

（4）试抽：每个管井先进行试抽，出水正常后进行正式降水。

（七）施工降水

当降水设备运行正常后，一般 5d 后即可进行土方的施工。为确保施工质量，待管道回填达水位线以上后方可停止。

五、施工人员安排

由于工程任务量大、工期较紧，需三班进行作业，计划投入工种有管工 20 人、电焊 4 人、起重工 4 人、力工 50 人、电工 2 人、测量工 3 人。

（一）保工期措施

（1）加强组织管理，公司设现场总负责人，全面协调控制，加快施工进度。

（2）保证劳动力数量和素质，选择有经验的人施工，管理人员择优选配。

（3）合理安排工序穿插施工，充分利用空间和时间。

（4）对工程实行分阶段控制，将施工准备土方开挖管道安装定位分阶段控制。

（二）质量保证措施

（1）严格执行国家施工及验收规范、质量检验评定标准。

（2）坚持三检制，落实质量管理办法，树立质量意识。

（3）明确职工岗位责任制，从项目经理到每一名管理人员都明确质量职责、标准。

（4）及时与业主建立联系，对出现的问题及时解决。

（5）坚持书面交底，关键部位和工序、施工技术质量要全过程控制。

（6）做好降水记录，同时将备份上报监理。

第八节　轻型井点降水方案

一、工程概况

（1）本标段工程 14#楼，用地性质为二类居住用地，总建筑面积为 12943m²。框剪结构、基础结构形式为筏板基础，并带有地下室二层，地上三十层工程，计划开工时间为 2012 年 9 月 20 日。

（2）地质与地下水位情况：根据地质报告地下主要水含水层为中砂和圆砾层，勘察期间场区地下水位埋深 2.40~5.50m，平均 3.9m，水位标高为 82.99~86.27m，因场区无长期水位观测资料，结合地形地貌、地下水补给、排泄条件等因素初步确定地下水抗浮设防水位标高为 87.40m。

二、排水措施

根据地质情况采用轻型井点降水与基坑明排水相结合方式，井点降水标准降至基底标高下 0.5m。

三、主要排水施工方法

（一）明排水方法

在土方开挖时当土方挖至设计标高时，在基坑四边设置排水明沟，异在基坑对角设置 ϕ1000mm×ϕ1000mm 砖砌集水井。主要排除从地表渗流的明水及下雨明水，每个集水井设一台 ϕ50mm 水泵排水。地面排水管采用 ϕ50mm 胶皮管加钢管直至排到临时排水管道，排到集水坑，之后排到市政管网。

（二）轻型井点降水施工方法

1. 降水管线布置

轻型井点降水主要排除土层中的含水量。插管深度布置于标高 83.6m 左右。（-5.97m）根据地质情况间距按 10m 插放，本工程土层为回填土，为防止塌方，降水管布置于工程周边放坡线以外 1m 处。根据工程周长水平管为 100m，安排 12 套降水设备。

2. 主要设备

由点井管、集水总管和抽水设备等组成。

（1）点井管：由滤管和壁管两部分组成，用直径 50mm、长度为 5~6m 的钢管，管下端配有相同直径、长 0.5m 的滤管，滤管壁上的孔眼呈梅花形布置，孔的直径为 10~15mm，其孔隙率为 20%。滤管外包两层尼龙滤网，外层为 18 目粗滤网，在滤管壁与滤网之间用铁丝绕成螺旋状隔开，以避免滤管堵塞。

（2）水射泵：水射泵主要部件为一个以水带水的喷射器，水力喷射器本身没有运动部件，而是利用附着的离心泵扬程驱动工作水，使之产生真空再去抽地下水，一台水射泵能带动 40~50 根点井。

（3）连接管与集水总管：连接管用直径为 40~50mm 的塑料透明管或胶皮管，每个连接管宜装阀门，便于检查。集水总管用直径 287mm 的硬塑管分段连接，每隔 6m 设一个连接点井管的接头。

（4）抽水设备：水射泵点井设备由离心泵、射流器、循环水箱组成。

3. 井点施工

（1）井点用高压冲孔，冲孔深度应大于井管长度 300~500mm，成孔直径 ϕ287mm，成孔后用粗砂填至井底再将井管插入孔中，然后继续用粗砂填至 0.5m 处。而后黏土封死井口，土层厚度应≥0.5m，以防漏水。

（2）灵敏性试验，整个降水系统安装完毕后开泵抽水试验，为防止泥浆吸入支管，产生堵塞，应将真空泵抽吸力控制在 50~60kPa，待 4d 后抽水正常提高到 90kPa 以上，抽水时及时检查，发现支管不吸水应立即进行处理，确保正常运转。

（三）注意事项

（1）点井埋设并与总管抽水设备接通后，先进行试抽水，如无漏水、漏气、无淤塞现象后，方可正式使用。

（2）使用射流泵时，应安装真空表，并经常观测，以保证点井系统的真空度。一般应不低于55.3~66.7kPa，当真空度不够时，应及时检查管路或点井是否漏气，离心泵叶轮有无障碍等，并应及时处理。

（3）点井使用时保证连续抽水，并准备双电源。如不上水或水一直较混，或出现清水后又混等情况，必须立即处理检查，如果点井淤塞过多，严重影响降水效果，应逐个用高压水反冲洗点井管或拔除重新埋设。

（4）在降水过程中，要对周围建筑物进行监控，对塔吊必须每天坚持不小于1~2次的监控测量。

（四）降水监测

（1）降水监测与维护期应对各降水井和观测孔的水位、水量进行同步监测。

（2）降水井和观测孔的水位、水量和水质的检测应符合下列要求：

① 降水勘察期和降水检验前应统测一次自然水位；

② 抽水开始后，在水位未达到设计降水深度以前，每天观测3次水位、水量；

③ 当水位已达到设计降水深度，且趋于稳定时，可每天观测1次；

④ 在受地表水体补给影响的地区或雨季时，观测次数为每天2~3次；

⑤ 水位、水量观测精度与降水工程勘察的试验相同；

⑥ 对水位、水量监测记录应及时整理；

⑦ 根据水位、水量观测记录，查明降水过程中的不正常状况及其产生的原因，及时提出调整补充措施，确保达到降水深度。

（五）降水维护

（1）降水期间应对抽水设备和运行状况进行维护检查，每天检查不少于3次，并应观测水泵的工作压力、真空泵、电动机、水泵温度、电流、电压、出水等情况，发现问题及时处理，使抽水设备始终处在正常运行状态。

（2）抽水设备应进行定期保养，降水期间不得随意停抽。

（3）发现基坑出水，涌砂，应立即查明原因，组织处理。

（4）当发生停电时，应及时更换电源，保持正常降水。

（5）降水观测与维护期，宜待基坑中的基础结构高出降水前静水位高度，即告结束，当地下水位很浅时，且对工程环境有影响时，可适当延长。

四、安全措施

（1）所有抽水设备要一机一闸。

（2）抽水人员下水整理水泵要穿绝缘雨鞋。停机整理电缆接头要求放高处，慎防失水。

（3）过路电线必须架空或预埋套管严禁随意拖布，慎防车辆压坏而造成漏电。

第九节　施工排水

一、工程概况

某节能产业园内地产项目 C 区及园林绿化景观工程。

总建筑面积为 41851.05m²，园林绿化景观面积约 5800m²，包括：C 区 C-1~C-4 栋（4 层）建筑面积均为 1965.92m²，C-5、C-8 栋（4 层）建筑面积均为 4084.47m²，C-6 栋、C-7 栋（4 层）建筑面积均为 6126.68m²，以及 B 区 B-5 栋（13 层）建筑面积为 13565.07m²；结构形式：均为框架结构；基础形式。为等板基础

② 场地标高与地质水文情况。

A. 工程地质概况。场地原始地貌为丘陵地貌，微地貌为剥蚀残丘夹丘间冲沟，原分布有稻田、水塘及山体，现场地已整平，大部分地面平坦，场地内埋藏的地层主要有人工填土层、耕植土、淤泥质粉质黏土、第四系冲洪积粉质黏土、第四系残积粉质黏土、元古界板溪群全风化板岩、元古界板溪群强风化板岩、第四系残积粉质黏土、元古界板溪群中风化板岩。各地层的野外特征自上而下依次描述详见地勘报告。

B. 水文、自然条件。长沙属于季风气候的中、北亚热带湿润气候，年雨量充沛，夏季炎热高温，最高温度超过 35°，在春冬两季，时有浓雾出现，雾期较多，延续时间较长。场地地势较高，周边 10km 范围内部存在大的水系。

③ 基础施工选型。本次施工共有 8 栋四层厂房和一座钢筋砼挡土墙的基础为预应力管桩，B5 栋 13 层宿舍楼基础为人工挖孔桩，且都无地下室。

二、施工现场场地排水条件

本项目场内有半永久道路市政雨水井可供此地块雨水排放使用，编号为 Y16；场内有半永久道路市政雨水排放使用，编号 W13；生活区污水经化粪池处理后排至沉淀池；生活区场地经排水沟排向雨水井，场地路面采用 200mm 厚 C20 混凝土浇捣密实，地面经硬化处理后，有利于施工现场排水与清理。现场设置洗车槽，所有车辆严禁携带泥土出场。

三、周边市政排水设施及雨、污分流接驳情况

本项目东侧为乡村水泥路，无市政管网；南侧为山丘竹林，也无市政管网；西侧为在建许龙路，市政管网在施工中；北侧为岳麓大道南辅道，有已建成市政管网，并有配有市政管网的半悠久性道路接入项目内。

四、施工现场排水方案

（一）主体施工阶段

土方回填到室外地坪标高以下 300mm，建筑物四周非地下室顶板范围场地均采用 C20 混凝土进行地坪硬化，施工现场采用明排水沟进行场内排水处理。建筑物四周为非地下室顶

板，在外脚手架以外500mm设置排水沟，因施工现场路面较宽，雨水排水考虑有组织排水和无组织排水并用的方式。根据现场地形条件，沿道路设置排水沟，每隔50m设置一个沉沙井（700mm×700mm×700mm）。建筑西侧地势较低的方向找坡，排水沟采用100mm厚C20混凝土垫层，侧墙采用120mm厚砼标准砖和M7.5水泥砂浆砌筑，20mm厚水泥砂浆粉刷（1∶2）。各通道口处盖板用C25钢筋电焊而成，其余部位采用废旧模板等进行封盖，确保安全。在排水沟下游末端设沉淀池1#（5m×2.4m×1.5m），排水口加设钢板网，雨水沉淀后排入市政雨水管网，沉淀池定期清理。施工大门主出入口及工地入口均布置洗车设施，防止泥土污染路面及周边环境。其中主出入口洗车槽将配备一座污水三级沉淀池2#（600mm×250mm×150mm），出入车辆洗车时产生的污水沉淀后排入市政污水井。当现场沉淀后的雨水不能满足排水要求时，需根据实际情况增设絮凝沉淀系统，确保排水达标。

（二）施工现场管理

1. 搅拌台水泥浆水

根据长沙市住建委规定，本项目混凝土采用商品混凝土供应。商品混凝土由混凝土搅拌站提供，通过混凝土罐车运到施工现场，离开时需经过洗车槽，施工现场有专人对运输车辆进行冲洗，保证运输车辆不对场外环境造成污染。因在清洗车轮胎及出料口残留砼时会产生少量废水，故排水沟将设置专用沉淀池，排水口加设钢丝网片。沉淀池采用100mm厚砼筑底，侧墙采用240mm厚砼标准砖，M7.5水泥砂浆砌筑，20mm厚水泥砂浆（1∶2）粉刷，盖板用钢筋砼浇筑而成，沉淀池定期清理，确保水泥浆、污水得到有效控制。

2. 排水设备

施工现场除正常配备排水泵、排污泵等设备外，还将布置应急设备，确保在原有设备突发故障或出现极端恶劣天气时现场排水工作仍可以正常开展。

3. 施工现场排污排水施工日期

施工现场排污、排水贯穿工程整个施工阶段。

五、排水管理

（一）管理目标

（1）排放控制达标，无市民重大投诉；

（2）无因排水措施与管理控制不善造成的上级处罚和通报批评；

（3）上级部门检查验收达标；

（4）相关安全文明达标。

（二）临时排水管理架构

本工程建立由施工单位项目经理为组长、监理及建设单位主要负责人为组员的临时排水领导小组，负责策划、组织、落实和参与排水方案的实施，保证各项工作落到实处，责任分工到人。

（三）三级管理

排水方案具体实施由领导小组、专项组、施工班组（单位）进行三级管理，如图10-3所示。

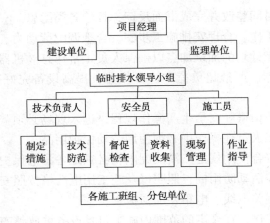

图 10-3　三级管理示意图

(四) 质量、安全保证措施

1. 质量保证措施

质量管理落实到人,各项工作专人负责,具体措施如下:

(1) 质检部负责质量管理,积极开展各项工程质量管理活动,针对施工中的关键节点进行质量控制。

(2) 测量组负责本工程的全部测量放样,放样后必须填好放样复核单,经技术人员复核再请监理复核,监理复核无误签署同意意见后方能施工,确保排水沟等位置正确。施工中要保护基准线、水准点,经常复验。

(3) 严格按图施工,每道工序均需进行自检、互检抽检、验收评级。隐蔽工程必须做好原始记录,工地现场监理及时签证验收。工程质量小组对每道工序必须认真记录,列入竣工资料中。

(4) 严格按照操作规程施工,严禁违章作业,发现有不符质量规定的施工情况,现场管理人员有权暂停施工。经过商定的施工方法,不得擅自改变。因违章操作而造成的质量事故,要追究责任,及时上报。

(5) 内业小组与现场施工人员协同合作,质检项目点数按照规范检测,不得少于规定数量,不得发生漏检的现象。检查测试及换算方法严格按照标准进行,并整理数据填写相应表格。

(6) 工程管理人员必须做好施工管理日记,以便总结施工经验,提高管理水平。

(7) 加强对施工人员的思想教育工作,每一分项工程施工前都要进行安全技术交底。定期开展质量安全活动,不断提高施工人员的从业素质和业务水平,确保在排水设施建设、后续抽排水等各项施工活动中,无任何安全隐患及事故发生。

(8) 工程施工中要消灭各种质量事故隐患、杜绝重大事故、加强薄弱环节管理、重视关键作业。

2. 安全文明生产措施

(1) 建立各级安全生产责任制,做到责任到人。

(2) 做好安全生产的思想教育工作,将安全生产工作做到每个角落、每个环节,把安全生产扎根到每个施工人员的心坎上。

(3) 按照施工现场安全检查制度,定期、不定期对施工现场进行安全检查,深挖事故隐患，定人、定措施、定时间整改并完成书面反馈，杜绝各类隐患。

（4）做好安全生产工作，合理安排施工步骤、合理调配劳动力、合理调度机具设备、合理安排施工进度，禁止无计划的加班加点以确保人员正常作息。机器设备定人定机、定期检查和保养，严禁无证操作、严禁超负荷和违章作业，提高设备完好率和使用率，提高生产效益。

（5）施工人员必须严格遵守安全生产操作规程，进入现场必须戴好安全帽。沟槽作业必须有专人负责照看，施工人员在操作中必须使用劳动保护用品。

（6）施工用电必须符合使用规定。沿线配电箱必须配备漏电保护装置和箱门锁，要有接地线。临时拖线箱要加盖活动防雨棚，照明以及施工用电严格按照安全操作规程施工。重视雨季用电安全，抽排水相关电线、电箱要加强检查。

（7）做好防火防盗工作，在规定的范围内施工机具设备堆放整齐，在规定的时间内做到工完场清、工完料清。

（8）以工程管理小组为主，以班组为基础进行文明施工建设，积极开展各项文明施工工作。

（9）对进场施工队伍签订文明施工、保护地下管线协议书，建立健全岗位责任制，把文明施工落到实处，提高全体人员文明施工自觉性并加强责任心。

第十一章 基坑工程的监测与维护

第一节 基坑工程监测

一、相关概念分析

伴随城市建设的不断发展，城市建筑用地日趋紧张，城市中心商业区地价日益昂贵。为追求更多的经济利益，开发商不断追求建筑的地下和地上空间。特别是在一些大城市，这种趋势更是普遍。为满足这样的需求，各类大型综合性建筑应运而生。例如城市的高层建筑、大型公共建筑和地铁工程等。这类工程在建设过程中，从施工方便和工程安全的角度考虑，深基坑工程被广泛应用于工程建设中。我国把深基坑工程列为较大危险性工程之一。

基坑工程本身技术要求高，施工环境复杂。设计中采用的一些计算模型，尚不能完全反应施工过程的实际情况。特别是对于一些地质条件、荷载情况和施工环境较为复杂的状况，仅仅依据地质勘察资料和室内试验确定的设计方案，往往包含较多的不确定性因素。实际施工过程中，由于偶然因素的存在，很容易会发生土体和支护结构的受力、变形和位移，稍有不慎，就可能发生一系列安全事故，带来严重的后果。2008 年国内某地铁站深基坑施工过程中，发生大面积坍塌事故，附近河流决堤，倒灌基坑内部，深度达到 6m。行驶车辆也深陷基坑，事故共造成 21 人死亡，附近学校和民房出现局部垮塌现象，直接经济损失达 4961 万元，造成重大的社会不良影响。事故结果鉴定：施工过程中安全责任生产不落实到位；对于隐患不能及时排除；施工人员技术培训流于形式；现场管理混乱；监管不到位等。多个环节的工作疏忽，最终酿成惨剧。

因此，在基坑施工过程中，对于各类相关信息，应进行及时有效地监测。特别是复杂的大型建筑工程，对于施工过程中土体变化、邻近建筑变化情况等，不仅要有效监测，还要能够及时分析。把监测和分析的数据信息及时反馈给相关单位，判断基坑和周围建筑的安全状况，指导施工单位合理科学地施工，以应对可能出现的各种紧急情况，进而采取及时有效的措施，以保证工程各项工作能够顺利正常进行。

二、基坑变形与监测技术分析

（一）基坑变形分析

在基坑施工过程中，随着基坑内土体被挖出，基坑内部上层土体应力损失，下层土体就会产生一种向上为主的应力和位移，周围土体则会产生一种向内为主的应力和位移。伴随坑底隆起和周围土体的向内移动，基坑周围地表可能产生向下的沉降趋势。这种基坑所在位置土体的原有平衡遭到破坏，导致其内部支撑系统受力出现不平衡，土体产生位移的现象即是基坑的变形。基坑变形的原因比较多，主要包括自然条件、围护结构的刚度和强度、基坑几何尺寸和土体开挖深度等。

1. 基坑变形的影响因素

有关基坑变形的影响因素研究较多，关注的角度也不一样，既有工程地质条件对其影响，也有工程实施过程施工质量对其影响，有不少学者根据不同时期基坑变形的影响因素对其进行研究。下面就影响基坑稳定的因素进行分析。

自然条件的影响因素：无论基坑设计，还是施工环节，均应该考虑自然条件对基坑的影响。设计基坑的初期，必须对基坑所在地工程地质、水温和气候条件等做深入调查，对不同地质条件的影响，要做出科学的分析。例如，在硬质黏性图层中渗流情况引发管涌问题的可能性较小，在较软质的黏性土层中，需注意基坑开挖过程中的地层位移情况，特别是饱和软黏土层中，若墙体有较深的埋入深度，此时，坑底可能产生较大隆起，地层水平位移也会较明显。

设计环节的影响因素：在基坑设计方面，可能影响基坑变形的因素较多，例如基坑设计的平面尺寸和开挖深度、围护结构设计刚度和强度、支撑结构设计等。据不完全统计，由于基坑设计不合理引发的工程事故占到基坑事故总量的40%~50%。由于各个因素对基坑的影响区别较大，下面就这一问题做简要介绍：

（1）墙体结构的影响。在基坑开挖过程中，变形有时不可避免，合理的设计围护结构刚度和强度、稳定性，对于减少基坑变形和围护结构变形会十分有利。一般都会采取提高围护结构刚度和加固支撑的方法。研究结果表明，围护结构墙体刚度一般取决于墙体的厚度，在有限范围内，通过提高墙体的厚度，可有效减小墙体变形和位移。但是，随着厚度增加到一定程度，其效果已不是非常明显。而且，对成本和基地承载力等，提出了更高的要求。同时，围护墙体的土中埋入深度也会影响基坑稳定性。部分基坑事故，就和围护墙体土中埋入深度不足有关。适当增加墙体埋入土深度，可有效提高基坑整体稳定性，且能减少坑底的隆起量。

（2）支撑系统的影响。支撑系统能够对基坑产生影响的因素，主要是支撑点的位置、数量和施加预应力。在基坑深度确定的情况下，支撑点位置的选择很重要，特别是底层支撑的设置。一般情况下，在能够满足挖土作业和底板浇筑等要求时，底层位置越往下，对基坑的稳定性也越有利。同时，支撑设置的层数也会产生很大影响，它能够直接影响基坑稳定性。过多的支撑不仅增加成本，还会影响土方开挖，进而影响工程进度。在设置内支撑时，为减少开挖和设置支撑不同步，所产生的基坑变形和周围地表沉降问题，会采用施加预应力的方法，有效减小围护墙体的位移和墙厚土体土压力，进而减小基坑变形，提高其稳定性。

（3）基坑几何尺寸和形状的影响。主要体现在基坑由于几何形状所产生的空间效应上，例如长条形基坑和一些不规则基坑的阳角问题。国内的学者针对这一问题的影响，做了很多工作。研究表明：对于设置地下连续墙的基坑工程，根据阳角所处位置，阳角的影响可分为以下几种情况：阳角位于基坑中心时，两臂较长，阳角位置量位移较小。距离阳角较远处，空间效应影响减小，位移类似于平面应变的性质。

阳角位于基坑角部时，两臂较短。此时，阳角和阴角共同作用明显，存在地下连续墙的支护系统，水平位移局部类似阳角形状。

阳角位于基坑中间时，阳角臂一长一短。基坑边形的整体趋势影响较大，两角内倾的趋势明显，由于两角的存在，也会对这种趋势产生一定的限制。

基坑设计开挖深度的大小，将会直接影响原有土体的应力变化。当基坑开挖面积比较大时，几何尺寸的变形影响会比较明显。

（4）施工环节的影响。基坑施工过程中，由于各种因素的相互作用，会对基坑安全产生较大影响。很多基坑事故的发生与施工有着较为直接的关系，特别是施工时，部分施工企业私自操作，不严格按照设计要求进行施工，对施工质量把关不严。目前，施工环节对基坑变形影响较大的因素主要是基坑围护墙施工、开挖的时空效应和开挖后的土体蠕变效应等。

① 围护墙施工的影响。在基坑开挖设计和施工时，一般会选择钢板桩、混凝土预制桩等作为围护结构，保证施工正常进行。在深基坑施工时，一般会选择地下连续墙作为围护结构。研究表明：地下连续墙施工对基坑周围土体的影响，主要与开挖沟槽的深度、宽度、长度和护壁泥浆等有关。一般情况下，地下连续墙施工引发的土体位移占基坑总变形量的比例较小。但是，有时地质条件复杂的工程，成槽开挖产生的变形会达到总变形的 40%~50% 之间。部分研究表明，成槽开挖引发的水平位移及沉降范围为槽深的 1.5~2.0 倍，最大水平位移一般 <0.07% 倍槽深，最大沉降值为 0.05%~0.15% 的槽深。有关地下连续墙施工引发的地表沉降关系，有学者做过专门研究，见图 11-1。

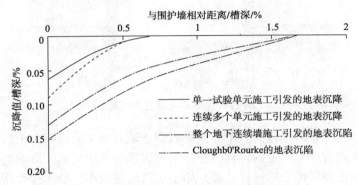

图 11-1　地下连续墙施工引发地表沉降包络图

② 时空效应的影响。国内著名学者刘建航院士首先提出时空效应这一概念。在软土地区，土体一般会表现出流变特性，基坑开挖完成以后还会伴有固结效应，随着无支撑围护结构暴露时间累积，这种效应就会对围护墙体和周围地层造成明显的影响，即所谓的时间效应。同时，当土体中一部分被挖去，造成原有地区应力释放时，基坑变形会受到相邻未破坏土体的干扰，即所谓的空间效应。在进行基坑挖土作业时，就应该考虑这种时空效应，土方开挖到一定高度，就应该及时设置支撑，减少无支撑墙体暴露的时间，缩短围护结构的时间效应。同时，采用分层开挖和分区开挖的方法，缩小内部开挖的相对空间，利用空间效应，减小基坑变形。

③ 土体蠕变效应的影响。在深基坑开挖过程中，由于工程量比较大，耗费时间长，坑底地基在不断地加载卸载过程中会发生蠕变效应。随着基坑开挖完成以后，坑底进行混凝土封底作业前，伴随地下结构施工和相关支撑设备拆除，基坑底部及周围土体会产生一定量的回弹变形。变形量的大小一般和地质条件、土的类别、基坑深度、开挖几何尺寸、暴露时间等因素有关。一般情况下，这种变形会随时间推移而趋于稳定，如果回弹变形量比较大，建筑物完工之后可能产生较大的后期沉降。

2. 基坑变形的破坏形式

基坑施工过程中，变形量既要满足基坑本身的安全和稳定要求，还要控制基坑周围地层的移动情况。在一些城市的基坑工程，如果地质条件比较差，施工过程往往会引发基坑较大变形，进而会影响周围的建筑、道路和公共设施的正常使用，甚至严重破坏。以往的工程实践中，由于基坑变形导致的破坏很多，例如周围地面沉降，周围房屋倾斜和燃气泄漏等。总结基坑变形导致的破坏形式，主要有三种：基坑底部的隆起、支护结构的变形破坏和周围地层的位移破坏。

（1）基坑底部的隆起。基坑坑底的隆起破坏是指，基坑坑底存在的不透水层和水压力之间的相互作用关系。当不透水层下面水压力较大，不透水层又比较薄，不透水层上面覆盖的土重难以抵抗下面的水压力作用时，基地就会向上翻起，产生破坏。基坑底部受力隆起见图11-2。

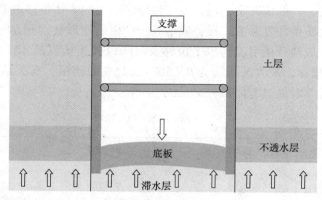

图 11-2 基坑底部受力隆起

基坑开挖过程实际就是土体的一个卸荷载过程，随着施工的进行，上层土体被清理，荷载消失，下层土体就会产生向上的位移，导致基坑底部的微微隆起。隆起的过程一般包含两部分：弹性变形过程和塑性变形过程。最开始基坑隆起量较小，处于弹性变形范围，基坑支护的同时也会对坑底进行加固，使其能够抵抗一部分隆起；由于基坑开挖深度不大，围护结构会伴随坑底隆起而升高，最大的位移变形发生在基坑的中心位置。但是，随着基坑开挖深度的增加，隆起量逐渐增多。同时，伴随基坑支护结构在周围土压力作用下内收，周围土体会产生向坑内移动的趋势，基坑周围土体也会产生相应的沉降。此时，基坑隆起处于塑性变形的范围，危害较为明显。例如，2011年南京地铁2号线在运营过程中，因为暴雨导致20多米隧道混凝土隧道床隆起，列车触发故障造成停运，大量旅客滞留隧道。

基坑底部的隆起量有时可作为判断基坑稳定性和建筑物沉降的重要指标。影响基坑回弹量的因素主要包括基坑自身几何尺寸、支撑加固情况、坑底加固情况和坑底土体残余应力等。研究表明，在同样的开挖条件下，圆形基坑较方形基坑变形量小，主要和基坑阳角效应有关。有关基坑回弹的计算方法，国内不少学者也做过较多研究，理论和实践结合的方法应用较多。

（2）支护结构的变形破坏。支护结构的变形破坏因素较多，除了自身结构的强度、刚度、制作工艺和施工管理等因素外，还与施工过程中周围环境条件的变化有着密切关系，如基坑周围的堆料、行车和降水等，都有可能导致支护结构出现问题。

深基坑工程围护形式较多，地下连续墙作围护结构是一个比较普遍的做法。基坑开挖以前，墙体两侧土压力处于平衡状态，随着基坑施工过程的进行，坑内土体被清理，对应土压力减小，墙外土压力相对增大。此时，在被动土压力作用下，围护结构将会产生一个向坑内的位移。开挖过程中，一般采用上层混凝土梁、下层钢管支撑的形式。而且，支撑的设置一般会和土体开挖过程有一个时间间隔，此时墙体将会有一个相应的位移量，随着基坑深度的增加，位移量也会不断累积。围护结构墙后被动土压力减小，土体发生位移。同时，基坑底部隆起现象也会加剧，坑底和周围土体都进入塑性变形范围。围护墙体的变形不仅会使墙外土体发生地层移动，还会扩大塑性区域。

（3）周围地层的位移破坏。在基坑施工过程中，由于围护结构的变形和坑底隆起现象的发生，往往会伴随周围地层的位移，甚至破坏。其最主要的问题就是周围地表沉降，包括路面沉降、周围燃气管线沉降、建筑物沉降等，如果处理不好，可能发生建筑物的倾斜、燃气泄漏和路面开裂等工程问题。基坑周围的地层位移直接受到支撑结构影响，若支撑结构发生变形，围护墙在外侧土压力作用下发生变位，周围地层随之移动，导致地面产生沉降。同时，基坑施工时的降水和止水作业，也会对周围地面的沉降产生较大的影响。

目前，国内很多城市热衷于修建地铁，这些工程多位于城市繁华地段，交通拥挤，建筑物多，工程多采用深基坑。此时对于基坑工程的变形监测和周围环境监测，显得非常重要。

（二）监测技术分析

有关基坑的监测要求，在《建筑基坑工程监测技术规范》（GB 50497—2009）中有较为明确的规定：基坑开挖深度>5m；或是开挖的深度≤5m。但是有的现场地质情况和周围环境较复杂，此种情况的基坑均应实施监测。特别是在一些复杂的大中型基坑工程中，施工条件复杂，相关要求严格，理论的分析和计算作用有限，为提高工程的安全性和可靠性，需要对施工过程进行全面监测，为设计优化和指导施工，提供可靠依据。为保证监测工作的质量，需考虑基坑工程的设计方案、场地情况、周围环境和施工方案等，制定合理、科学和严格的监测控制方案。一般在基坑设计阶段，由设计方提出监测的技术要求，包括监测项目、测点位置、监测频率和监测报警值等。而且，在基坑开挖以前，由建设单位聘请相关资质的第三方进行现场监测，并编制监测方案。方案经设计、建设和监理单位认可，必要时和相关部门协商一致以后，才能实施。

1. 基坑监测的目的和意义

基坑监测工作应能够保证达到以下目的：

（1）监测及时、有效，能够较快发现问题，及时纠正。

（2）根据实际监测成果，对照设计方案进行验证。鉴于目前理论研究水平限制，以及实际的实验条件可能无法满足要求等，设计方案在有些时候会出现与实际情况不符合的现象，需在监测时进行深入研究。

（3）指导施工顺利进行。施工单位在施工作业时，一般会按照设计方案进行，不能发现施工中可能出现的问题。作为监测单位，应及时对监测数据进行处理和分析，并通知施工单位，保证工程顺利进行。

（4）保障周围环境的安全。在基坑施工作业的同时，对周围可能受到影响的建筑和公共设施进行监测，对相关数据进行分析，提前采取措施，保证周围群众活动的正常进行。

2. 基坑监测的基本原则

在确定基坑监测方案时，作为一项系统工程，方案的合理性和科学性对监测成果影响很大。因此，需遵循以下原则：

（1）系统性原则。全面考虑工程项目，做到监测项目的整体性，使各项监测内容能够有效联系起来，检验和分析。确保数据监测的连续性和准确及时，保证监测过程不中断。通过合理的系统规划，节约监测成本。

（2）可靠性原则。监测数据必须准确、可靠，能够尽可能的反应真实情况。为此，需选用较精密仪器和成熟的监测手段，对监测点进行有效保护。

（3）重点监控原则。在整个工程的关键区域，需进行重点监测，一般需通过加密监测点和监测项目的方法。在地质情况起伏比较大的地段，也需要进行重点监测，防止局部险情发生。

（4）经济合理原则。在能够保证施工安全和监测需要的前提下，尽可能地减少监测点的数量，选择较为先进和有效的监测仪器和方法，提高监测工作效率，降低成本。

（5）实际相结合原则。在施工过程中可能会遇到各种情况，原有的监测点设置可能影响正常的施工作业。因此，在确定监测点位时，需根据实际情况，合理调整相关监测点位置，减少彼此的干扰，既能够保证监测工作正常进行，又不影响施工效率。

3. 基坑监测的内容

在《建筑基坑工程监测技术规范》（GB 50497—2009）中有关基坑监测的内容，有较为详细的规定：现场监测应采用仪器监测和巡视检查两种方法。具体监测内容较多，可分为支护体系监测和周围环境监测两个方面，实际工程根据需要，选择相应监测内容。在规范中，根据基坑的级别，详细列举相关监测项目及要求。下面根据需要，列举部分内容，见表 11-1 和表 11-2。

表 11-1　基坑工程安全技术等级划分表

	周围环境条件	破坏后果	工程地质	基坑深度 H/m	地下水条件
一级	很复杂	很严重	复杂	$H>12$	水位很高、条件复杂，对施工影响严重
二级	较复杂	很严重	较复杂	$6<H\leqslant12$	水位较高、条件较复杂，对施工影响较严重
三级	简单	不严重	一般	$H\leqslant6$	地下水位低、条件简单，对施工影响轻微

表 11-2　建筑基坑工程仪器监测项目表

		一级	二级	三级
墙（坡）顶水平位移		应测	应测	应测
墙（坡）顶竖向位移		应测	应测	应测
围护墙深层水平位移		应测	应测	宜测
土体深层水平位移		应测	应测	宜测
墙（桩）体内力		宜测	可测	可测
支撑内力		应测	宜测	可测
土压力		宜测	可测	可测
地下水位		应测	应测	宜测
周围建（构）筑物变形	水平位移	宜测	可测	可测
	竖向位移	应测	应测	应测
	倾斜	应测	宜测	可测
	裂缝	应测	应测	应测
周围地下管线变形		应测	应测	应测

有关巡视检查的要求，规范中也有明确规定：在基坑工程整个施工期内，每天均应有专人进行巡视检查。其内容包括以下几个方面：

（1）支护结构。支护结构成型时的质量、冠梁和支撑有无裂缝、支撑和立柱有无较大变形、止水帷幕有无开裂和渗漏、墙后土体有无沉陷和裂缝、基坑有无管涌和流砂现象等。

（2）施工工况。开挖后的土质情况和岩土勘察报告中内容是否有差异、基坑的开挖深度和长度时候和设计要求一致、场地的地表水和地下水排放是否正常、基坑周围地面有无堆载情况等。

（3）基坑周边环境。地下管道有无破损和泄漏、周边建筑有无裂缝、周边道路有无裂缝和沉陷、邻近建筑和基坑的施工情况等。

（4）监测设施。基准点和测点是否完好、是否存在影响观测的障碍物、监测元件是否完好等。

巡视检查内容由于各地区实际情况可能不一样。因此，在制定监测任务时，需根据相关规定和当地经验，制定合理的巡视检查内容，做好详细的记录，及时整理，发现问题，及时通知委托方和相关单位，采取相应整改措施。

4. 基坑监测的控制要求

基坑监测时所选择的监测方法，应根据基坑等级、精度要求、场地条件和地区经验等，合理选择。监测基准点每个基坑≥3个，且稳固可靠，监测点根据需要和相关规定，综合选取。相关监测仪器和设备需定期养护，保证观测的精度和可靠性。同一观测项目观测过程中，不宜更改观测线路和方法，仪器设备和观测人员需固定。对于不同的观测项目，精度要求也不一样。在《建筑基坑工程监测技术规范》（GB 50497—2009）中，对相关监测项目精度做了详细要求，以下只列举部分相关内容。在监测项目中，需对基坑、围护结构和周围环境做水平位移和竖向位移监测，一般采用水准测量的方法。目前，市场该类测量仪器较多，选用何种等级水准仪器，需要满足表11-3的规定。

表11-3　几何水准观测的技术要求

基坑类别	使用仪器、观测方法及要求
一级基坑	DS05级别水准仪，因瓦合金标尺，按光学测微法观测，宜按国家二等水准测量的技术要求施测
二级基坑	DS1级别以上水准仪，因瓦合金标尺，按光学测微法观测，按国家二等水准测量的技术要求施测
三级基坑	DS3或更高级别及以上的水准仪，宜按国家二等水准测量的技术要求施测

在监测过程中，为了能够较好地把握监测对象的变化过程，需对整个工程进行全过程监测，从基坑开始施工，直至整个地下工程竣工。如有特殊要求的，还需按照规定，持续监测，直至变形趋于稳定。具体的监测频率需根据基坑等级和周围环境、自然条件变化等，综合确定，在正常情况下，仪器监测频率应按照表11-4的规定执行。

在基坑监测作业时，监测人员要严格按照设计的监测预警值，出现问题，及时反馈。监测报警值一般采用监测项目的累计变化量和变化速率两个指标进行控制。实际作业环境下，情况可能会有变化，需加注意。

在基坑周边环境监测作业时，相应的监测预警应该结合周围的建筑物变形情况，综合考虑。当监测数据达到预警值、支撑结构出现较大的变形、周围土体出现异常位移和隆起、周边建筑物出现突发裂缝等情况时，需立即报警，情况严重时，应停工，针对情况，采取相应的措施。

表 11-4　现场仪器监测的监测频率

基坑类别	施工进程		基坑设计开挖深度			
			≤5m	5~10m	10~15m	>15m
一级	开挖深度/m	≤5	1次/1d	1次/2d	1次/2d	1次/2d
		5~10		1次/1d	1次/1d	1次/1d
		>10			1次/1d	1次/1d
	底板浇筑后时间/d	≤7	1次/1d	1次/1d	1次/1d	1次/1d
		7~14	1次/3d	1次/2d	1次/1d	1次/1d
		14~28	1次/5d	1次/3d	1次/2d	1次/1d
		>28	1次/7d	1次/5d	1次 3d	1次 3d
二级	开挖深度/m	≤5	1次/2d			
		5~10		1次/1d		
	底板浇筑后时间/d	≤7	1次/2d	1次/2d		
		7~14	1次/3d	1次/3d		
		14~28	1次/7d	1次/5d		
		>28	1次/10d	1次/10d		

三、工程案例分析

施工监控测量是深基坑施工过程中一道关键的工序，通过该工序，可及时了解施工过程中，围护结构及周边环境的变化情况，指导施工，优化设计参数，保证工程自身和周边环境安全。目前，在城市大型工程施工中，深基坑工程较多。而这些大型基坑周边环境往往较为复杂，且多位于城市中心区域，商业、办公和公共设施较多。复杂的城市交通状况和城市环保的需要，对于工程的施工，也提出较高要求。下面以国内某城市地铁车站基坑工程施工为例，就监测技术的实际应用情况进行分析和研究。

（一）工程概况和地质情况

该车站属某线路待建枢纽工程。位于两条城市主干道交叉口，东西走向，布置在北半幅路下面。周围建筑较多，环境复杂。例如东北方向有办公楼、高档住宅小区；西北方向为大型体育建筑设施、学校等；西南方向为商业聚居区，高层建筑较多；东南方向存在部分生活小区。车站红线范围内的电力、燃气和给排水等管线较多，施工条件非常复杂。车站结构为地下两层 10.4m 宽岛式车站，站前设有单停车线，停车线与车站接口段设有轨排基地。车站标准段为地下两层双跨结构，局部为地下一层结构，停车线为地下一层结构。车站有效站台中心里程 YDK9+427.000，车站右线线路中心线长度 516.2m；车站左线线路中心线长度 262.7m；标准段间距约 13.6m；车站顶板覆土厚度约为 2.5~3.5m，局部地段 5.0m 左右。施工基坑深 16.5~18.50m，部分基坑深为 20.34m。基坑标准段宽度 19.5m，轨排井段基坑最大宽度 26m，东端基坑最大宽度 23.2m。该基坑工程主体围护结构整体采用 80Cm 厚地下连续墙形式。围护结构采用地下连续墙方案，内部设置横向支撑。基坑施工方法采用的是明挖顺作。施工区由于位于交叉路口，交通流量大，施工组织复杂。整个工程分为三个区间段进行施工。一区距建筑物较远，施工开始较早，对周围建筑物监测较少。二区周围建筑物较多，存在学校和高层建筑，监测任务较重。三区较短，周围建筑较多，交通密集，监测点稠密。

该工程所在地区全年雨量较大，每年5~9月为雨季。连续降雨情况较多，降水和气温的年季变化情况较大。常见的台风暴雨等灾害性天气较多。根据施工设计，车站地面高程为23m。顶板覆土厚度2~3m。地质情况较为复杂，从地表向下依次为素土、黏性土、硬塑状残积砾质黏性土等；车站所在区域地质以风化岩和花岗岩为主。残积土颗粒级配不良，当动水压力过大时，存在管涌、流土等渗透现象。底板主要位于硬塑状砾质黏性土上。车站内局部存在淤泥质土层和2~4m厚砂层。

（二）施工监测技术方案

1. 监测目的

深基坑开挖过程中，由于地质条件、施工条件和外界其他因素的干扰，理论的分析有时并不能完全保证工程的安全。为保证及时掌握施工过程中的各项变化，需对有关项目做实时观测，采集数据，深入分析。本项工程实时监测的目的，主要有以下几点：

（1）通过实施工程监测，把监测数据同预测值进行比较，判断相关的参数是否满足设计要求，为下一步工作提供依据。

（2）通过及时监测施工过程中基坑、围护结构和周围环境的变化情况，掌握变形趋势，达到有效控制的目的。

（3）通过监测结果的分析，形成监测报告，反馈给相关单位，为下一步优化施工方案，合理控制施工进度，提供依据。

（4）确保工程能够安全，顺利的进行。

2. 监测内容

该项目所处地理位置环境复杂，建筑物和公共设施较多。根据工程实际要求、周围环境情况和以往工程实践经验，在满足工程监测基本原则的前提下，制定车站监测内容见表11-5。

表11-5　监测内容

序号	项目	编号	数量	备注
1	墙顶水平位移、沉降	ZQS	47个	必测
2	地表/管线沉降	DB/R	144个	必测
3	建筑物沉降	J	37个	必测
4	土体测斜	TT	28孔	必测
5	墙体测斜	ZQT	41孔	选测
6	支撑轴力	ZL	26个	必测
7	墙内土压力	ZQL	34组	必测
8	水位观测孔	SW	28孔	必测
9	支撑立柱沉降	LZC	3个	必测

3. 测点设置及平面布置

该工程监测任务繁重，需要提前做好很多准备工作。同时，为保证施工过程中能够顺利监测，还需要注意监测点保护工作。为保证监测工作的效率和质量，依据设计文件和相关规定，监测单位制定了详细的监测计划方案。下面就方案中有关监测的内容，以表格的形式详细列出，见表11-6。

表 11-6　车站测点的位置和要求

监测项目	监测对象	监测工具	测点布置	设计预警值	
地表沉降	基坑外 40m 范围	水准仪	间隔 30m	30mm 或变化速率>3mm/d	
墙顶水平位移	围护结构顶	经纬仪	间隔 15m	30mm 或变化速率>3mm/d	
墙顶沉降	围护结构顶	水准仪	间隔 15m	30mm 或变化速率>3mm/d	
墙体测斜	围护结构内	测斜管和测斜仪	间隔 15m	0.4~0.45% 或变化速率>3mm/d	
墙内土压力	靠近围护结构周边土体	土压力盒	间隔 15m	0.4~0.45% 或变化速率>3mm/d	
支撑轴力	钢支撑端部，砼支撑 1/3 处	轴力计	钢支撑的 30%	70%的设计极限值	第一道支撑 3900kN
					第二道支撑 2359kN
					第三道支撑 2045kN
支撑立柱沉降	支撑立柱顶	水准仪	交叉口处设置 3 根	25mm 或变化速率>3mm/d	
地下水位	基坑周边	水位管和水位计	间隔 15m	2000mm 或变化速率>500mm/d	
管线沉降	基坑周边地下管线	水准仪	沿管线间隔 10m	30mm 或变化速率>3mm/d	
建筑物倾斜	基坑周边需保护的建筑物	水准仪和经纬仪	间隔 20m，不少于 3 个测点	2/1000 或变化速率>0.1H/1000	
建筑物沉降	基坑周边需保护的建筑物	水准仪	建筑物四周	30mm	

为保证能够及时准确的掌握施工过程中，基坑工程的变化情况，监测单位依据设计书和相关规范的规定，在参考以往施工经验的基础上，制定了较为详细的施工监测频率方案，有关内容见表 11-7。

表 11-7　监测频率的有关要求

序号	检测项目	监测频率要求
1	地表沉降	围护结构施工及土方开挖过程中 1 次/2d；主体结构施工过程中 2 次/周
2	墙顶水平位移	开挖及回填过程中 2 次/d
3	墙顶沉降	开挖及回填过程中 2 次/d
4	墙体测斜	开挖及回填过程中 2 次/d
5	墙内土压力	围护结构施工及土方开挖过程中 1 次/2d；主体结构施工过程中 2 次/周
6	支撑轴力	开挖及回填过程中 2 次/d
7	支撑立柱沉降	施工过程中 1 次/2d
8	地下水位	围护结构施工及土方开挖过程中 1 次/2d；主体结构施工过程中 1 次/2d
9	管线沉降	1 次/2d，直到盾构井完工为止
10	建筑物倾斜	开挖及回填过程中 2 次/d
11	建筑物沉降	开挖及回填过程中 2 次/d

（三）监测结果及分析

该项目工程施工工期长，监测数据量大，中间还存在放假停工和紧急情况预警，限于篇幅，选取施工期内较为特殊的几个时间段的数据进行分析。一区施工较早，环境条件不算复杂，监测任务相对简单。下面主要对二区和三区数据进行统计分析。

1. 混凝土支撑轴力监测

混凝土支撑轴力监测数据统计，从 2013 年 11 月 1 日截止到 12 月 22 日。时间接近两个月，主要对基坑中的支撑轴力进行累计变形量和变形速率的统计。选取施工二区轴力累计变形量最大的 ZL13-01，监测结果见图 11-3。

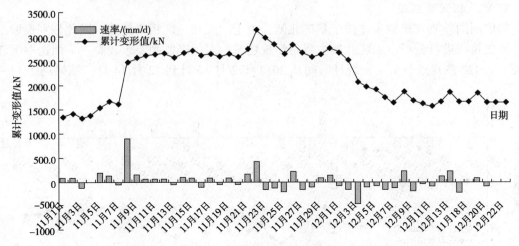

图 11-3　混凝土支撑轴力 ZL13-01 变形历时曲线图

根据曲线图统计结果可以看出：累计变形量最大值出现在 11 月 25 日，最大变形速率出现在 11 月 9 日，该时间段内累计变形值比较大，主要原因是该时间段基坑土方进行开挖，下层支护设置和开挖存在时间间隔，变形量都在控制范围以内。进入 12 月份累计变形量开始回收，变形速率趋于稳定。从 12 月 5 日开始，截至到 22 日，出现的最大变形值为 1795.4kN，没有超过累计控制值 3900kN。该时间段施工过程中，支撑设备整体处于安全状态。

2. 地表沉降监测

地表沉降观测选取累计变形量最大的三区 DB18-03 测点，该测点位于三区东端头，处于进出场地路口附近。三区施工开始较晚，观测时间统计从 2013 年 11 月 19 日到 12 月 22 日。地表沉降观测主要对道路上预埋地表点，进行累计变形值和变形速率的观测，结果见图 11-4。

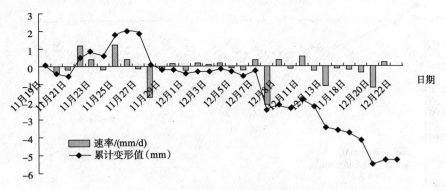

图 11-4　地表点 DB18-03 变形历时曲线

根据该地表点统计结果可以看出：该地表点整体时间段累计变形量区域合理范围。从 12 月 15 日，截至 22 日，累计变形值均已超过累计控制值 30mm，最大变形值达到 -85.11mm。后期对三区地表点 DB18-01 和 DB18-02 进行分析，数据正常。经过现场巡视判断测点值出现异常原因,是由于该段时间由于重载碾压,导致地表点沉降值超过控制值。进而判断,基坑整体处于安全状况。

3. 建筑物沉降监测

基坑周围监测建筑物主要位于基坑北侧,由于二区和三区相离较远,因此分别选取二区和三区建筑物进行分析。二区北侧主要是学校建筑,对沉降监测要求较高。下面选取沉降累计最大值 J22 测点进行分析,统计时间从 2013 年 2 月 16 日到 12 月 14 日,结果见图 11-5。

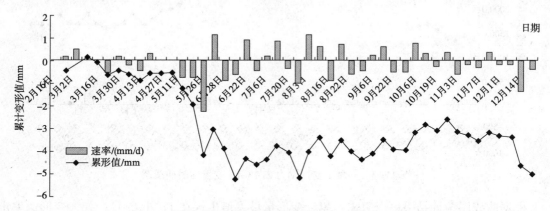

图 11-5　建筑物 J22 测点变形历时曲线

根据该建筑测点统计结果可以看出:从 6 月份开始,二区基坑北侧建筑物该测点沉降量维持在-5mm 左右,截至 12 月份,最大沉降累计值为-4.96mm,没有超过控制值 30mm。最大变形速率出现在 6 月 7 日,最大速率为 2.12mm/d,在可控范围 3mm/d 范围内。因此,判断该时间段内,二区北侧建筑物处于安全状态,基坑变形稳定。三区基坑北侧建筑物较多,存在高层建筑和生活小区,对监测任务要求较高。下面选取三区建筑物沉降累计最大的测点 J30 进行分析。三区施工较二区稍晚,统计时间从 2013 年 12 月 1 日到 12 月 22 日,结果见图 11-6。

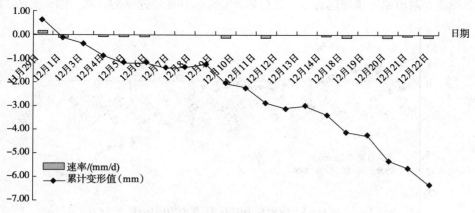

图 11-6　建筑物 J30 测点变形历时曲线

根据该建筑测点统计结果可以看出:在该统计时间段内,三区该建筑测点沉降累计变化量不断增加,截至 12 月 22 日,最大值为-6.36mm,在控制范围以内。变形量不断增加的主要原因是,该时间段内,三区进行土方开挖,上层混凝土支撑尚未稳定,下层支撑尚未设置。根据实际巡视结果，基坑开挖尚浅，变形整体可控。该时间段内，建筑物该测点未出现较大变形速率。因此，判断三区建筑物整体变形稳定，基坑出于安全状态。

4. 管线沉降监测

燃气管线主要位于三区基坑北侧，建筑物周围人行道下面，监测任务相对轻松，安全性要求高。下面选取管线监测点中累计沉降值最大的测点 R 进行分析，统计时间从 2013 年 11 月 26 日到 12 月 22 日。主要对管线沉降累计值和沉降速率进行统计，结果见图 11-7。

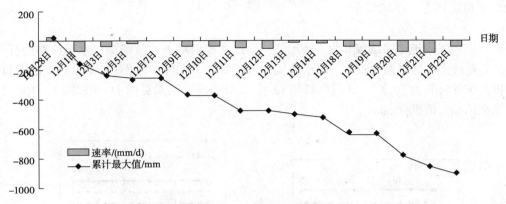

图 11-7　管线 R4 测点变形历时曲线

根据该管线测点统计结果可以看出：从 12 月份开始，管线沉降累计值在不断增加，最大值出现在 12 月 22 日，为-9.07mm。变形速率均在控制范围以内，且比较小。管线沉降量不断增加的原因和三区进行土方开挖有很大关系，通过巡视观察，地表未出现明显裂缝和沉降，综合分析管线其他测点，判断管线沉降变形在控制范围以内，管线整体安全，基坑变形稳定。

5. 地下水位监测

水位监测主要统计 2013 年 11 月份和 12 月份，由于二区正在进行主体结构施工，水位相对稳定。水位监测分析选取三区基坑北侧 SW-24 测点，水位累计变形值和变形速率结果，见图 11-8。

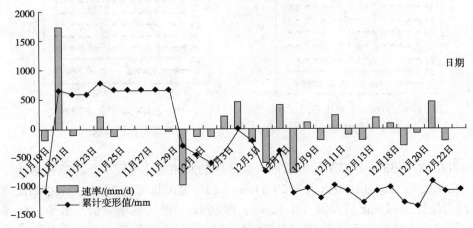

图 11-8　地下水位 SW-24 测点变形历时曲线

根据地下水位 SW-24 测点统计结果可以看出：从 2013 年 11 月份三区基坑土方施工开始，地下水位变化情况较为复杂。11 月 21 日变化速率出现最大值 1645mm/d，截至 11 月 29 日，变化速率均在控制范围以内。分析原因可能是水位监测时数据出现问题。11 月 30 日同样出现异常值，变化速率为 -968mm/d，经过分析，对仪器进行了精度校正。截至 12 月 22 日，变化速率均为超过控制值 500mm/d。累计变形量最大值出现在 12 月 20 日，为 -1020mm，没有超过控制值 2000mm/d，变化基本稳定。因此判断，从 2 月份开始，三区水位变化处于稳定状态，基坑安全。

6. 墙体倾斜监测

围护结构采用地下连续墙和内支撑形式，监测主要对地下连续墙深层水平位移进行研究。由于测斜孔较多，数据量比较大，限于篇幅，选取基坑二区的三个累计变形量较大的测斜孔进行分析。统计时间为 2013 年 12 月 9 日到 12 月 22 日，统计结果见图 11-9 和图 11-10（图中单位：纵坐标 m，横坐标 mm）。

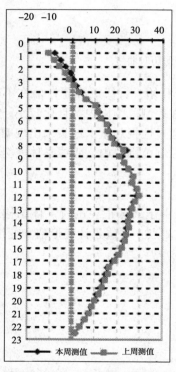

图 11-9 ZQT-38 测孔不同深度
处水平位移曲线

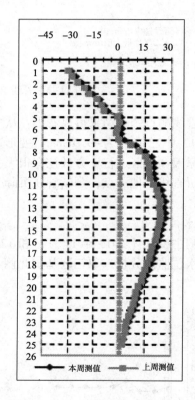

图 11-10 ZQT-39 测孔不同深度
处水平位移曲线

由测斜孔 ZQT-38 统计结果可以看出：在两周的监测统计过程中，该测孔累计位移量最大值出现在深度为 12m 处，最大值为 28.71mm，超过监测报警值 24mm，未达到监测控制值 30mm。两周统计位移变化最大值为 0.42mm，深度 1m。通过现场分析，水平位移较大的主要原因和基坑主体结构施工过程中，支护结构的拆除有很大关系。由于该点处于进出口位置，根据位移变化情况，判断该点尚处于安全状态。同时，对该点监测工作提高了重视程度。由测斜孔 ZQT-39 统计结果可以看出：在两周的监测统计过程中，该测孔累计位移量最大值为 26.65mm，深度 14m，超过监测报警值 24mm，未达到监测控制值 30mm。两周统计位移变化最大值为 0.49mm，深度 7m。据现场巡视结果，该测孔和 ZQT-38 测孔情况较为相似，判断此处尚处于安全状态。由测斜孔 ZQT-41 统计结果可以看出：在两周的监测统计过程中，该测孔累计位移量最大值出现在深度为 13m 处，最大值为 18.40mm，未超过监测报警值 24mm。两周统计水平位移变化最大值为 -0.40mm，深度 1m。据现场巡视结果，ZQT-38 测孔和 ZQT-39 测孔处于盾构机井处，围护结构拆除早，基坑平面尺寸较大，水平位移量大。该测点距盾构机井较远，受到基坑尺寸影响相对较小。根据三个测孔水平位移情况，可以判断，盾构机井处基坑整体出于安全状态。

7. 土体倾斜监测

根据上面三个测控的监测结果和现场巡视，尚不足以完全说明盾构机井的安全状况。因此，此处选取盾构机井周围的土体测斜孔监测结果，通过同一时间段内，土体测斜孔的位移变化情况，进一步判断基坑状况统计结果如图 11-12~图 11-17 所示(图中单位：纵坐标 m，横坐标 mm)。

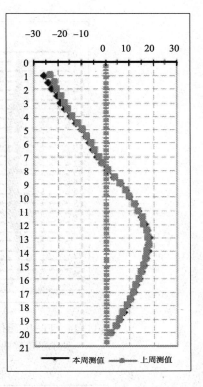

图 11-11　ZQT-41 测孔不同深度处水平位移曲线

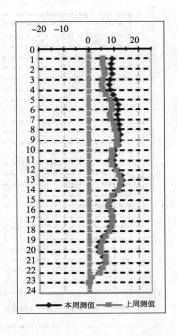

图 11-12　TT-14 测孔不同深度处水平位移曲线

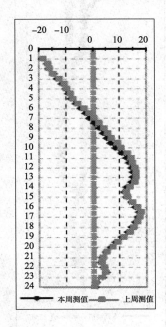

图 11-13　TT-15 测孔不同深度处水平位移曲

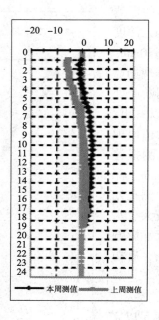

图 11-14　TT-16 测孔不同深度
处水平位移曲线

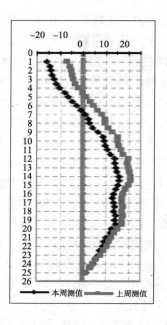

图 11-15　TT-34 测孔不同深度
处水平位移曲线

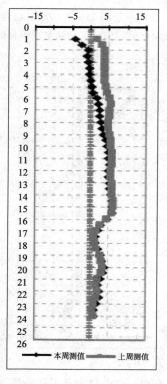

图 11-16　TT-35 测孔不同深度
处水平位移曲线

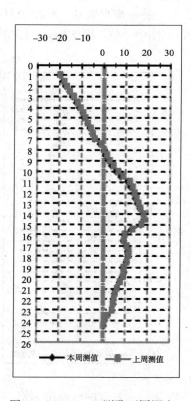

图 11-17　TT-36 测孔不同深度
处水平位移曲线

以上基坑井周围土体监测统计结果可以看出：在两周的监测统计过程中，TT-14 测孔累计水平位移最大值 13.23mm，深度 13.00m，位移变化最大值 0.17mm，深度 1.00m 处；TT-15 测孔累计水平位移最大值 17.09mm，深度 16.50m，位移变化最大值 -0.20mm，深度 9.50m；TT-16 测孔累计水平位移最大值 -1.12mm，深度 1.50m，位移变化最大值 0.95mm，深度 1.00m 处；TT-34 测孔累计水平位移最大值 15.63mm，深度 14.50m，位移变化最大值 -1.29mm，深度 1.50m；TT-35 测孔累计水平位移最大值 6.10mm，深度 15.00m，位移变化最大值 -0.87mm，深度 1.00m 处；TT-36 测孔累计水平位移最大值 18.40mm，深度 14.50m，位移变化最大值 -0.10mm，深度 11.00m。以上测孔水平位移均为超过监测预警值 24mm 的范围，结合以上墙体的测斜结果，可进一步判断，盾构机井基坑整体处于安全稳定的状态。

四、工程特殊问题处理

工程施工过程中，由于一些客观条件的原因，经常会出现一些特殊的工程问题。常见的深基坑工程问题主要是恶劣天气条件、特殊地质条件、施工预警发生和停工等，正确地处理工程特殊问题，对于保障工程安全至关重要。该车站在施工过程中，出现两个特殊问题：其一是放假停工；其二是出现监测橙色预警。下面对如何解决这些问题的监测工作进行简要分析。

（一）停工问题的监测处理

从 2013 年 12 月 22 日开始，由于春节放假的原因，该车站施工相继停止，监测工作也开始适时调整，监测的频率相对减少。进入 2014 年 1 月份以后，工程相继开工，基坑监测工作提前开始。为验证前期数据分析的准确性，确保后续工程安全，须在施工开始以前，对相关监测数据进行研究。下面选取了部分 1 月份数据结果进行分析。

1. 地表沉降监测

根据上面分析结果，结合停工期间的巡视情况，下面对地表点 DB-18 进行分析。该点处于三区路口，工程开工以后会有较多车辆经过。其余测点沉降值相对较小，且都在控制范围以内，限于篇幅限制，此处不再详列。地表点监测统计结果如图 11-18 和图 11-19 所示。

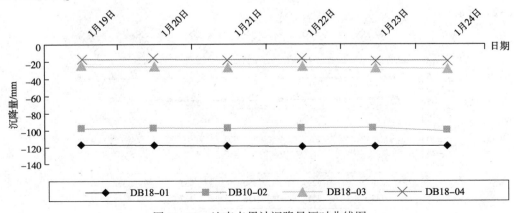

图 11-18　地表点累计沉降量历时曲线图

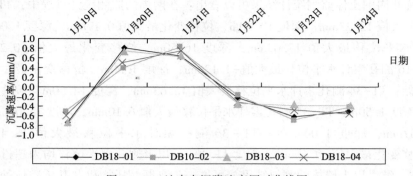

图 11-19　地表点沉降速率历时曲线图

由以上四个地表点的监测统计结果可以看出：在 1 月 19 日的统计结果中，DB18-01 累计沉降量为-117.09mm，沉降速率为-0.73mm/d，DB18-02 累计沉降量为-97.79mm，沉降速率为-0.50mm/d。在 1 月 22 日的统计结果中，DB18-01 累计沉降量为-118.07mm，沉降速率为-0.34mm/d，DB18-02 累计沉降量为-98.71mm，沉降速率为-0.16mm/d；在 1 月 23 日的统计结果中，DB18-01 累计沉降量为-118.93mm，沉降速率值为-0.62mm/d，DB18-02 累计沉降量值为-99.58mm，沉降速率为-0.70mm/d；在 1 月 24 日的统计结果中，DB18-01 累计沉降量为-119.43mm，沉降速率为-0.50mm/d，DB18-02 累计沉降量为-100.00mm，沉降速率为-0.42mm/d。几天的累计沉降量均远远超过监测预警值 24mm，沉降速率均在控制范围以内。经过现场巡视发现，该处地表点经重载碾压。DB18-03 累计沉降量分别为-26.10mm、-27.23mm、-27.60mm 和-27.98mm，虽然超过预警值，但是沉降速率在预警值范围内。地表点 DB18-04 的连续统计结果都在预警值范围内，结合前面提供的数据分析，可以得出结论：目前基坑处于安全状态，可进行正常施工。

2. 建筑物沉降监测

春节开工以后主要进行二区主体结构施工，相应的支撑结构会被拆除，墙体和周围环境可能会有较大变形。因此，选择二区基坑北侧建筑物作为分析对象，进行研究。该区域建筑主要是市政大厦和居民楼，建筑密度大，安全等级要求高。为保障工程安全，实际监测过程中，还布置了较多加密点，此处不再详细列举。建筑沉降点的监测统计结果如图 11-20 和图 11-21 所示。

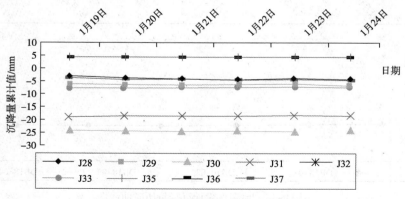

图 11-20　建筑物累计沉降量历时曲线图

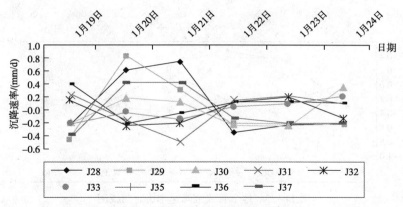

图 11-21　建筑物沉降速率历时曲线图

从以上建筑沉降点的监测统计结果可以看出：在 1 月 19 日的统计结果中，监测点 J30 累计沉降量最大，位移量为−23.93mm，在预警值 24mm 范围内；沉降速率为−0.20mm/d，处于可控阶段；最大沉降速率为 J29 测点，位移速率−0.52mm/d，未超过预警值。在 1 月 22 日的统计结果中，监测点 J30 累计沉降量最大，位移量为−24.03mm，超过预警值 24mm 范围；沉降速率为−0.23mm/d，处于可控阶段；最大沉降速率为 J29 测点，位移速率−0.50mm/d，未超过预警值。在 1 月 23 日的统计结果中，监测点 J30 累计沉降量最大，位移量为−24.28mm，超过预警值 24mm 范围；沉降速率为−0.25mm/d，处于可控阶段；最大沉降速率为 J29 测点，位移速率−0.38mm/d，未超过预警值。在 1 月 24 日的统计结果中，监测点 J30 累计沉降量最大，位移量为−23.92mm，超过预警值 24mm 范内；沉降速率为 0.36mm/d，处于可控阶段；最大沉降速率为 J30 监测点，位移速率 0.36mm/d，未超过预警值。连续几天的累计沉降量均接近甚至超过监测预警值 24mm，沉降速率均在控制范围以内。其余建筑测点累计沉降量和沉降速率均为超过预警值，根据现场巡视的情况，结合前面提供的数据分析，可以得出结论：出现较大沉降的原因和基坑降水有关，相关数据均在控制范围内，可正常施工。

3. 管线沉降监测

由于二区建筑物沉降量比较大，可能会影响地下管线安全。因此，对管线的沉降，也做了全面的监测。下面主要对二区基坑北侧地下管线的监测数据进行分析，统计结果见图 11-22 和图 11-23。

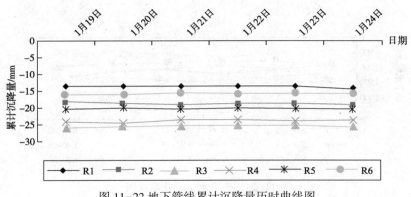

图 11-22 地下管线累计沉降量历时曲线图

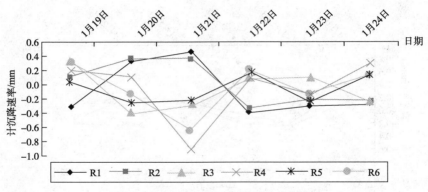

图 11-23　地下管线沉降速率历时曲线图

由以上管线监测点的统计结果可以看出：在 1 月 19 日的统计结果中，监测点 R3 累计沉降量最大，位移量为-25.60mm，超过预警值 24mm 范围，沉降速率为-0.20mm/d，处于可控阶段；监测点 R4 累计沉降量达到-24.10mm，同样超过预警值；最大沉降速率为 R3 测点，位移速率 0.32mm/d，未超过预警值。在 1 月 22 日的统计结果中，监测点 R3 累计沉降量最大，位移量为-25.05mm，超过预警值 24mm 范围；沉降速率为 0.11mm/d，处于可控阶段；最大沉降速率为 R1 测点，位移速率-0.37mm/d，未超过预警值。在 1 月 23 日的统计结果中，监测点 R3 累计沉降量最大，位移量为-24.93mm，超过预警值 24mm；沉降速率为 0.12mm/d，处于可控阶段；最大沉降速率为 R1 测点，位移速率为-0.30mm/d，未超过预警值。在 1 月 24 日的统计结果中，监测点 R3 累计沉降量最大，位移量为-25.16mm，超过预警值 24mm，沉降速率为-0.23mm/d，处于可控阶段；最大沉降速率为 R4 测点，位移速率 0.30mm/d，未超过预警值。其余地下管线监测测点累计沉降量和沉降速率均为超过预警值，根据现场巡视的情况，结合前面提供的数据分析，可以得出结论：管线 R3 出现较大沉降的原因，和基坑降水、建筑物沉降有关，基坑整体安全。

4. 地下水位监测

停工期间，该地区气候良好，未出现较大雨水天气，基坑周围地下水位受外界影响比较下。由于停工时间较长，三区土方开挖时进行降水，为保证整体工程安全，对一区盾构机井和二区、三区搭接的地段进行地下水位监测分析。统计结果见图 11-24 和图 11-25。

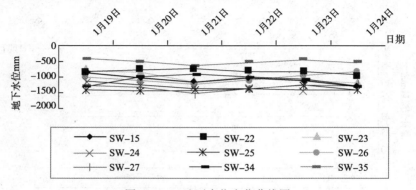

图 11-24　地下水位变化曲线图

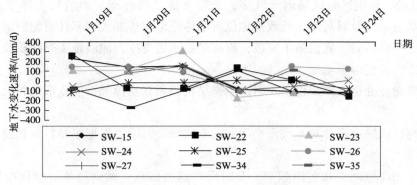

图 11-25　地下水位变化速率历时曲线图

由以上地下水位监测点的统计结果可以看出：在 1 月 19 日的统计结果中，监测点 SW-25 累计变化最大，变化值为 -1430mm，未超过预警值 1600mm 范围，变化速率为 -110mm/d，处于可控阶段；最大变化速率为 SW-25 和 SW-34 测点，变化速率 -110mm/d，未超过预警值。在 1 月 22 日的统计结果中，监测点 SW-27 累计变化量最大，变化值为 -1390mm，未超过预警值 1600mm；变化速率为 -130mm/d，处于可控阶段；最大变化速率为 SW-23 测点，变化速率值为 -180mm/d，未超过预警值。在 1 月 23 日的统计结果中，监测点 SW-24 累计变化量最大，变化值为 -1400mm，未超过预警值 1600mm 范围。变化速率为 -120mm/d，处于可控阶段；最大变化速率为 SW-26 测点，位移速率为 140mm/d，未超过预警值。在 1 月 24 日的统计结果中，监测点 SW-25 累计变化量最大，变化值为 -1420mm，未超过预警值 1600mm；变化速率为 -150mm/d，处于可控阶段；最大变化速率为 SW-25 测点，变化速率为 -150mm/d，未超过预警值。其余地下水位监测点累计变化量和变化速率也均为超过预警值。根据现场巡视的情况，结合前面提供的数据分析，可以得出结论：虽然三区基坑进行降水，没有过多影响到上述测点的地下水，因此，判断盾构机井和相应地段均处于安全状态。

（二）预警问题的监测处理

2013 年 9 月份监测过程中，车站深基坑工程出现橙色预警。为此，相关建设单位、监理单位和设计单位共同组织，实地巡视，召开橙色预警专题专家会议，总结工程监测概况，分析事故出现原因，最终提出针对此次事故的专题解决方案。下面就此次会议中，有关监测处理的内容作简要介绍。

1. 监控测量状况

截至 9 月 18 日，车站局部桩体出现较大变形。一区停车线 5 断面处，地下连续墙测斜数据显示，测点 ZQT-09 测点累计位移量达到 34.47mm，二区车站主体 11 断面处，地下连续墙测斜 ZQT-19 测点累计位移量达到 35.17mm，二区地下连续墙 ZQT-20 测点累计位移量达到 30.83mm。同时，9 月 14 日和 9 月 15 日变形速率均达到 5.23mm/d 和 4.02mm/d。上述累计值和变形速率均超过预警值 30mm 和 3mm/d。施工方面，对应 ZQT-09 处底板工程施工已经完成，ZQT-09 处垫层施工已经完工，ZQT-20 处正在进行土方开挖。

2. 原因分析和安全评价

经过会议研究，总结基坑监测超限主要原因如下：

（1）9月份，该地区台风暴雨天气多，土方未能及时外运，影响到主体结构的施工进度。同时，基地未能及时封闭，导致基地位置墙体变形逐步加大，累计值超限。

（2）在工序转换时，底板施工完成，拆除最后一道支撑，侧墙施工时间较长，导致工期耽搁，地下连续墙变形量增加。

（3）相应测点处钢支撑架设不及时，围护结构测斜在支撑架设前变形量较大。

3. 结论

经过研究，最终得出针对此次预警问题的专项解决方案。根据车站目前状况，提出相应改进建议。

（1）加密相应监测点和监测频率，及时反馈监测信息，做到科学信息化指导基坑开挖施工。

（2）加强施工组织，加快主体结构施工进度，及时封闭底板。

（3）严格按照基坑开挖方案进行开挖作业，及时架设支撑和预加轴力，严禁超挖，适当加大支撑预加支撑轴力。

（4）严控变形和水位变化，必要时采取灌浆措施。

（5）注意做好监测点保护工作，及时有效沟通，确保监测成果及时有效。

根据前面分析的 2013 年 11 月份和 12 月份数据，相关监测点变形值在合理范围内，没有超过监测预警值，验证了预警方案的科学性和有效性。

五、工程实例 2 及监测成果

（一）工程概况

1. 工程简介

郑州轨道交通 1 号线二期河工大站位于长椿路与莲花街十字路口处，沿长椿路布置。地下两层岛式车站，有效站台长 120m；车站标准段外包宽度为 19.5m，外包总长度为 382.6m，共设 6 个出入口和 3 个风亭组。车站主体结构采用明挖顺做法施工；标准段基坑深度约 16.5m，基坑支护采用钻孔灌注桩+内支撑+桩间喷射混凝土支护方式。河工大站的西北方向为大谢新村；西南方向为郑州大学；东南方向为丁楼新村；东北方向为河南工业大学。周边用地规划以大中专学校用地和居住用地为主，但周边建筑物距离车站基坑较远，对基坑开挖支护施工无影响。

2. 工程地质与水文条件

（1）工程地质条件

根据地貌形态及成因，郑州市区地貌类型划分为黄土地貌和流水地貌二大类型。本场地主要为山前冲洪积缓倾斜平原，场地较平整。根据岩土的时代成因、地层岩性及工程特性，本场地勘探揭露深度范围内地层主要为杂填土、粉土、粉质黏土。根据野外钻探编录资料及原位测试资料，结合室内土工试验成果，本场地 45m 以上地基土属第四系（Q）沉积地层，按其成因类型、岩性和工程性能可划分 16 个工程地质层。各层土的特征自上而下分述如下：第（1）层（Q_4^{ml}）杂填土：杂色，成分差别大，主要包括沥青路面、碎石、垃圾等。层底标高 102.92~104.71m，层底埋深 0.5~2.10m，层厚 0.50~2.10m，平均厚度 0.98m。第（6）层（Q_4^{al}）粉质黏土：褐黄色，可塑，干强度中等。层底标高 99.78~104.67m，层底埋深 0~

2.1m，层厚 0.40～3.90m，平均厚度 2.05m。静力触探试验 Ps 值 1.53MPa。第（19）层（Q_3^{al}）粉土（黄土状粉土）：黄褐色，稍湿，中密干强度低。层底标高 93.88～99.67m，层底埋深 5.70～10.70m，层厚 1.50～8.20m，平均厚度 5.26m。静力触探试验 Ps 值 4.89MPa。第（20）层（Q_3^{al}）粉土：黄褐～灰褐色，稍湿，中密～密实，干强度和韧性低。层底标高 91.01～96.17m，层底埋深 8.80～14.80m，层厚 1.00～7.80m，平均厚度 3.81m。静力触探试验 Ps 值 4.96MPa。第（25）层（Q_3^{al+pl}）粉土：褐黄色，稍湿，中密，干强度和韧性低，局部含粉质黏土。层底标高 88.54～92.58m，层底埋深 12.40～16.00m，层厚 1.30～5.90m，平均厚度 2.80m。第（25）-1 层（Q_3^{al+pl}）粉质黏土：褐黄色～灰色，可塑，干强度中等，韧性中等。层底标高 87.01～91.37m，层底埋深 13.10～17.90m，层厚 1.70～5.50m，平均厚度 2.69m。第（26）层（Q_3^{al+pl}）粉土：褐黄色，湿，中密，干强度低，韧性低。层底标高 84.06～89.74m，层底埋深 15.30～20.60m，层厚 0.80～4.40m，平均厚度 2.29m。第（27）层（Q_3^{al+pl}）粉土：褐黄色，湿，中密，干强度低，韧性低，局部含粉质黏土。层底标高 81.89～88.80m，层底埋深 16.10～23.30m，层厚 0.70～5.20m，平均厚度 2.26m。第（29）层（Q_3^{al+pl}）粉土：褐黄色，湿，密实，干强度和韧性低。层底标高 79.64～86.42m，层底埋深 18.30～25.40m，层厚 0.70～7.30m，平均厚度 2.95m。静力触探试验 Ps 值 4.20MPa。第（35）层（Q_2^{al+pl}）粉质黏土：褐黄～褐红色，可塑～可塑，干强度中等，韧性中等。层底标高 75.7～81.40m，层底埋深 23.50～29.50m，层厚 1.50～9.00m，平均厚度 5.91m。第（36）层（Q_2^{al+pl}）粉质黏土：红褐色，可塑，韧性中等。层底标高 68.88～75.52m，层底埋深 29.30～37.50m，层厚 2.50～10.50m，平均厚度 6.09m。第（36）-1 层（Q_2^{al+pl}）粉土：褐红色，湿，密实，干强度中等，韧性中等。层底标高 70.33～73.64m，层底埋深 31.00～34.60m，层厚 1.50～3.10m，平均厚度 2.16m。第（37）层（Q_2^{al+pl}）粉质黏土：红褐色，可塑，韧性中等。层底标高 61.64～71.90m，层底埋深 35.00～43.10m，层厚 1.90～10.20m，平均厚度 4.33m。第（38）层（Q_2^{al+pl}）粉质黏土：褐红色，可塑，干强度中等。层底标高 59.03～69.73m，层底埋深 37.00～45.50m，层厚 0.40～6.00m，平均厚度 3.81m。第（38）-1 层（Q_2^{al+pl}）粉土：褐红色，湿，密实，干强度中等，韧性中等。层底标高 59.43～64.93m，层底埋深 39.8～44.60m，层厚 1.80～7.60m，平均厚度 5.03m。第（41）层（Q_2^{al+pl}）粉土：褐红色，湿，密实，干强度中等，韧性中等。最大揭露深度 45.50m，最大揭露厚度 8.0m。

（2）水文地质条件

车站所在地区浅层含水层以粉土、粉质黏土为主，属松散岩类孔隙潜水，地下水的类型为潜水。在勘察期间（2013 年 10 月到 12 月）地下水位深度 21.0m 左右（高程 83.0m）。考虑到目前本区间地下水受郑州市开采影响，地下水位变化受人为控制，建议百年最高地下水位埋深为 13.0m（标高 91.2m），抗浮设防水位可按 13.0m（标高 91.2m）考虑。结合本项目场地的水质试验结果，按照《岩土工程勘察规范》（GB 50021—2017）第 12.2 节对渗透性水的腐蚀性进行分析，本项目地下水对混凝土结构和混凝土结构中钢筋具微腐蚀性。依据各土层的土工试验和原位试验的结果，结合本地区工程经验，提出各土层的物理参数建议值。

（二）基坑支护设计

地铁车站标准段基坑开挖深度约 16.5m，围护结构采用钻孔灌注桩+内支撑+桩间喷射混凝土的支护形式；基坑标准段围护桩采用 Φ1000@1500mm 钻孔灌注桩，排桩之间采用

C25 混凝土网喷层挂 Φ6@ 150×150mm 钢筋网片，喷射混凝土厚度 100mm；基坑竖向设置三道钢管支撑，第一道支撑水平间距 6.0m，第二、三道支撑水平间距 3.0m，钢支撑竖向间距分别为 5.7m、5.5m，第三道支撑距基底竖向间距为 3.66m。钢支撑两端支于冠梁或钢围檩上，三道支撑预加轴力分别为 200kN、500kN 和 400kN。围护结构采用材料如下：

（1）钻孔灌注桩、冠梁采用 C35 混凝土；

（2）桩间网喷采用 C25 混凝土；

（3）基坑垫层采用 C20 混凝土；

（4）钢筋为 HRB400 和 HPB300；

（5）钢支撑为壁厚 16mm、Φ609mm、Q235B 钢管撑；

（6）钢围檩为双拼 45c 工字钢。

（三）现场监测

1. 监测目的

根据基坑所处位置的特点，为保证施工中不影响周围建筑物的安全以及施工本身安全，应进行施工监控量测，以信息反馈指导施工生产，其目的如下：

（1）将监测结果与设计结果进行对比，验证支护结构设计，指导后续基坑开挖和支护结构的施工。

（2）在支护结构破坏前进行预警，采取应对措施，避免破坏发生或减轻破坏的后果，保证施工安全。

（3）掌握地层及基坑围护结构的变形动态，确保施工期间基坑侧壁及结构稳定。

（4）通过监控量测取得原始量测数据，进行回归分析，及时反馈指导施工，调整施工方法及支护参数。

（5）积累施工技术资料，对施工过程中的关键技术问题进行分析，为今后类似工程提供技术参数；

（6）总结工程经验，为完善信息化施工提供依据。

2. 监测项目

（1）监测项目和布设原则根据《城市轨道交通工程测量规范》（GB/T 50308-2017）、《建筑基坑工程监测技术规范》（GB 50497—2009）、《城市轨道交通工程监测技术规范》（GB 50911—2013）等规定，结合本工程基坑的具体条件，确定车站基坑工程自身风险等级为二级，车站周边环境风险等级为二级。因此本工程基坑安全监测项目和监测精度控制等级设为二级]。根据基坑支护设计文件及现行有关规范要求，确定车站基坑安全监测项目。由于本基坑最大开挖深度端头井约为 18.2m，标准段约为 16.5m，且地下水位埋深 21.0m，施工时不考虑降水措施，建议取消水位监测项目。

（2）监测频率和精度

根据《城市轨道交通工程测量规范》（GB/T 50308—2017）、《建筑基坑工程监测技术规范》（GB 50497—2009）、《城市轨道交通工程监测技术规范》（GB 50911—2013）有关规定，结合工程实际和设计要求。

3. 监测方法

本工程监测项目包括桩顶水平位移和沉降、桩身水平位移和钢筋应力、支撑轴力、地面沉降、周边管线沉降。由于其他监测项目与本文研究无关，其监测方法和成果略去，仅列出钢支撑轴力和排桩内力、变形等相关内容。

（1）钢支撑轴力

钢支撑轴力采用振弦式轴力计测量。将轴力计安装在钢支撑靠近活络头一端，为保证轴力计轴心受力，需将轴力计支架焊在活络头中央；轴力计安装在同一个竖向监测截面上。振弦式轴力计的测量采用频率计采集，输出数据为频率模数。

（2）桩身水平位移

本试验采用 CA-CX-901F 型测斜仪进行桩身水平位移测量。测斜仪由测斜管、测斜探头和读数仪组成。仪器综合精度为±2mm/30m，测量范围±15°，探头测量精度为±0.02mm/500mm；测读器显示读数至±0.01mm。测斜管是内部四条十字凹槽的 PVC 管，排桩成桩前将测斜管连接绑扎的钢筋笼内，下笼时确保其中一条凹槽朝向基坑外侧。在施工过程中，破桩头时一般会将测斜管破坏，需要用套管重新连接测斜管，并保证十字凹槽对应，以免测量时跑槽。测量时把探头通过导线与探头连接，把探头沿着测斜管凹槽放入至桩底部。从下至上每隔 0.5m 记录一次读数并保存，到顶部时完成称为正测；然后水平反转 180°再次从下至上每隔 0.5m 依次测量至顶部称为反测，此时测量全部完成，可将读数仪连接至电脑读取测量结果。

（3）桩身钢筋内力

① 钢筋计的布置与原理

桩身钢筋内力采用 XB-120 型振弦式钢筋应力计测量，接收仪采用频率仪。在排桩钢筋笼制作阶段将钢筋计焊接在钢筋笼主筋上，成桩后采用频率仪采集数据。在试验桩选取 5 个截面设置测点，在每个截面的迎土侧（即基坑外侧 W）和背土侧（即基坑内侧 N）通长主筋各安装 1 个钢筋应力计，每根试验桩共安装 10 个钢筋应力计。振弦式钢筋计的工作原理是在钢筋计受轴力时，可使钢筋计内部弹性钢弦发生变形，从而引起钢弦振动频率的改变。采用频率仪测得钢筋计的频率值大小，通过公式计算钢筋所受轴力值，进而换算可得排桩内力。在基坑开挖前读取钢筋应力计频率值，取前三次稳定数据的平均值作为初始值。基坑开挖后测量 1 次/d，直至结构封顶。

② 钢筋计的安装方法

钢筋计的安装方法如下：

A. 组装编号。钢筋计出厂配有连接杆，将连接杆与钢筋计连接。按照具体布置图纸将钢筋计进行编号贴在导线与钢筋计上，并记录每个编号对应的出厂编号。

B. 接线。根据不同位置编号的钢筋计到桩顶的距离，计算导线的长度。截取相应长度导线把钢筋计导线接长，用频率仪采集钢筋计读数，与出厂读数对比校验。如读数与出厂读数一致，说明钢筋计接线成功；如读数不一致，则需检查问题所在或废弃钢筋计。

C. 切割主筋。考虑钢筋计和连接杆自身长度，计算钢筋计在主筋上的位置区间。在加工完成的钢筋笼上选取一对主筋，在主筋相应区间位置划线并切掉该段钢筋。

D. 焊接钢筋计。先通过对接焊接把钢筋计固定在主筋上，然后采用帮条焊焊接牢固。焊接过程中用湿毛巾裹住钢筋计进行降温冷却，避免热传导使钢筋计零漂增加。待钢筋计焊接完成后，再次采集钢筋计读数，与出厂读数对比校验，如果出现问题，及时更换。

E. 排布导线。为了保护钢筋计导线在浇筑混凝土的过程中不受破坏，需将导线沿主筋汇聚，用扎丝把导线绑扎在主筋上。破桩头时通常要使用风镐和挖掘机等大型机械，很容易破坏桩头位置的导线，所以在钢筋笼桩头位置将导线套入一节 2m 的 PVC 管，然后把 PVC 管固定在主筋上，两端密封。

F. 下笼。钢筋计焊接完成后，待吊装至钻孔吊入钻孔。吊入过程中注意使一侧钢筋计朝向基坑外侧，即使钢筋计连线与基坑边线垂直）。

钢筋计安装过程中需特别注意以下 4 点：

A. 为确保钢筋应力计轴心受力，试验中钢筋应力计应采用帮条焊与桩身钢筋连接。

B. 为避免热传导使钢筋应力计零漂增加，需要采取冷却措施，本项目采用湿毛巾的冷却方法。

C. 为避免钢筋应力计导线折断，每侧的导线沿主筋汇聚，沿钢筋笼绑扎。并在钢筋笼顶部套入 PVC 管保护。

D. 在放置钢筋笼，混凝土浇筑，以及破桩等过程中注意对导线的保护。

（四）监测结果及分析

基坑工程的现场监测是对基坑施工过程的全程监控，是信息化施工的重要环节[54]。监测结果是判断基坑变形和结构内力是否安全的重要标准，在为下一步施工提供重要依据的同时，也丰富了该地区的经验。通过监测支护结构在实际施工中的变形和内力，与理论计算结果对比分析，对优化支护结构设计有重要的意义[55]。本项目监测贯穿整个施工周期，监测项目繁多，采集数据量较大，限于篇幅，本文仅列出桩身变形和内力、支撑轴力的监测成果进行分析。

1. 桩身钢筋内力分析

选择基坑标准段三根排桩作为试验桩，分别为 101#、153#和 459#桩。试验桩长均为 22.26m（嵌固深度 7m），排桩为采用 C35 级混凝土的钻孔灌注桩。在实际施工过程中，101#桩钢筋应力计大部分损坏，无试验结果。下面以 153#桩和 459#桩实测数据进行分析，图 3.4-1 为 153#桩和 459#桩的所在工段的基坑开挖进度。

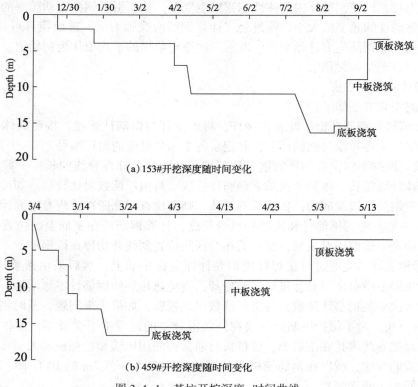

（a）153#开挖深度随时间变化

（b）459#开挖深度随时间变化

图 3.4-1 基坑开挖深度-时间曲线

（1）钢筋应力监测结果分析

① 开挖期间桩身钢筋应力随时间变化

153#桩所在施工区域存在较长时间停工，基坑开挖不连续，为了便于研究，选取2015年3月25日~4月17日基坑从4m开挖至11m以及2015年7月5日~8月2日基坑从11m开挖至16.56m桩身钢筋应力进行分析，如图3.4-2（a）和（b）。459#桩所在施工区域正常施工，选取3月4日~3月22日桩身钢筋应力进行分析，如图3.4-2（c）。在基坑开挖前读取钢筋应力计频率值，取三次稳定数据的平均值作为初始值。基坑开挖后测量1次/d，直至结构封顶，由于采集数据量较大，为方便分析，选取3~7d的采集频率进行分析。

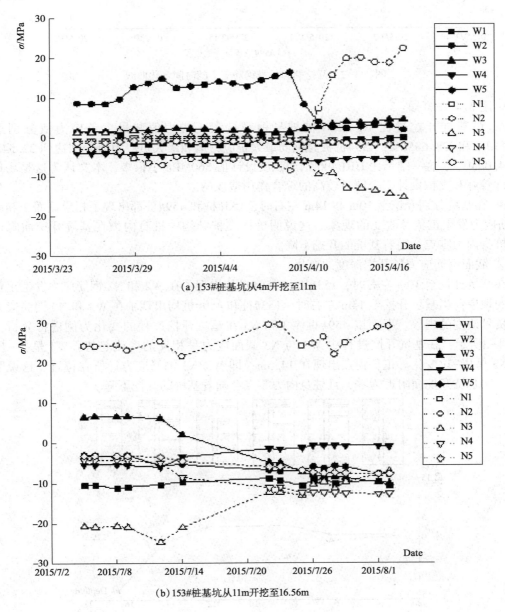

（a）153#桩基坑从4m开挖至11m

（b）153#桩基坑从11m开挖至16.56m

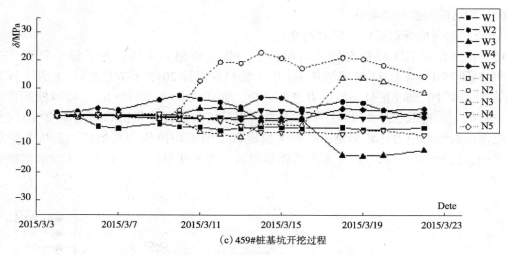

（c）459#桩基坑开挖过程

图 3.4-2　开挖期间桩身钢筋应力随时间变化曲线

由图 3.4-2 可知：

A. 在基坑开挖过程中，153#桩桩身钢筋最大正应力值和最大负应力值分别达到 34.04MPa 和−28.68MPa；459#桩桩身钢筋最大正应力值和最大负应力值分别达到 22.54MPa 和−14.00MPa。这一结果比 HRB400 钢筋强度设计值 360MPa 小很多，本文认为这是场地土层条件较好和支护设计安全储备较高的综合作用造成的。

B. 在基坑分别开挖至 10m 和 14m 左右时，153#桩和459#桩都出现了相应截面 2 和截面 3 钢筋应力发生正负号改变的现象。这说明桩撑支护结构中桩身内力在基坑开挖面附近为零，桩身内力零点会随着基坑的开挖下降。

② 截面钢筋应力随开挖深度的变化

在基坑开挖至 10m 左右时，153#桩和459#桩均出现了在 W2 和 N2 钢筋应力发生正负号改变的现象；当基坑开挖至 14m 左右时，153#桩和459#桩均出现了在 W3 和 N3 钢筋应力发生正负号改变的现象。下面以 459#桩 W3 和 N3 在基坑开挖过程的变化为例进行分析，如图 3.4-3所示：在基坑开挖过程中 W3 与 N3 截面应力呈相反的变化趋势：W3 呈拉-压变化，N3 呈压-拉变化。正负拐点出现在 14.5m，即 W3/N3 钢筋应力计所在位置。这说明桩身内力在基坑开挖面附近为零，且桩身内力零点会随着基坑的开挖下降。

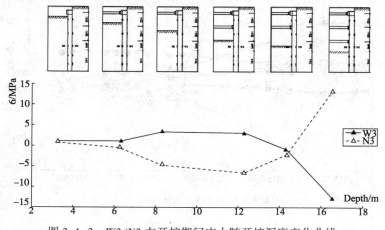

图 3.4-3　W3/N3 在开挖期间应力随开挖深度变化曲线

③ 停工对排桩内力的影响

153#试桩所在施工区域有两次长时间停工，导致基坑长时间暴露。分别在 1 月 22 日~3 月 8 日基坑开挖 4m 阶段停工 48d；4 月 14 日~7 月 9 日基坑开挖 11m 阶段停工 81d。为确保基坑在停工期间的安全，在此期间持续对基坑进行监测。图 3.4-4 为这两个阶段排桩内力随时间变化曲线。由于施工干扰，应力计 W5 和 N1 破坏。

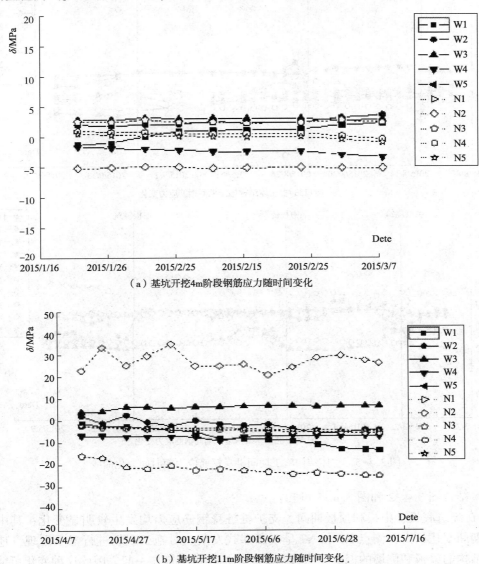

（a）基坑开挖4m阶段钢筋应力随时间变化

（b）基坑开挖11m阶段钢筋应力随时间变化

图 3.4-4　停工阶段桩身钢筋应力随时间变化曲线

由图 3.4-4 可知：

A. 在两次停工阶段，桩身钢筋应力随着时间的曲线表现平直，变化幅度不明显。说明桩撑支护结构的内力只与开挖工况有关，当开挖工况不变时，支护结构内力不随时间变化。

B. 钢筋应力值平直的趋势间接说明本试验方案监测系统有效，监测结果可靠。为后续研究成果提供了一个验证平台。

④ 主体结构施工期间桩身应力变化

图3.4-5为地铁车站主体结构施工和拆除钢支撑期间桩身钢筋应力随时间变化曲线。

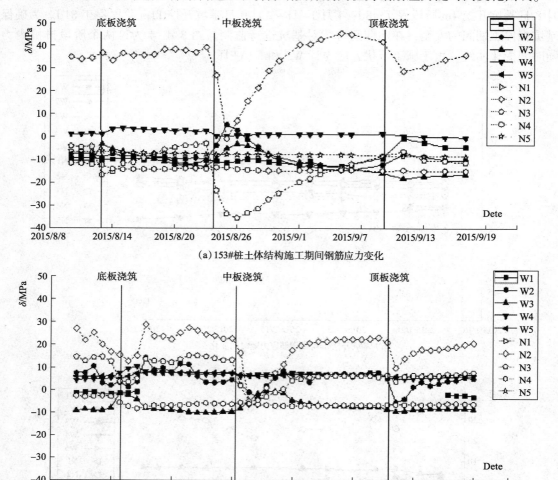

(a) 153#桩土体结构施工期间钢筋应力变化

图3.4-5　主体结构施工期间桩身钢筋应力随时间变化曲线

结合图3.4-2和图3.4-5可知：

A. 在浇筑底板、中板和顶板期间，支护桩桩身钢筋应力均发生较明显变化；其中在浇筑中板期间变化最大，测点N2和N3呈现断崖式发展。对施工现场进行考察发现，地铁车站主体结构的梁板和侧墙的混凝土直接与支护结构排桩浇筑在一起。因此这种变化可能是由于混凝土在浇筑过程中产生的侧压力引起的，说明主体结构施工过程对支护排桩影响作用显著。

B. 153#桩最大应力出现在主体结构施工的N2截面，应力变化幅度为45.75MPa；459#桩最大应力出现在N2截面，应力变化幅度为26.73MPa。综合施工全程钢筋应力的变化过程发现，钢筋应力变化幅度最大值出现在主体结构施工期间。

（2）桩身弯矩分析

钢筋混凝土结构中，在混凝土开裂前，可视为钢筋与混凝土应变量相同。根据此假设，可以根据支护桩钢筋的应力推算桩身弯矩。在计算中遵循以下假定：

① 认为支护桩在弹性状态下工作，冠梁和桩身自重以及桩侧摩阻力影响忽略不计；

② 平截面假定：桩的截面在变形后仍保持平面，钢筋应力 σs 和混凝土应力 σc 在截面上均为线性分布；

③ 截面弯矩 M＝Ms+Mc，其中 Ms 和 Mc 分别为钢筋应力和混凝土应力对截面转轴的力矩。在混凝土开裂前钢筋与混凝土的应变相同，可以推导得到钢筋应力 σs 和混凝土应力 σc 的关系，如式(3.4)所示。利用实测的钢筋应力 σs，计算得到试验桩混凝土的最大应力值如表 3.4-1，很容易可知试验桩混凝土均未达到开裂应力，即试验桩处在弹性工作阶段。

根据混凝土结构原理，按照式(3.5)计算桩身截面弯矩。

$$\sigma_c = \sigma_s / n \tag{3.4}$$

$$M = \frac{I_c(\sigma_W - \sigma_N)}{n d_s} \tag{3.5}$$

式中 M——桩身弯矩，kN·m；

I_c——全截面对中性轴的惯性矩，m^4；

σ_W——排桩外侧钢筋应力，MPa；

σ_N——排桩外侧钢筋应力，MPa；

n——钢筋与混凝土的弹性模量之比；ds—同一截面位置两个钢筋应力计之间的距离，m。

表 3.4-1 试验桩混凝土最大拉、压应力

支护桩	最大压应力 σmax/(MPa)	抗压强度标准值 σmax/(MPa)	弹塑性
153#	−5.32	24.3	弹性
459#	−2.20		弹性

① 桩身弯矩随时间变化

根据公式 3.5，由钢筋应力计算得到桩身各截面弯矩随时间变化曲线如图 3.4-6 所示。其中，桩身弯矩正值表示排桩外侧受拉内侧受压(即 σ_W 正 σ_N 负)，负值表示排桩外侧受压内侧受拉(即 σ_W 负 σ_N 正)。

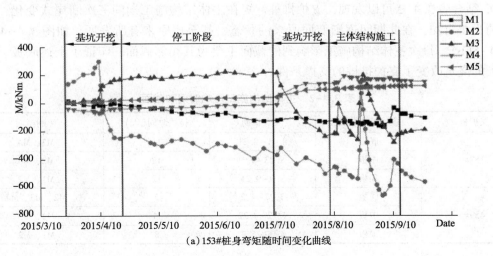

(a)153#桩身弯矩随时间变化曲线

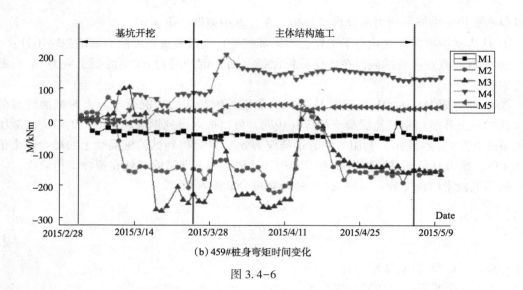

(b) 459#桩身弯矩时间变化

图 3.4-6

从图 3.4-6 中可以看出:

A. 在施工全过程中，153#桩正弯矩和负弯矩的最大值分别是 299.06kN·m 和 -658.31kN·m，459#桩的最大值分别是 202.28kN·m 和 -282.68kN·m。弯矩绝对值最大都出现在基坑开挖面以上。

B. 在基坑开挖阶段，弯矩 M2(9.75m)在基坑开挖深度 10m 以前阶段为正弯矩(即钢筋应力内负外正)，在开挖 10m 左右的时候弯矩开始变为负弯矩(应力内正外负)，并迅速发展至最大值。弯矩 M3(14.3m)在基坑在开挖至 14.5m 时有迅速上升的趋势，开挖至 15m 以前为正值，在开挖 14.5m 左右时候弯矩开始变为负值，并迅速发展至最大值。弯矩零点出现位置随着基坑开挖而下降，与钢筋应力测量结果一致。

C. 结合图 3.4-4 与图 3.4-6 发现，在主体结构施工过程中，在底板、中板、顶板浇筑和拆撑时，弯矩和应力会有一次断崖式变化。其中弯矩变化趋势为由负变正，然后再变为负。这一变化可能与底板、中板、顶板的浇筑改变支护排桩的支撑条件，以及拆撑等因素有关。

D. 结合表 3.4-2 可以发现，支护排桩弯矩在主体结构施工期间三次断崖式变化，持续时间约为 7~12d，在此期间逐渐变回原来的状态，甚至比原来有所发展，如图 3.4-4(a)、图 3.4-6(b)。每次主体结构施工影响到的截面主要为其相邻截面，印证了上述底板、中板和顶板的浇筑改变了支护排桩的支撑条件。

表 3.4-2　主体结构施工影响时间和截面

支护桩	主体施工位置	发展日期	持续时间(天)	影响截面
153#	底板	8.11~8.21	11	M3、M4
	中板	8.23~9.5	12	M2、M3
	顶板	9.9~9.21	12	M1、M2
459#	底板	3.27~4.2	7	M2、M3、M4
	中板	4.12~4.22	11	M2、M3
	顶板	4.30~5.7	8	M1、M2

② 桩身弯矩演化规律

分别选取 153#桩和 459#桩在基坑开挖至 2.5m、8m、13.5m 和 16.5m 时的桩身弯矩，得到在基坑开挖阶段桩身弯矩的演化过程，如图 3.4-7 所示。根据图 3.4-7 可知：

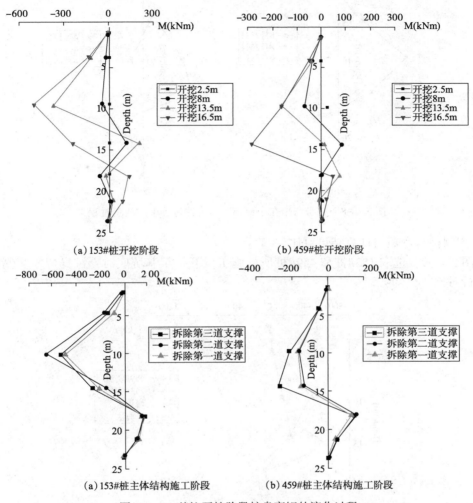

图 3.4-7　基坑开挖阶段桩身弯矩的演化过程

A. 桩身弯矩最大值和桩身弯矩零点（反弯点）随着基坑开挖而不断下降。

B. 基坑开挖面以上以负弯矩为主，基坑开挖面以下以正弯矩为主，负弯矩的绝对值大于正弯矩。

C. 主体结构施工期间，在主体结构的底板、中板、顶板分别和拆除钢支撑后，弯矩均发生一定程度的重新分布，并且 153#在拆除第二道支撑后，M2 位置弯矩有明显变大。这说明在实际施工过程中，桩身最大弯矩并非出现在基坑开挖至基底位置，在基坑支护结构设计时应考虑全过程对支护结构内力进行计算和分析。

根据图 3.4-6 发现排桩在主体结构浇筑、支撑拆除阶段有明显的负弯矩向正弯矩转化而后又返回原状的趋势。这里选取 153#桩和 459#桩分别绘制中板浇筑和第二道钢支撑拆除过程中弯矩的演化过程，如图 3.4-8 所示。由图 3.4-8 可知中板浇筑和拆撑主要影响到桩身 M2 和 M3 截面，对基坑开挖面以下位置影响很小，说明主体结构施工存在一个影响范围，在这个影响范围内的桩身弯矩会发生重新分布。

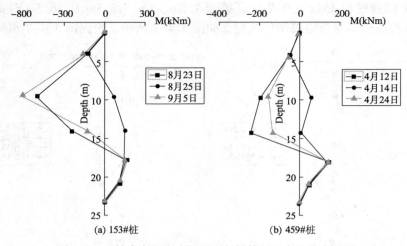

图 3.4-8　桩身弯矩在中板施工与拆撑过程中的演变过程

③ 实测桩身弯矩与计算结果对比

如图 3.4-9，选取 153#桩和 459#桩所处施工段开挖至基坑底时，桩身弯矩实测值与计算值进行对比，可知：

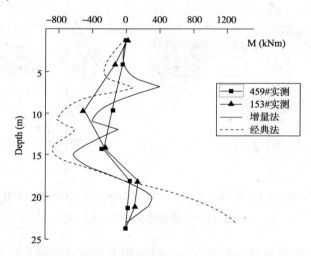

图 3.4-9　桩身弯矩实测值与计算值对比

A. 在基坑开挖面以上，增量法计算结果偏大；在计算基坑开挖面以下嵌固段时，结果甚至大于基坑开挖面以上负弯矩的绝对值，与实测值有重大差异。实际弯矩与增量法计算结果更为接近，且略小于增量法，因此对于桩撑支护结构增量法计算结果更为经济合理。

B. 增量法和经典法计算的桩身反弯点的在桩身 18.5m 附近；而根据实测桩身内力零点（即反弯点）在基坑开挖面附近，且随着基坑开挖而下降，可以得知基坑在开挖至基坑底时，桩身的反弯点位置在 16.5m。说明实测桩身反弯点位置比理论计算位置高约 2m。

C. 实测结果显示，基坑开挖面以上最大弯矩的绝对值约为基坑开挖面以下嵌固段的 1.5~2 倍，桩身弯矩的反弯点也出现在基坑开挖面附近，因此出于经济考虑，排桩嵌固段配筋可做变截面处理。

2. 桩体水平位移分析

桩体水平位移可以反映支护排桩不同深度位置的侧向变形，其监测结果形象直观，是控制基坑变形的重要指标。同时通过桩体水平位移的监测得到的结果与理论计算结果的对比，可对理论计算方法进行验证，也是对桩身内力分布的验证。试验中对桩体水平位移与桩身内力的监测，应选择相同的试验桩，即为101#、153#和459#桩，限于篇幅仅对459#桩进行分析，如图3.4-10所示。

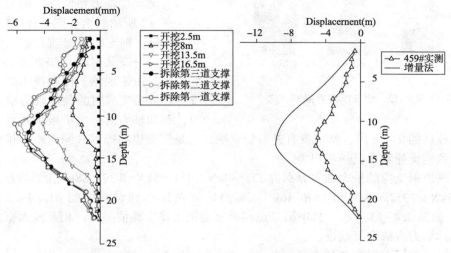

(a)实测各工况下459#桩体水平位移　(b)挖至基底桩体水平位移实测值和理论值对比

图3.4-10　459#桩体水平位移

由图3.4-10(a)可以看出，排桩桩体水平位移在开挖阶段发展较快，在主体结构施工阶段位移略有增加。在基坑开挖至2.5m时，桩体位移非常小，可以忽略不计；在随后的开挖过程中，桩身最大位移位置随着开挖面的下移而向下移动，大体处在开挖面附近。在主体结构施工和支撑拆除阶段，基坑开挖面以下的嵌固段水平位移不变；开挖面以上部分随着支撑的拆除，桩体水平位移略有发展，最大值达到6.23mm。由图3.4-10(b)可知，根据增量法计算得到开挖至基底(16.5m)时的位移曲线趋势与实测结果较为一致；其中计算位移最大值为9.78mm，实测位移最大值为5.39mm，说明增量法计算位移有一定的安全储备。

3. 钢支撑轴力分析

选取与459#排桩相对应截面的钢支撑作为研究对象，该截面的三个钢支撑监测点位从上到下分别为ZL9-1、ZL9-2和ZL9-3，试验监测结果如图3.4-11所示。

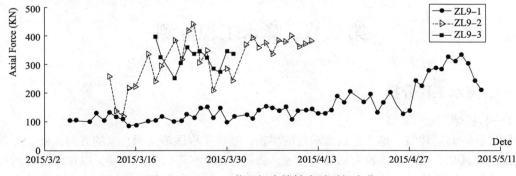

图3.4-11　ZL9截面钢支撑轴力随时间变化

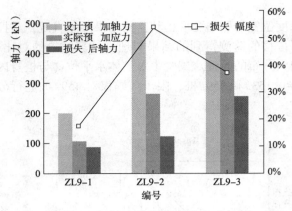

图 3.4-12　钢支撑轴力损失对比

根据图 3.4-11 钢支撑轴力随时间变化曲线可知：

（1）钢支撑预加轴力均有一定程度的预应力损失。其中 ZL9-2 和 ZL9-3 在支撑安装完成的 2～3d 轴力持续变小，预应力损失明显。钢支撑设计预加轴力、安装之后实测预加轴力和预应力损失后轴力如图 3.4-12 所示。结合图 3.4-11 和图 3.4-12 可知，钢支撑预加轴力的损失可分为两部分——安装时的损失和安装后 2～3d 的损失。由于现场条件和技术的限制，钢支撑在安装完成时的预加轴力值往往小于设计预加轴力值；由于施工间歇，在钢支撑安装完成后的 2～3d 内，基坑没有进一步开挖，这是钢支撑与排桩共同作用，排桩后土体变形，导致钢支撑轴力进一步损失。

（2）三道钢支撑的最大轴力分别为 333.80kN、441.85kN 和 398.88kN，而增量法计算结果 539.75kN、1952.06kN 和 1526.46kN。实测值分别仅达到设计值的 61.84%、22.64%、26.13%，如图 3.4-13 所示。其中第二道和第三道钢支撑实测值与设计相差较大，说明增量法计算支撑轴力方法有待改进。

（3）第三道钢支撑在 3 月 19 日安装时，第二道钢支撑轴力有明显减小的趋势，并且在其后 2d 内随着第三道钢支撑预应力的损失，第二道钢支撑轴力开始增大；在第三道支撑拆除后第二道支撑轴力又有明显的增大。

（4）第一道支撑轴力在基坑开挖和主体结构施工前期比较稳定，在第二道支撑拆除后有所增加，并在其后缓慢增加。根据陈成等研究成果显示，钢支撑轴力随温度升高而增加，可以解释这一现象。

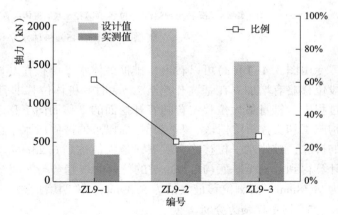

图 3.4-13　钢支撑轴力设计与实测对比

第二节　降水工程监测

一、降水工程分析

（一）概述

随着我国高层建筑、地下建筑需求量的增长，基坑工程逐渐向深、大的方向发展。深基坑的开挖，尤其是在地质条件较为复杂的地区，必须对地下水进行妥善处理，以保证工程的可靠性与经济性。武汉地区地质大多为冲洪积沉积，地基土层为典型的二元结构，渗透系数在水平向与竖直向差别较大。在武汉地区进行降水工程时，止水帷幕的悬挂对于降水井管设计的影响，与基坑降水水量的关系以及降水过程水位、地面沉降等的变化，均是有待研究的问题。

（二）国内外研究现状

1. 基坑降水的渗流理论研究

对深基坑进行渗流场的计算，其理论基础是达西定律和 Dupuit 假定。Dupuit 假定是法国水利学家 Dupuit 于 1857 年根据达西定律建立的地下水运动微分方程，是稳定流理论的基础。目前，对于深基坑降水渗流场的分析与计算主要采用直接积分法，可利用边界条件带入微分方程计算地下水水头变化规律。利用直接微分法对地下水水头变化规律进行求解的方法，可同时满足微分方程及边界条件。深基坑降水中的降深与抽水量关系可按照下式计算。

$$S = \frac{0.366}{KM} \sum_{i=1}^{n} Q_I (\lg R - \lg ri)$$

上式计算得到降深与抽水量关系的方法较为简单，但考虑的影响因素较少，有关降水、隔渗等问题无法考虑。在直接积分法求解的基础上，科研人员将数值方法引入基坑降水的设计中，刘秀婷等推导了基于格林公式的数学模型作为基坑降水实时控制的数值计算方法；朱明霞等采用有限元法，根据饱和-非饱和的三维渗流数学模型，对基坑降水效果进行了模拟；李国敏等引用克里格法的基本原理处理含水层结构与初始水头分布情况；徐耀德利用有限元软件对基坑降水方案进行模拟，并预测降水对地面沉降产生的影响；冯晓腊结合武汉中山广场地下通道的降水工程，进行了三维有限元分析；朱钢等将三维渗流区域内水位问题用渗流域边界的水位、流量转化为一维问题进行求解，这种方法可有效地解决无限、半无限渗透介质的渗流问题，但对于非均质渗透介质难以解决。电网络法是在解析方法基础上，为了解决较为复杂的渗流问题应运产生的。以变分原理或差分原理为基础的电网络法，充分吸收了有限元的有限，可以较好地模拟各向异性等，目前多应用于大型工程较为复杂的渗流场。杨秀竹等利用二维渗流方程对某水坝悬挂防渗帷幕前、后的渗流情况进行比较；郑水清基于地下渗流破坏的原理，利用电模拟试验分析地下渗流场，并验算所研究帷幕种类的水力比降问题。综上所述，深、大基坑降水的处理方法，目前应用较多的仍为解析方法。对于降水深度的计算，模型多被简化为完整井，实际的降水过程多为不完整井且需要更多的时间使渗流达到稳定，由此，完整井的简化计算较为不合理。解析法进行降水设计时，工程桩、降水帷幕对降水的影响不能完全考虑，直接导致降水深度的差别。基坑降水工程的技术、经济、环境等效益作为工程施工的主要内容仍有待解决。

2. 止水帷幕研究

在基坑开挖或地下构筑物施工时，为防止地下水发生横向渗流的竖向作业措施，或为防止基坑底地下水突涌的水平作业措施，即为止水帷幕。止水帷幕可保证基坑的干燥性，使基坑开挖和地下构筑物施工得以顺利进行；同时由于止水帷幕的设置，土体中地下水渗流不会引起基坑周边产生过大的位移变形。综上所述，基坑止水帷幕就是利用各种施工技术、手段在基坑边、基坑底的土体中构筑隔渗体，阻止基坑施工过程中地下水的入渗。

（1）止水帷幕的适用条件。

① 地质条件。在砂土层、粉土层、粉质黏土层、砾石层、黏土与粉土夹层、杂填土层等第四纪沉积物的地层中，存在地下水位较高（高于基坑底部），上层滞水水量较大（补给源充足），承压水量可使基坑发生流沙管涌、突涌的现象。在具备上述地质特征的条件下，可启用止水帷幕措施防止地下水入渗基坑。

② 环境条件。开挖基坑周围有重要市政设施或高层建筑物；临近建筑物基础为浅埋施工；周围建筑对地面的水平位移、垂直沉降较为敏感；施工基坑不允许采取降水方案；明排

方案不能将地下水对基坑的危害有效地消除。上述环境条件下可考虑使用止水帷幕作为基坑降水防护措施。

③ 经济条件。一般情况下，在同等地质、环境条件下，对同等基坑降水处理，止水帷幕降水方案的经济投入约为普通降水方案经济投入的 2.5~5 倍之多。综合地质条件、环境条件、经济条件等方面，止水帷幕降水方案的选择需综合考虑三方面的利弊。在地质条件非常不利、环境条件要求较高的前提下，经济条件允许时，采用止水帷幕方案止水较为合理。

（2）止水帷幕的设置方法。目前，较常用的并且使用效果较好的设置止水帷幕的方式有：高压喷射注浆法、深层搅拌法、压力灌浆法、小口径钻孔灌注桩法、射水成墙法等。每种方法均有其适用条件及局限性。

① 高压喷射注浆法。对于砂土、黄土、粉土等地层适用；施工效果较差的土体类型包括含有大量有机质的腐殖土、含有直径较大的卵石层等的地层。

② 深层搅拌法。深层搅拌法根据施工工艺分为浆喷深层搅拌法和粉喷深层搅拌法。

A. 浆喷深层搅拌法。对于软黏土、粉质黏土，含有黏性矿物成分的土层加固效果较好；对于含有直径较大的卵砾石等地层以及有机质含量较高的土层，加固效果较差。由于浆喷深层搅拌法形成连续墙体时不能与刚性支护桩达到紧密的结合，因此本方法在自身形成连续墙体时，止水效果比在刚性支护桩桩间设置效果良好，因此更易在自身形成连续墙体的情况下使用。

B. 粉喷深层搅拌法。适用土层情况与浆喷深层搅拌法基本相同。若将粉喷深层搅拌法用于刚性桩桩间设置，需用压力灌浆等方法来填补墙体与刚性支护桩间的缝隙。

③ 压力灌浆法。压力灌浆法宜与深层搅拌桩、高压喷射桩配合使用。较宜用于岩溶溶洞、砂砾石、断层破碎带，或大孔隙比的湿陷性黄土、软土等地层。

④ 小口径钻孔灌注桩法。用于粉土层、黏性土层等。当基坑深度≤6m，并且周边环境条件较好时，可自成止水帷幕。或用于狭窄场地的刚性桩排、桩锚支护体系的补充。

⑤ 射水成墙法。通常用于粉土、黏土夹砂、填土、砂土、卵砾石（含量 5% 以下，粒径<20mm）等地层。

（三）工程概况

1. 工程概述

新建客运专线武汉调度所位于武汉铁路局东侧位置，北侧为道路，南侧为住宅，东、西均为铁路局建筑物，其中东侧为铁路局在建综合楼。武汉调度所规划总面积为 14257m²，主体工程总建筑面积 64799m²，地上面积为 47345m²，地下两层共 17454m²。建筑南北向长为 108.4m，东西向宽为 66.6m，建筑高度 58.9m，采用筏板基础，最大挖深约 17.2m。

（1）场地环境。基坑周边有多栋已建建筑，如图 11-26 所示。

① 南侧距离地连墙外缘约 11m 处有一栋五层砖混居民楼（16#楼）。

② 西侧距离地连墙外缘 13~22m 有多栋已建建筑，结构类型包括砖混、混凝土。

③ 东侧有一栋 8 层砖混建筑（27#楼），距离地连墙外缘约 6.2m。其余建筑正在拆除，可不作考虑。

④ 北侧场地较为空旷，距离地连墙外缘 13~17m 为市政马路（八一路）。

（2）地质条件。根据场地岩土工程勘察报告，经过钻探勘察，勘探深度内场地的主要地层由第四系全新统人工填土（Q_4^{ml}）、湖积淤泥（Q_4^l），第四系上更新统冲积粉质黏土、粉质黏土夹粉砂、粉细砂（Q_3^{al}）、冲洪积卵石（Q_3^{al+pl}）、三叠系下统大冶群泥灰岩（T_1），二叠系上统中风化石灰岩（P_2）等构成。

（3）水文情况。根据施工场地内勘探土层的水理性质、富水性能、表层填土层、粉细砂层、卵石层均为含水层，其余土层为隔水层或微透水的过渡土层。含水层根据含水性质分为

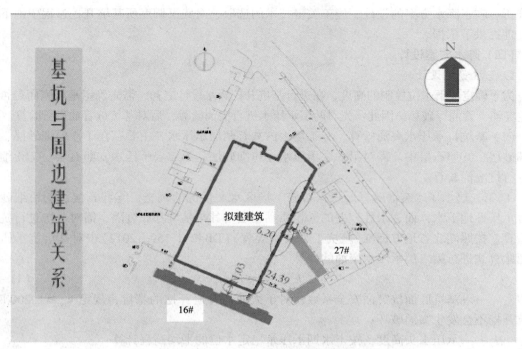
图 11-26　基坑周边环境示意图

上层滞水、承压水。

① 上层滞水。上层滞水的主要来源是大气降水、地表水体渗透等，主要赋存于杂填土层中。上层滞水的水位、含水量受季节影响较大，在丰水季节及地表水体渗透补给充分的情况下有一定的含水量。

② 承压水。施工场地内共有两层承压水，主要存在于粉细砂层中，包括④粉细砂层、⑦粉细砂层，卵石层即⑥卵石层中。对于拟开挖基坑影响较大的为④粉细砂层中的承压水，其主要来源为远源水体的侧向径流补给，④粉细砂层的上覆黏性土层可作为其与上部土层的隔水板。本书对于对基坑开挖影响不大的⑦粉细砂层、⑥卵石层中的承压水不予考虑，仅对④粉细砂层中承压水进行全面分析。④粉细砂层承压水各个时期的水位埋深如表 11-8 所示。

表 11-8　④粉细砂层中承压水各时期水位特征表

位置/时期	埋深/m	高程/m	备注
顶面	18.50~21.50	7.85~10.68	—
底面	24.00~35.00	−4.02~5.35	—
枯水期	10.22	18.88	枯水期与丰水期水位变化幅度：2~5m
丰水期	5.00~12.30	18.78~23.96	

（4）基坑围护设计。基坑围护结构采用 1000mm 厚地连墙，墙顶设置冠梁，冠梁顶部距离地面 3m，该 3m 范围内采用砌体结构的挡土墙。连续墙的嵌固深度为 13.6m。支撑结构为钢筋混凝土水平桁架体系，共 3 道，沿基坑深度竖向布置。

武汉调度所所处地质是较为典型的二元结构，上部黏性土层透水性弱，下部砂、砾、卵石的透水性强，上、下部结构间存在抗渗强度较低的粉砂过渡层。对地质条件进行较为详细的分析有利于降水方案的设计、施工关键技术的选取，对武汉调度所基坑开挖过程中地下水的处理提供了依据。

(四) 降水方案设计

1. 基坑稳定设计

为了确定地下水位控制的高度，在进行基坑开挖降水设计之初，需先确定基坑底面是否会产生突涌、管涌等破坏，因此，先对两层承压水进行突涌验算，后对基坑抗管涌进行验算。

（1）基坑抗承压水突涌验算。施工场地内共有两层承压水，主要存在于④粉细砂层、⑦粉细砂层，⑥卵石层中。需对第一层承压水④粉细砂层，第二层承压水⑥卵石层、⑦粉细砂层进行抗突涌验算。

① 第二层承压水突涌验算。根据对施工场区水文情况的调查，⑥卵石层、⑦粉细砂层中含承压性地下水，而透水性较差的⑤粉质黏土层将其与基坑基底分隔，需对基坑进行抗突涌验算。按照湖北省地方标准《基坑工程技术规程》（DB42/T 159—2012）中对基坑抗承压水突涌验算式进行第二层承压水突涌的计算。

$$k_{ty}H_w\gamma_w \leqslant D\gamma \qquad (11-1)$$

式中　k_{ty}——基坑底面抗突涌安全系数，对于大面积普遍开挖的基坑，规定 $k_{ty} \geqslant 1.200$ 时，基坑开挖不会发生突涌破坏；

H_w——承压水头高度，按丰水期承压水稳定水位的平均高程计算；

γ_w——水的重度；

D——基坑底面至承压含水层顶面的距离，⑥卵石层最高顶面标高为-3.34m，基坑底面标高为11.3m；

γ——D 深度范围内的平均天然重度。

基坑底面承压水抗突涌验算示意图见 11-27 所示。

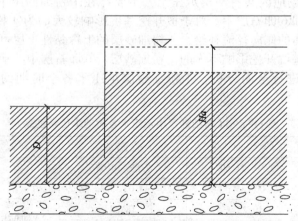

图 11-27　基坑底面抗突涌验算图示

本层承压水突涌验算时所需数据选取见表 11-9。

表 11-9　基坑底面抗第二层承压水突涌验算数据表

项目	H_w/m	γ_w/(kN/m³)	D/m	γ/(kN/m³)
数值	24.34	10	14.64	20

基坑底面抗第二层承压水突涌的安全系数计算如下：

$$k_{ty} \times 24.34 \times 10 = 14.64 \times 20$$

$$k_{ty} = 1.203$$

经过计算，$k_{ty} = 1.203 > 1.200$。由此可知，在场地内承压水的实际水头不高于丰水期承压水稳定水位的平均高程 21.00m 的前提下，基坑开挖不会发生突涌破坏。上述计算结果与岩层勘察报告中，⑥卵石层、⑦粉细砂层中的承压水的埋深较大，对拟开挖基坑无影响的结论相一致。

② 第一层承压水突涌验算。按式（11-1）对基坑底面抗第一层承压水突涌进行计算。④粉细砂层顶面标高按照东侧剖面最高点标高 12.56m 计算，由于④粉细砂层顶面最高点标高高于基坑底面标高 11.3m，因此，第一层承压水突涌计算需求解基坑开挖的安全高度，计算时安全系数按最小值 1.20 取值，承压水头高度按照丰水期承压水稳定水位的平均高程 21.00m 计算。计算参数选取见表 11-10。

表 11-10　基坑底面抗第一层承压水突涌验算数据表

项目	k_{ty}/m	H_w m	γ_w/（kN/m³）	γ/（kN/m³）
数值	1.20	8.44	10	20

基坑底面抗第二层承压水突涌的安全系数计算如下：

$$1.2 \times 8.44 \times 10 = D \times 20$$

$$D = 5.064m$$

D 为基坑底面至承压含水层顶板的距离，对于第一层承压水，D 为基坑开挖面至承压含水层顶板的距离，由此可得基坑开挖最低高度为 17.624m。因此，当基坑开挖至标高 17.624m 时，必须启动降水，才能防止基坑开挖面发生突涌破坏。为了安全起见，基坑开挖高度必须高于标高 17.624m，就须启动降水措施。

（2）基坑抗管涌验算。

由于本基坑开挖侧面存在粉细砂层，根据相关规定，需对开挖基坑进行抗管涌验算。按照湖北省地方标准《基坑工程技术规程》（DB42/T159—2012）中对基坑侧壁抗管涌验算式进行抗管涌的计算。

$$k_{gy}h\gamma_w \leqslant (2t+h)\gamma' \qquad (11-2)$$

承压水水头高度按照丰水期承压水稳定水位高程 21.00m 计算。基坑侧壁管涌验算时参数选取见表 11-11。

表 11-11　基坑侧壁抗管涌验算数据表

项目	γ_w/（kN/m³）	γ'/（kN/m³）	t/（m）	h/（m）
数值	10	10	13.60	9.70

基坑侧壁抗管涌的安全系数计算如下：

$$k_{gy} \times 9.70 \times 10 = (2 \times 13.6 + 9.70) \times 10$$

$$k_{gy} = 3.80$$

经过计算，$k_{gy} = 3.80 > 1.50$。由此可知，在场地内承压水的实际水头不高于丰水期承压水稳定水位的平均高程 21.00m 的前提下，基坑开挖侧壁不会发生管涌破坏。

2. 降水设计

（1）降水设计要求。本工程在勘察施工以及降水计算过程中对降水设计提出如下要求：

① 勘察施工期间地下水的稳定水位埋深为 5.00~12.30m，相当于标高 18.78~23.96m，高于基坑底面标高 11.30m。因此，在进行主体施工作业时，为保证正常工作的进行，必须进行降水措施。

② 根据对基坑底面突涌、侧壁管涌的验算结果，基坑开挖不会产生突涌、管涌破坏。因此，本工程中控制地下水的目的就是疏干基坑开挖深度范围内的上层滞水，并且将第一层承压水降低至基坑开挖底面之下，保证基坑开挖的顺利实施。

③ 基坑周边建筑物较多，不存在坑外降水条件，且周边建筑大多为天然地基的房屋，为保证其在基坑开挖降水过程中的安全性，本工程较宜采用坑内降水方法。

④ 在④粉细砂层中，地下水的补水方式为远源水体的侧向径流补给，导致④粉细砂层中水量充沛，地下水较为丰富；基坑内较多的勘探孔将第一、第二层承压水沟通，形成一个新的补给源。综合类似工程及当地相关降水经验，宜选取抽排量较大的管井进行降水。

⑤ 北侧、西侧地连墙的刃脚均已进入⑤粉质黏土的不透水层中，基坑内的地下水来源已被切断；东南侧、东侧地连墙的刃脚未进入⑤粉质黏土的不透水层中，成为基坑内地下水的补给源，在进行降水井的设计时应对东南侧、东侧进行侧重布设。

（2）降水步序

坑内降水采用集中降水、分批运作的方案。基坑降水施作前，需将围护结构、止水帷幕、降水井等设施一一施工完成，再对坑内进行整体集中降水，直至将地下水位降至设计水位为止。充分调节基坑内部降水井的抽水时间，分批运行，保持降水后的稳定水位，直到坑内工程施工完毕。主体工程施工完成后，逐渐减少降水井的数量，降低抽水的强度，使得地下水位逐步回升，直至自然水位。

3. 抽水试验

（1）抽水试验目的。在具备完备的水文地质、工程地质资料的基础上，方可进行降水井管的施工。因此，在施工阶段进行降水井管的抽水试验一方面可以校准水文地质参数，另一方面可以对管井出水量的大小进行检验，对于管井出水量设计、动水位设计的确定，以及基坑开挖阶段地下水能否有效控制提供了相关依据。

（2）抽水试验关键技术。

① 试验流程。抽水试验的试验步骤如图 11-28 所示。

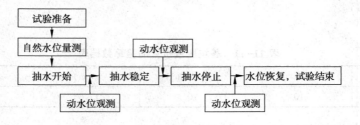

图 11-28　抽水试验程序

② 技术要求。本工程抽水试验要求较为严格，需要注意以下几点：

A. 抽水试验装置要求：规格为 $15m^3/h$ 的潜水泵 1 台，秒表、水表各 1 支，水位测尺 3 个，温度计 2 个。

B. 对于抽水井、观测井均应按照降水管井进行设计与施工，需达到降水管井的质量要求。

C. 抽水设备的监测仪器与测量水量的测试仪器，需将读数精确到mm，用水表测量抽水流量时需用秒表测定流出 $10m^3$ 水所需时间，精确度应达到 0.1s。

D. 抽水结束前，需对井内水的含砂量进行测定；抽水结束后，应对恢复水位高度进行监测。

E. 充分利用排水沟，将抽出的地下水排至抽水井的影响范围之外。

③ 监测要点。A. 抽水试验进行三次稳定抽水，最大水位降低至设计动水位，即底板以下 2.0m 处，其余两次水位分别降低至最大降值的 1/3 及 2/3 处。

B. 进行抽水试验时，当出水量与动水位不再持续上升或下降，或者水位波动 2~3cm，流量波动范围在 3% 之内时，或较远观测井 J3 水位波动在 2~3cm 范围内，均视抽水试验为稳定状态。

C. 抽水稳定后，需延续 8~16h。

D. 抽水井与观测井在试验开始前，需观测其试验前的自然水位高度，监测间隔为 1 次/h，当三次观测数据相同，或 4h 内监测的水位差在 2cm 之内时，可将监测水位作为自然水位值。抽水试验开始后，同时观测主孔动水位、出水量、观测井水位，观测时间在抽水开始后的 5min、10min、15min、20min、25min、30min 各观测 1 次，30min 后每隔 30min 观测 1 次。

抽水试验结束后，对恢复水位进行观测，停抽后 1min、2min、3min、4min、6min、8min、10min、12min、15min、20min、25min、30min 各观测一次，之后每隔 30min 观测一次。

（3）试验数据整理。选择场地东南角位置具备试验条件管井中的 J13 井为抽水孔，J14、J3 为抽水试验的观测孔，具体位置如图 11-29 所示。

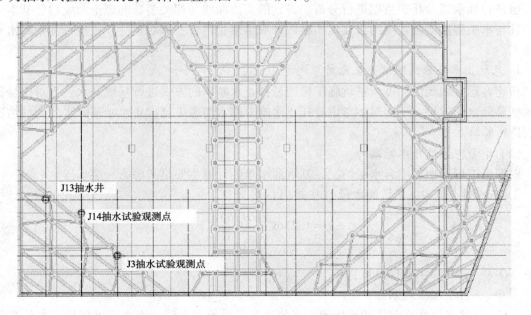

图 11-29　用于抽水试验的抽水孔及观测点

抽水过程中，对稳定流抽水进行数据监测，并分析。相关数据列于表 11-12 和表 11-13 中。

表 11-12　抽水井参数

井深/m	抽水时间	抽水孔半径/m	抽水孔影响半径 R/m	有效进水段长度 L/m
35	2008. 7. 18~2008. 7. 20	0.3	319.7	2.76

表 11-13　抽水试验数据表

降深 S/m	涌水量 Q/(m³/d)	单位涌水量 q/[m³/(d·m)]	稳定时间/h	水位恢复时间/h
12.7	665.79	52.42	16	5.5
10	625.32	62.53	8	4.6
5	398.95	79.79	6	2.6

通过式(11-3)，并结合表 11-12、表 11-13 可求得渗透系数 K 值。

$$K = \frac{0.732Q}{S\left[\dfrac{L+S}{\lg(R/r)} + \dfrac{L}{\lg(0.66L/r)}\right]} \tag{11-3}$$

式中　K——计算所得渗透系数，m/d；

　　　Q——试验所得抽水试验井的涌水量，m³/d；

　　　q——单位涌水量，m³/(d·m)；

　　　S——降水深度，m；

　　　L——有效进水段长度，m；

　　　R——抽水试验测得抽水井降水影响半径，m；

　　　r——抽水孔半径，m。

根据式(11-3)计算场地第四层粉细砂层渗透系数 $K = 4.45$m/d。

通过对抽水试验相关数据进行分析，得到的实测曲线与相关参数的理论曲线趋势基本一致，且与本工程勘察报告中的水文地质参数计算结果相符合，可对基坑开挖进行其余降水井的施工。

4. 悬挂止水帷幕的降水效果比对

新建客运专线武汉调度所基坑施工采用悬挂止水帷幕的方式进行基坑降水，为对比悬挂止水帷幕降水的效果，下面对不考虑悬托止水帷幕降水与考虑悬挂止水帷幕降水的两种情况分别进行验算。

(1) 不考虑悬挂止水帷幕

根据施工场地地层中含水层情况，基坑涌水量的计算主要是考虑第一层承压水。

① 基坑涌水量 Q。基坑涌水量 Q 按式(11-4)计算。

$$Q = 1.366k\frac{(2H-S)S}{\lg(1+\dfrac{R}{r_0})} \tag{11-4}$$

式中　Q——管井降水抽排总量；

　　　k——含水层渗透系数；

　　　H——含水层底面起算的承压测压水位高度，承压水水位按丰水期承压稳定水位高程 21.00m 计算，顶板标高按基坑东侧④粉细砂层的最高顶板标高 12.56m 取值；

S——承压水水位下降设计值，地下水按降至基坑底面以下 2.0m 计算；

R——基坑影响半径；

r_0——基坑等效半径。

基坑影响半径 R 及等效半径 r_0 按式(11-5)和式(11-6)计算。

$$R = 2S\sqrt{kH} \qquad (11-5)$$

$$r_0 = 0.29 \times (a+b) \qquad (11-6)$$

根据本工程基坑及其降水特征，参照地质勘察报告，基坑降水的基本特征数值见表 11-14。

表 11-14　武汉调度所基坑及降水基本特征

项目	长度 a/m	宽度 b/m	k/(m/d)	H/m	S/m	R/m	r_0/m
数值	125	72	4.45	33.56	12.7	319.7	57.13

根据式(11-4)计算未悬挂止水帷幕的基坑涌水量 $Q = 51.27.90\text{m}^3/\text{d}$。

② 单井出水量 q。根据抽水试验的现场监测数据以及相关工程经验，综合考虑单井出水量 q 取为 200m³/d。

③ 降水井数量 n。降水井数量按照式(11-7)计算。

$$n = 1.2\frac{Q}{q} \qquad (11-7)$$

经计算，得 n 为 31 眼。

(2) 考虑悬挂止水帷幕。悬挂止水帷幕的降水处理措施，仍然考虑基坑涌水量、降水井管数，并对群井抽水的基坑中心降水深度进行计算。

① 基坑涌水量计算。对于考虑悬挂止水帷幕的降水处理，按照式(11-8)计算基坑涌水量 Q。

$$Q = 1.366k\frac{(2H-S)S}{2\lg(R+r_0)-\lg r_0(2b+r_0)} \qquad (11-8)$$

根据式(11-8)并参照表 11-14 的基本数据，计算基坑涌水量 $Q = 38.47.43\text{m}^3/\text{d}$。

② 降水井数量计算。单井出水量参照抽水试验结果，q 取为 200m³/d。按式(11-7)计算，降水井数量 n 为 24 眼。对于基坑降水的安全性进行全面考虑，本工程中实际降水管井数量设置为 30 眼。

5. 降水井施工及结构布设

(1) 降水井平面布设。本工程的地连墙在透水层中的埋深较大，并且西、北两侧已插入不透水层中，且降水井过滤管的深度未超过止水帷幕的深度，使得坑外地下水流入基坑的流程增加；而坑内地下水的补给源来自于东、南侧承压水的补给，过流断面相对减少。由此，基坑内总体水流量减小，无论从公式计算还是从理论分析，本工程的降水井管数布设具有足够的安全性。由于基坑的东南侧、东侧地连墙的刃脚未插入到不透水层内，因此，基坑东、南两侧的降水井管数布设较西、北侧多。第二层承压水水头标高计算时按照丰水期承压稳定水位高程 21.00m 取值，为避免降水时，第二层承压水水位发生变化，因此，在基坑外侧布设 10 眼降水井深入到第二层承压水层中，对于水位进行实时监测，一旦降水时监测到第二层承压水水位高于 21.00m，立即启动 10 眼坑外管井，进行第二层承压水的降水。根据考虑悬挂止水帷幕的降水处理措施的计算结果，确定武汉调度所基坑降水管井的相关参数如表 11-15 所示。

表 11-15　降水井参数

名称	井数/眼	井间距/m
调度所基坑工程	30	10.8

降水井位置平面布设如图 11-30 所示。

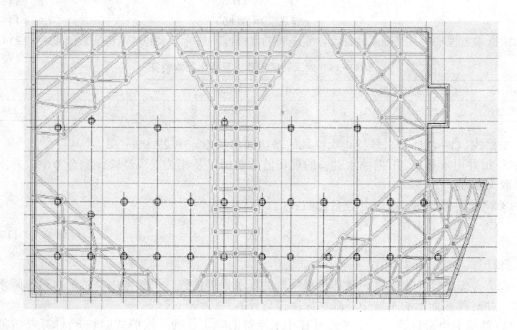

图 11-30　降水井位置平面图

（2）降水井结构。降水井结构基本参数见表 11-16。

表 11-16　降水井结构参数

孔径/m	井深/m	井管直径/m	井管壁厚/mm	滤管长度/m
0.6	32~34	0.325	4	12

降水井井管结构及其细部图如图 11-31 和图 11-32 所示。

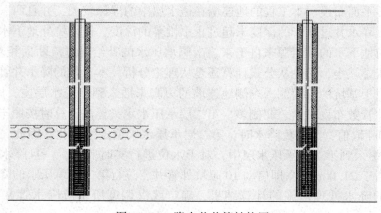

图 11-31　降水井井管结构图

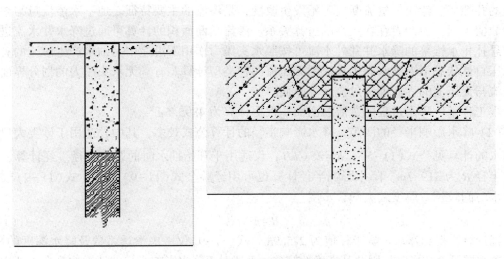

图 11-32　降水井井管细部结构图

降水井井管排管如图 11-33 所示。

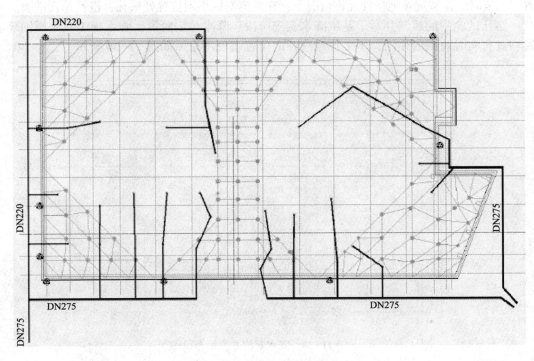

图 11-33　降水井井管排管图

（五）具体计算及检测

1. 悬挂止水帷幕对降水影响半径的影响

（1）渗流断面面积计算。渗透性与渗流的区别主要体现在：渗透性是指水在重力作用下，岩体允许水透过自身的性能，而悬挂了止水帷幕底部的渗流是在水头的压力下产生的，这是两者的本质区别；土体结构由于水压的存在而发生隆起、管涌等结构性破坏之前，结构本体的孔隙率、渗流的过流断面等不发生改变，是渗流的主要特征。地下水渗流量与渗透系数的数值不同，但两者存在线性的折算关系。渗流断面面积的计算可通过降水井水流进行分析。悬挂止水帷幕的降水井井外水流可按照水头压力作用下沿途中毛细水产生渗流的有压流及无压自然状态下毛细水产生渗流的无压流两种类型计算。有、无水头压力的划分界面，即有压流与无压流的界面即为过流计算断面。

本工程基坑降水过程的过流断面面积根据计算为 4895.5m²。

（2）降水影响半径的测定。降水影响半径的计算公式较多，其中，适用于砂类大口径井群抽水的计算见公式（11-5），$R=2S\sqrt{kH}$，仅适用于开始抽水时的影响半径。经计算，降水影响半径 R 为 319.7m。降水影响半径计算也可用经验公式（11-9）计算，式（11-9）较适用于抽水时间较长、厚度较大的含水层。

$$R = 10S\sqrt{k} \tag{11-9}$$

经计算，得到降水影响半径值为 275.9m，式（11-9）仅考虑渗透系数及降水深度的影响，忽略含水层厚度的影响，因此其准确性较差。上述对于降水影响半径的计算均是在未考虑悬挂止水帷幕的情况下进行的，对于工程实际降水影响半径，可通过降水引起的基坑周围地下水下降情况进行说明。为了对考虑悬挂止水帷幕的基坑降水施工方案的降水影响半径进行详细了解，施工时，在基坑场地条件允许情况下，在距离基坑不同位置处钻孔，进行钻孔试验。

钻孔试验中的观测井对于基坑降水实施阶段、降水稳定阶段，降水施工对于周围环境的影响具有实时监测的作用，本工程观测井的位置布设示意图如图 11-34 所示。

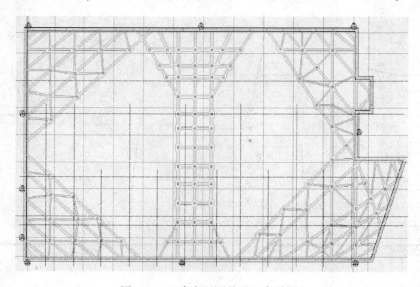

图 11-34　降水观测井平面布设图

钻孔试验时所钻观测井可以探测地下水位在降水的影响下的下降数值，并确定悬挂止水帷幕条件下降水的影响半径。本工程通过观测孔确定的降水影响半径为 100m，实际降水影响半径由于悬挂止水帷幕的效果远远小于利用经验公式计算得到的降水影响半径 319.7m、275.9m 以及勘察报告中 250m 的影响半径。

2. 降水运行及监测

本工程在基坑情况允许的情况下，在距离基坑不同位置处进行了监测井的开挖，并在整个降水过程中对降水进行监测。由于基坑底部承压含水层水位的降低会导致基坑周围地面发生变形,地下管线发生沉降,同时会引起周边建筑物等的变形。为了对周围环境以及基坑开挖、施工的保护,应在完成施工并保证安全的前提下,尽量减少地下水的抽水量。

(1)降水启动。根据对承压水抗突涌的验算,当基坑开挖至17.624m标高时,必须启动降水,否则基坑底面将发生突涌破坏。本工程基坑开挖时,对降水井的降水运行要求如表11-17所示。

表11-17　降水运行要求

施工阶段	步序	开挖面标高/m	降水控制水位标高/m
开挖阶段	1(第一步内撑)	26.1	明排水
	2(第二步内撑)	21.2	明排水
	3(第三步内撑)	16.7	15.2
	4(开挖至基坑底面)	11.3	9.8
结构施工阶段	5	主体施工至地上4层	10.8
	6	4层以上施工	停泵封井

根据表11-17对基坑降水进行阶段性控制,降水启动时根据工程实际采取间隔启动的方式,并根据水位下降的实际情况控制降水井的运行数目。整个降水运行的过程的各个阶段中,须将地下水水位严格控制在设计标高内。根据本工程土方开挖的施工顺序、时间安排,降水系统的运行分为2个阶段进行控制:栈桥南侧降水井开启为基坑南侧开挖至槽底提供条件;栈桥北侧降水井开启为基坑北侧开挖至槽底提供降水条件。至此,基坑内降水井全部开启,完成降水及开启基坑开挖工程。

各阶段开启的降水井编号见表11-18。

表11-18　降水井位置及开启编号

阶段	启动位置	启动降水井编号
第一阶段	栈桥南侧	J1~J6、J13~J18、J25~J28
第二阶段	栈桥北侧	J7~J12、J19~J24、J29~J30

相关位置示意图如图11-35所示。

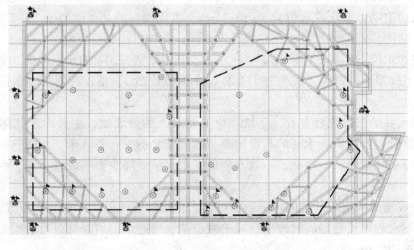

图11-35　降水井开启顺序示意图

（2）降水监测项目。降水运行过程中需对基坑及周边构筑物进行实时监测，监测主要项目见表11-19。

表11-19　基坑降水监测主要项目

序号	降水监测项目	序号	降水监测项目
1	基坑周边地面沉降	5	坑外浅层地下水位监测
2	基坑临近构筑物沉降	6	坑外孔隙水压力监测
3	基坑临近构筑物倾斜观测	7	基坑外分层沉降监测
4	地下管线垂直、水平位移监测		

降水运行过程中除了对表11-19所列监测项目进行监测之外，还需对监测结果进行控制，主要量测标准及控制依据为：

① 完成成井施工后，应对地下水静止水位进行量测。

② 降水运行时，通过暂未开启的降水井进行地下水位观测，一旦发现异常，立即检查降水整体系统。

③ 坑外监测井水位的量测通过基坑外部降水井进行。

④ 所有监测项目每天监测1次，对于异常监测结果的情况需增加监测次数。

⑤ 坑外监测井水位下降3m为预警值，周边构筑物当监测倾斜值达到1‰时预警。

3. 监测结果及分析

根据本工程监测项目，下面对降水稳定期的降水井水位变化、周边地面的沉降量监测项目进行分析。

（1）观测井的水位变化。基坑降水对于基坑开挖以及基坑整体施工是非常重要的，基坑降水是否有效完成，对于基坑整体工程的进度、施工成本、施工安全性具有直接的影响。对于土体强度的提高、基坑边坡的稳定性、施工环境的干燥性，管井降水均有其重要、明显的效果。因此，对于基坑降水期间连续观测井水位，掌握基坑降水动态是必要的。通过相关监测以及观察基坑周边观测井的降水初始水位与各观测井在基坑降水期间的水位变化情况可知：

① 基坑降水初期，基坑内外水位下降较快。

② 降水稳定期，基坑内水位为5~12.3m，基坑周围观测井水位为1.75~3.85m。

③ 降水期间，观测井水位变化趋势基本相同，即均以小幅度下降。

④ 观测井水位下降累计值均在2~3m左右，其中观测井J14的水位降低3.85m，是各观测井中水位下降最大的井位；观测井J11的水位降低1.75m，是各观测井中水位降低最小的井位。

⑤ 从降水井的布设位置来看，基坑水位变化最大的为北侧，主要由于北侧降水井的布设均匀，数量较多；南侧降水井的布设稀疏，数量较北侧少；基坑东、西两侧由于悬挂止水帷幕，布设降水井数最少。由此，基坑北侧地下水水位受降水影响最大，东、西侧水位受到的影响最小。

⑥ 比较观测井水位与基坑内水位数值可知，止水帷幕使得地下水的渗流方向得到改变，基坑周边地下水的渗流路径同时改变，对于减小基坑周边水位的降低以及对周边环境的影响具有明显改善的效果。

（2）降水造成地面沉降分析。本工程中，基坑降水对于基坑各土层的影响较小，即无大量土体随降水过程流失的情况，因此，利用分层总和法计算降水过程中周围地面产生的总沉降量，并与地面沉降的现场监测进行对比。

① 地面沉降估算。分层总和法计算地面沉降量按照式（11-10）计算。

$$S = \sum_{i=1}^{n} \frac{a_i(1-2)}{1+e_{0i}} \Delta P_i \Delta h_i \tag{11-10}$$

降水引起的地面沉降主要来自于原地下水位面层与降水层间土体在降水过程中发生排水固结，由于自重应力的增加而产生的沉降量。而降水对降水面层以下的土体影响较小，并不会产生较为明显的固结沉降。因此，地下水位处与降水层间土体的固结沉降量即组成了降水引起的地面沉降的主要部分。此部分固结沉降可由式（11-11）计算。

$$S = \Delta P \cdot \Delta H / E_{1-2} \tag{11-11}$$

由降水产生的自重附加应力 ΔP 可由式（11-12）计算确定。

$$\Delta P = 0.5 \Delta H' \cdot \gamma_w \tag{11-12}$$

式中 $\Delta H'$ 取为 $0.5 \Delta H$ 计算。

根据新建客运专线武汉调度所工程地质勘察报告中的相关数据进行压缩模量 E_{1-2} 的确定，该地区土层计算参数见表 11-20。

表 11-20 武汉调度所所处土层压缩模量值

土层	①杂填土	③粉质黏土	④粉细砂	⑤粉质黏土	⑥卵石层
压缩模量 E_{1-2}/MPa	6.1	5.6	8.6	10.7	78.5

初始稳定水位埋深为 5~12.3m，因此，压缩模量 E_{1-2} 只需考虑③粉质黏土层、④粉细砂层、⑤粉质黏土层的压缩模量即可，考虑到各地层弹性模量变化范围较大，为保证计算结果，取压缩模量 E_{1-2} 为三土层中较小值估算，即取③粉质黏土层压缩模量 5.6MPa。由降水观测井的水位下降范围为 1.75~3.85m，由此，利用式（11-11）、式（11-12）可计算得到由于降水，基坑周围地面产生的沉降值，具体计算数据见表 11-21 所示。

表 11-21 基坑周围地面沉降值计算

项目	γ_w/(kN/m³)	ΔH/m	ΔH/m	ΔP/kPa	S/mm
数值	10	1.75	0.875	4.375	1.367
		3.85	7.925	9.625	6.617

通过表 11-21 得到基坑周围由于降水引起的沉降量范围为 1.367~6.617mm，但计算所选压缩模量与实际土层压缩模量具有差异性，实际地层中，压缩模量波动、变化范围较大，根据压缩模量的变化范围值推算，由于降水引起的实际地面沉降波动范围扩大为 0.5~20mm 左右，可将计算波动范围与实际地面沉降值波动范围进行对比分析。

② 地面沉降监测结果。共设置 10 个地面沉降监测点。地面沉降监测结果：基坑周边地面沉降监测点在降水期间均发生了沉降，沉降量为：5.7~27.8mm，波动范围较大。将地面沉降量估算值与监测值对比分析可知：与沉降估算值波动范围 0.5~20mm 比较，估算沉降量是降水期间基坑周围地面实际沉降量的 70% 左右。主要由于实际工程中，基坑周围地表沉降量除了受到降水的影响外，还易受到基坑开挖等环境因素的影响，但降水产生的沉降量约为实际沉降量的 70% 仍然说明，导致基坑周围地面沉降量的主要原因即为降水。本节主

要研究基坑降水对周边环境的影响，从分析该工程地下水水源出发，计算渗流断面面积，进一步对基坑降水水量进行统计、测算。在此基础上确定该基坑工程降水启动项及降水监测项目，最后，分析基坑降水的监测结果。通过对观测井水位的变化分析得到基坑内水位变化与降水井布设有密切关系，且止水帷幕的设置使得基坑周边水位的降低及对周边环境的影响得到明显控制；通过估算降水造成基坑周边地面沉降量及对监测数据分析可知，降水是造成基坑周边地面沉降的主要因素。除此之外，本节以新建客运专线武汉调度所深基坑降水工程为研究对象，分析武汉地区特殊地质条件下，深、大基坑降水的处理方案，对悬挂止水帷幕对基坑降水工程的影响进行了理论研究，并结合现场实际，对降水设计、施工关键技术等进行讨论，得到如下结论。

A. 降水方案确定。在研究武汉调度所地质条件的基础上，对基坑稳定性进行计算，确定基坑降水方案，并通过现场抽水试验计算得到场地第四层粉细砂层渗透系数为 4.45m/d。

B. 止水帷幕的降水效果对比。通过理论计算讨论不考虑悬挂止水帷幕情况下降水井管的设置数量为 31 眼，考虑悬挂止水帷幕情况时降水井管计算数量为 24 眼，悬挂止水帷幕后需设置降水井管水量明显减少。

C. 悬挂止水帷幕对降水影响半径的影响分析。通过经验公式计算降水影响半径分别为 319.7m、275.9m，勘察报告中降水影响半径为 250m，均远远大于武汉调度所悬挂止水帷幕条件下测得 100m 的影响半径，悬挂止水帷幕的降水影响半径较小。

D. 观测井水位变化分析。降水稳定期，基坑内水位为 5~12.3m，基坑周围观测井水位为 1.75~3.85m。通过对降水稳定期基坑内水位与周围观测井水位对比得到，止水帷幕对于减小基坑周边水位的降低及对周边环境的影响具有明显的改善效果。

E. 降水期间基坑周边地面沉降量分析。地面沉降量的估算值为实测值的 70% 左右，主要由于地面实际沉降量除了受到降水的影响外还受到基坑开挖等的影响，因此，降水是导致基坑周边地表产生沉降的主要原因。

二、基坑工程减压降水监测可视化系统研究

（一）可视化系统研究概述

1. 研究背景

20 世纪 80 年代以来，我国的工程建设以超常的速度和超常的规模发展，由于高层建筑大量兴建，城市地下空间广泛利用，深基坑工程数量之多，规模之大，监测资料之丰富，堪称世界之首，而基坑工程事故率之高，也是首屈一指的，基坑工程已经成为我国岩土工程中的一大技术难点和热点。在基坑工程事故中，由于地下水的原因引发的比例相当高。

（1）地下水对深基坑开挖的不良作用。在地下水位较高的透水土层（例如砂类土及粉土）基坑开挖时，因为坑内和坑外的水位差大，很容易产生潜蚀、流砂、管涌、突涌等渗透破坏现象，导致基坑坑壁失稳，直接影响到建筑物的安全。

① 潜蚀。潜蚀是指渗透水流冲刷或溶蚀岩土体，产生孔隙的现象，溶蚀可能在地表产生裂缝，甚至导致地表塌陷，对基坑开挖危害很大。

② 流砂。流砂是指岩土体处于饱和状态下，渗透压力与岩土体浮重力相当导致的土粒漂浮流动现象。

③ 管涌。管涌是指地基土不断被渗透水流冲刷，逐渐形成管状渗流通路的现象。管涌可以导致地基被掏空而发生变形失稳，使地面产生严重塌陷。

④ 突涌。基坑下的承压水头大于其上覆不透水层土体重度时产生的冲裂基坑底板的现象称为突涌，对基坑施工危害极大。

（2）基坑工程治水措施。为了保证施工过程的安全并确保工程质量，在基坑开挖过程中，必须有效治理地下水，通常治理地下水有两个方法，堵截地下水和降低地下水位。

① 堵截治水法。目前，国内外堵截地下水的方法有钢板桩、地下连续墙、稀浆槽、夹心墙、防渗垂直帷幕、防渗水平帷幕及冻结法等。

A. 钢板桩。在基坑开挖之前，打入钢板桩不仅能对边坡起到支撑作用，还可以堵截地下水。将钢板桩联结起来打入土体的隔水层中，可以更有效地发挥其堵截地下水的作用。钢板桩法的缺点是投资较高，施工过程噪声较大，适用范围局限于黏土和淤泥质砂，所以国内应用不多。

B. 地下连续墙。连续墙施工法在深基础施工中较为常用。钢筋混凝土结构并且入土深度较深的地下连续墙不仅能阻隔地下水，还能承受较大的侧土压力，适用于软弱和渗水性差的土层。

C. 稀浆槽。稀浆槽是基坑四周灌入膨润液并用不透水物质回填的沟槽，因为膨润液可以在沟槽壁上形成滤饼，所以可以阻止地下水的渗流。稀浆槽虽然对边坡没有什么支撑作用，但是防止地下水渗透的效果较好，使用范围也较广，除了岩石地层中使用造价较高外，大部分环境中都可使用。

D. 夹心墙。夹心墙是稀浆槽中的混凝土防渗挡土墙，夹心墙与稀浆槽相比，不仅防渗效果好，还能支撑边坡，适用范围基本和稀浆槽相同，唯一缺点是造价较高。

E. 防渗垂直帷幕。防渗垂直帷幕是位于基坑四周的地下连续墙，通常用高压注浆和深层搅拌方法浇筑而成，因为其不仅对边坡有支撑作用，而且阻隔地下水效果好，所以应用比较广泛。

F. 防渗水平帷幕。防渗水平帷幕是位于基坑底部的地下连续墙，主要作用是防止坑底地下水渗流，一般只在防渗垂直帷幕不能应用的时候采用。

G. 冻结法。冻结法是通过冻结基坑周围的岩土体来阻止地下水渗流的方法，这种方法可以对边坡起到支撑作用，缺点是对技术要求很高，因而使用范围不广。

② 降水法。降水法应用于地下水位高于基坑底面的时候，常用的降水法有两种，明沟排水和井点降水。

A. 明沟排水。明沟排水是在基坑内（或外）挖掘排水沟或者集水井，并且通过抽水设备不停抽水，保持基坑干燥。这种方法优点在于设备要求不高、施工较简便、成本较低，故而应用广泛。

B. 井点降水。井点降水法是在基坑四周埋设井点管，让地下水渗到井点管中，同样通过抽水设备不停抽水，直到地下水降到设计水位为止。井点法降水优点众多，适用于各种形状的基坑，能克服流砂，可以稳定边坡，降水效果好，可以有效缩短工期，保证工程安全等等，故而应用广泛。

（3）基坑工程监测概述。

由于基坑工程中土体和结构的受力性质及地质条件复杂，在基坑支护结构设计和变形预估时，通常对地层条件和支护结构进行一定的简化和假定，因而与工程实际存在一定的差异；同时由于基坑支护体系所承受的土压力等荷载存在着较大的不确定性，加之基坑开挖与支护结构施工过程中基坑工作性状存在的时空效应，以及气象、地面堆载和施工等偶然因素的影响，使得在基坑工程设计时，对构件内力计算以及结构和土体变形的预估与工程实际情况之间存在较大的差异。因此，通过对实测数据的分析可以验证和改进设计的计算和方法。基坑工程事故的发生伴随着基坑围护体及临近土体结构的破坏，从而导致周边土体应力状态的显著改变，使临近土体发生明显的变形，当周边建筑物、道路和管线距离基坑较近时，会造成临近建筑物的倾斜和开裂，以及管道的渗漏等事故。因此，在基坑施工过程中，对基坑支护结构、基坑周围的土体和相邻的建筑物进行全面、系统的监测十分必要。

2. 研究现状

（1）基坑降水设计软件研究现状。伴随着计算机技术的飞速发展，深基坑工程设计正逐步由传统的图纸设计走向计算机设计，设计过程逐渐转向半自动化甚至自动化。近年来国内科研机构开发了多种基坑工程设计软件，如同济大学的启明星系列软件中的《基坑支挡结构分析计算软件 FRMSV4.0》，中国建筑科学研究院地基所开发的《基坑与边坡支护结构设计软件 RSDV3.0》，北京理正软件研究所的《理正深基坑支护结构设计软件 F-SPW》等。这些软件大大提高了深基坑工程的设计效率，推动了深基坑设计水平向前发展。

（2）土木工程可视化仿真技术发展及现状。① 土木工程可视化仿真技术的发展

目前，国内外在结构工程方面仿真可视化技术也基本上多是以 GIS 为平台在各个专业领域进行开发，美国 ERSI 公司的 Arc/Info、Arcview 软件和 Mapinfo 公司的 Mapinfo 软件均为国际知名 GIS 软件。20 世纪 90 年代以来，我国国内各个高校、研究所等单位都在各自的研究领域开发了基于 GIS 的应用系统软件，比较知名的软件有 Citystar（北京大学遥感所开发）、Geostar（原武汉测绘科技大学开发）、MapGIS（中国地质大学开发）、GeoMo3d（中国矿业大学开发）等。

② 土木工程可视化仿真技术的应用现状。以往的可视化仿真多在施工阶段之前，针对多种设计工况来分析计算，但是在实际施工过程中，各种材料、设备、岩土体性能等现场实际情况往往与设计工况出入较大，所以研究具有实时仿真功能的施工可视化系统具有重大意义，它可以实时反馈现场情况来修正设计时的各种误差，实现最大化的现场仿真。这种实时的施工仿真系统数据输入输出量大且专业性强，需要有相当的数学、力学、材料和施工方面的知识和经验才能对反馈结果进行准确分析，因此具有强大的前后自动化处理功能对于降低用户使用系统的知识成本具有重大作用。

A. 在工程结构分析中的应用。在动荷载试验中，结构反应伴随着荷载的变化而变化，实验者往往只能得到最终结果，很难把握试验的全过程。使用计算机模拟仿真试验可以很好地解决这一问题，它可以让实验者洞悉破坏的整个过程，进一步分析破坏机理。对于复杂结构的有限元分析，计算机仿真技术可以给出三维内力云图，用不同的颜色表征不同的等值面；可以旋转各种角度，方便观察；还可以形成各种剖切面，了解其内部情况。总的说来，计算机可视化仿真技术可以展示更加形象化的结果，给人以更直观的印象，方便人们分析试验结果。

B. 在岩土工程中的应用。计算机可视化仿真技术可以展示地下岩土工程中我们难以观察的内部情况，为施工或者支护设计提供很大方便。比如针对地下工程开挖的塌方现象，通过前期的地质勘察和现场试验，我们可以获得岩土体的大致力学性能，将这些已知条件存入计算机中，结合有限元方法和分离单元的方法来分析地下工程的围岩结构，节理断层可以划分为许多分离单元，并将分析结果可视化，最终可以在计算机屏幕上看到塌方的区域和范围，具有很强的现实意义。

C. 防灾工程中的应用。从古至今，水灾、地震等自然灾害一直威胁着人类的生命安全，防灾工程也一直为人们所重视。在灾害研究中，自然灾害不能重复原形试验，计算机可视化仿真技术很好地解决了这一难题，国内已开发出很多灾害预防模拟系统。以洪水泛滥过程演示系统为例，只需要预先输入洪水地区的地形数据和高程数据，同时确定洪水标准和河堤最有可能决口位置，计算机根据以上数据和相应的计算方法，可以显示出实时的洪水淹没地区，为防洪规划和人员疏散工作提供直观依据，起到一定的指导作用。

D. 在模拟施工过程中的应用。工程施工过程往往庞大而复杂，工程中工序众多，关系复杂，对单一工序的分析很难把握全局，施工过程的预演和再现也是不可能的，计算机模拟施工就很好地解决了这一问题，可以提前发现施工过程中可能出现的问题，确保工程质量和工期进度。

另外，计算机可视化仿真技术除在土木工程领域内得到广泛应用外，还可应用在建筑系统工程管理、建筑信息管理、建筑物及构筑物的空气流场、空气品质分析等方面。

（二）基坑减压降水渗流理论基础

1. 多孔介质及其特性

多孔介质是指地下水动力学中具有空隙的岩石，广义上包括孔隙介质、裂隙介质和岩溶不十分发育的由石灰岩和白云岩组成的介质。孔隙介质指含有孔隙的岩层，砂层、疏松砂岩等；裂隙介质指含有裂隙的岩层，裂隙发育的花岗岩、石灰岩等。

（1）多孔介质的性质。① 孔隙性。孔隙性是多孔介质含有孔隙的性质，用孔隙度表示。从地下水运动的角度看，只有连通的孔隙才具有实际意义。一般把多孔介质中相互连通的、不为结合水所占据的那一部分孔隙称为有效孔隙。有效孔隙度是多孔介质中有效孔隙体积与多孔介质总体积之比（符号为 n_e），可表示为小数或百分数，$n_e = V_e / V$。而死端孔隙即多孔介质中一端与其他孔隙连通、另一端是封闭的孔隙，则是无效的。但是，其中的水在疏干时能够排出，所以对于排水是有效的。因此，严格地说，研究地下水运动时所指的有效孔隙度和研究排水时所指的有效孔隙度是不完全相同的。

② 压缩性。压缩性是天然条件或人为条件下在上覆荷载的压力作用下多孔介质体积减小的性质，以多孔介质压缩系数表征。多孔介质压缩系数由固体颗粒的压缩系数和孔隙的压缩系数构成，一般认为固体颗粒本身的压缩性要比孔隙的压缩性小得多。

③ 多相性。多相性指多孔介质中固、液、气三相可共存的性质。其中固相称为骨架，液相主要是地下水，气相主要分布在非饱和带中。

（2）多孔介质中的地下水运动。多孔介质中的地下水运动主要有两大类。第一类运动方向基本一致，是多孔介质的孔隙中地下水的裂隙运动；另一类是运动方向没有规律的地下水沿管道的运动。

2. 渗流

渗透是地下水在岩石空隙或多孔介质中的运动，这种运动是在弯曲的通道中，运动轨迹在各点处不等，因此研究个别孔隙或裂隙中地下水的运动很困难。为了便于研究，以假想水流代替真实的水流，这种假想水流的性质与真实地下水流相同，包括运动时所受阻力，通过任一断面的流量，任意点的水头能都与真实水流完全一致，同时遍布所有孔隙空间，把这种假想水流称之为渗流。

3. 含水层的状态方程

含水层的状态方程主要包括地下水的状态方程和多孔介质的状态方程。

（1）地下水的状态方程。根据水力学基础知识，等温条件下，体积为 V 的水的压缩系数为

$$\beta = \frac{1}{V} \cdot \frac{\mathrm{d}V}{\mathrm{d}p} \qquad (11-13)$$

设初始压强为 p_0，水的体积为 V_0，当压强变为 p 时，体积变为 V，积分得到水的状态方程：

$$V = V_0 \mathrm{e}^{-\beta(p-p_0)} \qquad (11-14)$$

同理，可得到以密度表示的水的状态方程：

$$\rho = \rho_0 \mathrm{e}^{\beta(p-p_0)} \qquad (11-15)$$

对以上二式按 Taylor 级数展开，得到状态方程的近似方程：

$$V = V_0 [1 - \beta(p - p_0)] \qquad (11-16)$$

$$\rho = \rho_0 [1 + \beta(p - p_o)] \qquad (11-17)$$

根据质量守恒，即 ρV 为常数，$d(\rho V) = \rho dV + V d\rho = 0$，故有

$$\mathrm{d}\rho = -\rho \frac{\mathrm{d}V}{V} = \rho\beta\mathrm{d}p \qquad (11-18)$$

（2）多孔介质的状态方程。多孔介质压缩系数是表示多孔介质在压强变化时的压缩性的指标，用 α 表示，表达式为

$$\alpha = -\frac{1}{V_b} \cdot \frac{\mathrm{d}V_b}{\mathrm{d}\delta} \qquad (11-19)$$

（三）可视化仿真技术的原理、方法和应用领域

1. 可视化仿真技术的基本概念

可视化仿真是一种新型仿真技术，它融合了可视化技术和系统仿真技术，采用图像技术处理仿真计算过程和结果，可以高效直观地实现软件界面的可视化。可视化仿真中"可视化"的含义主要由两项技术构成：科学计算可视化——将科学计算中产生的数据及结果转换为图形或图像的技术；图形用户界面——采用图形方式显示的计算机操作用户接口技术。在可视化仿真技术飞速发展的今天，它已经不是仅能够处理简单二维空间图形的技术，而是融合了诸多新的计算机技术，包括多媒体技术、信息高速公路和虚拟现实技术等等，应用范围十分广阔。

（1）科学计算可视化。1986 年 10 月，美国国家科学基金会召开了一次关于"图形学、图像处理及工作站专题讨论"的会议，主要是为高级科学计算工作的研究机构，提出有关图形硬件和软件采购方面的建议。计算机图形学和影像学技术在科学计算方面的应用，在当时是一项全新的领域，此次会议把该领域称为"科学计算可视化"（Visualizationin Scientific Computing，ViSC）。科学计算，也称计算机仿真，是指运用计算机程序或计算机网络对某一特定系统结构的模拟。计算机模拟已经成为很多系统的数学建模有效实用的组成部分，计算机模拟可以在工程设计过程当中深入观察并理解这些系统的运行情况，所以对某一系统同时进行可视化和数值模拟的过程，称为科学计算可视化。

（2）图形用户界面。图形用户界面（Graphical User Interface，简称 GUI，又称图形用户接口）是指采用图形方式显示的计算机操作用户接口。与早期计算机使用的命令行界面相比，图形界面对于用户来说在视觉上更易于接受。在图形用户界面中，计算机画面上显示窗口、图标、按钮等图形，这些图形表示不同目的的动作，用户通过鼠标等指针设备进行选

换、交互。

2. 可视化的主要方法

（1）二维域标量场可视化方法。二维域上的标量场数据函数 $F(x, y)$ 的采样点主要有两种，一种位于规则的网格点上，另一种则是不规则的散乱点。对于不同采样模式的数据场应采用不同的插值方法。颜色映射法、等值线法、立体图法和层次分割法等方法是二维标量场的主要可视化方法。

① 颜色映射方法。可视化系统中，常用颜色表示数据场中数据值的大小，即在数据与颜色之间建立一个映射关系，把不同的数据映射为不同的颜色。

② 等值线是函数 $F(x, y)$ 中一组函数值相同的点按一定顺序连接形成的。对于网格数据，按网格顺序逐个计算每个单元中等值线穿过的点，然后用线段把这些点连接起来。对于散步数据，先确定起点，然后以起点为中心计算等值线的下一点，直到计算到边界或者起点为止。

③ 立体图法和层次分割法。立体图法是把平面数据的某一维数据转换为高度数据，然后用立体图形来表示平面数据。层次分割法是以不同层次范围颜色不同来区分层次，使得各层之间有明显的层次分割线。

（2）三维域标量场可视化方法。三维空间数据场，有两类不同的可视化算法。第一类算法是在原始三维数据中抽取多个等值面，通过绘制等值面来表征三维域标量场，称为面绘制；第二类算法是直接计算三维体，然后投影到二维屏幕上，称为体绘制。

① 面绘制。面绘制适用于有完整光滑外表面的体数据，移动立方体算法（Marching Cube方法，（简称 MC 方法）是面绘制算法的典型代表。MC 算法所处理的数据是离散的三维空间规则数据场，根据等值面找到其与立方体的交点，连接交点得到等值面的一部分，再利用硬件绘制出来。对于三维空间不规则数据场，R. S. Gallaghcr 等人提出了在稀疏网格抽取等值面的方法来处理。

② 体绘制。体绘制是一种基于体素并且可以显示内部结构细节的绘制技术，主要依据顺序不同分为以图像空间为序和以物体空间为序的两类方法。M. Levoy 提出了光线投射算法，它是一种以图像空间为序的体绘制方法。它主要是根据任意角度发射的平行光通过三维空间的体素的光亮来构造和表示三维数据场，一般假定采样点为规则网格数据，但是借助特定的算法，光线投射算法也可以把不规则数据可视化。

（3）矢量数据的可视化方法。对于矢量数据场，实现其可视化往往比较困难，通常是在矢量场中提取标量数据，再附加以一定外部条件来可视化，但实现起来往往和原矢量场有较大误差。

3. 可视化仿真的应用与展望

（1）可视化仿真技术的应用。伴随计算机图形学等科学技术的飞速发展，可视化仿真技术应用范围越来越广，越来越多的科学实验都用仿真来代替。

① 航天工业。利用流场可视化技术，可以把飞行器飞越大气层时其表面的物理特性变化和周边气流的运动情况非常直观地显示出来，尤其针对飞行器不稳定的现象和超音速流的研究等新课题的模拟计算结果提供更好的理解和分析。

② 医学领域。在医学上由核磁共振、CT 扫描等设备可以产生人体器官密度场，不同组织呈现出不同密度值。通过在不同剖面来观察病变区域，或者重建具有不同细节程度的三维真实图像，医生可以确诊病变部位，从而制定有效的手术方案，甚至可以在手术之前进行模

拟手术。可视化仿真技术在临床上也可应用于放射诊断、制定放射治疗计划等方面。

③ 城市公共安全。城市中空间复杂，多种要素相互影响，而且以人为主体，所以对城市公共安全的研究十分重要。为防止城市灾害发生，往往需要对各种突发情况进行预防，可视化仿真技术提供了一个很好的平台可以对各种灾害进行预排和演练，如公共安全应急预案、救援保障、人群疏散等。与传统的演习相比，可视化技术操作简便、经济实惠，在城市公共安全工作中可发挥独特的作用。

④ 工业领域。采用可视化仿真技术，可以在计算机上建立工业产品的三维全数字化模型，从而在设计阶段就可以对所设计的产品进行可制造性分析。设计人员或用户甚至可以进入虚拟的制造环境检验其设计、加工、装配和操作，而不依赖于传统的原型样品的反复修改。这样使得工业产品开发走出主要依赖于经验的狭小天地，发展到全方位预报的新阶段。

⑤ 工程领域。可视化仿真技术在无损探伤和地质勘探等工程领域都有较为广泛的应用。在无损探伤领域，超声波探测在不破坏部件结构的情况下，不仅可以清楚地认识其内部结构，还可以准确探出发生变异的区域，对于消除可能发生的较大破坏性的隐患有极大现实意义。同样模拟人工地震可以获得地质岩层信息，再进一步通过数据特征的抽取、匹配，可以确定地下的矿藏资源及地质情况。

（2）可视化仿真技术的展望。可视化仿真技术融合了数学计算、计算机和软件技术、计算机图形技术、计算机辅助设计与交互技术、网络技术和视频技术等多项技术，已经被成功地运用到医学、科学仪器、航空航天、地质勘探和地震预测、气象分析、工业无损探伤、建筑等诸多领域。它的直观性和准确性给科学实验、分析检测带来极大的方便，甚至引发了科学计算的计算风格的一次革命。但是当前的可视化技术受限于上述技术的发展，在应用效果和方法上仍然存在一些问题。未来随着仿真技术、虚拟现实技术、虚拟实验和 3D 技术的发展，可视化仿真技术将具有更广阔的应用空间和更高的要求，它将成为一个意义重大并且很有挑战性的研究领域。

（四）基坑降水自动监控可视化软件系统设计与实现

1. 软件系统需求分析

（1）系统设计目标。本系统结合工程需要，利用工程监测仪器反馈的数据资料，采用组件式二次开发的技术途径，建立一个软件平台，完成远程监测控制基坑降水的功能。主要实现的目标有：

① 根据工程现有的各种技术资料，建立基坑降水信息数据库，对各种土层信息和水位信息进行存储、管理、更新等。

② 利用工程提供的各种水文地质信息，建立友好的可视化界面，使得工程上的各种专业数据转化成简单易懂的图形界面，方便决策者进行决策。

③ 通过可视化界面得到现场情况，实现远程控制功能。

（2）系统设计原则。在软件开发的过程中，需要处理数据组织、数据接口、图形界面、分析模块等多方面的问题。因此，软件开发是一个系统性很强的工程，在设计时应遵循一定的原则，使得设计工作得以有序、高效地开展。

① 系统性原则。设计过程中，应从工程的总体目标出发，按照自顶下向的原则，逐步细化设计。充分考虑各模块间的联系，使其成为一个有机协调的整体，以满足"统一管理"的需要。

② 实用性原则。作为工程软件系统，针对不同使用对象的知识背景，系统应具有良好

的可操作性，以满足不同层次的使用需求。

③ 兼容性原则。在满足功能的前提下，系统数据具有可交换性，便于其他系统调用。

④ 可靠性原则。系统需要保持稳定运行工作，尽可能避免程序运行出错及系统瘫痪；对于系统使用者而言，应明确规范其使用权限，保证系统不受到非法入侵和破坏。

⑤ 可扩充性原则。系统采用模块化结构设计，便于系统修改及扩充。

（3）系统结构设计。根据用户需求特点，系统开发选择以 C/S 结构为基础的三层结构（3-tierapplication），就是将整个业务应用划分为：表现层（UI）、业务逻辑层（BLL）、数据访问层（DAL）。

① 表现层（UI）。表现层是用户界面层，位于最上层，直接和用户交互，可以输入数据和显示界面。

② 业务逻辑层（BLL）。操作处理数据的中间层，位于表现层和数据访问层中间，是数据交互中的过渡层。是数据访问层的调用者和表现层的被调用者。

③ 数据访问层（DAL）。直接操作数据库的最下层，针对数据的增添、删除、修改、查找等。选择分层结构的主要目的是让系统更快地响应，功能更完善地划分，独立更强。具体的功能划分见表 11-22。

表 11-22　分层结构功能表

层次	功能
表现层	连接管理、数据捕获、数据表达、错误管理、界面显示、用户交互
业务逻辑层	隔离用户与服务器间直接的通信、用户查询需求与服务器可识别语言的转换、查询结果的传递、执行特定的功能操作
数据访问层	数据管理、数据库系统管理、错误管理

2. 系统开发平台

本系统采用 VB6.0、SQLServer-2008 作为开发平台，见图 11-36。

图 11-36　基坑降水显示系统开发平台

（1）VisualBasic。"Visual"指的是开发图形用户界面（GUI）的方法，它不需要编写大量代码去描述界面元素的外观和位置，而只要把预先建立的对象拖放到屏幕上即可。这是 VisualBasic 最显著的特点。VisualBasic 功能十分强大，可以开发个人使用的单机小软件、企业使用的局域网系统、甚至是 Internet 的网络分布式软件。它的特点如下：

① 实现面向对象编程，只要修改小部分代码就可以维护系统运行，加快了系统开发的速度。

② 具有可视化编程界面，使开发程序更直观，更简单。

③ 拥有良好的数据访问特性，可以针对绝大部分数据库建立前端应用程序。

④ ActiveX 技术的应用可以很好地调用 Windows 应用程序，甚至直接创建对象。

⑤ 支持 Internet，很容易通过 Internet 访问文档和应用程序。

⑥ 已经完成的应用程序是真正的 * . exe 文件，并提供运行时的可自由发布的动态链接库(DLL)。

（2）SQLServer-2008。SQLServer 是微软公司推出的数据库软件产品。它采用了 Windows 平台的可视化操作界面，集易用性与强大功能为一体。它具有如下特点：避免重复数据，以最优的方式为其他系统提供数据服务；其数据结构和管理系统与使用它的应用程序保持独立，对数据库中数据进行操作，如增加、删除、修改和检索等，由专门软件进行管理。它还具有安全性管理、多种访问方式等功能。

3. 系统数据库设计

（1）系统数据来源。本系统所使用的数据一部分来源于工程平面设计图和工程地质勘察报告，一部分来源于现场监测硬件提供的水位数据。为简化数据输入步骤，数据输入方式采用图形与数字输入混合模式，即工程平面信息从平面设计图中直接读取，高程数据由人工以数字形式输入。

（2）系统数据库设计步骤。数据库是系统的数据基石，是系统最有应用价值的地方。因此如何将各种类型数据按照一定的结构组织、存储和管理，以便于提高系统信息查询和处理的效率是系统数据库设计的关键。基坑降水数据库管理系统中的数据主要是以 SQLServer-2008 软件为建库平台，对地理和地质空间数据、属性数据进行操作和管理。

数据库设计基本步骤：

① 需求分析阶段。准确了解并分析用户需求。

② 概念结构设计阶段。概念结构设计是整个数据库设计的关键，需要综合归纳甚至抽象出用户的需求，形成一个独立的概念模型。

③ 逻辑结构设计阶段。把上一步得到的概念结构转换成为某个 DBMS 支持的数据模型，然后尽可能对其进行优化。

④ 数据库物理设计阶段。为逻辑数据模型选取最适合应用环境的物理结构(包括存储结构和存取方法)。

⑤ 数据库实施阶段。运用 DBMS 提供的数据语言、工具及宿主语言，根据逻辑设计和物理设计的结果建立数据库，编制与调试应用程序，组织数据入库，并进行试运行。

⑥ 数据库运行和维护阶段。数据库应用系统经过试运行后即可投入正式运行。在数据库系统运行过程中必须不断地对其进行评价、调整与修改。

（3）数据库的构成。对于 SQLServer-2008 来说，数据库由以下对象构成。

数据表：数据表是存储用户数据的对象。一般习惯上把明显相关的数据存储在同一数据表中。

事务日志：所有数据库的更改都是先写入到事务日志，然后在某个时间点上日志中记录的更改才被写入实际的数据库文件。日志是自然连续的。

索引：表中某一列的数据通过索引实现快速查找。和书籍的目录类似，索引指示在哪里可以找到相应的数据。

文件组：数据库是存储在磁盘的文件中的。文件组可以将数据库中的不同对象独立存储在不同的磁盘上，这样当访问数据库时，多个磁盘同时操作要比单个磁盘快得多。

数据库关系图：数据库关系图是数据库设计的可视化表示。它可以直观地以图的方式让用户看到各个表、每个表的列名以及表之间的关系。

视图：视图是一种虚拟表。视图的应用和表基本类似，但并不包含任何数据。实际上视图仅仅是一个或多个表中数据的映射。视图以查询的形式存储在数据库中。可以创建索引视图来预先构建表之间的连接，使视图的可读性更好。

存储过程：SQLServer 编程功能的基础。存储过程通常是一组 Transact-SQL 语句的集合，允许使用变量和参数，也可以使用选择和循环结构。

用户自定义函数：与存储过程非常相似，返回值的数据类型包括大部分 SQLServer 数据类型，但除 text、ntext、image、cursor 和 timestamp 外。用户与角色：用户和角色关系密切。用户就是登录到 SQLServer 的标识符。登录 SQLServer 的任何人都映射到一个用户，用户依次属于一个或多个角色。角色可以方便用户设定某种操作的权限，一个或多个用户可属于同一角色。

程序集：程序集在形式上是 DLL 文件，是用来部署用 . NETFramework 公共语言运行时所驻留的托管代码。在程序集中可以创建 CLR 函数、CLR 存储过程、CLR 触发器、用户定义聚合函数、用户定义类型。程序集是 SQLServer2008 中的高级功能。

（4）数据结构类型及数据表的创建。表是数据库存储数据的基本结构，由行和列组成。在数据库中行称为记录，列称为字段，每个字段都要有名称和存储的数据类型。表中字段的数目是固定的，而行的数量是变化的，因为它反映在任意时刻存储的数据量。与普通表格不同的是，表中的记录是无序的，除非用户进行排序。如上所述，表中每一个字段都有一个数据类型，这些类型指明了表中数据的一些特性，如数值型数据可以和其他数值型数据进行数据运算，日期型可以进行日期数据的存储、计算。下面逐一介绍这些数据类型。数据类型定义了对象所能包含的数据种类，如字符、整数或二进制。在 SQLServer 中，表和视图中的列、存储过程中的参数、T-SQL 程序中的变量、返回数据值的 T-SQL 函数、具有返回代码的存储过程，这些对象全部具有数据类型。对象的数据类型主要包含 4 种属性：数据种类、数据的长度或大小、数值精度（仅适用于数值型）、数值中的小数位数。表中的数据类型主要包括数值型、字符型、日期型等，满足各种数据保存的需要。每一种类型都有若干子类型。

4. 工程数据的读取（CAD 的二次开发）

（1）CAD 二次开发对本工程的意义。本系统是一款实现基坑降水及沉降数据可视化的软件系统，想要得到形象化的图形及动画输出，必然要有足够的精确的数据输入。然而在工程上图纸作为工程师的语言，承载了大量工程信息，是应用最为广泛的工程数据形式。为方便工程人员使用本软件，省去大量繁琐的人工读图过程，计划采用智能读图方式，用计算机对工程平面图上的大量信息进行批量读取，又因为 CAD 做为普遍使用的图纸载体，所以对于 CAD 的二次开发应用对本工程有着十分重要的意义。

（2）CAD 二次开发语言的选择。AutoCAD 为用户提供了多种二次开发的工具，包括 AutoLisp、VBA、ObjectARX、C 等方式。因为本系统选择用 VB 开发 CAD，故对其他语言不做赘述，简要介绍下 VB 开发 CAD 的原理和特点。ActiveXAutomation 是微软公司的一个技术标准，以前被称为 OLE（对象链接和嵌入），其宗旨是在 Windows 操作系统中把多个应用程序组织起来，互相沟通和控制。AutoCAD 自从 R14 版本起，就增加了 ActiveXAutomation 自动化服务的功能。VB 对 ActiveXAutomation 的支持有多种方式，如使用 OLE 控件，或在运行时创建 OLE 对象等方法。程序运行时创建的 ActiveXAutomation 对象可以充分利用 AutoCAD 的对象接口，对 AutoCAD 对象实现完全控制。用 VB 开发 AutoCAD 就是用 VB 访问 AutoCAD 对象。

（3）访问 AutoCAD 对象。所有 AutoCAD 对象都位于部件对象层次中的某处，因此通常有两种方法访问这些对象：

① 直接访问 AutoCAD 应用程序对象，主要方法有利用 New 关键字和 GetObject、GreateObject 函数在 VB 环境中直接访问 AutoCAD 应用程序对象。下面语句可以直接引用 AutoCAD 应用程序对象：

DimAcadappAsObject

SetAcadapp＝GetObject(，"AutoCAD. Application. 16")或:

SetAcadapp＝GreateObject(，"AutoCAD. Application. 16")

② 除应用程序对象以外的其他对象都属于从属对象，只能间接访问，一般都是通过应用程序对象的属性来逐级向下访问，若属于集合成员，则可以用集合索引方法来访问。

下面语句即为利用应用程序对象的 ActiveDocument 属性来访问从属对象：

DimAcaddocAsObject

SetAcaddoc＝AcadApp. ActiveDocument

下面语句为用文档对象的 Modelspace 属性来访问模型空间实体集合：

（Modelspace）：

DimMospaceAsObject

SetMospace＝AcadDocModelspace

模型空间实体集合也可以提供访问其成员（即所有在模型空间内的实体）的方法。

下面即为用 Item 语句访问模型空间内的第 3 个实体：

DimEntAsObject

SetEnt＝MospaceItem（2）

用 VB 访问 AutoCAD 对象可以读取需要的平面信息，包括井点、围护结构、周边建筑物及管线等的平面位置，然后将其写入到已经建好的数据库表格中，以便后续的程序调用这些信息。

5. 工程数据的可视化

伴随着计算机技术的蓬勃发展，数字高程模型（DEM）作为一种表达空间曲面的方式被广泛应用。鉴于其使用方便且精度较好，故而采用数字高程模型来实现工程数据的可视化。

（1）数字高程模型概述。从广义角度定义：数字高程模型是地理空间中地理对象表面海拔高度的数字化表达。数字高程模型使人类对地形的表达和认知从二维时代走向三维时代，数字高程模型技术广泛应用到各个相关领域，主要应用于如下三个方面：首先，地学分析应用。数字高程模型可以广泛应用到所有地图应用的领域，可以实现地形的三维表达，使地学分析研究成果的表达更直观，也为各种规划设计提供直观的参考，具有很大的应用价值。其次，非地形特性应用。数字高程模型不仅可以在二维空间中叠加高程数据，也可以叠加连续分布的非高程数据，诸如力、磁场、水位、温度等属性数据，都可以利用数字高程模型来分析建模，使其应用领域更加广泛。第三，产业化和社会化服务。近年来空间信息技术飞速发展，使数字高程模型成为空间数据信息系统的重要数据基础，进而成为规模化生产的一个产业，各种基于数字高程模型的商业化软件层出不穷，为各行各业的发展起到推动作用。

（2）数字高程模型的构建（内插方法）。在实际工程中，往往存在采样密度不够、采样分布不合理、采样存在空白区等问题，所以必须进行数字模型的内插。内插的方法多种多样，可以从内插时使用已知采样点的范围分为两大类：整体内插和局部内插法。所谓整体内插，是指内插模型基于研究区域内的所有采样点的特征观测值建立的，如趋势面分析、傅立叶级数等。整体内插函数一般采用高次多项式，并且要求采样点数多于高次多项式的系数个数，若二者相等，有唯一解，此时所有采样点都位于多项式上，为纯二维插值；若前者大于后者，没有唯一解，通常要求多项式与采样点之间差值平方和最小，即利用最小二乘法求解。整体内插的特点是不能提供内插区域的局部特性，所以通常应用于大范围、长周期变化情况，内插结果一般具有粗略性特点。整体内插函数常常用来揭示整个区域内的地形宏观起伏态势。在 DEM 的内插中，整体内插一般都是与局部内插方法配合使用，例如，常利用整体内插在局部内插之前去掉一些不符合总体趋势的地物特征。同时，整体内插可以进行采样数据中的粗差检测。局部内插，是指仅用邻近于未知点的少数已知采样点的特征值来估算未知点的特征值，如样条函数法、多面函数法等。局部内插的特点是可以提供内插区域的局部特性，且不受其他区域内插影响，内插结果一般具有精确性特点。考虑到局部内插的精确性，本书选择了局部内插的多面函数法来进行离散数据的内插。多面函数法也称多面函数最小二乘法推估，是美国 Hardy 教授于 1977 年提出的，其理论依据是分段光滑曲线在三维空间域的扩展："任何一个圆滑的数学表面总是可以用一系列规则的数学表面之和，以任意精度进行逼近。"也就是说，某个数学表面上的某点 (x, y) 处的高程 z 的表达式为：

$$z = f(x, y) = \sum_{j=1}^{n} a_j q(x, y, x_j, y_j) \tag{11-20}$$

式中 $q(x, y, x_j, y_j)$ 被称为核函数（Kernel）；

若有 $m \geq n$ 个采样点，则可以任意选择其中的 n 个采样点作为核函数的中心点 $p_j(x_j, y_j)$，并令：

$$q_{ij} = q(x_i, y_i, x_j, y_j) \tag{11-21}$$

则各个数据点满足：

$$z_i = \sum_{j=1}^{n} a_j q_{ij} (i = 1, 2, \cdots m) \tag{11-22}$$

由此可以列出误差方程：

$$v = \begin{bmatrix} v_1 \\ v_2 \\ \cdots \\ v_3 \end{bmatrix} = \begin{bmatrix} q_{11} & q_{12} & \cdots & q_{1n} \\ q_{21} & q_{22} & \cdots & q_{2n} \\ \cdots & \cdots & \cdots & \cdots \\ q_{m1} & q_{m2} & \cdots & q_{mn} \end{bmatrix} \times \begin{bmatrix} a_1 \\ a_2 \\ \cdots \\ a_n \end{bmatrix} - \begin{bmatrix} z_1 \\ z_2 \\ \cdots \\ z_3 \end{bmatrix} = Qa - z \tag{11-23}$$

求解得：

$$a = (Q^T Q)^{-1} Q^T z \tag{11-24}$$

核函数的设计十分灵活且可以随时调整，这就使得用户可以根据自己的实际需求，把需要的信息添加到核函数中。通过大量的分析试验可以看出，多层函数法的插值质量相对于二元高次多项式和样条函数都要高一些。Kraus 认为在数字高程模型的内插中，若数据点密度较大且精度较高，采用多面函数法结果更优。

（3）数字高程模型的可视化表达。与传统的地形表达方式相比，数字高程模型能以更多的方式来显示地形信息。这些方式有如下的分类，见图 11-37。从维数上，地形可视化可以分为三类，分别是一维、二维和三维地形可视化。一维地形可视化通过图形方式来反映地形在指定方向上的起伏情况，多用来表示地形断面；二维地形可视化是将地表投影到平面上，并加上外部条件（指定符号）来表达；三维地形可视化是通过可视化技术来展示真实地形。

本书主要针对基坑降水及沉降数据完成二维及三维可视化表达。

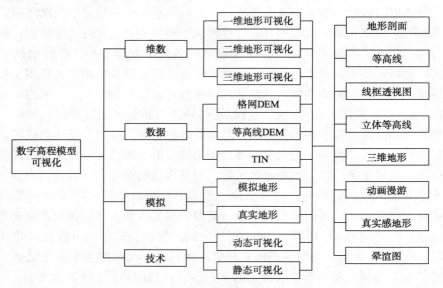

图 11-37　数字高程模型可视化分类

　　① 二维可视化表达。二维可视化表达是把三维地形表面投影到平面上，并用约定的方式进行表达，常用的地形二维表达方式由等高线法、明暗等高线、高程分层设色等形式。本书主要研究等高线法。从数字高程模型上提取等高线一直是计算机辅助地图制图的基本任务之一，也是数字高程模型最为重要的应用之一。在格网 DEM 上，提取等高线的基本步骤如下：

　　A. 内插等高点。内插等高点就是在格网的边上找出指定等高线的平面位置，其主要依据方法是线性内插。设给定高程为 H，格网边的两个端点分别为 $A(x_1, y_1, z_1)$、$B(x_2, y_2, z_2)$，则通过下式可确定 H 在该边的位置 (x_H, y_H)

$$\left.\begin{aligned} x_H &= x_1 + \frac{H-z_1}{z_2-z_1}(x_2-x_1) \\ y_H &= \frac{H-z_1}{z_2-z_1}(y_2-y_1) \end{aligned}\right\} \tag{11-25}$$

上式成立是有条件的，H 必须位于 z_1 和 z_2 之间。

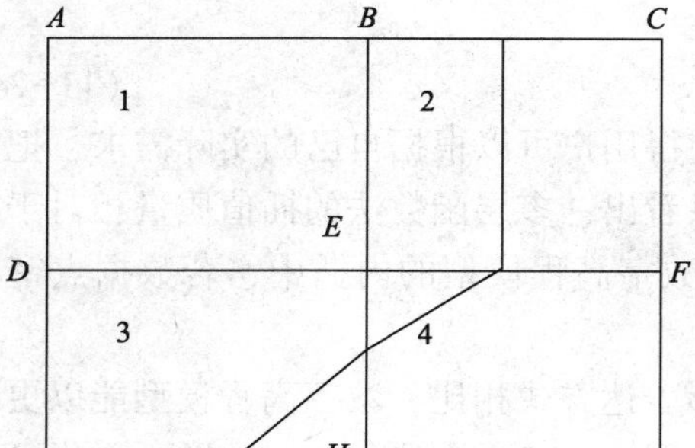

　　B. 等值点追踪。内插出来的等值点通常都是无序的，等值点追踪就是要把同一等高线上相邻点按一定顺序连接起来，形成完整的等高线。数字高程模型上等值点的追踪是按照网格单元间的拓扑关系并依据一定的知识法则进行的，即对于一个单元，其出口边必定是邻接单元的入口边，如图 11-38 所示。对于格网 DEM，如果当前格网单元为 3，等高线离开 3 号格网的边是右侧边 EH，则 EH 必定是 3 号格网右边邻接单元 4 号的入口边

图 11-38　等值线追踪

EH。等高线在 4 号单元内有三种可能走向，即下(*HI*)、右(*FI*)和上(*EF*)边，具体走向由等值点决定。

C. 注记等高线。注记等高线一般在计曲线上进行。原则是在该条等值线上寻找一个比较平缓的地区作为注记位置，这可通过等值线上连续三点之间所形成的角度进行判断，如果角度超过预订值(一般为 120°)，认为该三点基本处于一条直线，曲线变化比较缓和，是适宜的注记位置。

D. 等高线光滑输出。目前常用的光滑函数有张力样条、分段三次多项式、斜轴抛物线、分段圆弧等。选择哪种曲线光滑方法，通常要根据制图要求、等值点疏密程度以及计算机存储能力来决定。一个重要的要求是在等值线密集的情况下，必须保证等值线互不交叉和重叠。

② 三维可视化表达。三维可视化表达是利用计算机图形学算法原理高度逼真地再现地形地貌，数字高程模型的三维可视化主要步骤如下：

A. 数字高程模型的三角分割。DEM 格网三角划分比较简单，一般采用单对角线剖分法或者双对角法剖分法，单对角线剖分法把数字高程模型格网剖分成两个三角形，双对角线剖分法剖分为四个三角形，对角线交点的高程值可以通过内插算法来实现。当剖分至足够细时，上述两个剖分方案对可视化的效果影响不大。

B. 透视投影变换。利用计算机恢复地形三维表面，需要将 DEM 从其坐标系变换到屏幕坐标系，这其中涉及一系列的坐标变换，设 DEM 中任意一点 *M* 在地面坐标系中的坐标为 (X_M, Y_M, Z_M)，*M* 在投影平面 *P* 上的像点坐标为 *m*，则 *m* 点在投影坐标系中的坐标(x_m, y_m)可由下式给出：

$$x_m = \frac{(X_M - X_S)\cos\theta - (Y_M - Y_S)\sin\theta}{-(X_M - X_S)\sin\theta\sin\alpha - (Y_M - Y_S)\cos\theta\sin\alpha + (Z_M - Z_S)\cos\alpha} \qquad (11-26)$$

$$y_m = \frac{(X_M - X_S)\cos\alpha\sin\theta + (Y_M - Y_S)\cos\theta\cos\alpha + (Z_M - Z_S)\sin\alpha}{-(X_M - X_S)\sin\theta\sin\alpha - (Y_M - Y_S)\cos\theta\sin\alpha + (Z_M - Z_S)\cos\alpha} \qquad (11-27)$$

式中 (X_S, Y_S, Z_S)——视点 *S* 在地面坐标系中的坐标；

α——投影平面与地面坐标系的平面间的夹角；

θ——地面坐标系中的 *XT* 轴与投影坐标系的 *X* 轴之间的夹角。

考虑到屏幕坐标系的特点和值域，还要将像点 *m* 的坐标(x_m, y_m)进行平面相似变换，最后变换为屏幕坐标：

$$\begin{bmatrix} x_c \\ y_c \end{bmatrix} = \begin{bmatrix} \lambda_x & 0 \\ 0 & \lambda_y \end{bmatrix} \begin{bmatrix} x_m \\ y_m \end{bmatrix} + \begin{bmatrix} x_0 \\ y_0 \end{bmatrix} \qquad (11-28)$$

式中 (λ_x, λ_y) 和(x_0, y_0)——依据屏幕尺寸和坐标系计算出来的比例系数和平移量。

C. 光照模型。光照模型是指根据光学物理的有关定律，计算景物表面上任一点投向观察者眼中的光亮度的大小和色彩组成的公式。因此光照模型是试图通过理论公式来模拟自然光照效果。从朗伯曼反射模型开始，人们先后提出了 Phong 模型、Cook-Torrace 模型、增量式模型、Whitted 整体光照模型等一系列考虑不同因素的光学模型，并从理论和实际效果进行了大量的分析和验证。本书只简单介绍较为经典的 Phong 光照模型，Phong 光照模型公式为：

$$I = G_{max}(k_a + k_d\cos i + k_s\cos\theta) \qquad (11-29)$$

式中 G_{max}——最大灰度级，一般取为 255；

k_a——环境反射分量的比例系数；

k_d——漫反射分量的比例系数；

k_s——镜面反射分量的比例系数，一般取 $k_d + k_s = 1$；

i——光源的入射角，$\cos i = \cos(L, N)$；

L——光线矢量；

N——法向量；

θ——镜面反射方向和视线方向之间的夹角，$\cos\theta = \cos(R, V)$；

R——镜面反射分量；

V——视线向量；

N——镜面反射光的会聚指数，地面越粗糙，N 值越小。

实际计算中，因为镜面反射分量 R 计算不方便，因此 θ 常用 N 和 H 的夹角 θ' 来代替，H 为沿着 L 和 V 的角平分线的方向矢量，如图 11-39 所示。

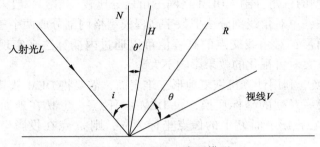

图 11-39　Phong 光照模型

D. 消隐和裁剪。为增强图形的真实感，消除多义性，在显示过程中一般要消除三维实体中被遮挡(沿视线方向的前景遮后景)的部分，这个过程称之为消隐。消隐技术包括隐藏线的消除和隐藏面的消除两类。在使用计算机处理图形信息时，往往计算机内部存储的图形较大，而屏幕只能显示图形的一部分。这时，往往可以利用缩放技术，把地图中的部分区域进行放大显示，在放大显示部分图形时，必须确定图形落在屏幕之内的部分和落在屏幕之外的部分，这样才能正确显示落在屏幕内的部分图形，这个选择处理过程称为裁剪。

E. 图形绘制和存储。依据相应的算法绘制并显示各种类型的三维地形图，若需要则按标准的图形图像文件存储。

第十二章 总 结

基坑支护工程是随着我国建设事业的发展而出现的一种较新类型的岩土工程，发展至今，量多面广的基坑工程已经成为城市岩土工程的主要内容之一。典型基坑工程可以是由地面向下开挖的一个地下空间，基坑周围一般为垂直的挡土结构。基坑开挖是基础和地下工程施工中一个古老的传统课题，同时又是一个综合性的岩土工程难题，既涉及土力学中典型强度与稳定问题，又包含了变形问题，同时还涉及土与支护结构的共同作用。

基坑工程一般位于城市中，地质条件和周边环境条件复杂，有各种建筑物、构筑物、管线等，一旦失事就会造成生命和财产的重大损失。因此，在基坑支护工程的设计和施工过程中，一定要做到以下几点：

（1）对地质条件和周边环境进行充分考察，根据周边环境的要求制定出经济合理的支护方案，并据此提出支护结构的水平位移和邻近地层的垂直沉降标准；

（2）基坑设计阶段，要根据基坑所在场地的工程地质报告、土工试验结果、原位标贯试验结果、土层含水量、区域地层参数的取值经验等综合选取；

（3）在分析支护结构受力和变形时，应充分考虑施工的每一阶段支护结构体系和外面荷载的变化，同时要考虑施工工艺的变化，挖土次序和位置的变化，支撑和留土时间的变化等；

（4）基坑设计人员应充分认识到在基坑施工过程中还会遇到很多设计阶段难以预测到的问题，因此，设计人员应密切和施工人员联系，全面把握施工进展状况，及时处理施工中遇到的意外情况；

（5）基坑施工过程中应该制定完备的监测方案，监测结果应及时总结，一旦发现问题应及时向设计施工等方面及时反映，以便分析异常原因，及时提出解决方法；

（6）基坑工程的施工必须完全按照设计文件的要求去做，需要变更施工工艺和施工顺序应提前向设计人员提出，设计人员重新计算分析许可后方可进行变更。

由于各工程场地的地质、环境条件千差万别，在每个深基坑工程设计施工的具体技术方案的制定中，必须因地制宜，切不可生搬硬套。